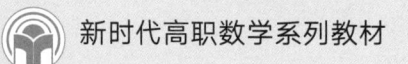

新时代高职数学系列教材

高等数学
（职业本科版）（上册）

中国职业技术教育学会 组编

□ 主编 侯风波

中国教育出版传媒集团
高等教育出版社·北京

内容提要

本书是新时代高职数学系列教材之一,职业本科教育新形态一体化教材。为满足职业本科院校培养高层次技术技能人才对高等数学的教学需要,参考《工科类本科数学基础课程教学基本要求》,结合工程本科教育高等数学课程教改实践,吸收职业教育"学数学、用数学"的教改思想,落实教育部《"十四五"职业教育规划教材建设实施方案》的要求,根据部分职业本科院校的高等数学课程标准和当前职业本科院校学生实际情况及可持续发展的需要,在曾获首届全国教材建设奖全国优秀教材一等奖的《高等数学》(第五版)的基础上修改而成。

本书融入党的二十大精神,特别注意结合教学内容训练学生思维能力,培养学生用数学概念、思想、方法消化吸收工程概念、工程原理的能力,借助数学软件求解数学模型的能力,把实际问题转化为数学模型的能力,以及用数学解决实际问题的能力。

本书分上、下两册,上册内容包括数学软件简介、映射与函数、极限与连续、导数与微分、导数的应用、不定积分、定积分、定积分的应用、常微分方程;下册内容包括向量与空间解析几何、多元函数微分学、多元函数积分、级数、场论初步(梯度 散度 旋度)、曲线拟合与实验数据处理、数值计算初步。通过二维码链接了初等数学常用公式、常用平面曲线及其方程、习题答案与提示、预备知识(基本初等函数)、不定积分表及其使用方法、行列式简介6个附录,以及"学习任务解答"数学软件源程序、难度较大的定理证明等信息化资源。

本书既可作为职业本科院校各专业高等数学课程教材,也可作为工程技术人员的参考书。

图书在版编目(CIP)数据

高等数学:职业本科版.上册/侯风波主编.--北京:高等教育出版社,2023.7(2025.7重印)

ISBN 978-7-04-059399-0

Ⅰ.①高… Ⅱ.①侯… Ⅲ.①高等数学-高等职业教育-教材 Ⅳ.①O13

中国版本图书馆 CIP 数据核字(2022)第165159号

GAODENG SHUXUE

项目总策划　贾瑞武

| 策划编辑　马玉珍 | 责任编辑　马玉珍 | 封面设计　王　洋 | 版式设计　童　丹 |
| 责任绘图　于　博 | 责任校对　张　薇 | 责任印制　张益豪 | |

出版发行	高等教育出版社	网　　址	http://www.hep.edu.cn
社　　址	北京市西城区德外大街4号		http://www.hep.com.cn
邮政编码	100120	网上订购	http://www.hepmall.com.cn
印　　刷	北京中科印刷有限公司		http://www.hepmall.com
开　　本	850mm×1168mm 1/16		http://www.hepmall.cn
印　　张	19.5		
字　　数	530千字	版　　次	2023年7月第1版
购书热线	010-58581118	印　　次	2025年7月第6次印刷
咨询电话	400-810-0598	定　　价	49.80元

本书如有缺页、倒页、脱页等质量问题,请到所购图书销售部门联系调换
版权所有　侵权必究
物 料 号　59399-A0

新时代高职数学系列教材
编审委员会

主　　任

鲁　昕　中国职业技术教育学会　会长
　　　　教育部　原副部长

顾　　问

袁亚湘　中国科学院　院士

执行主任

刘建同　中国职业技术教育学会　常务副会长兼秘书长
郝志峰　汕头大学　校长、教授
贾瑞武　高等教育出版社　副总编辑、编审

副 主 任（按姓氏笔画排序）

王天泽　华北水利水电大学　教授
方文波　华中师范大学　教授
严守权　中国人民大学　教授
李忠华　同济大学　教授
李继成　西安交通大学　教授
徐　兵　北京航空航天大学　教授

委　　员（按姓氏笔画排序）

马凤敏　河北工业职业技术大学　教授
毕渔民　黑龙江教师发展学院　副教授
朱文明　深圳信息职业技术学院　高级工程师
陈笑缘　浙江商业职业技术学院　教授
金跃强　南京工业职业技术大学　教授
侯风波　河北石油职业技术大学　教授
骈俊生　南京信息职业技术学院　教授
袁安锋　北京联合大学　副教授
黄国建　南京信息职业技术学院　副教授
龚飞兵　江苏工程职业技术学院　副教授
蒲冰远　成都纺织高等专科学校　教授
雷田礼　深圳职业技术学院　教授
蔡鸣晶　南京信息职业技术学院　教授

总　序

党的二十大报告指出:"教育、科技、人才是全面建设社会主义现代化国家的基础性、战略性支撑。"学习贯彻党的二十大精神,要求职业教育必须坚持以习近平新时代中国特色社会主义思想为指导,全面贯彻党的教育方针,着眼推进中国式现代化,扎根中国大地办教育,培养一代又一代拥护中国共产党领导和我国社会主义制度、立志为中国特色社会主义事业奋斗终身的有用人才。进入新时代以来,党和国家进一步加强了职业教育工作,先后出台了一系列推动现代职业教育体系建设改革的政策举措,印发了《关于加快发展现代职业教育的决定》《国家职业教育改革实施方案》《关于推动现代职业教育高质量发展的意见》《关于深化现代职业教育体系建设改革的意见》等重要文件,为新征程上我国现代职业教育的改革发展指明了方向。

2023年5月29日,在二十届中央政治局第五次集体学习会上,习近平总书记强调指出,要把服务高质量发展作为建设教育强国的重要任务。统筹职业教育、高等教育、继续教育,推进职普融通、产教融合、科教融汇,源源不断培养高素质技术技能人才、大国工匠、能工巧匠。这是新征程上党和国家事业对职业教育提出的新要求,落实这一要求,职业教育必须进行深刻的变革。加强基础理论学习,补齐知识化短板是这一变革的应有之义。数学课程作为高职院校学生的公共基础课程,具有基础性、应用性、职业性和发展性的特点,是补齐知识化短板的重要内容。教材是实施课程教学的主要工具,高职数学教材应反映类型特色和人才培养目标,反映新时代对高素质技术技能人才的要求,成为学生获得数学基础知识和基本技能、掌握基本数学思想、积累基本数学活动经验、形成理性思维和科学精神的重要载体。

为贯彻落实2022年全国教育工作会议精神,大力发展适应新技术和产业变革需要的职业教育,2022年1月,中国职业技术教育学会专门组织了加强职业教育文化基础课程体系建设的说课研讨会,提出要聚焦新技术和产业变革,补齐职业教育文化知识短板,着力提高职业教育内涵质量,以更好落实职业教育立德树人根本任务,为此建议组织编写"新时代高职数学系列教材"。

本系列教材全面贯彻党的教育方针,牢牢把握正确政治方向和价值导向,以打造培根铸魂、启智增慧的精品教材为目标。系列教材注重中高本衔接和一体化设计,包括高等数学、线性代数、概率论与数理统计等多本教材,涵盖高职专科和职业本科领域的数学知识。同时,教材的编写也充分考虑了学生的实际需求和学习特点,注重理论与实践相结合,注重教材的可读性和实用性。系列教材充分体现了深化职业教育"三教"改革的精神,编写理念独具匠心,内容、体例焕然一新。具体特色如下:

1. 落实立德树人根本任务,贯彻党的二十大精神

系列教材紧紧围绕为党育人、为国育才根本目标,全面落实立德树人根本任务,着力深化课程思政建设。教材融入了我国数学家的伟大贡献,介绍了中国传统的数学文化,宣传了我国新时代取得的科学技术的卓越成就,精选党的二十大报告中提出的关键核心技术,战略性新兴产业,载人航天、探月探火、深海深地探测、超级计算机、卫星导航、量子信息、核电技术、新能源技术、大飞机制造、生物医药等重大成果，以小切口展现大时代，以小故事反映大主题，增强学生民族自豪感，厚植学生爱国主义情怀，培养学生的责任担当和使命感。

2. 坚持课程标准指导，重构知识体系，加强文化素质教育

系列教材编写遵照最新课程标准要求，深刻体现数学学科核心素养的内涵、育人价值、表现形式和层次水平，将教材知识内容、逻辑结构、数字资源等聚焦于培养和发展学生的数学核心素养。教材强化知识与技能、过程与方法、情感态度与价值观的整合；强化数学与其他学科以及现实社会的联系；强化学生发现与提出问题并加以分析、解决实际问题的综合素质。

3. 体现职业教育类型定位，凸显与产业、专业的紧密联系

系列教材内容加强了与产业活动、专业课程和职业应用相关的教学情境，注重选择和设计与行业企业相关联的教学案例，注重跨学科交叉与融合，增强学生应用数学的意识。通过选择或建立合适的数学模型解决生产生活中的问题，培养学生运用数学工具解决实际问题的能力，以帮助学生养成用数学的眼光观察世界、用数学的思维分析世界、用数学的语言表达世界的能力。

4. 加大数字技术赋能，融合丰富的课程资源

系列教材充分体现数字技术的应用，介绍数学软件，利用数学软件或计算工具进行数据的计算、统计和分析，绘制函数曲线和统计图表等，帮助学生理解数学知识，使学生感悟利用信息技术学习数学的优势，丰富研究问题的方法。以新形态教材为核心，提供数字学习资源、在线自测和题库等，高效、直观、生动地呈现教学内容。充分利用"智慧职教""爱课程（中国大学 MOOC）"平台获取教学资源，提高课堂教学的信息化程度，改变传统的教学方式和学习方式，让学生在开放、个性化、有趣味性、交互性的学习氛围中快乐学习。

系列教材由中国职业技术教育学会担纲策划，高等教育出版社牵头组织，邀请普通本科、职业本科、高职"双高"院校的 30 余位数学学科专家、教研专家和骨干教师承担编审工作，在认真学习我国职业教育相关政策文件，总结近年来高职数学教育改革成果以及吸收多种较为成熟的数学教学改革成功经验的基础上，按照相关专业人才培养方案和课程标准的要求编写。可以相信，凝聚了各方智慧和经验的"新时代高职数学系列教材"必将担当起培养高素质技术技能人才的重任，必将肩负起落实党的教育方针、传承民族文化、服务国家发展战略、办好人民满意教育的使命。

我们相信，随着系列教材的不断推广和普及，更多的高职学生的文化素质必将会有一个大的提升，尤其在数学方面取得新进展，由此带动职业教育质量的进一步提高。同时，我们也期望系列教材能够成为学校和企业推进产教深度融合的重要抓手，为我国职业教育高质量发展做出积极的贡献。

2023 年 6 月

前　言

当前,职业本科院校的教学改革和高层次技术技能人才的培养方兴未艾,落实教育部《"十四五"职业教育规划教材建设实施方案》的要求,满足学生学习专业基础课程、专业课程及可持续发展对高等数学的需要,结合工程本科教育高等数学课程教改实践,吸收职业教育"学数学、用数学"的教改思想,参考《工科类本科数学基础课程教学基本要求》《经济管理类本科数学基础课程教学基本要求》《医科类本科数学基础课程教学基本要求》以及部分职业本科院校的高等数学课程标准,根据当前职业本科院校学生实际情况,在获首届全国教材建设奖全国优秀教材一等奖的《高等数学(第五版)》的基础上,为职业本科院校学生编写了本套高等数学教材。

本书以"学数学,用数学"为目标,坚持以辩证唯物主义为指导,并结合具体内容落实如下四方面能力的培养与训练:一是数学思维能力,二是利用数学知识消化、吸收工程概念和工程原理的能力,三是利用数学软件求解数学模型的能力,四是把实际问题转化为数学模型的能力。

本书知识点、例题及习题的编写,注重结合我国科技成就,突出理实一体,同时融入思政元素,以文化人、以德育人。

为激发学生学习高等数学的积极性,本书每章都以"学习任务"开篇,采用任务驱动引入本章新知识,并在本章末给出了该"学习任务"的详细解答,以使学生获得解决问题的成就感,进而增强学习动力。

为体现职业本科高等数学的层次性,强化职业本科学生的数学素养,本书对重要概念既保留了通俗性描述定义,又给出了数学上更为精确的定义,并对有关性质与定理给出了证明。

为培养学生求解数学模型的能力,每章末都设置了一节"用数学软件进行××运算",为用数学解决实际问题奠定必要的基础。

为落实因材施教的教学原则,本书每节后的习题按难易程度分成了 A、B 两类;每章后的复习题分成了 A、B、C、D 四类,其中 C 类习题是为培养学生应用数学知识解决实际问题的能力而设置的数学建模问题,D 类习题是为满足学生进一步提高所设置的研究生入学考试试题及其详细解答。

本书分上、下两册。上册内容包括数学软件简介、映射与函数、极限与连续、导数与微分、导数的应用、不定积分、定积分、定积分的应用、常微分方程。下册内容包括向量与空间解析几何、多元函数微分学、多元函数积分、级数、场论初步(梯度 散度 旋度)、曲线拟合与实验数据处理、数值计算初步。

为方便学生自主学习,本书通过二维码提供了如下学习资源:初等数学常用公式、常用平面曲线及其方程、习题答案与提示、预备知识(基本初等函数)、不定积分表及其使用方法、行列式简介 6 个附录,学习任务解答的 Mathematica 及 MATLAB 源程序代码,研究生入学考试试题及其详细解答,欧拉方程、常数变易法、常系数线性微分方程组解法举例等扩充知识点,以及难度较大的定理或性质的证明。

本书由河北石油职业技术大学侯风波教授担任主编。本书上册由河北石油职业技术大学刘颖华副教授、祖定利副教授担任副主编;下册由河北石油职业技术大学唐世星教授、王辉副教授担任副主编。参加本书编写的还有河北石油职业技术大学何海阔。

本次出版得到了河北石油职业技术大学领导的大力支持及高等教育出版社高职事业部叶波主任、高建副主任及基础分社李聪聪分社长的高度重视，马玉珍女士为本书的编辑出版付出了辛勤的劳动，并提出了许多好的建议，在此一并致以最诚挚的谢意。

由于编者水平和编写时间所限，书中不足及错漏之处在所难免，敬请专家同行及广大读者给予批评指正，以便在修订中进一步完善。

编　者

2022 年 11 月

目 录

第0章 数学软件简介 / 1

0.0 学习任务0 选择哪种还房贷方法更好 ………………………………………………… 1
0.1 数学软件 Mathematica 的基本用法 …………………………………………………… 2
0.2 数学软件 MATLAB 的基本用法 ……………………………………………………… 8
0.3 学习任务0解答 选择哪种还房贷方法更好 ………………………………………… 13

第1章 映射与函数 / 15

1.0 学习任务1 保持安全车距驾驶 …………………………………………………………… 15
1.1 映射的概念 ………………………………………………………………………………… 16
1.2 函数的概念与性质 ………………………………………………………………………… 19
1.3 初等函数 …………………………………………………………………………………… 32
1.4 数学模型方法简述 ………………………………………………………………………… 36
1.5 用数学软件进行函数运算 ………………………………………………………………… 39
1.6 学习任务1解答 保持安全车距驾驶 ……………………………………………………… 43
复习题1 ……………………………………………………………………………………… 44

第2章 极限与连续 / 46

2.0 学习任务2 由圆内接正 n 边形的周长推导圆的周长 ………………………………… 46
2.1 极限 无穷小 无穷大 …………………………………………………………………… 47
2.2 极限的运算 ………………………………………………………………………………… 64
2.3 函数的连续与间断 ………………………………………………………………………… 71
2.4 用数学软件进行极限运算 ………………………………………………………………… 82
2.5 学习任务2解答 由圆内接正 n 边形的周长推导圆的周长 …………………………… 84
复习题2 ……………………………………………………………………………………… 84

第3章 导数与微分 / 87

3.0 学习任务3 面积随半径的变化率 ………………………………………………………… 87
3.1 导数的概念 ………………………………………………………………………………… 87
3.2 求导法则 …………………………………………………………………………………… 99
3.3 隐函数与参数式函数的求导法 …………………………………………………………… 109
3.4 高阶导数 …………………………………………………………………………………… 114
3.5 微分及其在近似计算中的应用 …………………………………………………………… 118

3.6 用数学软件进行导数与微分运算 …………………………………………… 126
3.7 学习任务 3 解答　面积随半径的变化率 …………………………………… 127
复习题 3 ………………………………………………………………………………… 128

第 4 章　导数的应用 / 132

4.0 学习任务 4　粮仓的最小表面积 …………………………………………… 132
4.1 拉格朗日中值定理与函数的单调性 ………………………………………… 132
4.2 柯西中值定理与洛必达法则 ………………………………………………… 139
4.3 函数的极值与最值 …………………………………………………………… 143
4.4 曲线的凹凸性与函数图形的描绘 …………………………………………… 147
*4.5 曲率与曲率圆 ………………………………………………………………… 155
*4.6 导数在经济上的应用 ………………………………………………………… 161
4.7 用数学软件求解导数应用问题 ……………………………………………… 168
4.8 学习任务 4 解答　粮仓的最小表面积 ……………………………………… 170
复习题 4 ………………………………………………………………………………… 171

第 5 章　不定积分 / 174

5.0 学习任务 5　由斜率求曲线 ………………………………………………… 174
5.1 不定积分的概念及性质 ……………………………………………………… 174
5.2 不定积分的换元积分法 ……………………………………………………… 181
5.3 不定积分的分部积分法 ……………………………………………………… 189
5.4 有理函数的积分与积分表的使用 …………………………………………… 194
5.5 用数学软件进行不定积分运算 ……………………………………………… 203
5.6 学习任务 5 解答　由斜率求曲线 …………………………………………… 203
复习题 5 ………………………………………………………………………………… 204

第 6 章　定积分 / 207

6.0 学习任务 6　速度函数的平均值 …………………………………………… 207
6.1 定积分的概念与性质 ………………………………………………………… 207
6.2 微积分基本定理 ……………………………………………………………… 215
6.3 定积分的积分方法 …………………………………………………………… 221
*6.4 反常积分与 Γ 函数 …………………………………………………………… 229
6.5 用数学软件进行定积分运算 ………………………………………………… 238
6.6 学习任务 6 解答　速度函数的平均值 ……………………………………… 239
复习题 6 ………………………………………………………………………………… 240

第 7 章　定积分的应用 / 243

7.0 学习任务 7　抽水做功 ……………………………………………………… 243
7.1 微元法及其在几何上的应用 ………………………………………………… 243
7.2 定积分的物理应用举例 ……………………………………………………… 253

7.3 定积分的经济应用举例 ………………………………………………………… 258
7.4 用数学软件求解定积分应用问题 ……………………………………………… 260
7.5 学习任务 7 解答　抽水做功 …………………………………………………… 261
复习题 7 …………………………………………………………………………… 261

第 8 章　常微分方程　/　264

8.0 学习任务 8　物体散热规律 …………………………………………………… 264
8.1 微分方程的基本概念与分离变量法 …………………………………………… 264
8.2 一阶线性微分方程与可降阶的高阶微分方程 ………………………………… 273
8.3 二阶常系数线性微分方程 ……………………………………………………… 280
*8.4 欧拉方程　常数变易法　常系数线性微分方程组解法举例 ………………… 287
8.5 用数学软件求解常微分方程 …………………………………………………… 287
8.6 学习任务 8 解答　物体散热规律 ……………………………………………… 288
复习题 8 …………………………………………………………………………… 289

附录 A　初等数学常用公式　/　292

附录 B　常用平面曲线及其方程　/　293

附录 C　习题答案与提示　/　294

附录 D　预备知识（基本初等函数）　/　295

附录 E　不定积分表及其使用方法　/　296

附录 F　行列式简介　/　297

参考文献　/　298

第 0 章 数学软件简介

0.0 学习任务 0 选择哪种还房贷方法更好

某城市贷款购房者可从等额本息和等额本金两种还款方法中任选一种方法按期(贷款分几次还清就是几期)进行还款.

等额本息还款法是每期偿还同等数额的贷款(包括本金和利息),直至最后 1 期,把所有贷款本金和利息全部还清.

等额本金还款法是把贷款总额按还款期数均分,每期偿还同等数额的本金和剩余贷款在该期所产生的利息.

若贷款总额为 b,银行月利率为 r(年利率的 $\frac{1}{12}$),每月 1 期,总还款期数为 n,则有

等额本息还款公式:按等额本息还款,每期还款额 $Y = \dfrac{br(1+r)^n}{(1+r)^n - 1}$;

等额本金还款公式:按等额本金还款,第 k 期还款额 $Y_k = \dfrac{b}{n} + \left[b - (k-1)\dfrac{b}{n}\right]r$.

某人购房贷款 186 万,年利率为 5.7%,还款年限 11 年,请根据等额本息和等额本金两种还款方法,完成下列任务:

(1) 按等额本息还款法,计算出每期(每月 1 期)的还款金额.
(2) 按等额本息还款法,计算出 11 年的还款总金额.
(3) 按等额本息还款法,计算出 11 年的还款总利息.
(4) 按等额本金还款法,计算出第 1 期的还款金额.
(5) 按等额本金还款法,计算出每月还款递减额.
(6) 按等额本金还款法,计算出 11 年的还款总金额.
(7) 按等额本金还款法,计算出 11 年的还款总利息.
(8) 如果该人每月最高只能还款 20 000 元,问应选择哪种还贷方法还贷?
(9) 如果该人每月最高能还款 23 000 元,选择哪种还贷方法还款总额较少?

对于如上计算任务,尽管有计算公式可循,但是由于计算量大,所以,只用传统的笔和纸完成有一定的困难.利用数学软件计算可以大大地提高计算效率.

数学软件就是在计算机上专门用来进行数值计算、符号计算、数学规划、统计运算、工程运算、绘制数学图形或制作数学动画的软件.

著名的数学软件有:Mathematica、MATLAB、Maple、SAS、SPSS、Lingo、Lindo、MathType 等.

为了帮助读者提高借助数学软件运用数学知识解决实际问题的能力,本书结合教学内容简单介绍了 Mathematica 和 MATLAB 的基本使用方法.

0.1 数学软件 Mathematica 的基本用法

数学软件 Mathematica 是由美国计算机科学家、物理学家斯蒂芬·沃尔夫勒姆(Stephen Wolfram)负责研制的,所以,也称该系统为 Wolfram 语言.该系统具有简单易学的交互式操作方式、强大的数值计算功能、符号计算功能、人工智能列表处理功能以及像 C 语言那样的结构化程序设计功能.

Mathematica 于 1988 年首次发布了 DOS 版本,随后不断发行新的版本,2022 年 3 月又发行了 Mathematica 13.01 中文版本.

在此仅介绍该软件的基本用法,在以后的章节中,将结合数学知识逐步介绍如何利用该软件进行函数、极限、导数、积分、常微分方程、向量与空间解析几何、多元函数微积分、级数等运算.

0.1.1 启动及笔记本文档

如果你已经安装了数学软件 Mathematica,双击 Mathematica 的图标 ,即可启动 Mathematica 系统,计算机屏幕会出现 Mathematica 的工作界面,点击"新文档"即可打开工作窗口,称该窗口为 Wolfram 笔记本.

Wolfram 笔记本成功地把文字、图形、界面等与计算融合在一起:

笔记本是按单元组织的,并由右边的方括号指定.

双击单元方括号打开或关闭单元组.

在单元间点击,就可以获取水平插入条,以便创建一个新的单元.

在网络或桌面 Wolfram 笔记本中,只需输入内容,然后按下 Shift+Enter 进行计算,例如,

In[1]:= 3+2　　(*输入 3+2 后,再按下 Shift+Enter 键*)

Out[1]= 5　　(*这里的 5 是系统给出的运算结果*)

In[2]:= 3+6　　(*输入 3+6 后,再按下 Shift+Enter 键*)

Out[2]= 9　　(*这里的 9 是系统给出的运算结果*)

注意:如上用(* *)括起来的内容为对其前面的输入语句 In[n]的注释.

上面的 In[1],In[2]是输入行的标号,Out[1],Out[2]是输出行的标号,In[n]标示的是第 n 个输入,Out[n]标示的是第 n 个输出.该系统用符号%指代最近的输出:

In[3]:= 9+2　　(*输入 9+2 后,再按下 Shift+Enter 键*)

Out[3]= 11　　(*这里的 11 是系统给出的运算结果*)

In[4]:= 3+%　　(*输入 3+%后,再按下 Shift+Enter 键*)

Out[4]= 14　　(*这里的 14 是系统给出的运算结果*)

例 0.1.1 求 $3+5^2×2+12÷6$ 的值.

解

In[1]:= 3+5^2*2+12/6　　(*输入 $3+5^2×2+12÷6$ 后,再按下 Shift+Enter 键*)

Out[1]= 55　　(*这里的 55 是系统给出的运算结果*)

由上例不难看出+,-,*,/,^分别为 Mathematica 系统中的加、减、乘、除及乘方的运算符号,其运算规律与初等数学中的规定是一致的.

0.1.2 准确数和近似数

（1）输入的是准确数，输出的也是准确数

当键入的数为整数或分数时，Wolfram 语言认为它是准确的，Wolfram 语言给出准确的运算结果.

例 0.1.2 求 $\frac{1}{3}+2$ 的值.

解

$\text{In}[1] := \frac{1}{3}+2$（*先输入分子 1，按住 Ctrl 键，再按 / 键后，再输入分母 3，即完成了 $\frac{1}{3}$ 的输入，紧接着输入+2，完成表达式 $\frac{1}{3}+2$ 的输入，再按下 Shift+Enter 键*）

$\text{Out}[1] = \frac{7}{3}$ （*这里的 $\frac{7}{3}$ 是系统给出的运算结果*）

例 0.1.3 求 $\frac{1}{3}+\sqrt{2}$ 的值.

解

$\text{In}[1] := \frac{1}{3}+\sqrt{2}$ （*可以通过导航栏中的"面板"及其下拉菜单中的"数学助手"完成对表达式 $\frac{1}{3}+\sqrt{2}$ 的输入，再按下 Shift+Enter 键*）

$\text{Out}[1] = \frac{1}{3}+\sqrt{2}$ （*这里的 $\frac{1}{3}+\sqrt{2}$ 是系统给出的运算结果*）

在本例中，对应于输入语句 In[1]，输出语句 Out[1]并没有给出表达式 $\frac{1}{3}+\sqrt{2}$ 的"数值结果"，好像系统什么都没有做，事实上，系统判断出了参与运算的数全是准确数，所以，系统输出的也是准确数.这是由 Wolfram 语言"对于只含准确数的输入表达式也只进行完全准确的运算并输出相应的准确结果"的特性所决定的.

当表达式中参加运算的数中含有带小数点的数时，Wolfram 语言就产生近似数值结果.

例 0.1.4 求 $\frac{1}{3}+\sqrt{2.}$ 的值.

解

$\text{In}[2] := \frac{1}{3}+\sqrt{2.}$ （*输入表达式 $\frac{1}{3}+\sqrt{2.}$，注意 2.代表 2.0，是个近似数.再按下 Shift+Enter 键*）

$\text{Out}[2] = 1.74755$（*这里的 1.747 55 是系统给出的运算结果*）

（2）近似值

用 exp//N 得到表达式 exp 的运算结果保留 6 位有效数字的近似值.

例 0.1.5 求 $\frac{1}{3}+\sqrt{2}$ 的近似值.

解

$\text{In}[3] := \frac{1}{3}+\sqrt{2}$ //N （*用//N 表示对表达式 $\frac{1}{3}+\sqrt{2}$ 求保留 6 位有效数字的近似值*）

$\text{Out}[3] = 1.74755$（*这里的 1.747 55 是系统给出的运算结果*）

更一般地,用 N[exp,n]得到表达式结果具有 n 位有效数字的近似值.

例 0.1.6 求 $\frac{1}{3}+\sqrt{2}$ 的具有 10 位有效数字的近似值.

解

In[4]:=N$\left[\frac{1}{3}+\sqrt{2},10\right]$

Out[4]=1.747546896 (*这里的 1.747 546 896 是系统给出的运算结果,它具有 10 位有效数字*)

(3) 圆周率 π 和自然常数 e

圆周率 π 和自然常数 e 是两个重要的常数,在 Mathematica 中分别用 Pi,E 表示.

例 0.1.7 求出具有 16 位有效数字的圆周率 π 的近似值.

解

In[6]:=N[Pi,16](*用 Pi 表示圆周率 π*)

Out[6]=3.141592653589793(*这里的 3.141 592 653 589 793 是系统给出的运算结果,它具有 16 位有效数字*)

例 0.1.8 求出具有 16 位有效数字的自然常数 e 的近似值.

解

In[7]:=N[E,16](*用 E 表示自然常数 e*)

Out[7]=2.718281828459045

(*这是系统给出的运算结果,它具有 16 位有效数字*)

0.1.3 变量

(1) 变量的名

在 Wolfram 语言中,为了方便计算或保存中间计算结果,常常需要引进变量.变量不仅可以代表一个数值,而且可以作为一个纯粹的符号来使用.变量名通常以小写字母开头,后跟字母或数字,变量名字符的长度不限.例如,abcdefghijk,x3 都是合法的变量名;而 u v(u 与 v 之间有一个空格)不能作为变量名.英文字母的大小写意义是不同的,因此 A 与 a 表示两个不同的变量.

变量即取即用,不需要先说明变量的类型再使用.在 Mathematica 中,变量不仅可存放一个数值,还可存放一个复杂的算式.

数值有类型,变量也有类型.通常,在运算中不需要对变量进行类型说明,系统会根据对变量所赋的值作出正确的处理.在定义函数和进行程序设计时,也可以对变量进行类型说明.

(2) 变量的全局赋值

在 Wolfram 语言中,运算符号"="或":="起赋值作用,一般形式为:

$$变量=表达式$$

或

$$变量1=变量2=表达式,$$

其执行步骤为先计算赋值号右边的表达式,再将计算结果送到变量中.

在 Wolfram 语言中,"="应理解为给变量一个值.在使用"="定义规则时,定义式右边的表达式立即被求值;而在使用":="定义规则时,系统不作运算,也就没有相应的输出,定义式右边的表达式不被立即求值,直到被调用时才被求值.因此,":="被称为延迟赋值号,"="被称为立即赋值号.一般的高级语言没有符号运算功能,因此,在 C 和 Pascal 等语言中,一个变量只能表示一个数值、字符串或逻辑值.而在 Wolfram 语言中,一个变量可以代表一个数值、一个表达式、一个数组或一个图形.例如:

```
In[1]:=u=v=1      (*与C语言类似,可以对变量连续赋值*)
Out[1]=1
In[2]:=r:=u+1     (*定义r的一个延迟赋值*)
In[3]:=r          (*计算r*)
Out[3]=2
In[4]:=u=.        (*清除变量u的值*)
In[5]:=2*u+v
Out[5]=1+2u       (*u以未赋值的形式出现*)
In[6]:=? u        (*查询变量u的值*)
Out[6]=Global`u
```

在实际操作中,经常用? u 询问变量 u 的值,以确保运算结果的正确.这里对应于输入语句 In[6]:=? u 的输出语句 Out[6]=Global`u 说明了 u 是一个未被赋值的全局变量.事实上在语句 In[4]:=u=.中,已经清除了变量 u 的值.注意:给变量所赋的值在 Mathematica 的一个工作期(从进入 Mathematica 系统到退出 Mathematica 系统)内有效.因此,在 Mathematica 的同一工作期内计算不同问题时,要随时对新引用的变量的值清零.

例 0.1.9 设 $a=6, b=5$,求 $(a+b)^2+ab+7$.

解

```
In[1]:=Clear[a,b]     (*Clear[a,b]表示使变量a和b保持未赋值状态,即清空变
                         量a和b的赋值*)
a=6;                   (*表示给变量a赋值6,分号表示不显示该行的运算结果*)
b=5                    (*表示给变量b赋值5*)
(a+b)^2+a*b+7          (*输入表达式(a+b)²+ab+7*)
Out[3]=5
Out[4]=158
```

(3) 变量的临时赋值

变量的临时赋值格式为:exp/.x->a,表示给表达式 exp 中的变量 x 临时赋以数值 a.注意:x->a 中的箭头"->"是由键盘上的减号及大于号组成的.用临时赋值语句给变量赋的值,只在该语句内有效.

例 0.1.10 用临时赋值的方法求多项式 $x^2+2x+10$ 在 $x=2$ 时的值.

解

```
In[1]:=Clear[x]
In[2]:=x^2+2*x+10/.x->2
Out[2]=18
```

0.1.4 表

(1) 表的生成

系统将表定义为有关联的元素组成的一个整体.用表可以表示数学中的集合、向量、矩阵,也可以

表示数据库中的一组记录.

一维表的表示形式是用花括号括起来的且中间用逗号分开的若干元素.如：
$$\{1,2,100,x,y\}$$
表示由 1,2,100,x,y 这 5 个元素组成的一维表.

二维表的表示形式是用花括号括起来的且中间用逗号分开的若干个一维表,如：
$$\{\{1,2,5\},\{2,4,4\},\{3,6,8\}\},\{\{a,b\},\{1,2\}\}$$
均是二维表,二维表就是"表中表".

（2）表的元素

对于一维表 b 用 b[[i]] 或 Part[b,i] 表示它的第 i 个元素（分量）；对于二维表 b,b[[i]] 或 Part[b,i] 就表示它的第 i 个分表（分量）,其第 i 个分表中的第 j 个元素用 b[[i,j]] 来描述.例如,

In[1]:=b={3,6,9,11}

In[2]:=b[[2]]

Out[2]=6

（3）表的运算

设表 b1,b2 是结构完全相同的两个表.表 b1 与 b2 的和与差都等于其对应元素间的相应运算.

例 0.1.11 设 b1={1,2,3,4},b2={2,4,6,8},求 b1+b2,b1-b2.

解

In[1]:=b1={1,2,3,4};

In[2]:=b2={2,4,6,8};

In[3]:=b1+b2

Out[3]={3,6,9,12}

In[4]:=b1-b2

Out[4]={-1,-2,-3,-4}

上面输入语句 In[1] 和 In[2] 均以分号（;）结尾,则不输出运算结果.此外,一个数（或一个标量）乘一个表等于这个数（或这个标量）分别乘表中每个元素.

0.1.5　解方程

Solve 是解方程或方程组的函数,其形式为 Solve[eqns,vars],其中 eqns 可以是单个方程,也可以是方程组,单个方程用 exp==0（其中 exp 为关于未知元的表达式）的形式；方程组写成用大括号括起来的中间用逗号分隔的若干个单个方程的集合,如由两个方程组成的方程组应写成 {exp1==0,exp2==0}；vars 为未知元表,其形式为 {x1,x2,…,xn}.

此外,还可以用 FindRoot[exp==0,{x,x0}] 求非线性方程 exp==0 在 x=x0 附近的根.

例 0.1.12 解方程 $x^2-1=0$.

解

In[1]:=Solve[x^2-1==0,x]　　　　（*解方程 $x^2-1=0$ *）

Out[1]={{x->-1},{x->1}}　　　　（*方程 $x^2-1=0$ 的两个解*）

例 0.1.13 解方程组 $\begin{cases} 2x+y=4, \\ x+y=3. \end{cases}$

解

```
In[2]:=Solve[{2x+y==4,x+y==3},{x,y}]
```
$\left(*\text{解方程组}\begin{cases}2x+y=4,\\ x+y=3\end{cases}*\right)$

```
Out[2]={{x->1,y->2}}
```
$\left(*\text{输出方程组}\begin{cases}2x+y=4,\\ x+y=3\end{cases}\text{的两个解}*\right)$

值得注意的是,Solve 语句把所求方程的根先赋给未知元后再连同未知元及赋值号->用花括弧括起来作为表的一个元素放在表中,如 Out[1]={{x->-1},{x->1}}.若想在运算过程中直接引用 Solve 的输出结果,可按变量替换形式(f[x]/.x->a)把所需要的根赋给某一变元.

```
In[3]:=j=%
Out[3]={{x->1,y->2}}
In[4]:=x1=x/.j[[1,1]]      (j[[1,1]]等价于 x->1)
Out[4]=1                    (变量 x1 的值)
In[5]:=x2=y/.j[[1,2]]      (j[[1,2]]等价于 y->2)
Out[5]=2                    (变量 x2 的值)
```

例 0.1.14 求方程 $\sin x=0$ 在 $x=3$ 附近的一个根.

解

```
In[1]:=FindRoot[Sin[x]==0,{x,3}]
Out[1]={x->3.14159}
```

0.1.6 Print 语句

Print 为输出命令,其形式为

$$\text{Print}[\text{表达式 1},\text{表达式 2},\cdots]$$

执行 Print 语句,依次输出表达式 1,表达式 2,…等表达式,两表达式之间不留空格,输出完成后换行.通常 Print 语句先计算出表达式的值,再将表达式的值输出.若想原样输出某个表达式或字符,需要对其加引号,参见下例中的 Print 语句.

例 0.1.15 输入 $a=5,b=6$,用 Print 语句输出 "$a+b=11$" 的字样.

解

```
In[1]:=Clear[a,b]
a=5
b=6
Print["a+b=",a+b]
Out[2]=5
Out[3]=6
a+b=11
```

0.1.7 平面图形

在 Mathematica 系统中,用 Plot 绘制平面曲线图形,其格式为

$$\text{Plot}[f(x),\{x,\text{xmin},\text{xmax}\}]$$

用 RegionPlot 绘制平面区域图形,其格式为

RegionPlot[不等式组所决定的区域,自变量的变化范围]

例 0.1.16　画出正弦曲线 $y = \sin x$ 在 $[0, 6\pi]$ 上的图形.

解

```
In[1]:=Clear[x]
In[2]:=Plot[Sin[x],{x,0,6*Pi}]
```

注意:图形略.请读者上机实验.

0.1.8　Which 语句

Which 语句的一般形式为:

$$\text{Which}[\text{条件}1,\text{表达式}1,\text{条件}2,\text{表达式}2,\cdots,\text{条件}n,\text{表达式}n]$$

Which 语句的执行过程:从计算条件 1 开始,依次计算条件 $i(i=1,\cdots,n)$,直至计算出第一个条件为真时为止,并将该条件所对应的表达式的值作为 Which 语句的值.用 Which 语句可以方便地定义分段函数.

0.2　数学软件 MATLAB 的基本用法

数学软件 MATLAB(Matrix Laboratory)是美国 MathWorks 公司研制的数学计算软件,主要包括 MATLAB 和 Simulink 两部分.MATLAB 是一种用于算法开发、数据可视化、数据分析以及数值计算的科学计算语言和编程环境.Simulink 是一种用于对多领域动态和嵌入式系统进行仿真和模型设计的图形化环境.该公司还针对数据分析和图形处理等特殊任务推出近 100 项其他产品.Mathworks 于 1984 年发布了 MATLAB DOS 1.0 版本,随后不断发行新的版本,于 2022 年 3 月 15 日发布了 MATLAB R2022a.

在此仅介绍该软件在数学上的基本用法,在以后的章节中,将结合数学知识逐步介绍如何利用该软件进行极限、导数、积分、常微分方程、向量与空间解析几何、多元函数微积分、级数等的运算.

0.2.1　启动

在装好了数学软件 MATLAB 的电脑上,单击 MATLAB 的图标 ,即可启动 MATLAB,并在电脑上弹出如下 3 个窗口:

上述窗口的中间窗口称为命令行窗口,在其左上角有一个提示符 $fx\gg$,在该提示符下,你可以输入要计算的表达式,按 Enter 键即可得到该表达式的计算结果.

例 0.2.1 用 MATLAB 软件计算 $3+12\div6+5^2\times2$.

解

$fx\gg3+12/6+5\wedge2*2$ % 在提示符 $fx\gg$ 后面输入表达式 $3+12\div6+5^2\times2$

ans = 55

在本例中,语句后面的%是注释符号,其后的文本对该语句的性质进行注释说明,它不影响运算结果.

如果未指定输出参数,MATLAB 软件会自动创建名为 ans 的变量,储存最近计算的结果.在本例中,$3+12/6+5\wedge2*2$ 为在提示符 $fx\gg$ 后面输入的表达式 $3+12\div6+5^2\times2$,ans = 55 为上述表达式的计算结果(注意:在 MATLAB 命令行窗口中,把 ans = 和所对应的计算结果 55 显示在两行中.为排版的紧凑,本书把和其对应的计算结果排在同一行中).

由上例不难看出 $+,-,*,/,\wedge$ 分别为 MATLAB 系统中的加、减、乘、除及乘方的运算符号,其运算规律与初等数学中的规定是一致的.

0.2.2 准确数和近似值

(1) 近似值

在 MATLAB 命令行窗口中,在运算表达式中参加运算的数,无论是整数还是分数,只要没有特别说明,MATLAB 语言都假定参加运算的数都是近似值,所以,其运算结果也用近似值表示.

例 0.2.2 求 $\frac{1}{3}+\sqrt{2}$ 的值.

解

≫ clear

≫ 1/3+sqrt(2)

ans = 1.7475

该段程序一开始的 clear 为从当前工作区中删除所有变量,并将它们从系统内存中释放.

更一般地,用 vpa(exp,n) 得到表达式 exp 运算结果具有 n 位有效数字的近似值.例如,vpa(pi,3) 给出 ans = 3.14 的运算结果.

例 0.2.3 求 $\frac{1}{3}+\sqrt{2}$ 的具有 10 位有效数字的近似值.

解

≫ clear

vpa(1/3+sqrt(2),10)   % 输入表达式 $\frac{1}{3}+\sqrt{2}$

ans = 1.747546896.

(2) 准确数

为了让运算保持精确,必须事先对参加运算的数用 sym 给予说明.在 MATLAB 中,sym 用于创建符号数、符号变量、符号对象.符号变量的优点是,使用符号变量运算得到的是解析解.例如,在符号变量运算过程中 π 就用 pi 表示,而不是具体的近似数值 3.141 59.

使用符号变量进行运算能最大限度减少运算过程中因舍入造成的误差.符号变量也便于进行运

算过程的演示.

例 0.2.4 求 $\frac{1}{3}+2$ 的值.

解
≫ clear

P1 = sym('1/3');%将 $\frac{1}{3}$ 定义为符号数

P2 = sym('2');

≫ P1+P2

ans = 7/3

注意:如果语句末尾用分号(;)结尾,则表示不输出该语句的运行结果.

(3) 圆周率 π 和自然常数 e

圆周率 π 和自然常数 e 是两个重要的常数.

例 0.2.5 求出具有 16 位有效数字的圆周率 π 的近似值.

解
≫ vpa(pi,16)

ans = 3.141592653589793

例 0.2.6 求出具有 16 位有效数字的自然常数 e 的近似值.

解
≫ vpa(exp(sym(1)),16)

ans = 2.718281828459045

注意:在 MATLAB 中,用 pi 表示圆周率,用 exp(1) 表示自然常数 e,exp(sym(1)) 中的 sym(1) 指定了 1 为符号数.

0.2.3 变量

在 MATLAB 系统中,变量无需提前定义.如需进行符号运算可以用 sym 或者 syms 定义变量.如果没有提前定义的话,可以在使用时直接赋值.MATLAB 中变量名以字母开头,后接字母、数字或下划线,最多 63 个字符;区分大小写;关键字和函数名不能作为变量名.

例 0.2.7 设 $a=6, b=5$,求 $(a+b)^2+ab+7$.

解
≫ clear

syms a b

≫ a=6;b=5;

≫ (a+b)^2+a*b+7

ans = 158

MATLAB 7.0 后的版本提供了一种称作匿名函数的表达式定义方法.通过匿名函数对表达式求值,变量的赋值只对本次调用有效,所以,这种赋值为变量的临时赋值.

定义一个匿名函数很简单,语法是 fhandle=@(vars) exp,其中 fhandle 就是调用该函数的函数句柄(function handle),exp 是表达式,vars 是表达式 exp 中所涉及的变量(或参数)列表,多个变量使用逗号分隔.

例 0.2.8 用临时赋值的方法求多项式 $x^2+2x+10$ 在 $x=2$ 时的值.

解

```
≫ clear
syms x
f=@(x)x^2+2*x+10;   %定义匿名函数 f(x)=x^2+2*x+10
≫ f(2)   %求表达式 f(x) 在 x=2 的值
ans = 18
```

注意：在本例中的 f(2) 通过给变量 x 赋值 2，来计算表达式 x^2+2*x+10 在 x=2 时的值，变量 x 所赋的值 2 只在本次调用中有效.

0.2.4 表

(1) 表的定义

MATLAB 是矩阵实验室(Matrix Laboratory)的简称，MATLAB 系统最强大的功能是矩阵(由 $m×n$ 个元素构成的具有 m 行 n 列的表)运算.这里我们只探讨 $1×n$ 矩阵(只有一行的向量)，称为一维表.

在 MATLAB 系统中，一维表的表示形式是用方括号括起来的且中间用逗号分开的若干个相同类型的元素.如：

$$[1,2,100,6,15]$$

表示由 1,2,100,6,15 这 5 个元素组成的一维表.

(2) 表的元素

对于一维表 b 用 b(i) 表示它的第 i 个元素(分量).例如，下面的程序给出了表 b=[3,6,9,11,15] 的第 4 个元素 11.

```
≫ clear
syms b
  b=[3,6,9,11,15];
≫ b(4)
ans =    11
```

(3) 表的运算

设表 b1、b2 是结构完全相同的两个表.表 b1 与 b2 的和与差都等于其对应元素间的相应运算.

例 0.2.9 设 b1={1,2,3,4},b2={2,4,6,8}，求 b1+b2,b1-b2.

解

```
≫ clear
syms b1 b2
b1=[1 2 3 4];b2=[2 4 6 8];
b1+b2,b1-b2
ans =     3     6     9     12
ans =    -1    -2    -3    -4
```

0.2.5 解方程

solve 是解方程或方程组的函数，其形式为 solve(eqns,vars)，其中 eqns 可以是单个方程，也可以是方程组，单个方程用 exp==0(其中 exp 为关于未知元的表达式)的形式；方程组写成用方括号括起来的中间用逗号分隔的若干个单个方程的集合,如由两个方程构成的方程组应写成[exp1==0,exp2==0];vars 为未知元表,其形式为[x1,x2,x3,…].

此外,还可以用 fzero(exp,x0)求非线性方程 exp==0 在 x=x0 附近的根.

例 0.2.10　解方程 $x^2-1=0$.

解

```
>> clear
syms x
eqn = x^2-1==0;
solx = solve(eqn,x)
solx =
-1
 1
```

上面给出了方程 $x^2-1=0$ 的两个根:-1 和 1.

例 0.2.11　解方程组 $\begin{cases} 2x+y=4, \\ x+y=3. \end{cases}$

解

```
>> clear
syms x y
eqns = [2*x+y == 4,x+y == 3];
vars = [x y];
[solx,soly] = solve(eqns,vars)
solx = 1
soly = 2
```

例 0.2.12　求方程 $\sin x=0$ 在 $x=3$ 附近的一个根.

解

```
>> clear
syms x
f = @(x) sin(x);      % 定义表达式 f=sinx
fzero(f,3)            % 求 sinx=0 在 x=3 附近的根
ans = 3.1416
```

0.2.6　fprintf 语句

fprintf 为输出命令,其格式为

$$\text{fprintf('text\quad format',val)}$$

其中,text 为需要输出的文本内容,val 为需要输出的变量值,format 是对变量值 val 的显示格式说明.说明 val 的值为整数时用%d;说明 val 的值以科学记数法显示时用%e;说明 val 的值以浮点数显示时用%f;如果该语句的输出完成后需要换行的话用\n 说明.

例 0.2.13　输入 $a=5,b=6$,用 fprintf 语句输出"$a+b=11$"的字样.

解

```
>> clear
```

```
syms a b
a=5;b=6;
fprintf('a+b=%d\n',a+b)
a+b=11
```

0.2.7 平面图形

在 MATLAB 系统中,用 plot(x,y)绘制平面曲线 y=f(x)的图形,其中 x 是自变量的取值范围,它是一维数据表,y 是对应于自变量 x 取值的函数值的数据表.

自变量 x 的取值常用如下两种形式给出:

(1) x=a:d:b,表示自变量 x 从 a 开始,以 d 为间距,在闭区间[a,b]上的 n 个点所构成的一维数表(包含点 a,不一定包含点 b).

(2) x=linspace(x1,x2,n),表示在闭区间[x1,x2]上的 n 个点所构成的一维数表(包含区间端点 x1,x2),这些点的间距为(x2-x1)/(n-1).

例 0.2.14 画出正弦曲线 $y=\sin x$ 在$[0,6\pi]$上的图形.

解

```
>> clear
syms x y
x = 0:pi/100:6*pi;   % 表示自变量 x 从 0 开始,以 π/100 为间隔,取闭区间[0,6π]上的点
y = sin(x);
plot(x,y)
```

图形略.请读者上机实验.

0.2.8 if 语句

和其他高级语言一样,MATLAB 系统中也有描述分支结构的条件语句,即 if 语句,其格式如下:

if 条件表达式
    程序模块
end

或

if 条件表达式
    程序模块 1
else
    程序模块 2
end

0.3 学习任务 0 解答 选择哪种还房贷方法更好

解

1. 因为贷款总额 $b=186$ 万,月利率 $r=5.7\%/12$,还款年限 11 年,每月 1 期,即还款总期数为 $n=12\times 11=132$ 期,则

(1) 按等额本息还款法,每月还贷款额(本息)

$$Y = \frac{1\,860\,000 \times 5.7\%/12 \times (1+5.7\%/12)^{132}}{(1+5.7\%/12)^{132}-1} = 18\,999.4(元).$$

（2）按等额本息还款法，11年的还款总金额 $= 18\,999.4 \times 132 = 2.507\,92 \times 10^6(元)$.

（3）按等额本息还款法，11年的还款总利息 $= 2.507\,92 \times 10^6 - 1.86 \times 10^6 = 647\,922(元)$.

（4）按等额本金还款法，由于第 k 期（月）还款额为

$$Y_k = \frac{1\,860\,000}{132} + \left[1\,860\,000 - (k-1)\frac{1\,860\,000}{132}\right] \times 5.7\%/12(元)$$

（$k=1,2,\cdots,132$），

所以，第1期（首月末）还款额为

$$Y_1 = \frac{1\,860\,000}{132} + \left[1\,860\,000 - (1-1)\frac{1\,860\,000}{132}\right] \times 5.7\%/12$$
$$= 22\,925.9(元).$$

（5）按等额本金还款法，每月递减额为 $Y_k - Y_{k+1} = \frac{b}{n}r = 66.931\,8(元)$.

（6）按等额本金还款法，11年的还款总金额为

$$\text{debjzhke} = \sum_{k=1}^{132} Y_k = 2.447\,53 \times 10^6(元).$$

（7）按等额本金还款法，11年的还款总利息为

$$\text{debjzlx} = \text{debjzhke} - b = 587\,528(元).$$

（8）由（1）的计算结果知，按等额本息还款法，每月还款额为 18 999.4 元；由（4）（5）的计算结果知，按等额本金还款法，首期还款 22 925.9 元，并且每月递减额为 66.931 8 元，每月还款额有若干期都高于该人每月最高只能还款 20 000 元的限额，所以，该人应选择等额本息还款法还贷.

（9）由（1）的计算结果知，按等额本息还款法，每月还贷款额为 18 999.4 元；由（4）的计算结果知，按等额本金还款法，月还款额最高为 22 925.9 元，两种还款方法都不超过其每月 23 000 元的还贷能力，但是，由（2）的计算结果知，按等额本息还款法 11 年还款总额为 $2.507\,92 \times 10^6$ 元；由（6）的计算结果知，按等额本金还款法 11 年的还款总额为 $2.447\,53 \times 10^6$ 元，所以，选择等额本金还款法还贷还款总额较少.

2. 扫描二维码，查看学习任务 0 的 Mathematica 程序.

3. 扫描二维码，查看学习任务 0 的 MATLAB 程序.

扫一扫，看代码
Mathematica 程序

扫一扫，看代码
MATLAB 程序

第1章 映射与函数

1.0 学习任务1 保持安全车距驾驶

由于惯性作用,行驶中的汽车在刹车后还要继续向前滑行一段距离才能停下,所以,为了避免追尾,需要与前车保持一定的距离.当驾驶员发现危险情况而急刹车时,人的大脑和刹车系统都需要少许反应时间.一般把从发现危险情况到踩下制动踏板发生制动作用之前的这段时间称为**反应时间**,在反应时间内汽车行驶的距离称为**反应距离**;把从开始制动到汽车完全静止,汽车所走过的路程称为**制动距离**.为确保后车不会与前车追尾,后车需要始终与前车保持一定的距离,称其为安全车距.一般地说,安全车距要大于反应距离与制动距离之和(图1.0.1).测试人员对某型号的汽车进行了测试,测得车速与反应时间(表1.0.1)及车速与制动距离(表1.0.2)各10组数据.

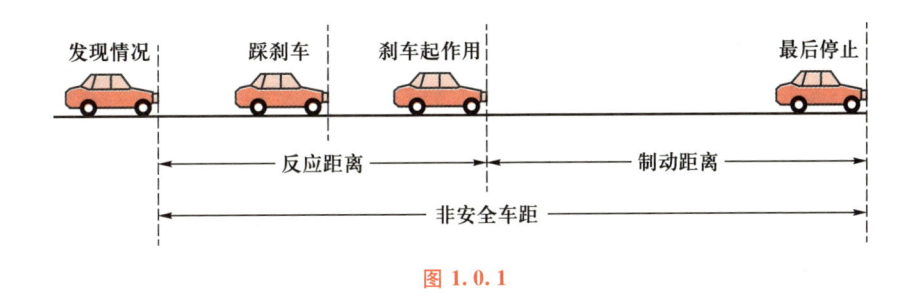

图 1.0.1

表 1.0.1

车速/(km·h^{-1})	10	20	30	40	50	60	70	80	90	100
反应时间/s	3.6	3.2	3.0	2.8	2.7	2.5	2.3	2.1	2.0	1.85

表 1.0.2

车速/(km·h^{-1})	10	20	30	40	50	60	70	80	90	100
制动距离/m	0.5	2.0	4.4	7.9	12.3	17.7	24.1	31.5	39.7	49.0

请完成如下任务:
(1) 根据表1.0.1写出车速与反应距离间的表格形式的函数关系.
(2) 以车速为横轴,以制动距离为纵轴建立直角坐标系.先在该坐标系下描出表1.0.2中的数据点,再用曲线连接这些点,从而得到车速与制动距离的函数图像.
(3) 根据车速与制动距离的函数图像估计函数类型,并利用表1.0.2中的数据求出车速与制动距离间的函数关系式.

（4）求出该型号的汽车车速为 100 km/h 时的安全车距.

上述问题不但涉及由已知信息求出表格形式的函数关系，而且涉及函数图像、函数解析表达式，因此，解决该问题需要熟悉函数及其有关知识.

> **引例** 小明对函数概念有些疑惑，他问老师两个问题：
> （1）函数的定义域一定是非空数集吗？
> （2）对于给定的函数 $f(x)$，无论自变量 x 取定什么数值 x_0，函数 $f(x)$ 都有唯一确定的值 $f(x_0)$ 与之对应吗？
> 老师回答：（1）函数的定义域必须是非空数集；
> （2）对给定的函数 $f(x)$，只有当 x 在定义域内取定一个值 x_0 后，函数才有唯一确定的值 $f(x_0)$ 与之对应.

千姿百态的物质世界无不处在运动、变化和发展之中.16 世纪以后，随着社会的发展，为适应社会生产力发展的需要，运动变化成为自然科学研究的主题，对各种变化过程和过程中的变量间的依赖关系的研究催生了函数概念.函数是刻画运动变化中变量相依关系的数学模型，其思想是通过某一事实的信息去推知另一事实.例如如果我们知道了圆的半径，那么它的面积也就确定了.

微积分是从研究函数开始的.本章将在中学数学已有函数知识的基础上进一步理解函数、反函数、复合函数及初等函数的概念，为微积分的学习打下基础.

函数概念与映射概念密切相关，下面先介绍映射的概念.

1.1 映射的概念

在实践中，为了一定的目的，经常定义某种规则，使一个集合中的元素与另一个集合中的元素建立起某种对应关系.

例 1.1.1 设规定 f：要求把正整数集 $\mathbf{N}^*$ 中任一元素都乘以 2.

例 1.1.2 设集合 $A=\{\text{小王},\text{小李},\text{小张},\text{小周}\}$，集合 B 为由鼠、牛、虎等十二生肖组成的集合，规定 g：要求对集合 A 中每个元素，在集合 B 中找到其属相.

在数学上，把类似于规定 f 与 g 所确定的规则称为映射.

映射是现代数学中的一个基本概念，本节主要介绍映射、满射、单射、一一映射、逆映射与复合映射有关概念.

在介绍映射概念之前，先明确常见数集的符号：

全体自然数集合，记作 $\mathbf{N}$，即 $\mathbf{N}=\{0,1,2,3,\cdots\}$；

全体正整数集合，记作 $\mathbf{N}^*$，即 $\mathbf{N}^*=\{1,2,3,\cdots\}$；

全体实数集合，记作 $\mathbf{R}$，即 $\mathbf{R}=\{x\mid -\infty<x<+\infty\}$；

全体整数集合，记作 $\mathbf{Z}$，即 $\mathbf{Z}=\{\cdots,-n,\cdots,-2,-1,0,1,2,\cdots,n,\cdots\}$；

全体有理数集合，记作 $\mathbf{Q}$，即 $\mathbf{Q}=\left\{\dfrac{p}{q}\,\middle|\, p\in\mathbf{Z}, q\in\mathbf{N}^* \text{且} p \text{与} q \text{互质}\right\}=\{x\mid x \text{为有理数}\}$；

全体无理数集合，记作 $\mathbf{Q}^c$，即 $\mathbf{Q}^c=\{x\mid x \text{为无理数}\}$，即 $\mathbf{Q}^c=\mathbf{R}\backslash\mathbf{Q}$；

全体复数集合，记作 $\mathbf{C}$，即 $\mathbf{C}=\{a+bi\mid a,b\in\mathbf{R}, i^2=-1\}=\{z\mid z \text{为复数}\}$.

1.1.1 映射的定义

定义 1.1.1 （映射,满射,单射,一一映射）

(1) 设 X,Y 是两个非空集合,若存在一个法则 f,使得对 X 中每个元素 x,按照法则 f,在 Y 中有唯一确定的元素 y 与之对应,则称 f 为从 X 到 Y 的映射,记作

$$f: X \to Y.$$

其中 y 称为元素 x(在映射 f 下)的像,即 $y=f(x)$,而元素 x 称为元素 y(在映射 f 下)的一个原像;集合 X 称为映射 f 的定义域,记作 D_f,即 $D_f=X$;X 中所有元素的像所组成的集合称为映射 f 的值域,记作 R_f 或 $f(X)$,即 $R_f = f(X) = \{f(x) \mid x \in X\}$(图 1.1.1).

(2) 设 f 是从集合 X 到集合 Y 的映射,若 $R_f = Y$,即 Y 中任一元素 y 都是 X 中某元素的像,则称 f 为 X 到 Y 的满射.

(3) 设 f 是从集合 X 到集合 Y 的映射,若对 X 中任意两个不同元素 $x_1 \neq x_2$,它们的像 $f(x_1) \neq f(x_2)$,则称 f 为 X 到 Y 的单射.

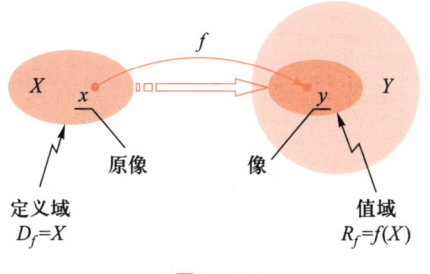

(4) 设 f 是从集合 X 到集合 Y 的映射,若映射 f 既是单射,又是满射,则称 f 为一一映射(或双射).

注意:① 构成一个映射必须具备以下三个要素:集合 X,即定义域 $D_f = X$;集合 Y,即值域的范围:$R_f \subset Y$;对应法则 f,使对每个 $x \in X$,在集合 Y 中有唯一确定的 $y = f(x)$ 与之对应.

② 对每个 $x \in X$,元素 x 的像 y 是唯一的;而对每个 $y \in R_f$,元素 y 的原像不一定是唯一的;映射 f 的值域 R_f 是集合 Y 的一个子集,即 $R_f \subset Y$,不一定有 $R_f = Y$.

③ f 是从集合 X 到集合 Y 的一一映射,则原像和像都是唯一的.

例 1.1.3 设 $f: \mathbf{R} \to \mathbf{R}$,对每个 $x \in \mathbf{R}$,$f(x) = x^2$.显然,f 是一个映射,f 的定义域 $D_f = \mathbf{R}$,值域 $R_f = \{y \mid y \geq 0\}$,它是 $\mathbf{R}$ 的一个真子集.对于 R_f 中的元素 y,除 $y = 0$ 外,它的原像不是唯一的.如 $y = 4$ 的原像就有 $x = 2$ 和 $x = -2$ 两个.

例 1.1.4 设 $X = \{(x,y) \mid x^2 + y^2 = 1\}$,$Y = \{(x,0) \mid \mid x \mid \leq 1\}$,$f: X \to Y$,对每个 $(x,y) \in X$,有唯一确定的 $(x,0) \in Y$ 与之对应.显然 f 是一个映射,f 的定义域 $D_f = X$,值域 $R_f = Y$.在几何上,这个映射表示将平面上一个圆心在原点的单位圆周上的点投影到 x 轴的区间 $[-1,1]$ 上.

例 1.1.5 设 $f: [0,\pi] \to [-1,1]$,对每个 $x \in [0,\pi]$,有 $f(x) = \cos x$.则 f 是一个映射,其定义域 $D_f = [0,\pi]$,值域 $R_f = [-1,1]$.

例 1.1.3 中的映射,既非单射,又非满射;例 1.1.4 中的映射不是单射,是满射;例 1.1.5 中的映射,既是单射,又是满射,因此是一一映射.

1.1.2 逆映射

定义 1.1.2(逆映射) 设 f 是 X 到 Y 的一一映射,则对每个 $y \in R_f = Y$,有唯一的 $x \in X$,满足 $f(x) = y$.即

$$g: R_f \to X,$$

对每个 $y \in R_f$，规定 $g(y)=x$，x 满足 $f(x)=y$。这个映射 g 称为 f 的逆映射，记作 f^{-1}，其定义域 $D_{f^{-1}} = R_f = Y$，值域 $R_{f^{-1}} = X$.

例 1.1.6 设映射 $f：[0,\pi] \to [-1,1]$，对每个 $x \in [0,\pi]$，$f(x) = \cos x$.

对每个 $y \in R_f = [-1,1]$，有唯一的 $x \in D_f = [0,\pi]$，满足 $f(x) = \cos x = y$.

所以，存在一个映射 $f^{-1}：R_f \to D_f$，对每个 $x \in [-1,1]$，$f^{-1}(x) = \arccos x, x \in [-1,1]$.

这个 f^{-1} 就是将在 1.2 节中介绍的反余弦函数，

$$f^{-1}(x) = \arccos x, x \in [-1,1],$$

其定义域 $D_{f^{-1}} = [-1,1]$，值域 $R_{f^{-1}} = [0,\pi]$.

1.1.3 复合映射

定义 1.1.3（复合映射） 设有两个映射

$$g：X \to Y_1, f：Y_2 \to Z,$$

其中 $Y_1 \subset Y_2$，则由映射 g 和 f 可以定出一个从 X 到 Z 的对应法则，它将每个 $x \in X$ 映成 $f[g(x)] \in Z$. 显然，这个对应法则确定了一个从 X 到 Z 的映射，这个映射称为映射 g 和 f 构成的复合映射，记作 $f \circ g$，即

$$f \circ g：X \to Z, (f \circ g)(x) = f[g(x)], x \in X.$$

由复合映射的定义可知，映射 g 和 f 构成复合映射的条件是：g 的值域 R_g 必须包含在 f 的定义域内，即 $R_g \subset D_f$. 否则，不能构成复合映射，由此可以知道，映射 g 和 f 的复合是有顺序的. $f \circ g$ 有意义并不表示 $g \circ f$ 也有意义. 即使 $f \circ g$ 与 $g \circ f$ 都有意义，复合映射 $f \circ g$ 与 $g \circ f$ 也未必相同.

例 1.1.7 设有映射 $f：[-1,1] \to [0,1]$，对每个 $u \in [-1,1]$，$f(u) = \sqrt{1-u^2}$；映射 $g：\mathbf{R} \to [-1,1]$，对每个 $x \in \mathbf{R}$，$g(x) = \cos x$. 则映射 g 和 f 构成的复合映射 $f \circ g：\mathbf{R} \to [0,1]$. 对每个 $x \in \mathbf{R}$，有

$$(f \circ g)(x) = f[g(x)] = f(\cos x) = \sqrt{1-\cos^2 x} = |\sin x|.$$

映射又称为算子. 在不同的数学分支中，映射有不同的名称. 例如，从非空集 X 到数集 Y 的映射称为 X 上的泛函；从非空集 X 到它自身的映射称为 X 上的变换；从实数集 X（或其子集）到实数集 Y 的映射通常称为定义在 X 上的函数.

— 思考题 1.1 —

1. 从 X 到 Y 的映射与从 X 到 Y 的单射有何区别？
2. 从 X 到 Y 的映射与从 X 到 Y 的满射有何区别？
3. 从 X 到 Y 的映射与从 X 到 Y 的一一映射有何区别？
4. 从 X 到 Y 的映射和从 X 到 Y 的单射都存在逆映射吗？

— 练习 1.1A —

1. 设映射 $f：\mathbf{R} \to \mathbf{R}$，对每个 $x \in \mathbf{R}$，$f(x) = x^3$. 写出映射 f 的定义域及映射 f 的值域.
2. 设映射 $f：X \to Y$，对每个 $x \in X$，$f(x) = \sqrt{x}$. 写出映射 f 的定义域及映射 f 的值域.

— 练习 1.1B —

1. 设映射 $f: \left[-\dfrac{\pi}{2}, \dfrac{\pi}{2}\right] \to Y$，对每个 $x \in \left[-\dfrac{\pi}{2}, \dfrac{\pi}{2}\right]$，$f(x) = \sin x$. 求

（1）f 的值域；

（2）f 的逆映射.

2. 设映射 $f: X \to Y$，对每个 $x \in X$，$f(x) = (x+1)^3$. 求

（1）映射 f 的定义域及映射 f 的值域；

（2）f 的逆映射.

1.2 函数的概念与性质

本节先复习函数的概念与性质，除函数的定义外，读者还应特别关注分段函数的求值及其作图细节.

1.2.1 函数的概念

函数的概念在 17 世纪之前一直与公式紧密关联，到了 1837 年，德国数学家狄利克雷(Dirichlet, 1805—1859)抽象出了直至今日仍为人们易于接受，并且较为合理的函数概念.

1. 函数的定义

定义 1.2.1（函数） 设有两个变量 x 和 y，若当变量 x 在非空实数集 D 内，任意取定一个数值时，变量 y 按照一定的对应法则 f，有唯一确定的值与之对应，则称 y 是 x 的函数，记作

$$y = f(x), \quad x \in D,$$

其中变量 x 称为自变量，变量 y 称为函数（或因变量）. 自变量的取值范围 D 称为函数的定义域.

从定义 1.2.1 不难看出，函数就是从实数集到实数集的映射，下面再从映射的观点给出函数的定义.

定义 1.2.1′（函数） 设数集 $D \subset \mathbf{R}$，称映射 $f: D \to \mathbf{R}$ 为定义在 D 上的函数，通常简记为

$$y = f(x), \quad x \in D,$$

其中 x 称为自变量，y 称为因变量，D 称为定义域，记作 D_f，即 $D_f = D$.

若对于确定的 $x_0 \in D$，通过对应法则 f，函数 y 有唯一确定的值 y_0 相对应，则称 y_0 为函数 $y = f(x)$ 在 x_0 处的函数值，记作

$$y\big|_{x=x_0} \quad \text{或} \quad f(x_0),$$

函数值的集合称为函数的值域，记作 R_f，即 $R_f = \{y \mid y = f(x), x \in D\}$.

若函数在某个区间 I 上的每一点都有定义，则称这个函数在该区间上有定义，区间 I 称为该函数的定义区间.

例 1.2.1 设 $y = f(x) = \dfrac{1}{x} \sin \dfrac{1}{x}$，求 $f\left(\dfrac{2}{\pi}\right)$.

解 $$y\Big|_{x=\frac{2}{\pi}} = f\left(\frac{2}{\pi}\right) = \frac{\pi}{2}\sin\frac{\pi}{2} = \frac{\pi}{2}.$$

例 1.2.2 设 $f(x+1) = x^2 - 3x$, 求 $f(x)$.

解 令 $x+1 = t$, 则 $x = t-1$, 所以
$$f(t) = (t-1)^2 - 3(t-1) = t^2 - 5t + 4,$$
再令 $t = x$, 得
$$f(x) = x^2 - 5x + 4.$$

2. 函数的两个要素

函数的对应法则和定义域称为函数的两个要素,而函数的值域一般称为派生要素.

(1) 对应法则

由函数的定义知,对应法则规定了自变量与因变量取值的对应关系,也就是说,给定自变量的一个值后,通过对应法则就能得到唯一的函数值.

所以,给定两个对应法则,如果对自变量任意同一取值,其对应的函数值都相等,则称这两个对应法则相同,否则,说这两个对应法则不同.

例 1.2.3 下面各组对应法则是否相同? 为什么?

① f:

x	1	2	3	4
y	6	7	8	9

, g:

x	1	2	3	4
y	6	7	8	9

;

② φ:

x	1	2	3
y	1	1	1

, ψ:

x	4	5	6
y	1	1	1

;

③ $f_1(x) = \sqrt{x}$, $x \in [0, +\infty)$, $f_2(x) = \sqrt{-x}$, $x \in (-\infty, 0]$.

解 ① 因为对自变量 x 任意同一取值,均有 $f(x) = g(x)$, 所以 f 与 g 相同;
② 因为自变量 x 的取值范围不同,所以,φ 与 ψ 不同;
③ 因为自变量 x 的取值范围不同,所以,f_1 与 f_2 不同.

(2) 定义域

自变量的取值范围称为函数的定义域.

例 1.2.4 指出正弦函数 $y = \sin x$ 的定义域、值域,并说明其最大值、最小值.

解 $y = \sin x$ 的定义域为 $(-\infty, +\infty)$, 值域为 $[-1, 1]$;
由于 $y \in [-1, 1]$, 即 $-1 \leq y \leq 1$, 所以, $y = \sin x$ 的最大值为 1, 最小值为 -1.

例 1.2.5 求函数 $y = \sqrt{4 - x^2} + \ln(x-1)$ 的定义域.

解 这是两个函数之和的定义域,先分别求出每个函数的定义域,然后求其公共部分即可.

为使 $\sqrt{4-x^2}$ 有定义,必须使 $4 - x^2 \geq 0$, 即
$$x^2 \leq 4,$$
解得
$$|x| \leq 2,$$
即 $\sqrt{4-x^2}$ 的定义域为 $[-2, 2]$.

为使 $\ln(x-1)$ 有定义,必须使 $x - 1 > 0$, 即
$$x > 1,$$

即 $\ln(x-1)$ 的定义域为 $(1,+\infty)$.

由于 $[-2,2] \cap (1,+\infty) = (1,2]$,

于是,所求函数的定义域是 $(1,2]$.

(3) 相同函数

如果两个函数的定义域相同、对应法则也相同,那么,这两个函数就是相同的函数.

例 1.2.6 下列函数是否相同,为什么?

① $y = \ln x^2$ 与 $y = 2\ln x$;

② $w = \sqrt{u}$ 与 $y = \sqrt{x}$.

解 ① $y = \ln x^2$ 与 $y = 2\ln x$ 不是相同的函数,因为定义域不同.

② $w = \sqrt{u}$ 与 $y = \sqrt{x}$ 是相同的函数,因为对应法则与定义域均相同.

3. 函数的记号

(1) y 是 x 的函数,可以记作 $y = f(x)$,也可以记作 $y = \varphi(x)$ 或 $y = F(x)$ 等,但同一函数在同一问题的讨论过程中应取定一种记法,同一问题中涉及多个函数时,则应取不同的记号分别表示它们各自的对应法则,为方便起见,有时也用记号 $y = y(x), u = u(x), s = s(x)$ 等表示函数.

(2) 按照函数定义,记号 f 和 $f(x)$ 的含义是有区别的:f 表示自变量 x 和因变量 y 之间的对应法则,而 $f(x)$ 表示与自变量 x 对应的函数值.但为了叙述方便,习惯上常用记号 "$f(x), x \in D$" 或 "$y = f(x), x \in D$" 来表示定义在 D 上的函数.

4. 函数的表示法

函数可以用至少三种不同的方法来表示:表格法、图像法和公式法.

(1) **表格法** 表格法就是通过列出表格来表示变量之间的对应关系的方法.

例 1.2.7 中央广播电视总台每天都播放天气预报,经统计,某地某年 9 月 19 日—29 日每天的最高气温如表 1.2.1 所示.

表 1.2.1

日期(9 月)	19	20	21	22	23	24	25	26	27	28	29
最高气温/℃	28	28	27	25	24	26	27	25	23	22	21

这个表格确实表达了温度是日期的函数,这里不存在任何计算温度的公式,但是每一天都会产生出一个唯一的最高气温,对每个日期 t,都有一个与 t 相对应的唯一最高气温 N.

(2) **图像法** 图像法就是用图像表示变量之间的对应关系的方法.

例 1.2.8 根据《2019 年国民经济和社会发展统计公报》和《2018 年国民经济和社会发展统计公报》可知,从 2014 年到 2019 年末,全国贫困人口分别为 7 017 万人,5 575 万人,4 335 万人,3 046 万人,1 660 万人,551 万人.《2020 年国民经济和社会发展统计公报》宣布,党的十八大以来,9 899 万农村贫困人口全部实现脱贫,贫困县全部摘帽,绝对贫困历史性消除.根据这些数据画出图 1.2.1,观察图 1.2.1,一方面可以看出,全国贫困人口数量直线下降,精准扶贫成效显著.另一方面可以看出,给定一个具体年份,就得到一个具体的全国贫困人口数,我们称图 1.2.1 确定了全国贫困人口数是年份的函数.

图 1.2.1

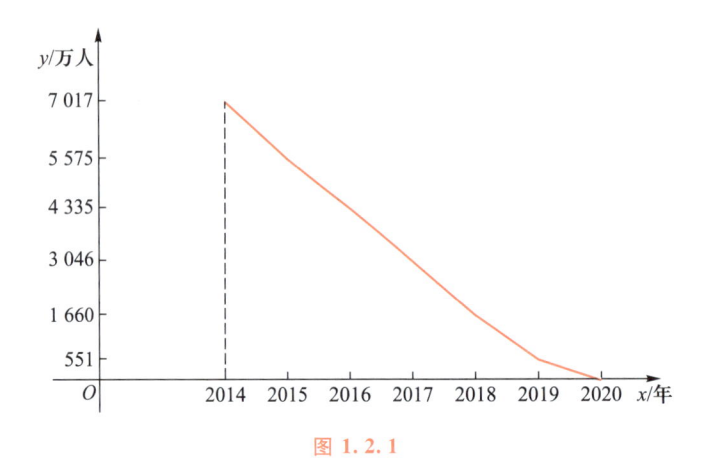

例 1.2.9 王先生到郊外观景,他匀速前进,离家不久,他发现一骑车人的自行车坏了,他帮助这个人把自行车修好,随后又上路了.请把王先生离家的距离关于时间的函数用图形描述出来.

解 王先生离家的距离关于时间的函数图形如图 1.2.2 所示.

（3）公式法　公式法就是用数学表达式表示变量之间的对应关系的方法,公式法又称为解析法,用公式法表达函数的数学表达式也称为解析式.

例 1.2.10 王先生到郊外观景,他以 3 km/h 的速度匀速前进,离家 1 h 时,他发现一骑车人的自行车坏了,他用了 2 h 帮助这个人把自行车修好后,又继续以 3 km/h 的速度向前走了 2 h（图 1.2.3）.则王先生离家的距离关于时间的函数 $f(x)$ 可表示为

$$f(x)=\begin{cases} 3x, & 0\leqslant x\leqslant 1, \\ 3, & 1< x\leqslant 3, \\ 3x-6, & 3< x\leqslant 5. \end{cases}$$

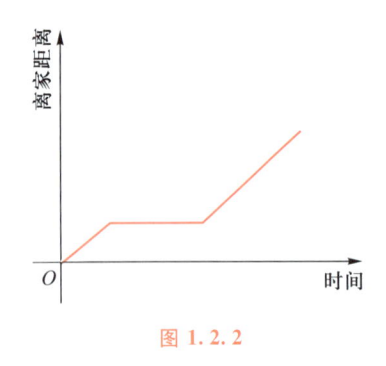

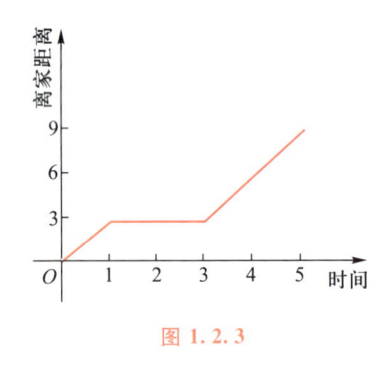

图 1.2.2　　图 1.2.3

该函数 $f(x)$ 的定义域为 $D=[0,5]$,但它在定义域的不同范围内的函数值是分别表示的,这样的函数称为**分段函数**.

5. 分段函数

定义 1.2.2（分段函数）　如果一个函数的函数值在其定义域的不同范围内是分别表达的,则称该函数为分段函数.

由此可见,分段函数就是在自变量的不同取值范围内有着不同对应法则的函数.

分段函数是定义域上的一个函数,不要理解为多个函数,分段函数需要分

微视频

分段函数

段求值,分段作图.

例 1.2.11 作出下列分段函数的图形:
$$f(x) = \begin{cases} 0, & -1 < x \leq 0, \\ x^2, & 0 < x \leq 1, \\ 3-x, & 1 < x \leq 2. \end{cases}$$

解 该分段函数的图形如图 1.2.4 所示.

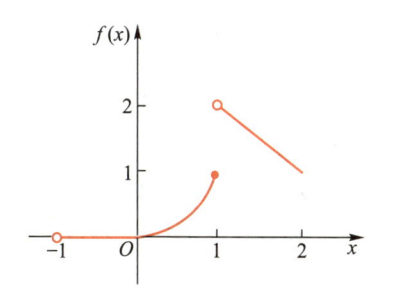

图 1.2.4

例 1.2.12 设自变量 x 的取值范围为数集 $A = \{4,6,3\}$,下列数学结构给出了变量 y 与 x 的对应关系如表 1.2.2 所示:

表 1.2.2

x	4	6	3	4
y	1	2	5	7

问该数学结构是否确定了 y 是 x 的函数?

解 由于在题设所给数学结构中,$x = 4$ 时变量 y 有 2 个不同的值 1 和 7 与之对应,所以,该数学结构不是函数.

例 1.2.13 指出绝对值函数 $y = |x| = \begin{cases} -x, x < 0, \\ x, x \geq 0 \end{cases}$ 的定义域和值域,并画出其图形.

解 $y = |x| = \begin{cases} -x, x < 0, \\ x, x \geq 0 \end{cases}$ 的定义域 $D = (-\infty, +\infty)$,值域 $R_f = [0, +\infty)$.

它的图形如图 1.2.5 所示.

例 1.2.14 指出符号函数 $y = \text{sgn } x = \begin{cases} -1, x < 0, \\ 0, \ x = 0, \\ 1, \ x > 0 \end{cases}$ 的定义域和值域,并画出其图形.

解 符号函数 $y = \text{sgn } x = \begin{cases} -1, x < 0, \\ 0, \ x = 0, \\ 1, \ x > 0 \end{cases}$ 的定义域 $D = (-\infty, +\infty)$,值域 $R_f = \{-1, 0, 1\}$.

它的图形如图 1.2.6 所示.

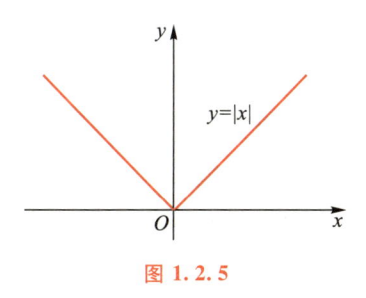

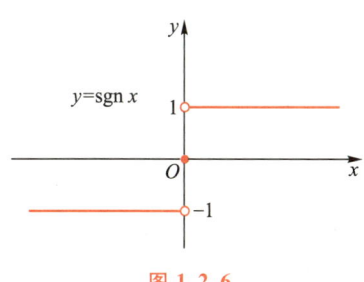

图 1.2.5

图 1.2.6

注意:对于任何实数 x 都有 $x = |x| \cdot \text{sgn } x$.

例 1.2.15 对任一实数 x,用 $[x]$ 表示不超过 x 的最大整数,称其为 x 的整数部分.
(1) 写出 $[-2.4], [-1.9], [-1], [-0.7], [0.7], [1], [1.9], [2.4]$ 的值;
(2) 写出函数 $y = [x]$ 的定义域和值域;
(3) 画出函数 $y = [x]$ 的图形.

解 （1）因为$[x]$表示不超过x的最大整数，所以，

$[-2.4]=-3,[-1.9]=-2,[-1]=-1,[-0.7]=-1,[0.7]=0,[1]=1,[1.9]=1,[2.4]=2.$

（2）$y=[x]$的定义域$D=(-\infty,+\infty)$，值域$R_f=\{\cdots,-4,-3,-2,-1,0,1,2,3,4,\cdots\}=\mathbf{Z}$.

（3）函数$y=[x]$的图形如图1.2.7所示.该图形称为阶梯曲线.在x为整数值处，图形发生跳跃，其跃度为1.函数$y=[x]$称为取整函数.

1.2.2 函数的几种特性

1. 有界性

定义 1.2.3（有界性） 设函数$f(x)$的定义域为数集D，X为D的子集，若存在正数M，使得对任意$x\in X$，都有$|f(x)|\leqslant M$，则称$f(x)$在数集X上有界（图1.2.8中的函数$f(x)$在闭区间$[a,b]$上有界）.若$f(x)$在数集D上有界，也称$f(x)$为D上的有界函数.

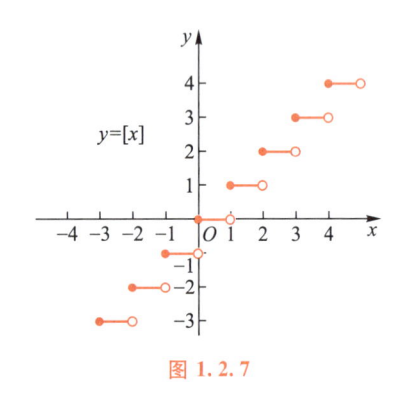

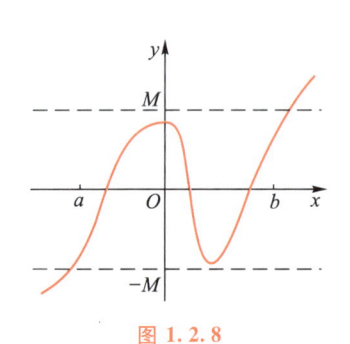

图 1.2.7

图 1.2.8

如果这样的M不存在，就称函数$f(x)$在数集X上无界.即如果对于任何正数M，总存在$x_0\in X$，使得$|f(x_0)|>M$，那么函数$f(x)$在数集X上无界.

如果存在数M_1，对任一$x\in X$，都有$f(x)\geqslant M_1$成立，则称函数$f(x)$在X上有下界，此时，称数M_1为函数$f(x)$在X上的一个下界.

如果存在数M_2，对任一$x\in X$，都有$f(x)\leqslant M_2$成立，那么称函数$f(x)$在X上有上界，此时，称数M_2为函数$f(x)$在X上的一个上界.

例 1.2.16 证明函数$f(x)$在X上有界的充分必要条件是它在X上既有上界又有下界.

证 （1）（充分性）因为对任一$x\in X$，由于函数$f(x)$在X上有下界，所以，存在数M_1，使得$f(x)\geqslant M_1$成立，又由于函数$f(x)$在X上有上界，所以，存在数M_2，使得$f(x)\leqslant M_2$成立.即对任一$x\in X$，有$M_1\leqslant f(x)\leqslant M_2$成立.令$M=\max\{|M_1|,|M_2|\}$，则有$M_1\geqslant -M,M_2\leqslant M$.因此，$-M\leqslant f(x)\leqslant M$，即$|f(x)|\leqslant M$，这就是说，函数$f(x)$在$X$上有界.

（2）（必要性）因为函数$f(x)$在X上有界，对任一$x\in X$，存在正数M，使得$|f(x)|\leqslant M$，即$-M\leqslant f(x)\leqslant M$.因此，对任一$x\in X$，存在正数$M$，使得$f(x)\geqslant -M$，这就是说函数$f(x)$在$X$上有下界；对任一$x\in X$，存在正数$M$，使得$f(x)\leqslant M$，这就是说函数$f(x)$在$X$上有上界.证毕.

例 1.2.17 $f(x)=\sin x$在$(-\infty,+\infty)$上有界，因为$|\sin x|\leqslant 1$.而$\varphi(x)=\dfrac{1}{x}$在开区间$(0,1)$内无界.

2. 单调性

定义 1.2.4(单调性) 设函数 $f(x)$ 在区间 I 上有定义,对于区间 I 上任意两点 x_1,x_2,当 $x_1<x_2$ 时,若有 $f(x_1)<f(x_2)$,则称 $f(x)$ 在 I 上单调增加(图 1.2.9).若 $f(x_1)>f(x_2)$,则称 $f(x)$ 在 I 上单调减少(图 1.2.10).如果函数 $f(x)$ 在区间 I 上单调增加,则把区间 I 称为该函数的单调增区间,把 $f(x)$ 称为区间 I 上的单调增加函数,简称单增函数;如果函数 $f(x)$ 在区间 I 上单调减少,则把区间 I 称为该函数的单调减区间.把 $f(x)$ 称为区间 I 上的单调减少函数,简称单减函数.单调增区间与单调减区间统称为单调区间,单调增加函数和单调减少函数统称为单调函数.

注意:按定义 1.2.4 定义的单调函数是通常所说的"严格单调函数",在本书中,如无特别说明均指严格单调函数.

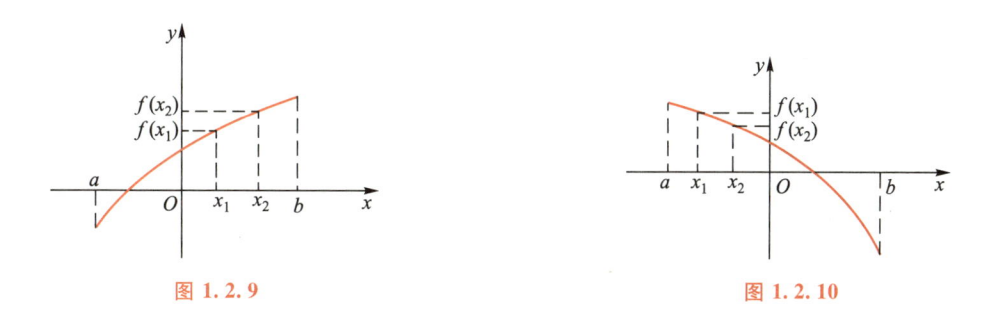

图 1.2.9

图 1.2.10

例 1.2.18 图 1.2.11,图 1.2.12 所给的函数 $f(x),g(x)$ 在区间 $[a,b]$ 上都是单调增加的吗?

解 图 1.2.11 所示函数 $f(x)$ 在区间 $[a,b]$ 上是单调增加的;图 1.2.12 所示函数 $g(x)$ 在区间 $[a,b]$ 上不是单调增加的.

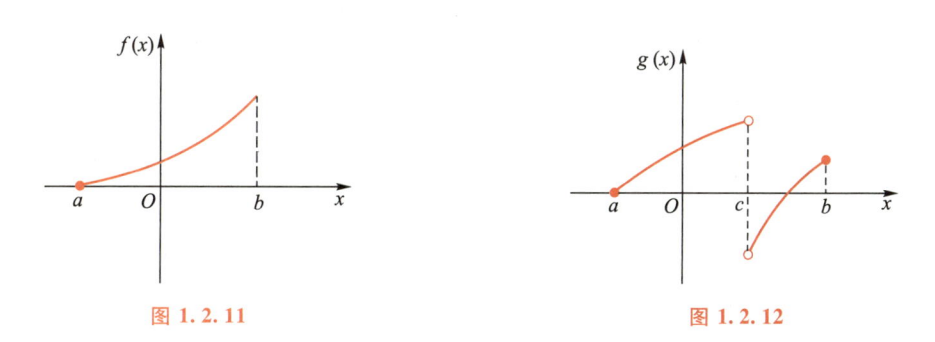

图 1.2.11

图 1.2.12

例 1.2.19 写出图 1.2.13 所示函数 $f(x)$ 的单调区间.

解 图 1.2.13 所示函数的单调区间如下:闭区间 $[a,e]$ 为函数 $f(x)$ 的单调减区间;闭区间 $[e,b]$ 为函数 $f(x)$ 的单调增区间.

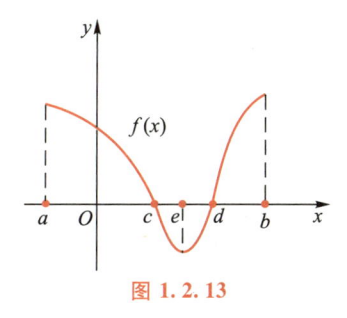

图 1.2.13

3. 奇偶性

定义 1.2.5(奇偶性) 设函数 $f(x)$ 的定义域 I 关于原点对称,若对于任意 $x\in I$,都有 $f(-x)=f(x)$,则称 $f(x)$ 为偶函数(图 1.2.14);若 $f(-x)=-f(x)$,则称 $f(x)$ 为奇函数(图 1.2.15).

例 1.2.20 判别函数 $f(x)=x^2$ 的奇偶性.

解 因为 $f(x)=x^2$ 的定义域是关于坐标原点对称的区间 $(-\infty,+\infty)$,又因为对任意的 $x\in(-\infty,+\infty)$,有 $f(-x)=(-x)^2=x^2=f(x)$,所以 $f(x)=x^2$ 为偶函数.

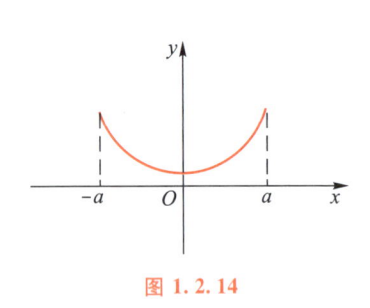

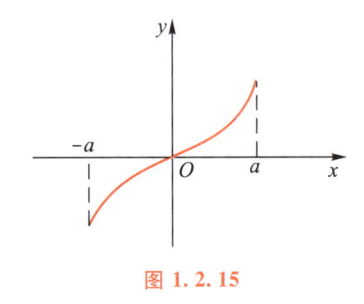

图 1.2.14

图 1.2.15

4. 周期性

定义 1.2.6(周期性) 设函数 $f(x)$ 的定义域为 D.若存在正数 T,使得对于任意 $x\in D$,有 $x\pm T\in D$,且 $f(x+T)=f(x)$,则称 $f(x)$ 为周期函数(图 1.2.16),通常所说的周期函数的周期是指它的最小正周期.

图 1.2.16

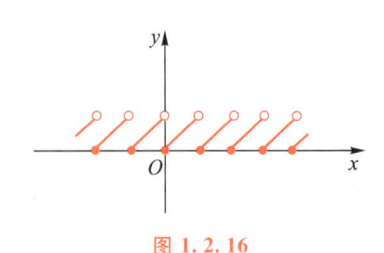

例 1.2.21 指出正弦函数、余弦函数、正切函数、余切函数的最小正周期.

解 正弦函数 $\sin x$ 的最小正周期为 2π,即 $\sin(x+2\pi)=\sin x$;

余弦函数 $\cos x$ 的最小正周期为 2π,即 $\cos(x+2\pi)=\cos x$;

正切函数 $\tan x$ 的最小正周期为 π,即 $\tan(x+\pi)=\tan x$;

余切函数 $\cot x$ 的最小正周期为 π,即 $\cot(x+\pi)=\cot x$.

例 1.2.22 验证狄利克雷(Dirichlet)函数

$$D(x)=\begin{cases}1,x\in\mathbf{Q},\\0,x\in\mathbf{Q}^c\end{cases}$$

为周期函数.

解 对任一 $x_1\in\mathbf{Q}, x_2\in\mathbf{Q}^c$ 及任一正有理数 r,都有 $x_1+r\in\mathbf{Q}, x_2+r\in\mathbf{Q}^c$. 又因为 $D(x)=\begin{cases}1,x\in\mathbf{Q},\\0,x\in\mathbf{Q}^c\end{cases}$ 所以 $D(x_1+r)=1=D(x_1), D(x_2+r)=0=D(x_2)$,即对任一 $x\in\mathbf{R}$ 有 $D(x+r)=1=D(x)$,从而狄利克雷函数 $D(x)$ 是周期函数,并且任一正有理数都是它的周期,所以它没有最小正周期.

1.2.3 反函数

在研究两个变量之间的函数关系时,可根据问题的实际需要选定一个作为自变量,另一个作为函数.例如,若已知某商品价格为 p,销售量为 x,则由函数 $y=px$ 可求出销售收入;若已知价格为 p,销售收入为 y,则由函数 $x=\dfrac{y}{p}$ 可求出对应的销售量 x.注意到,由函数 $y=px$ 可以得到函数 $x=\dfrac{y}{p}$,我们称 $x=\dfrac{y}{p}$ 为 $y=px$ 的反函数.更一般地,我们有

定义 1.2.7(反函数) 设定义在非空数集 D 上的函数 $y=f(x)$ 的值域为 A,若对任意的 $y\in A$,由 $y=f(x)$ 可得唯一的 $x=\varphi(y)\in D$,则称 $x=\varphi(y)$ 为函数 $y=f(x)$ 的反函数,记为
$$x=f^{-1}(y), y\in A.$$

作为逆映射的特例,我们有以下反函数的概念.

定义 1.2.7′(反函数) 设函数 $f:D\to f(D)$ 是单射,则它存在逆映射 $f^{-1}:f(D)\to D$,称此映射 f^{-1} 为函数 f 的反函数.

由反函数的定义可知,对每个 $y\in f(D)$,有唯一的 $x\in D$,使得 $f(x)=y$,于是有 $f^{-1}(y)=x$.这就是说,反函数 f^{-1} 的对应法则是完全由函数 f 的对应法则所确定的.

例 1.2.23 函数 $y=x^3,x\in\mathbf{R}$ 是单射,所以它的反函数存在,其反函数为 $x=y^{\frac{1}{3}},y\in\mathbf{R}$.

由反函数的定义不难看出,反函数 $x=f^{-1}(y)$ 的定义域 A 恰好是函数 $y=f(x)$ 的值域 $\{y\mid y=f(x), x\in D\}$,反函数 $x=f^{-1}(y)$ 的值域 $\{x\mid x=f^{-1}(y),y\in A\}$ 恰好是函数 $y=f(x)$ 的定义域 D.函数 $y=f(x)$ 与 $x=f^{-1}(y)$ 互为反函数,因此有
$$f^{-1}(f(x))=x, x\in D,$$
$$f(f^{-1}(y))=y, y\in A.$$

例 1.2.24 函数 $y=\sqrt{3x-1}$ 的定义域是 $\left[\dfrac{1}{3},+\infty\right)$,值域是 $[0,+\infty)$,按照 $y=\sqrt{3x-1}$,对于 $[0,+\infty)$ 中的每一个 y 都有 $\left[\dfrac{1}{3},+\infty\right)$ 中的唯一的 x 与之对应,即 $x=\dfrac{1}{3}(y^2+1)$,则函数 $y=\sqrt{3x-1}$ 的反函数是
$$x=\dfrac{1}{3}(y^2+1), y\in[0,+\infty).$$

例 1.2.25 指数函数 $y=e^x$ 的定义域是区间 $(-\infty,+\infty)$,值域是区间 $(0,+\infty)$,按照 $y=e^x$,对于 $(0,+\infty)$ 中的每一个 y 都有 $(-\infty,+\infty)$ 中唯一的 x 与之对应,则这个函数就是指数函数 $y=e^x$ 的反函数,即对数函数
$$x=\ln y, y\in(0,+\infty).$$

例 1.2.26 对于函数 $y=x^2$,问

(1) 该函数在其定义域 $(-\infty,+\infty)$ 上存在反函数吗?

(2) 该函数在其定义域的子区间 $[0,+\infty)$ 上存在反函数吗?

(3) 该函数在其定义域的子区间 $(-\infty,0]$ 上存在反函数吗?

解 (1) 因为对给定的 $y\in(0,+\infty)$,由 $y=x^2$ 解得, x 在区间 $(-\infty,+\infty)$ 上有两个值 $x=\pm\sqrt{y}$ 与之对应,所以,函数 $y=x^2$ 在其定义域 $(-\infty,+\infty)$ 上不存在反函数;

(2) 由于对任意的 $y\in[0,+\infty)$, x 在区间 $[0,+\infty)$ 上有唯一的值 $x=\sqrt{y}$ 与其对应,所以,该函数在其定义域的子区间 $[0,+\infty)$ 上存在反函数,即

$$x=\sqrt{y}, y\in[0,+\infty);$$

（3）由于对任意的 $y\in[0,+\infty)$，x 在区间 $(-\infty,0]$ 上有唯一的值 $x=-\sqrt{y}$ 与其对应，所以，该函数在其定义域的子区间 $(-\infty,0]$ 上存在反函数，即

$$x=-\sqrt{y}, y\in[0,+\infty).$$

由此可见，并不是每个函数在其定义域上都有反函数．一般地，单调函数必有反函数．

例 1.2.27 证明单调函数必有反函数．

证 若 f 是定义在 D 上的函数，则对任意的 $y_0\in f(D)$，由函数的定义知，至少存在着一点 $x\in D$，使得 $f(x)=y_0$.

假设其反函数不存在，则至少存在一点 $y_0\in f(D)$，使得其原像不唯一，不妨设 y_0 有两个原像分别为 x_1,x_2，且 $x_1<x_2$，即 $f(x_1)=y_0, f(x_2)=y_0$. 又因为 f 是定义在 D 上的单调函数，所以，当 f 是 D 上的单调增加函数或单调减少函数时，有 $f(x_1)<f(x_2)$ 或 $f(x_1)>f(x_2)$，于是得到 $y_0<y_0$ 或 $y_0>y_0$，矛盾，所以，假设是错的．

因此，单调函数必有反函数．证毕．

例 1.2.28 证明单调函数的反函数仍是单调函数．

证 设函数 f 在 D 上单调增加，下面证明其反函数 f^{-1} 在 $f(D)$ 上也单调增加．即证，对任意的 $y_1, y_2\in f(D)$，当 $y_1<y_2$ 时，有 $f^{-1}(y_1)<f^{-1}(y_2)$ 成立．

因为 f 是定义在 D 上的单调函数，所以，根据例 1.2.27 知，f 的反函数 f^{-1} 在 $f(D)$ 上存在，所以，任取 $y_1\in f(D)$，在 D 内必有唯一的原像 x_1，使得 $f(x_1)=y_1$，即 $f^{-1}(y_1)=x_1$；任取 $y_2\in f(D)$，在 D 内必有唯一的原像 x_2，使得 $f(x_2)=y_2$，即 $f^{-1}(y_2)=x_2$.

假设当 $y_1<y_2$ 时，有 $x_1>x_2$，则由于 $f(x)$ 是单调增加的，必有 $f(x_1)>f(x_2)$，即 $y_1>y_2$，与假设 $y_1<y_2$ 矛盾；如果假设当 $y_1<y_2$ 时，有 $x_1=x_2$，则由函数值的唯一性知 $f(x_1)=f(x_2)$，即 $y_1=y_2$，这也与假设 $y_1<y_2$ 也矛盾，总之，当 $y_1<y_2$ 时，必有 $x_1<x_2$，即 $f^{-1}(y_1)<f^{-1}(y_2)$. 因此，f^{-1} 在 $f(D)$ 上是单调增加的．

同理可证，若反函数 f^{-1} 在 $f(D)$ 上单调减少，则其原函数 f 在 D 上也单调减少．

总之单调函数的反函数仍是单调函数．证毕．

例 1.2.29 正弦函数 $\sin x(-\infty<x<+\infty)$，余弦函数 $\cos x(-\infty<x<+\infty)$，正切函数 $\tan x$ $\left(x\in(-\infty,+\infty)\setminus\left\{\dfrac{\pi}{2}+k\pi\mid k\text{ 为整数}\right\}\right)$，余切函数 $\cot x(x\in(-\infty,+\infty)\setminus\{k\pi\mid k\text{ 为整数}\})$ 等三角函数都是周期函数，它们在其定义域上都不是单调的．所以，$\sin x, \cos x, \tan x, \cot x$ 等三角函数在其各自的定义域上都不存在反函数．

由三角函数的图像不难发现，三角函数有许多单调子区间，因此，可以在这些单调子区间上讨论各自的反函数．

由于正弦函数在其定义域的每个子区间 $\left[-\dfrac{\pi}{2}+k\pi,\dfrac{\pi}{2}+k\pi\right]$（$k$ 为整数）上都是单调的，所以正弦函数在这些单调区间上都存在着反函数．通常，为了叙述上的方便，如无特别声明，对于三角函数，我们仅讨论其离坐标原点较近的单调区间上的反函数，具体定义如下：

（1）反正弦函数　当 $y\in\left[-\dfrac{\pi}{2},\dfrac{\pi}{2}\right]$ 时，称正弦函数 $x=\sin y$ 的反函数为反正弦函数，记为 $y=\arcsin x$.

由此可见，反正弦函数 $y=\arcsin x$ 的定义域为 $[-1,1]$，值域为 $\left[-\dfrac{\pi}{2},\dfrac{\pi}{2}\right]$.

（2）反余弦函数　当 $y\in[0,\pi]$ 时，称余弦函数 $x=\cos y$ 的反函数为反余弦函数，记为 $y=\arccos x$.

由此可见，反余弦函数 $y=\arccos x$ 的定义域为 $[-1,1]$，值域为 $[0,\pi]$.

（3）**反正切函数** 当 $y\in\left(-\dfrac{\pi}{2},\dfrac{\pi}{2}\right)$ 时，称正切函数 $x=\tan y$ 的反函数为反正切函数，记为 $y=\arctan x$.

由此可见，反正切函数 $y=\arctan x$ 的定义域为 $(-\infty,+\infty)$，值域为 $\left(-\dfrac{\pi}{2},\dfrac{\pi}{2}\right)$.

（4）**反余切函数** 当 $y\in(0,\pi)$ 时，称余切函数 $x=\cot y$ 的反函数为反余切函数，记为 $y=\operatorname{arccot} x$.

由此可见，反余切函数 $y=\operatorname{arccot} x$ 的定义域为 $(-\infty,+\infty)$，值域为 $(0,\pi)$.

反正弦函数、反余弦函数、反正切函数、反余切函数统称为反三角函数.

例 1.2.30 求下列各式的值：

（1）$\arcsin(-1),\arcsin 1,\arcsin 0,\arcsin\dfrac{\sqrt{2}}{2}$；

（2）$\arccos(-1),\arccos 1,\arccos 0,\arccos\dfrac{\sqrt{3}}{2}$.

解 （1）因为 $y=\arcsin x$ 是 $x=\sin y$ 的反函数，所以，

由 $\sin\left(-\dfrac{\pi}{2}\right)=-1$ 得 $\arcsin(-1)=-\dfrac{\pi}{2}$；

由 $\sin\dfrac{\pi}{2}=1$ 得 $\arcsin 1=\dfrac{\pi}{2}$；

由 $\sin 0=0$ 得 $\arcsin 0=0$；

由 $\sin\dfrac{\pi}{4}=\dfrac{\sqrt{2}}{2}$ 得 $\arcsin\dfrac{\sqrt{2}}{2}=\dfrac{\pi}{4}$.

（2）因为 $y=\arccos x$ 是 $x=\cos y$ 的反函数，所以，

由 $\cos\pi=-1$ 得 $\arccos(-1)=\pi$；

由 $\cos 0=1$ 得 $\arccos 1=0$；

由 $\cos\dfrac{\pi}{2}=0$ 得 $\arccos 0=\dfrac{\pi}{2}$；

由 $\cos\dfrac{\pi}{6}=\dfrac{\sqrt{3}}{2}$ 得 $\arccos\dfrac{\sqrt{3}}{2}=\dfrac{\pi}{6}$.

根据反函数的定义 1.2.7，函数 $y=f(x)$ 的反函数表示为 $x=f^{-1}(y)$. 两者在同一坐标系 xOy 上的图像是同一条曲线. 为了在同一坐标系中描绘出函数与反函数的图像. 习惯上，将函数的自变量也用 x 表示，因变量也用 y 表示. 即将 $y=f(x),x\in D$ 的反函数表示为 $y=f^{-1}(x),x\in f(D)$，称其为函数 $y=f(x)$ 的矫形反函数.

相对于反函数 $y=f^{-1}(x)$ 来说，原来的函数 $y=f(x)$ 称为直接函数. 把直接函数 $y=f(x)$ 和它的反函数 $y=f^{-1}(x)$ 的图形画在同一坐标平面上，这两个图形关于直线 $y=x$ 是对称的（图 1.2.17）. 这是因为如果 $P(a,b)$ 是 $y=f(x)$ 图形上的点，则有 $b=f(a)$. 按照反函数的定义，有 $a=f^{-1}(b)$，故 $Q(b,a)$ 是 $y=f^{-1}(x)$ 图形上的点；反之，若 $Q(b,a)$ 是 $y=f^{-1}(x)$ 图形上的点，则 $P(a,b)$ 是 $y=f(x)$ 图形上的点. 而 $P(a,b)$ 与 $Q(b,a)$ 是关于直线 $y=x$ 对称的.

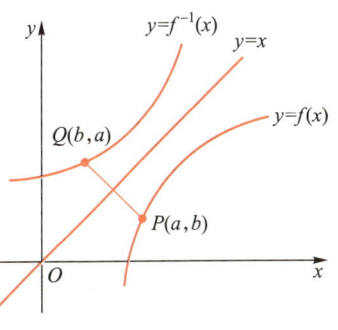

图 1.2.17

1.2.4 函数的四则运算

定义 1.2.8(函数的四则运算) 设函数 $f(x)$ 的定义域为 D_1,函数 $g(x)$ 的定义域为 D_2.则函数 $f(x)$ 与 $g(x)$ 的和、差、积、商定义如下:

(1) 若 $D_1 \cap D_2 \neq \varnothing$,则称 $f(x)+g(x)\ (x \in D_1 \cap D_2)$ 为函数 $f(x)$ 与 $g(x)$ 的和;

(2) 若 $D_1 \cap D_2 \neq \varnothing$,则称 $f(x)-g(x)\ (x \in D_1 \cap D_2)$ 为函数 $f(x)$ 与 $g(x)$ 的差;

(3) 若 $D_1 \cap D_2 \neq \varnothing$,则称 $f(x) \cdot g(x)\ (x \in D_1 \cap D_2)$ 为函数 $f(x)$ 与 $g(x)$ 的积;

(4) 若 $D_1 \cap D_2 \neq \varnothing$,且 $g(x) \neq 0$,则称 $\dfrac{f(x)}{g(x)}\ (x \in D_1 \cap D_2)$ 为函数 $f(x)$ 与 $g(x)$ 的商.

例 1.2.31 证明任何定义域关于原点对称的函数都可以表示成定义域上的一个奇函数与一个偶函数之和.

分析 如果存在一个奇函数 $g(x)$ 和一个偶函数 $\varphi(x)$,使得
$$f(x) = g(x) + \varphi(x),\qquad ①$$
由于 $g(-x) = -g(x), \varphi(-x) = \varphi(x)$,所以,
$$f(-x) = g(-x) + \varphi(-x) = -g(x) + \varphi(x).\qquad ②$$
①-②得, $g(x) = \dfrac{1}{2}[f(x) - f(-x)]$; ①+②得, $\varphi(x) = \dfrac{1}{2}[f(x) + f(-x)]$.于是我们有如下证明.

证 设函数 $f(x)$ 的定义域 D 关于原点对称,令 $g(x) = \dfrac{1}{2}[f(x) - f(-x)]\ (x \in D)$; $\varphi(x) = \dfrac{1}{2}[f(x) + f(-x)]\ (x \in D)$.

因为对任意的 $x \in D$,有 $g(-x) = \dfrac{1}{2}[f(-x) - f(x)] = -\dfrac{1}{2}[f(x) - f(-x)] = -g(x)$,所以, $g(x)\ (x \in D)$ 为奇函数.

因为对任意的 $x \in D$,有 $\varphi(-x) = \dfrac{1}{2}[f(-x) + f(x)] = \dfrac{1}{2}[f(x) + f(-x)] = \varphi(x)$,所以, $\varphi(x)\ (x \in D)$ 为偶函数.

又因为 $g(x) + \varphi(x) = \dfrac{1}{2}[f(x) - f(-x)] + \dfrac{1}{2}[f(x) + f(-x)] = f(x)$,即 $f(x) = g(x) + \varphi(x)\ (x \in D)$.证毕.

例 1.2.32 设函数 $f(x) = 1 + \sqrt{x-4}, g(x) = 1 - \sqrt{4-x}$,求

(1) $f(x) + g(x)$ 的定义域;

(2) $f(x) + g(x)$ 的值域.

解 (1) 因为 $f(x) = 1 + \sqrt{x-4}$ 的定义域为 $D_2 = [4, +\infty), g(x) = 1 - \sqrt{4-x}$ 的定义域为 $D_1 = (-\infty, 4]$,而 $D = D_1 \cap D_2 = (-\infty, 4] \cap [4, +\infty) = \{4\}$,所以 $f(x) + g(x)$ 的定义域 $D = \{4\}$.

(2) 因为当 $x \in D$ 时, $x = 4$,所以 $[f(x) + g(x)]_{x=4} = f(4) + g(4) = 2$,所以 $f(x) + g(x)$ 的值域为 $\{2\}$.

— 思考题 1.2 —

1. 确定一个函数需要哪几个基本要素?

2. 思考函数的几种特性的几何意义.

3. 求下列各式的值.

(1) $\arctan 1$;

(2) $\arctan(-1)$;

(3) $\operatorname{arccot} 1$;

(4) $\operatorname{arccot}(-1)$.

— 练习 1.2A —

1. 已知 $f(x)=(x-1)^2$, 分别求出 $f(1), f(2), f(-1)$.
2. 求函数 $y=2\sin x$ 的最大值.
3. 判断函数 $y=x^3$ 的奇偶性.

— 练习 1.2B —

1. 设数集 $D=\{1,2,3,4\}$, 判断下列数学结构哪些是以 x 为自变量,以 D 为定义域的函数,哪些不是,为什么?

(1)
x	1	2	3	4
f:	↓	↓	↓	↓
y	0	2	1	-1

(2)
x	1	2	3	4
φ:	↓	↓	↓	↓
y	1	1	1	1

(3)
x	1	2	3	4	1
g:	↓	↓	↓	↓	↓
y	2	3	0	1	4

(4)
x	1	2	3
h:	↓	↓	↓
y	1	2	3

2. 一位旅客住在旅馆里, 图 1.2.18 描述了他的一次行动. 请你根据图形给纵坐标赋予某一个物理量后, 再叙述他的这次行动. 你能给图 1.2.18 标上具体的数值, 精确描述这位旅客的这次行动并且用一个函数解析式表达出来吗?

3. 在下列各对函数中,是相同函数的是( ).

(1) $f(x)=\ln x^7$ 与 $g(x)=7\ln x$;

(2) $f(x)=\ln\sqrt{x}$ 与 $g(x)=\dfrac{1}{2}\ln x$;

(3) $f(x)=\cos x$ 与 $g(x)=\sqrt{1-\sin^2 x}$;

(4) $f(x)=\dfrac{1}{x+1}$ 与 $g(x)=\dfrac{x-1}{x^2-1}$;

(5) $f(x)=\ln x^8$ 与 $g(x)=8\ln x$.

图 1.2.18

4. 求下列函数的定义域:

(1) $y=\sqrt{x+1}+\dfrac{1}{x-2}$;   (2) $y=\dfrac{1}{\sqrt{1-x^2}}$.

5. 试判断函数 $y=2x+\ln x$ 在区间 $(0,+\infty)$ 内的单调性.

6. 设 $f(x)$ 为定义在 $(-1,1)$ 内的奇函数, 若 $f(x)$ 在 $(0,1)$ 内单调增加, 证明 $f(x)$ 在 $(-1,0)$ 内也单调增加.

7. 判断下列函数的奇偶性:

(1) $f(x)=\dfrac{x^2}{1+x^2}$;   (2) $y=x^2-x^3$;   (3) $f(x)=\dfrac{x^3}{1+x^2}$.

8. 设 $f(x), g(x)$ 均是定义在对称区间 $[-a,a]$ 上的偶函数, 证明:

(1) $f(x)+g(x)$ 是偶函数;

(2) $f(x)g(x)$ 是偶函数.

9. 证明:

(1) 定义在区间 $(-a,a)$ 内的两个奇函数的乘积是偶函数;

（2）定义在区间$(-a,a)$内的偶函数与奇函数的乘积是奇函数.

10. 指出下列周期函数的周期：

（1）$y=\sin(x+5)$；
（2）$y=\sin(4x+5)$；
（3）$y=1+\cos\pi x$；
（4）$y=\sin^2 x$.

11. 求下列函数的反函数：

（1）$y=x^3+2$；
（2）$y=\dfrac{1}{1+x}$.

1.3 初等函数

微积分的研究对象主要为初等函数,而初等函数是由基本初等函数组成的.本节依次介绍基本初等函数和初等函数.

1.3.1 基本初等函数

常数函数　　　$y=C$　（C为常数），
幂函数　　　　$y=x^\mu$　（μ为常数），
指数函数　　　$y=a^x$　（$a>0,a\neq 1,a$为常数），
对数函数　　　$y=\log_a x$　（$a>0,a\neq 1,a$为常数），
三角函数　　　$y=\sin x, y=\cos x, y=\tan x, y=\cot x, y=\sec x, y=\csc x$，
反三角函数　　$y=\arcsin x, y=\arccos x, y=\arctan x, y=\text{arccot}\, x$.

这六种函数统称为基本初等函数,这些函数的性质、图像很多在中学已经学过,今后会经常用到它们.

例 1.3.1 下列哪个函数是基本初等函数？

（1）$y=x^2$；（2）$y=2x$；（3）$y=\log_2 x$；（4）$y=\ln(2x)$.

解 （1）$y=x^2$是基本初等函数,因为$y=x^2$是幂函数$y=x^\mu$的形式.

（2）$y=2x$不是基本初等函数,因为它不能化为幂函数$y=x^\mu$的形式.它是基本初等函数$y=x$与常数2的乘积.

（3）$y=\log_2 x$是基本初等函数,因为它是对数函数$y=\log_a x$的形式.

（4）$y=\ln(2x)$不是基本初等函数,因为它不能化为对数函数$y=\log_a x$的形式.事实上,它可以化为常数$y=\ln 2$与基本初等函数$y=\ln x$之和,即$y=\ln(2x)=\ln 2+\ln x$.

1.3.2 复合函数

设$y=f(u)$,其中$u=\varphi(x)$,且$\varphi(x)$的值全部或部分落在$f(u)$的定义域内,则称$y=f[\varphi(x)]$为x的复合函数,而u称为中间变量.

设$f_u=f(u)$的定义域为D_u,值域为M_u,$\varphi_x=\varphi(x)$的定义域为D_x,值域为M_x,如图1.3.1所示. 如果$D_u\cap M_x\neq\varnothing$,则$y=f(u)$与$u=\varphi(x)$可复合成函数$y=f[\varphi(x)]$.

注意：$f(x)$与$\varphi(x)$能构成复合函数$f[\varphi(x)]$的条件是：函数$\varphi(x)$的值域$R_\varphi=\{\varphi(x)|x\in D_f\}$必须有一个非空子集是函数$f$的

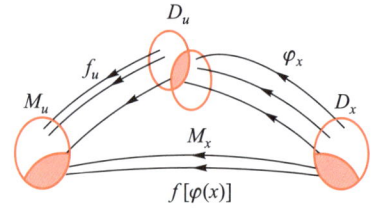

图 1.3.1

定义域 D_f 的子集.否则,不能构成复合函数.如例 1.3.2.

例 1.3.2 函数 $y=\sin^2 x$ 是由 $y=u^2$, $u=\sin x$ 复合而成的复合函数,其定义域为 $(-\infty,+\infty)$,它也是 $u=\sin x$ 的定义域;函数 $y=\sqrt{1-x^2}$ 是由 $y=\sqrt{u}$, $u=1-x^2$ 复合而成的,其定义域为 $[-1,1]$,它是 $u=1-x^2$ 的定义域 $(-\infty,+\infty)$ 的一部分;$y=\arcsin u$, $u=2+x^2$ 是不能复合成一个函数的,$u=2+x^2$ 的值域 $[2,+\infty)$ 不包含在 $y=\arcsin u$ 的定义域 $[-1,1]$ 中.

例 1.3.3 分析下列复合函数的结构:

(1) $y=\sqrt{\cot\dfrac{x}{2}}$; (2) $y=e^{\sin\sqrt{x^2+1}}$.

解 (1) $y=\sqrt{u}$, $u=\cot v$, $v=\dfrac{x}{2}$;

(2) $y=e^u$, $u=\sin v$, $v=\sqrt{t}$, $t=x^2+1$.

例 1.3.4 设 $f(x)=x^2$, $g(x)=2^x$,求 $f[g(x)]$, $g[f(x)]$.

解 $f[g(x)]=[g(x)]^2=(2^x)^2=4^x$, $g[f(x)]=2^{f(x)}=2^{x^2}$.

例 1.3.5 函数 $y=(2x^2+x+2e^x)^2$ 是由哪些函数复合而成的?

解 $y=(2x^2+x+2e^x)^2$ 可以看成由 $y=u^2$ 及 $u=2x^2+x+2e^x$ 两个函数复合而成.

我们注意到,本例中的 $u=2x^2+x+2e^x$ 不是基本初等函数,它是由若干个基本初等函数经过有限次四则运算后得到的.以后,为叙述问题的方便,我们把这样的函数称为简单函数.

例 1.3.6 设 $f(x)$ 的定义域为 $[1,2]$,求 $f(x-1)$ 的定义域.

解 由于 $f(u)$ 的定义域为 $[1,2]$,即 $1\leq u\leq 2$,令 $u=x-1$,则 $1\leq x-1\leq 2$,即 $2\leq x\leq 3$.因此,$f(x-1)$ 的定义域为 $[2,3]$.

1.3.3 初等函数的定义

由基本初等函数经过有限次四则运算及有限次复合步骤所构成,且可用一个解析式表示的函数,叫作初等函数,否则就是非初等函数.

例 1.3.7 下列函数统称为双曲函数:

双曲正弦函数 $\operatorname{sh} x=\dfrac{e^x-e^{-x}}{2}$(图 1.3.2).

双曲余弦函数 $\operatorname{ch} x=\dfrac{e^x+e^{-x}}{2}$(图 1.3.3).

双曲正切函数 $\operatorname{th} x=\dfrac{\operatorname{sh} x}{\operatorname{ch} x}$(图 1.3.4).

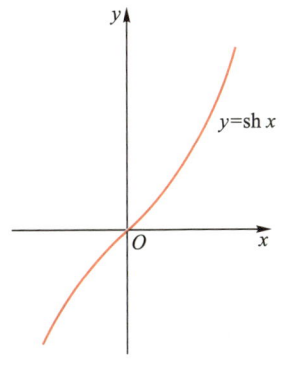

图 1.3.2 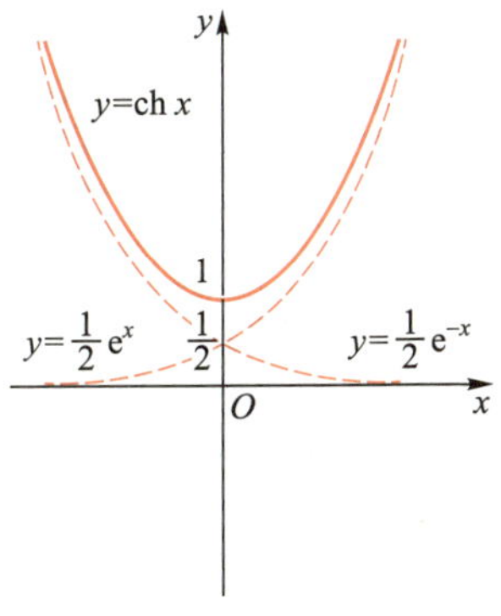   图 1.3.3 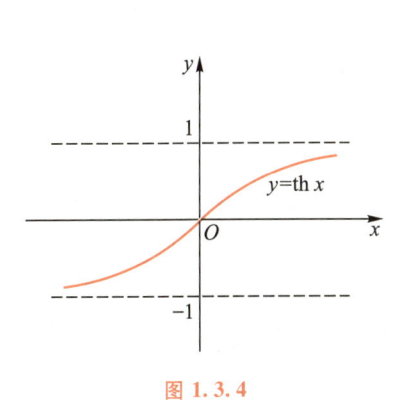   图 1.3.4

它们都是初等函数,在工程上是常用的.

今后我们讨论的函数,绝大多数都是初等函数.

例 1.3.8 反双曲函数的定义如下：

称双曲正弦 $x=\text{sh }y$ 的反函数为反双曲正弦,记为 $y=\text{arsh }x$.

称双曲余弦 $x=\text{ch }y$ 的反函数为反双曲余弦,记为 $y=\text{arch }x$.

称双曲正切 $x=\text{th }y$ 的反函数为反双曲正切,记为 $y=\text{arth }x$.

根据双曲函数的定义可推导出反双曲函数的初等函数表达式.

解 （1）（反双曲正弦函数）为求以 y 为自变量的双曲正弦函数

$$x=\text{sh }y=\frac{e^y-e^{-y}}{2} \qquad ①$$

的反函数,需要把 y 作为因变量.由①式解出 y,为此,令 $u=e^y$,则由①式,得 $x=\dfrac{u-\dfrac{1}{u}}{2}$,变形得

$$u^2-2xu-1=0. \qquad ②$$

解之得,$u=x\pm\sqrt{x^2+1}$.因为 $u=e^y>0$,所以舍去负根 $u=x-\sqrt{x^2+1}$,所以,

$$u=x+\sqrt{x^2+1},$$

即

$$e^y=x+\sqrt{x^2+1}. \qquad ③$$

对③式两边取自然对数,得 $x=\text{sh }y$ 的反函数 $y=\ln(x+\sqrt{x^2+1})$,故得反双曲正弦函数

$$y=\text{arsh }x=\ln(x+\sqrt{x^2+1}),\quad x\in(-\infty,+\infty)（图 1.3.5）.$$

（2）（反双曲余弦函数）下面讨论,当 $y\geqslant 0$ 时,双曲余弦函数 $x=\text{ch }y$ 的反函数.为求以 y 为自变量的双曲余弦函数

$$x=\text{ch }y=\frac{e^y+e^{-y}}{2} \qquad ①$$

的反函数,需要把 y 作为因变量,由①式解出 y,为此,令 $u=e^y$,则由①式,得 $x=\dfrac{u+\dfrac{1}{u}}{2}$,变形得

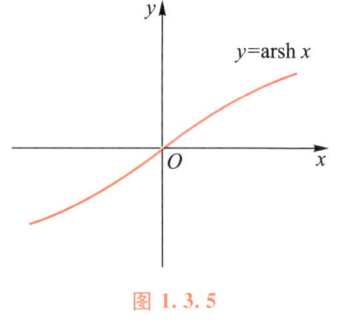

图 1.3.5

$$u^2-2xu+1=0. \qquad ②$$

解之,得 $u=x\pm\sqrt{x^2-1}$,因为 $u=e^y$,所以,

$$e^y=x\pm\sqrt{x^2-1}. \qquad ③$$

为使③式有意义,需要 $x\geqslant 1$.对③式两边取自然对数,得

$$y=\ln(x\pm\sqrt{x^2-1}).$$

为保证 $y\geqslant 0$,上式平方根前的符号应取正号,故得 $x=\text{ch }y(y\geqslant 0)$ 的反双曲余弦函数

$$y=\text{arch }x=\ln(x+\sqrt{x^2-1}),\quad x\in[1,+\infty)（图 1.3.6）.$$

（3）用类似方法可得反双曲正切函数

$$y = \text{arth } x = \frac{1}{2}\ln\frac{1+x}{1-x}, \quad x \in (-1, 1)\text{（图 1.3.7）}.$$

图 1.3.6

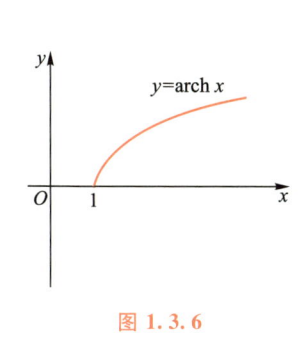

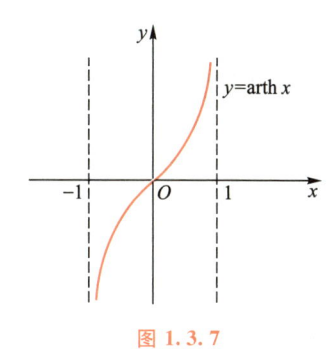

图 1.3.7

— 思考题 1.3 —

任意两个函数是否都可以复合成一个复合函数？你是否可以用例子说明？

— 练习 1.3A —

1. 下列函数哪些是基本初等函数？
 (1) $y = x^{100}$；
 (2) $y = 100x^2$；
 (3) $y = \sin x$；
 (4) $y = \sin 2x$.
2. 初等函数 $y = \sin^3 x$ 是由哪些基本初等函数复合而成的？
3. 求由函数 $y = u^4$ 及 $u = \sin x$ 复合而成的复合函数.

— 练习 1.3B —

1. 设 $f(x)$ 的定义域为 $(0,1)$，求 $f(2x+1)$ 的定义域.
2. 设 $f(x) = \dfrac{1}{1-x}$，求 $f[f(x)], f\{f[f(x)]\}$.
3. 分析下列函数的复合结构：
 (1) $y = (2x+1)^{100}$；
 (2) $y = [\sin(2x+5)]^2$.
4. 设 $f(x) = \sqrt{1-x}, g(x) = \sqrt{x-1}$，求 $f(x) + g(x)$.
5. 根据双曲函数的定义，证明下列 4 个公式：
$\text{sh}(x+y) = \text{sh } x \text{ch } y + \text{ch } x \text{sh } y$,
$\text{sh}(x-y) = \text{sh } x \text{ch } y - \text{ch } x \text{sh } y$,
$\text{ch}(x+y) = \text{ch } x \text{ch } y + \text{sh } x \text{sh } y$,
$\text{ch}(x-y) = \text{ch } x \text{ch } y - \text{sh } x \text{sh } y$.
6. 证明下列 3 个双曲函数公式：
$\text{ch}^2 x - \text{sh}^2 x = 1$,
$\text{sh } 2x = 2\text{sh } x \text{ch } x$,
$\text{ch } 2x = \text{ch}^2 x + \text{sh}^2 x$.

1.4 数学模型方法简述

函数关系可以说是一种变量相依关系的数学模型.数学模型方法是处理科学理论问题的一种经典方法,也是处理各类实际问题的一般方法.掌握数学模型方法是非常必要的.在此,对数学模型方法作一简述.

数学模型方法(Mathematical Modeling),称为 MM 方法.它是针对所考察的问题构造出相应的数学模型,通过对数学模型的研究,使问题得以解决的一种数学方法.

1.4.1 数学模型的含义

数学模型是针对现实世界的某一特定对象,为了一个特定的目的,根据特有的内在规律,作出必要的简化和假设,运用适当的数学工具,采用形式化语言,概括或近似地表述出来的一种数学结构.它或者能解释特定对象的现实性态,或者能预测对象的未来状态,或者能提供处理对象的最优决策或控制.数学模型既源于现实又高于现实,不是实际原型,而是一种模拟,在数值上可以作为公式应用,可以推广到与原物相近的一类问题,还可以作为某事物的数学语言,译成算法语言,编写程序进入计算机.

例如,若变量 x 与变量 y 成正比,则刻画其对应关系的数学模型为 $y=kx$(k 为待定常数),若变量 x 与变量 y 成反比,则刻画其对应关系的数学模型为 $y=\dfrac{k}{x}$(k 为待定常数).

例 1.4.1 已知两个变量成正比,且其中 1 个变量取值为 1 时,另一个变量取值为 2,求刻画该问题的数学模型.

解 设两个变量分别为 x 和 y,由于 x 与 y 成正比,所以 $y=kx$(k 为常数),又因为 $x=1$ 时,$y=2$,所以,$1 \cdot k = 2$,从而 $k=2$,因此,$y=2x$ 为所求.

1.4.2 数学模型的建立过程

建立一个实际问题的数学模型,需要一定的洞察力和想象力,筛选、抛弃次要因素,突出主要因素,作出适当的抽象和简化.全过程一般分为表述、求解、解释、验证几个阶段,并且通过这些阶段完成从现实对象到数学模型,再从数学模型到现实对象的循环.可用流程图表示如下:

```
现实对象的信息  ──表述(归纳)──→  数学模型
     ↑                              │
     │验证(检验)                (演绎)求解
     │                              ↓
   现实对象  ←──解释(实际解答)── 数学模型的解答
```

表述 根据建立数学模型的目的和掌握的信息,将实际问题翻译成数学问题,用数学语言确切地表述出来.

这是一个关键的过程,需要对实际问题进行分析,甚至要做调查研究,查找资料,对问题进行简化、假设、数学抽象,运用有关的数学概念、数学符号和数学表达式去表现客观对象及其关系.当现有的数学工具不够用时,可根据实际情况,大胆创造新的数学概念和方法去表现模型.

求解 选择适当的方法,求得数学模型的解答.

解释 将数学解答翻译回现实对象,给出实际问题的解答.

验证 检验解答的正确性.

例如,哥尼斯堡有一条河,这条河有两个支流,在城中心汇合成大河,河中间有一小岛,河上有七座桥,如图1.4.1所示.18世纪哥尼斯堡有很多人总想一次不重复地走过这七座桥,再回到出发点.可是试来试去总是办不到,著名的数学家欧拉(Euler,1707—1783)于1736年建立了一个数学模型解决了这个问题.他把 A,B,C,D 这四块陆地抽象为数学中的点,把七座桥抽象为七条线,如图1.4.2所示.

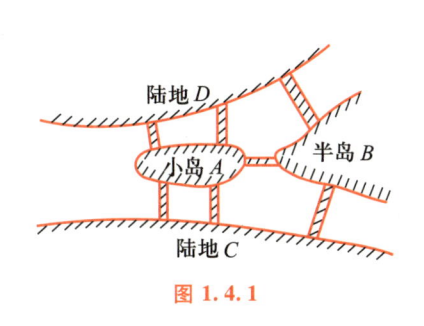

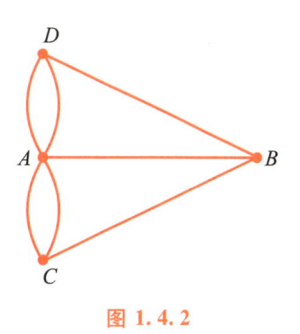

图 1.4.1

图 1.4.2

人们步行七桥问题,就相当于图1.4.2一笔画问题,即能否将图1.4.2所示的图形不重复地一笔画出来,这样抽象并不改变问题的实质.

哥尼斯堡七桥问题是一个具体的实际问题,属于数学模型的现实原型.经过抽象所得到的如图1.4.2所示的一笔画问题便是七桥问题的数学模型.在一笔画的模型里,只保留了桥与地点的连接方式,而其他一切属性则全部抛弃了.所以从总体上来说,数学模型只是近似地表现了现实原型中的某些属性,而就所要解决的实际问题而言,它更深刻、更正确、更全面地反映了现实,也正由此,对一笔画问题经过一定的分析和逻辑推理,得到此问题无解的结论之后,可以返回到七桥问题,得出七桥问题的解答,即不重复走过七座桥回到出发点是不可能的.

从广义上讲,一切数学概念、数学理论体系、各种数学公式、各种方程式、各种函数关系以及由公式系列构成的算法系统等都可以叫作数学模型.从狭义上讲,只有那些反映特定问题或特定的具体事物系统的数学关系的结构,才叫做数学模型.在现代应用数学中,建立数学模型的目的,主要是为了解决具体的实际问题.

1.4.3 函数模型的建立

研究数学模型,建立数学模型,进而借鉴数学模型,对提高解决实际问题的能力以及提高数学核心素养都是十分重要的.建立函数模型的步骤可分为

(1) 分析问题中哪些是变量,哪些是常量,分别用字母表示.

(2) 根据所给条件,运用数学、物理或其他知识,确定等量关系.

(3) 具体写出解析式 $y=f(x)$,并指明定义域.

例 1.4.2 平面上一动点到一定点的距离为定值,求刻画该动点轨迹的数学模型.

解 如图1.4.3所示建立坐标系,设 (x,y) 为动点的坐标,定点的坐标为 (x_0,y_0),因为动点 (x,y) 到定点 (x_0,y_0) 的距离为定值,所以,有 $\sqrt{(x-x_0)^2+(y-y_0)^2}=R$(其中 R 为一常数),于是有

$$(x-x_0)^2+(y-y_0)^2=R^2.$$

这就是刻画动点轨迹的数学模型.由该方程可知,该动点轨迹是以(x_0,y_0)为圆心,R为半径的圆周,如图 1.4.4 所示.

例 1.4.3 重力为 P 的物体置于地平面上,设有一与水平方向成 α 角的拉力 F,使物体由静止开始移动,求物体开始移动时拉力 F 与角 α 之间的函数模型(图 1.4.5).

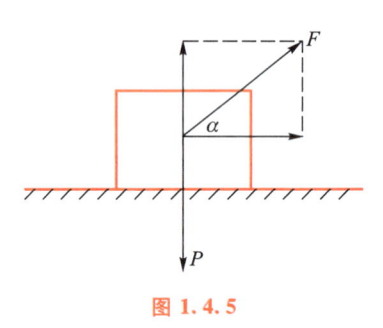

图 1.4.3

图 1.4.4

图 1.4.5

解 由物理知识可知,当水平拉力与摩擦力平衡时,物体开始移动,而摩擦力是与正压力 $P-F\sin\alpha$ 成正比的(设摩擦系数为 μ),故有

$$F\cos\alpha=\mu(P-F\sin\alpha),$$

即

$$F=\frac{\mu P}{\cos\alpha+\mu\sin\alpha} \quad \left(0<\alpha<\frac{\pi}{2}\right).$$

建立函数模型是一个比较灵活的问题,无定法可循,只有多做些练习才能逐步掌握.

例 1.4.4 在金融业务中有一种利息叫做单利.设 p 是本金,r 是计息期的利率,c 是计息期满应付的利息,n 是计息期数,I 是 n 个计息期(即借期或存期)应付的单利,A 是本利和.求本利和 A 与计息期数 n 的函数模型.

解 计息期的利率 $=\dfrac{\text{计息期满的利息}}{\text{本金}}$,即 $r=\dfrac{c}{p}$.由此得

$$c=pr,$$

单利与计息期数成正比,即 n 个计息期应付的单利 I 为

$$I=cn.$$

因为

$$c=pr,$$

所以

$$I=prn,$$

本利和为

$$A=p+I,$$

即

$$A=p+prn,$$

可得本利和与计息期数的函数关系,即单利模型
$$A = p(1+rn).$$

需要注意的是,数学模型还可以用不等式表示,建立数学模型不仅可以用解析推导,而且可以直接引用几何关系推证.例如,下例中引用了的"两点之间直线段最短".

例 1.4.5 当 $0<x<\dfrac{\pi}{2}$ 时,不等式 $\sin x<x$ 成立.

证 在圆心为坐标原点的单位圆位于第一象限的圆弧上任取一点 B(图 1.4.6),单位圆与 x 轴正向交于点 A,过点 B 作 x 轴的垂线交 x 轴于 C 点,记 $\angle AOB = x(\text{rad})$,则 $0<x<\dfrac{\pi}{2}$.

在直角三角形 ACB 中,因为直角三角形的直角边 CB 的长度小于斜边 AB 的长度,即 $CB<AB$,又根据两点之间直线段最短得,直线段 AB 小于弧长 $\overset{\frown}{AB}$,即 $AB<\overset{\frown}{AB}$,从而有 $CB<\overset{\frown}{AB}$.又因为在直角三角形 OCB 中,$CB=\sin x$,在扇形 AOB 中,$\overset{\frown}{AB}=x$,因此,当 $0<x<\dfrac{\pi}{2}$ 时,有不等式 $\sin x<x$ 成立.证毕.

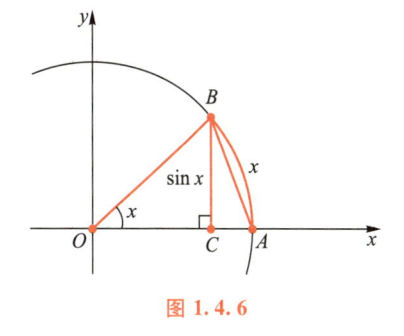

图 1.4.6

— 思考题 1.4 —

1. 结合本节关于数学模型的建立过程,试述建立函数模型的方法和步骤.
2. 试述函数模型的结构.

— 练习 1.4A —

1. 设变量 x 与变量 y 成正比,且 $x=2$ 时,$y=6$,求变量 y 关于变量 x 的函数模型.
2. 设变量 x 与变量 y 成反比,且 $x=1$ 时,$y=1$,求变量 y 关于变量 x 的函数模型.
3. 平面上一动点的横坐标与纵坐标之和为常数,且该动点过坐标原点,求刻画该动点轨迹的数学模型.

— 练习 1.4B —

1. 质量为 1 000 kg 的物体置于地平面上,设有一与水平方向成 $\dfrac{\pi}{6}$ 角的拉力 F,使该物体由静止开始移动,求力 F 的大小(提示:自己假定物体及地平面的材质,并查资料确定摩擦系数).
2. 了解学校奖学金发放办法,并用数学模型予以描述.

1.5 用数学软件进行函数运算

1.5.1 用数学软件 Mathematica 进行函数运算

1. 常用函数

在 Wolfram 语言中,为了更方便地解决数学问题,已经定义好了许多常用函数,称其为内部函数

（或内置函数）.就大多数内部函数而言,其名字通常是英文单词的全拼.但对有些常用函数,也采用缩写.下面给出一些常用函数的函数名.内部函数的第一个字母必须是大写字母.

`Exp[z]`	以自然常数 e 为底的指数函数
`Log[z]`	以自然常数 e 为底的对数函数
`Log[b,z]`	以常数 b 为底的对数函数
`Sin[z],Cos[z]`	正弦函数与余弦函数
`Tan[z],Cot[z]`	正切函数与余切函数
`Sec[z],Csc[z]`	正割函数与余割函数
`ArcSin[z],ArcCos[z]`	反正弦函数与反余弦函数
`ArcTan[z],ArcCot[z]`	反正切函数与反余切函数
`ArcSec[z],ArcCsc[z]`	反正割函数与反余割函数

如上三角函数与反三角函数中的参量为弧度.

`Sqrt[z]`	求 z 的 2 次方根
`z^(1/n)`	求 z 的 n 次方根

当 z>0 时,如上两个函数均有唯一的值;当 z<0 时,函数值不唯一(属复变函数范畴).

例 1.5.1 求表达式 lg 2+ln 3 具有 10 位有效数字的近似值.

解

```
In[1]:=N[Log[10,2]+Log[3],10]
Out[1]=1.399642284
```

在本例中,注意 Log[10,2]表示以 10 为底 2 的对数 lg 2;Log[3]表示以自然常数 e 为底 3 的对数 ln 3.

2. 自定义函数

在 Wolfram 语言中,用户可以根据需要定义函数,称其为自定义函数.自定义函数的函数名应该符合变量的命名规则,并确保使用的名称不以大写字母开头,以避免与 Wolfram 语言中的内部函数混淆.用户还应当在同一进程当中,不使用前面已用过的名称.自定义函数的格式如下:

在 Mathematica 中,所有的输入都是表达式,所有的操作都是调用转化规则对表达式求值.一个函数就是一条规则,定义一个函数就是定义一条规则.定义一个一元函数的规则是 f[x_]:= 或 f[x_]= 的后面紧跟一个以 x 为变量的表达式,其中 x_称为形式参数.

调用自定义函数 f[x_]时,只需用实在参数(变量或数值等)代替 f[x_]中的形式参数 x_即可.

在运行中,可用"f[x_]=."清除函数 f[x_]的定义,用 Clear[f]清除所有以 f 为函数名的函数定义.

例 1.5.2 定义函数 $f(x)=x^2+\sqrt{x}+\cos x$,先分别求 $x=1,3.1,\dfrac{\pi}{2}$ 时 $f(x)$ 的函数值,再求 $f(x^2)$.

解

```
In[1]:=Clear[x,f]
f[x_]:=x^2+Sqrt[x]+Cos[x]
Print["f[1]=",f[1.]]
Print["f[3.1]=",f[3.1]]
Print["f[Pi/2]=",f[Pi/2.]]
Print["f[x^2]=",f[x^2]](*如上为输入语句,系统省略了输入行号标志*)
```

```
f[1]=2.5403(*如下为输出语句,系统省略了输出行号标志*)
f[3.1]=10.3715
f[Pi/2]=3.72072
Out[6]=x^4+√(x^2)+Cos[x^2]
```

在 Out[6]中,由于系统不知道变量 x 的符号,所以没有对 $\sqrt{x^2}$ 进行开方运算.

1.5.2 用数学软件 MATLAB 进行函数运算

1. 常用函数

在 MATLAB 语言中,为了更方便地解决数学问题,已经定义好了许多常用函数,称其为内部函数(或内置函数).就大多数内部函数而言,其名字通常是英文单词的缩写.下面给出一些常用函数的函数名.内部函数的第一个字母必须是小写字母.

```
exp(z)                  以自然常数 e 为底的指数函数
log(z)                  以自然常数 e 为底的对数函数
log10(z)                以 10 为底的对数函数
sin(z),cos(z)           正弦函数与余弦函数
tan(z),cot(z)           正切函数与余切函数
sec(z),csc(z)           正割函数与余割函数
asin(z),acos(z)         反正弦函数与反余弦函数
atan(z),acot(z)         反正切函数与反余切函数
asec(z),acsc(z)         反正割函数与反余割函数
```

如上三角函数与反三角函数中的参量为弧度.

```
sqrt(z)                 求 z 的 2 次方根
```

例 1.5.3 求表达式 $\lg 2 + \ln 3$ 的值.

解

```
≫ clear
log10(2)+log(3)
ans =  1.3996
```

在本例中,注意 log 10(2)表示以 10 为底 2 的对数 $\lg 2$;log(3)表示以自然常数 e 为底 3 的对数 $\ln 3$.

2. 自定义函数

在 MATLAB 语言中,用户可以根据需要定义函数,称其为自定义函数.自定义函数的函数名应该符合变量的命名规则,还应当在同一进程当中,不使用前面已用过的名称.

(1) 在命令行窗口中用 syms 创建函数

在命令行窗口中,先用 syms 创建符号变量 x 和函数 f(x),格式为:syms x f,然后,另起一行,用"f=@(x)表达式"的形式定义函数 f(x).

例 1.5.4 定义函数 $f(x)=x^2+\sqrt{x}+\cos x$,先分别求 $x=1,3.1,\dfrac{\pi}{2}$ 时 $f(x)$ 的函数值,再求 $f(x^2)$.

解

```
≫ clear
```

```
syms x f
f=@(x)x^2+sqrt(x)+cos(x)
f(1),f(3.1),f(pi/2),f(x^2)
f(x)=cos(x)+x^2+x^(1/2)
ans=2.5403
ans=10.3715
ans=3.7207
ans=cos(x^2)+(x^2)^(1/2)+x^4
```

(2) 在编辑器中用 function 自定义函数

首先建立 M 文件或直接点击(File/New/Function)建立函数文件,其中函数文件的格式是

`function y=myfun(x)`

函数体

`end`

说明:function y=myfun(x)声明了函数名为 myfun 的函数,该函数接受输入 x 并返回输出变量 y 的值.此声明语句必须是函数的第一个可执行代码行.有效的函数名称以字母字符开头,并且可以包含字母、数字和下划线.为避免混淆,对函数文件名及函数文件内的第一个函数尽可能使用相同名称,因为在 MATLAB 的命令行窗口中是通过所定义的函数的文件名(而不是函数名称)调用函数的.

例 1.5.5 定义函数 $f(x)=x^2+\sqrt{x}+\cos x$,先分别求 $x=1,3.1,\dfrac{\pi}{2}$ 时 $f(x)$ 的函数值,再求 $f(x^2)$.

解 (1) 在编辑器中定义输出变量为 f,输入变量为 x,函数名为 hou1 的函数 $f(x)=x^2+\sqrt{x}+\cos x$,即

```
function [f]=hou1(x)
f=x^2+sqrt(x)+cos(x);
end
```

并将该函数存为名为 hou1 的 M 文件.见下图.

```
编辑器 - C:\Users\admin\Documents\MATLAB\hou1.m
hou1.m  +
1  ┌ function f = hou1(x)
2  │   f=x^2+sqrt(x)+cos(x);
3  └ end
4
```

(2) 在命令行窗口中,在提示符 fx≫ 下,通过 hou1(1),hou1(3.1),hou1(pi/2)调用函数 hou1 来计算函数 $f(x)=x^2+\sqrt{x}+\cos x$ 分别在 $x=1,3.1,\dfrac{\pi}{2}$ 处的函数值.即

```
≫clear
≫hou1(1),hou1(3.1),hou1(pi/2)
ans=2.5403
ans=10.3715
ans=3.7207
```

(3) 在命令行窗口中,在提示符 fx≫ 下,通过输入如下命令,求得 $f(x^2)$.

```
≫clear
```

```
≫ syms x;hou1(x^2)
ans =cos(x^2) + (x^2)^(1/2) + x^4
```

1.6　学习任务1解答　保持安全车距驾驶

解

1.（1）因为距离＝速度×时间,所以,如果时间以秒(s)为单位,距离以米(m)为单位,速度的单位就是 m/s.因此,在利用表 1.0.1 中的数据计算反应距离时,需要把以 km/h 为单位的车速转化成以 m/s 为单位.

将表 1.0.1 中的反应时间 t 及其对应的车速 v(单位:km/h)依次代入公式 $d_1=v\cdot t\cdot 1\,000/3\,600$(m),即得到以表格形式表示的车速(车速仍用 km/h 表示)与反应距离 d_1 间的函数关系,如表 1.6.1 所示(已四舍五入保留两位有效数字).

表 1.6.1

车速/(km·h^{-1})	10	20	30	40	50	60	70	80	90	100
反应距离/m	10	18	25	31	38	42	45	47	50	51

（2）以车速 v 为横轴,以制动距离 d 为纵轴,建立直角坐标系,将表 1.0.2 中的数据点在该坐标系下描出,并用曲线连接这些点,从而得到车速与制动距离之间关系的图像(图 1.6.1).

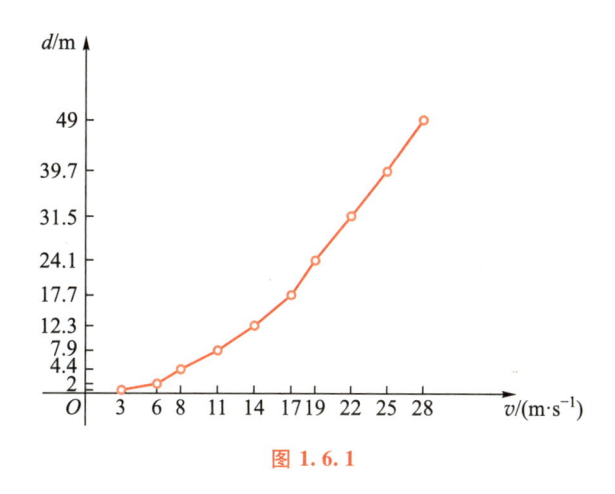

图 1.6.1

（3）由车速与制动距离之间关系的图像(图 1.6.1)可以看出,车速 v 与制动距离 d 之间关系的图像近似于过原点的抛物线,为此设 $d=cv^2$(c 为待定常数),将表 1.0.2 中的车速 $v=\dfrac{40\times 1\,000}{3\,600}$ m/s 及其对应的制动距离 $d=7.9$ m 代入,解得 c 的值为 0.063 99,从而得 $d=0.063\,99v^2$.

注意:在求该函数的过程中,毕竟只用了表 1.0.2 中一对数据,这就很难保证表 1.0.2 中所有数据点都离该函数所表示曲线最近,那么,是否有办法求一条曲线,使得表 1.0.2 中所有数据点离这条曲线的总距离最小呢？回答是肯定的！请参阅本书下册 14.3 曲线拟合的最小二乘法.

（4）因为车速为 100 km/h 时的安全车距应该不小于表 1.6.1 中对应的反应距离 $d_1(100)$ 与表 1.0.2 中的制动距离 $d(100)$ 之和,即安全车距 $D\geqslant d_1(100)+d(100)=51+49=100$(m),因此车

速为 100 km/h 时,安全车距应该不少于 100 m.

2. 扫描二维码,查看学习任务 1 的 Mathematica 程序.

3. 扫描二维码,查看学习任务 1 的 MATLAB 程序.

复习题 1

A 级

求 1—5 题的函数的定义域:

1. $y = \sqrt{x-2} + \sqrt{3-x}$.

2. $y = \dfrac{1}{\sqrt{x+2}} + \sqrt{1-x}$.

3. $y = \ln(x-10) + \sin x$.

4. $y = \arctan x + \sqrt{1-|x|}$.

5. $y = \dfrac{1}{x^2-1} + \arcsin x + \sqrt{x}$.

6. 设 $f(x) = \arccos(\lg x)$,求 $f(10^{-1})$,$f(1)$,$f(10)$.

7. 设 $\varphi(x) = \begin{cases} |\sin x|, & |x| < \dfrac{\pi}{3}, \\ 0, & |x| \geqslant \dfrac{\pi}{3}, \end{cases}$ 求 $\varphi\left(\dfrac{\pi}{6}\right)$,$\varphi\left(-\dfrac{\pi}{4}\right)$,$\varphi(-2)$.

8. 设 $f(x) = \begin{cases} x, & x < 0, \\ x+1, & x \geqslant 0, \end{cases}$ 求 $f(x+1)$,$f(x-1)$.

9—14 题的函数是由哪些简单函数复合而成的? 通过对各题结果的分析,参考本章例 1.3.5,总结归纳出简单函数所具有的特征.

9. $y = \sqrt{2-x^2}$.

10. $y = \tan\sqrt{1+x}$.

11. $y = \sin^2(1+2x)$.

12. $y = [\arcsin(1-x^2)]^3$.

13. $y = \sin 2x$.

14. $y = \cos\dfrac{1}{x-1}$.

B 级

15. 火车站收取行李费的规定如下:当行李不超过 50 kg 时按基本运费计算,如从北京到某地每千克收费 0.30 元;当超过 50 kg 时,超重部分每千克收费 0.45 元.试求某地的行李费 y(单位:元)与质量 x(单位:kg)之间的函数关系,并画出该函数的图形.

16. 甲船以 20 n mile/h 的速度向东行驶,同一时间乙船在甲船正北 80 n mile 处以 15 n mile/h 的速度向南行驶,试将两船间的距离表示成时间的函数.

17. 设函数 $f(x)=\begin{cases} x^2+1, & x<0, \\ x, & x\geq 0, \end{cases}$ 作出 $f(x)$ 的图形.

18. 若 $f(x)=(x-1)^2, g(x)=\dfrac{1}{x+1}$,求:

(1) $f[g(x)]$;　　　　　(2) $g[f(x)]$;

(3) $f(x^2)$;　　　　　(4) $g(x-1)$.

19. 若 $f(x)=10^x, g(x)=\lg x$,求:

(1) $f[g(100)]$;　　　　(2) $g[f(3)]$;

(3) $f[g(x)]$;　　　　　(4) $g[f(x)]$.

在 20—23 题中,设 $m(x)=x^2$,求出并化简它们:

20. $m(x+1)-m(x)$.

21. $m(x+h)-m(x)$.

22. $m(x)-m(x-h)$.

23. $m(x+h)-m(x-h)$.

24. 设 $f(x)=\dfrac{x}{\sqrt{1+x^2}}$,求 $\overbrace{f\{f[\cdots f(x)]\}}^{n\uparrow f}$.

25. 将一个小球在时刻 $t=0$ 以 15 m/s 的初速度垂直抛向空中,在时刻 t(单位:s)时,它距地表面的距离 y 由方程

$$y=-5t^2+15t$$

给出.画出位置关于时间的图像,并在图像上标注出:

(1) 小球落地瞬时相应点的坐标;

(2) 小球达到最高点那一瞬时相应点的坐标.

C 级

26. 依法纳税是每个公民应尽的义务.请根据当前我国个人所得税政策,构建个人应缴纳所得税的分段函数模型.

D 级

第 2 章 极限与连续

2.0 学习任务 2 由圆内接正 n 边形的周长推导圆的周长

图 2.0.1、图 2.0.2 是半径为 R 的圆内接正 n 边形,请完成如下学习任务:

1. 求出半径为 R 的圆内接正 n 边形的周长 C_n;
2. 求出半径为 R 的圆内接正 6 边形的周长 C_6;
3. 求出半径为 R 的圆的周长;
4. 圆的周长是其半径的连续函数吗?

文档

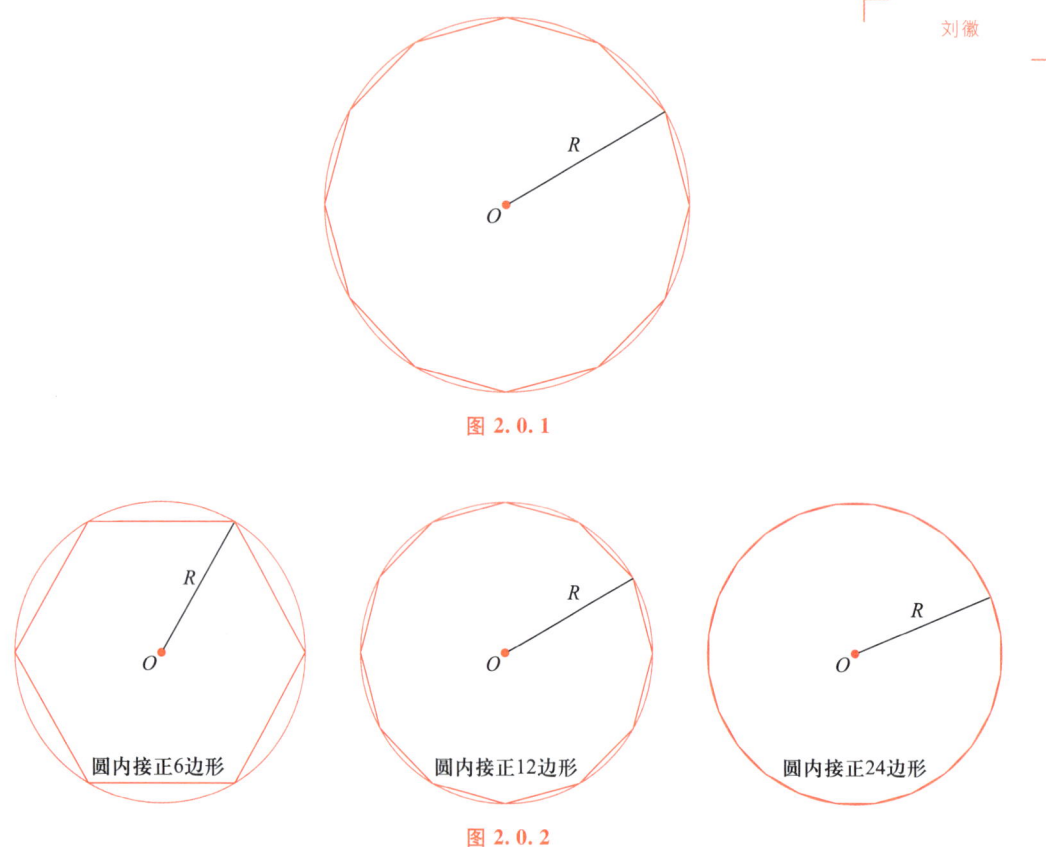

刘徽

图 2.0.1

圆内接正 6 边形   圆内接正 12 边形   圆内接正 24 边形

图 2.0.2

由图 2.0.2 中 3 个圆内接正多边形容易看出,圆内接正多边形的边数越多,即 n 越大,圆内接正多边形的周长越接近于圆的周长,进而,当圆内接正多边形的边数无限多时,即 n 趋于无穷时,圆内接正多边形的周长就无限接近于圆的周长.解决此问题需要极限的知识.

通过对函数一章的学习,大家已经熟悉了函数值的计算问题.但是,在客观世界中,还有大量问题需要我们研究:当自变量无限接近于某个常数或某个"目标"时,函数无限接近于什么?是否无限接近于某一确定常数?这就需要极限的概念和方法.极限是高等数学中最重要的概念之一,是研究微积分学的重要工具.微积分学中的许多重要概念,如导数、定积分等,均通过极限来定义.因此,掌握极限的思想与方法是学好微积分学的前提条件.

> **引例** 某日小明问数学老师:"$\lim\limits_{x\to 2}x^2=4$"等价于"当$x$越来越接近于2时,$x^2$就越来越接近于4"吗?
>
> 老师回答:不能说"$\lim\limits_{x\to 2}x^2=4$"等价于"当$x$越来越接近于2时,$x^2$就越来越接近于4".应该说,"$\lim\limits_{x\to 2}x^2=4$"等价于"当$x$无限接近于2时,$x^2$就无限接近于4".

2.1 极限 无穷小 无穷大

本节研究函数的极限、数列的极限,极限的基本性质、无穷小的定义及其性质、无穷大的定义及其与无穷小的关系.

2.1.1 函数的极限

对于给定的函数 $y=f(x)$,因变量 y 随着自变量 x 的变化而变化.若当自变量 x 无限接近于某个"目标"(一个数 x_0,或 ∞)时,因变量 y 无限接近于一个确定的常数 A,则称函数 $f(x)$ 以 A 为极限.为了叙述问题的方便,我们规定:当 x 从点 x_0 的左右两侧无限接近于 x_0 时,用记号 $x\to x_0$(读作 x 趋于 x_0)表示;当 x 从点 x_0 的右侧无限接近于 x_0 时,用记号 $x\to x_0^+$ 表示;当 x 从点 x_0 的左侧无限接近于 x_0 时,用记号 $x\to x_0^-$ 表示;当 $|x|$ 无限增大时,用记号 $x\to\infty$(读作 x 趋于无穷)表示.下面,我们根据自变量 x 无限接近于"目标"的不同方式,分别介绍函数的极限.

1. $x\to x_0$ 时函数 $f(x)$ 的极限

为了便于读者理解 $x\to x_0$ 时函数 $f(x)$ 极限的定义,我们先从图形上观察两个具体的函数.

不难看出,当 $x\to 1$ 时,$f(x)=x+1$ 无限接近于 2(图 2.1.1);当 $x\to 1$ 时,$g(x)=\dfrac{x^2-1}{x-1}$ 无限接近于 2(图 2.1.2).函数 $f(x)=x+1$ 与 $g(x)=\dfrac{x^2-1}{x-1}$ 是两个不同的函数,前者在 $x=1$ 处有定义,后者在 $x=1$ 处无定义.这就是说,当 $x\to 1$ 时,$f(x),g(x)$ 的极限是否存在与其在 $x=1$ 处是否有定义无关.这里先介绍一下邻域的概念:开区间

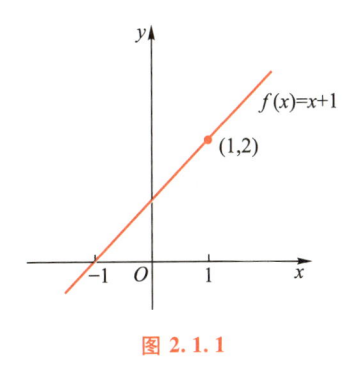

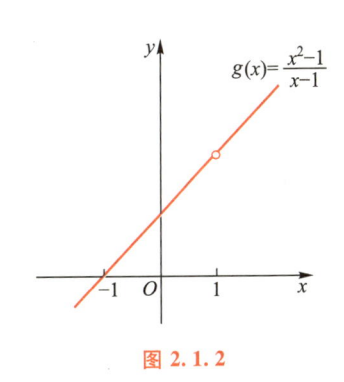

图 2.1.1

图 2.1.2

$(x-\delta, x+\delta)$ 称为以 x 为中心,以 δ $(\delta>0)$ 为半径的邻域,简称为点 x 的邻域,记为 $N(x,\delta)$.称 $(x,x+\delta)$ 为点 x 的以 δ 为半径的右半邻域;称 $(x-\delta,x)$ 为以 δ 为半径的左半邻域.左半邻域与右半邻域统称为半邻域.一般地说,为了使 $x\to x_0$ 时函数极限的定义适用范围更广泛,我们不必要求 $f(x)$ 在点 x_0 有定义,只需要求 $f(x)$ 在点 x_0 的某一去心邻域 $(x_0-\delta,x_0)\cup(x_0,x_0+\delta)$ $(\delta>0)$ 内有定义即可.以后,用 $N(\hat{x}_0,\delta)$ 表示点 x_0 的去心邻域.

定义 2.1.1 设函数 $f(x)$ 在点 x_0 的某一去心邻域 $N(\hat{x}_0,\delta)$ 内有定义,如果当自变量 x 在 $N(\hat{x}_0,\delta)$ 内无限接近于 x_0 时,相应的函数值无限接近于常数 A,则称 A 为 $x\to x_0$ 时函数 $f(x)$ 的极限,记作

$$\lim_{x\to x_0} f(x) = A \quad \text{或} \quad f(x)\to A \ (x\to x_0).$$

由定义 2.1.1 可见,

$$\lim_{x\to 1}\frac{x^2-1}{x-1}=2,$$

$$\lim_{x\to 1}(x+1)=2.$$

定义 2.1.1′ ($x\to x_0$ 时函数的极限的 ε-δ 定义) 设函数 $f(x)$ 在点 x_0 的某一去心邻域内有定义.如果存在常数 A,对于任意给定的正数 ε(不论它多么小),总存在正数 δ,使得当 $0<|x-x_0|<\delta$ 时,对应的函数值 $f(x)$ 都满足不等式 $|f(x)-A|<\varepsilon$,则称常数 A 为函数 $f(x)$ 当 $x\to x_0$ 时的极限,记作

$$\lim_{x\to x_0} f(x) = A \quad \text{或} \quad f(x)\to A(\text{当 } x\to x_0).$$

注意:(1) 定义中 $0<|x-x_0|$ 意味着 $x\neq x_0$,所以,在极限定义中,并没有要求在 $x\to x_0$ 时 $x=x_0$,即 $x\to x_0$ 时 $f(x)$ 有没有极限,与 $f(x)$ 在点 x_0 是否有定义并无关系.

(2) 为了表达方便,用记号"$\forall$"表示"对于任意给定的"或"对于每一个";用记号"$\exists$"表示"存在";用记号"s.t."表示"使得".于是,"对于任意给定的 $\varepsilon>0$"可以写成"$\forall\varepsilon>0$";"存在正数 δ"可以写成"$\exists\delta>0$";"使得 $|f(x)-A|<\varepsilon$ 成立"可以写成"s.t. $|f(x)-A|<\varepsilon$ 成立".采用以上记号,函数极限 $\lim_{x\to x_0} f(x)=A$ 的定义可表述为

$$\lim_{x\to x_0} f(x) = A \Leftrightarrow \forall\varepsilon>0, \exists\delta>0, \text{s.t.} \text{当 } 0<|x-x_0|<\delta \text{ 时}, |f(x)-A|<\varepsilon \text{ 成立}.$$

(3) 由定义 2.1.1′可以看出,任意给定一正数 ε,作平行于 x 轴的两条直线 $y=A+\varepsilon$ 和 $y=A-\varepsilon$,界于这两条直线之间是一横条区域.根据定义,$\lim_{x\to x_0} f(x)=A$ 的几何表示为:对于任意给定的 ε,存在着一个以点 x_0 为中心,以 δ 为半径的去心邻域 $N(\hat{x}_0,\delta)=(x_0-\delta,x_0+\delta)\setminus\{x_0\}$,当 $y=f(x)$ 的图形上点的横坐标 x 在该邻域 $(x_0-\delta,x_0+\delta)\setminus\{x_0\}$ 内时,这些点的纵坐标 $f(x)$ 就落到开区间 $(A-\varepsilon,A+\varepsilon)$ 内,亦即这些点落在上面所作的横条区域内(图 2.1.3).

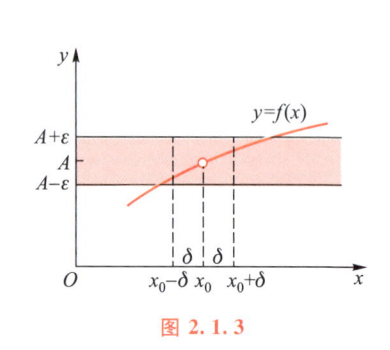

图 2.1.3

例 2.1.1 证明 $\lim_{x\to x_0} C = C$,其中 C 为一常数.

证 $\forall\varepsilon>0$,由于 $|f(x)-A|=|C-C|=0$,因此,对于任取 $\delta>0$,当 $0<|x-x_0|<\delta$ 时,总能使不等式

$$|f(x)-A|=0<\varepsilon$$

成立.所以 $\lim_{x\to x_0} C = C$.

该例说明,常数的极限等于自身.

例 2.1.2 证明 $\lim\limits_{x\to x_0} x = x_0$.

证 因为 $\forall \varepsilon > 0$, 为使 $|f(x) - A| = |x - x_0| < \varepsilon$, 取 $\delta = \varepsilon$, 则当 $0 < |x - x_0| < \delta = \varepsilon$ 时, 就能保证不等式 $|f(x) - A| = |x - x_0| < \varepsilon$ 成立. 所以 $\lim\limits_{x\to x_0} x = x_0$.

例 2.1.3 证明 $\lim\limits_{x\to 1}(3x - 1) = 2$.

证 因为 $\forall \varepsilon > 0$, 为使 $|f(x) - A| = |(3x - 1) - 2| = 3|x - 1| < \varepsilon$, 可取 $\delta = \dfrac{\varepsilon}{3}$, 则当 x 满足不等式

$$0 < |x - 1| < \delta$$

时, 对应的函数值 $f(x)$ 就满足不等式

$$|f(x) - A| = |(3x - 1) - 2| < \varepsilon.$$

从而

$$\lim_{x\to 1}(3x - 1) = 2.$$

例 2.1.4 证明 $\lim\limits_{x\to 1}\dfrac{x^2 - 1}{x - 1} = 2$.

证 因为 $\forall \varepsilon > 0$, 为使 $|f(x) - A| = \left|\dfrac{x^2 - 1}{x - 1} - 2\right| = |x + 1 - 2| = |x - 1| < \varepsilon$, 因此, 只要取 $\delta = \varepsilon$, 那么当 $0 < |x - 1| < \delta$ 时, 就有 $\left|\dfrac{x^2 - 1}{x - 1} - 2\right| < \varepsilon$ 成立. 所以

$$\lim_{x\to 1}\dfrac{x^2 - 1}{x - 1} = 2.$$

2. $x \to x_0^+$ 时函数 $f(x)$ 的极限

定义 2.1.2 设函数 $f(x)$ 在点 x_0 的右半邻域 $(x_0, x_0 + \delta)$ 内有定义, 如果当自变量 x 在此半邻域内无限接近于 x_0 时, 相应的函数值 $f(x)$ 无限接近于常数 A, 则称 A 为函数 $f(x)$ 在点 x_0 处的右极限, 记为

$$\lim_{x\to x_0^+} f(x) = A, \quad f(x_0^+) = A \quad \text{或} \quad f(x) \to A \ (x \to x_0^+).$$

由定义 2.1.2 可知, 讨论函数 $f(x)$ 在点 x_0 处的右极限 $\lim\limits_{x\to x_0^+} f(x) = A$ 时, 在自变量 x 无限接近于 x_0 的过程中, 恒有 $x > x_0$. 如果我们用 "$\substack{x\to x_0 \\ x > x_0}$" 代表 "$x \to x_0$ 且 $x > x_0$", 即 $x \to x_0^+$, 则有 $\lim\limits_{x\to x_0^+} f(x) = \lim\limits_{\substack{x\to x_0 \\ x > x_0}} f(x) = A$.

定义 2.1.2′(函数右极限的 ε-δ 定义) 设函数 $f(x)$ 在点 x_0 的右半邻域内有定义. 若存在常数 A, 对于任意给定的正数 ε (不论它多么小), 总存在正数 δ, 使得当 $0 < x - x_0 < \delta$ 时, 对应的函数值 $f(x)$ 都满足不等式 $|f(x) - A| < \varepsilon$, 则称常数 A 为函数 $f(x)$ 当 $x \to x_0$ 时的右极限, 记作

$$\lim_{x\to x_0^+} f(x) = A \ \text{或}\ f(x) \to A\,(\text{当}\ x \to x_0^+).$$

3. $x \to x_0^-$ 时函数 $f(x)$ 的极限

定义 2.1.3 设函数 $f(x)$ 在点 x_0 的左半邻域 $(x_0 - \delta, x_0)$ 内有定义, 如果当自变量 x 在此半邻域内无限接近于 x_0 时, 相应的函数值 $f(x)$ 无限接近于常数 A, 则称 A 为函数 $f(x)$ 在点 x_0 处的左极限, 记为

$$\lim_{x\to x_0^-} f(x) = A, \quad f(x_0^-) = A \quad 或 \quad f(x) \to A \ (x \to x_0^-).$$

由定义 2.1.3 知,讨论函数 $f(x)$ 在点 x_0 处的左极限 $\lim\limits_{x\to x_0^-} f(x) = A$ 时,在自变量 x 无限接近于 x_0 的过程中,恒有 $x<x_0$.如果我们用 "$\substack{x\to x_0\\x<x_0}$" 代表 "$x\to x_0$ 且 $x<x_0$",即 $x\to x_0^-$,则有 $\lim\limits_{x\to x_0^-} f(x) = \lim\limits_{\substack{x\to x_0\\x<x_0}} f(x) = A$.

定义 2.1.3′(函数左极限的 ε-δ 定义) 设函数 $f(x)$ 在点 x_0 的左半邻域内有定义.若存在常数 A,对于任意给定的正数 ε(不论它多么小),总存在正数 δ,使得当 $0<x_0-x<\delta$ 时,对应的函数值 $f(x)$ 都满足不等式 $|f(x)-A|<\varepsilon$,则称常数 A 为函数 $f(x)$ 当 $x\to x_0$ 时的左极限,记作

$$\lim_{x\to x_0^-} f(x) = A \quad 或 \quad f(x) \to A(当 x\to x_0^-).$$

例 2.1.5 设 $f(x)=\begin{cases}-x, & x<0,\\ 1, & x=0,\\ x, & x>0,\end{cases}$ 画出该函数的图形,求 $\lim\limits_{x\to 0^-} f(x), \lim\limits_{x\to 0^+} f(x)$,并讨论 $\lim\limits_{x\to 0} f(x)$ 是否存在.

解 $f(x)$ 的图形如图 2.1.4 所示.根据例 2.1.2,有

$$\lim_{x\to 0^-} f(x) = \lim_{\substack{x\to 0\\x<0}} f(x) = \lim_{\substack{x\to 0\\x<0}} (-x) = 0,$$

$$\lim_{x\to 0^+} f(x) = \lim_{\substack{x\to 0\\x>0}} f(x) = \lim_{\substack{x\to 0\\x>0}} x = 0,$$

$$\lim_{x\to 0} f(x) = 0.$$

例 2.1.6 设 $\operatorname{sgn} x=\begin{cases}-1, & x<0,\\ 0, & x=0,\\ 1, & x>0\end{cases}$(通常称 $\operatorname{sgn} x$ 为符号函数),画图讨论 $\lim\limits_{x\to 0^-}\operatorname{sgn} x, \lim\limits_{x\to 0^+}\operatorname{sgn} x, \lim\limits_{x\to 0}\operatorname{sgn} x$ 是否存在.

解 函数 $\operatorname{sgn} x$ 的图形如图 2.1.5 所示.根据例 2.1.1,有

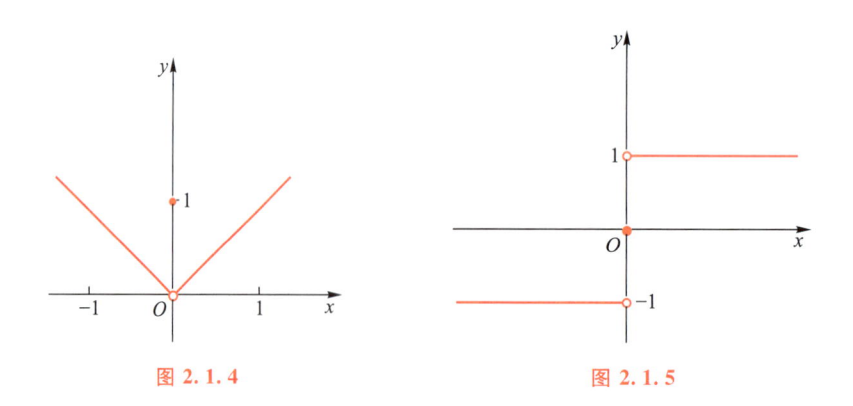

图 2.1.4

图 2.1.5

$$\lim_{x\to 0^-} \operatorname{sgn} x = \lim_{\substack{x\to 0\\x<0}} \operatorname{sgn} x = \lim_{\substack{x\to 0\\x<0}}(-1) = -1,$$

$$\lim_{x\to 0^+} \operatorname{sgn} x = \lim_{\substack{x\to 0\\x>0}} \operatorname{sgn} x = \lim_{\substack{x\to 0\\x>0}} 1 = 1,$$

$$\lim_{x\to 0} \operatorname{sgn} x \ 不存在.$$

由左右极限的定义及上述的两个例子不难看出,极限存在与左右极限存在有如下关系:

定理 2.1.1 $\lim\limits_{x\to x_0} f(x) = A$ 的充要条件是 $\lim\limits_{x\to x_0^+} f(x) = \lim\limits_{x\to x_0^-} f(x) = A.$

4. $x\to\infty$ 时函数 $f(x)$ 的极限

定义 2.1.4 设函数 $f(x)$ 在 $|x|>a$ 时有定义(a 为某个正实数),如果当自变量 x 的绝对值无限增大时,相应的函数值 $f(x)$ 无限接近于常数 A,则称 A 为 $x\to\infty$ 时函数 $f(x)$ 的极限,记为

$$\lim_{x\to\infty}f(x)=A \quad \text{或} \quad f(x)\to A \ (x\to\infty).$$

定义 2.1.4′(x 趋于无穷时函数极限的 ε-X 定义)

设函数 $f(x)$ 在 $|x|>a$(a 为某个正数)时有定义,若存在常数 A,对于任意给定的正数 ε(不论它多么小),总存在着正数 X,使得当 x 满足不等式 $|x|>X$ 时,对应的函数值 $f(x)$ 都满足不等式

$$|f(x)-A|<\varepsilon,$$

则称常数 A 为函数 $f(x)$ 当 $x\to\infty$ 时的极限,记作

$$\lim_{x\to\infty}f(x)=A \quad \text{或} \quad f(x)\to A(\text{当 } x\to\infty).$$

注意:(1)借助于数学符号,定义 2.1.4′ 可简单地表述为

$$\lim_{x\to\infty}f(x)=A \Leftrightarrow \forall \varepsilon>0, \exists X>0, \text{当 } |x|>X \text{ 时,有 } |f(x)-A|<\varepsilon.$$

(2)从几何上来说,$\lim_{x\to\infty}f(x)=A$ 的意义是:作直线 $y=A-\varepsilon$ 和 $y=A+\varepsilon$,则总有一个正数 X 存在,使得当 $x<-X$ 或 $x>X$ 时,函数 $y=f(x)$ 的图形位于这两直线之间,直线 $y=A$ 是函数 $y=f(x)$ 的图形的水平渐近线(图 2.1.6).

例 2.1.7 证明 $\lim_{x\to\infty}\dfrac{1}{x}=0$.

证 $\forall \varepsilon>0$,为使 $|f(x)-A|=\left|\dfrac{1}{x}-0\right|=\dfrac{1}{|x|}<\varepsilon$,只需 $|x|>\dfrac{1}{\varepsilon}$,故取 $X=\dfrac{1}{\varepsilon}$,那么当 $|x|>X=\dfrac{1}{\varepsilon}$ 时,不等式 $\left|\dfrac{1}{x}-0\right|<\varepsilon$ 成立.即 $\forall \varepsilon>0, \exists X=\dfrac{1}{\varepsilon}>0$,当 $|x|>X$ 时,不等式 $|f(x)-A|=\left|\dfrac{1}{x}-0\right|<\varepsilon$ 成立.因此 $\lim_{x\to\infty}\dfrac{1}{x}=0$(图 2.1.7).

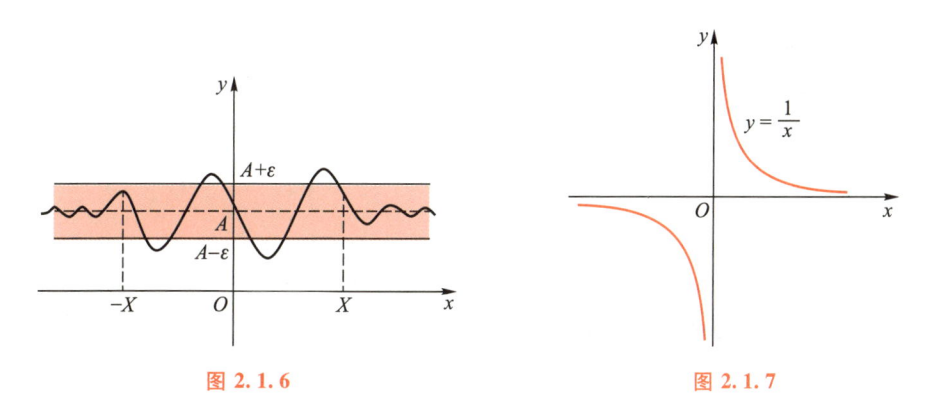

图 2.1.6

图 2.1.7

5. $x\to+\infty$ 时函数 $f(x)$ 的极限

定义 2.1.5 设函数 $f(x)$ 在 $(a,+\infty)$ 内有定义(a 为某个实数),如果当自变量 x 取正值,且绝对值无限增大(记作 $x\to+\infty$)时,相应的函数值 $f(x)$ 无限接近于常数 A,则称 A 为 $x\to+\infty$(读作"x 趋于正无穷")时函数 $f(x)$ 的极限,记为

$$\lim_{x\to+\infty}f(x)=A \quad \text{或} \quad f(x)\to A \ (x\to+\infty).$$

定义 2.1.5'（x 趋于正无穷时函数极限的 ε-X 定义）

设函数 $f(x)$ 在 $x>a$（a 为某个正数）时有定义，若存在常数 A，对于任意给定的正数 ε（不论它多么小），总存在着正数 X，使得当 x 满足不等式 $x>X$ 时，对应的函数值 $f(x)$ 都满足不等式

$$|f(x)-A|<\varepsilon,$$

则称常数 A 为函数 $f(x)$ 当 $x\to+\infty$ 时的极限，记作

$$\lim_{x\to+\infty}f(x)=A \quad \text{或} \quad f(x)\to A（\text{当} x\to+\infty）.$$

注意：(1) 借助于数学符号，定义 2.1.5' 可简单地表述为

$$\lim_{x\to+\infty}f(x)=A\Leftrightarrow\forall\varepsilon>0,\exists X>0,\text{当} x>X \text{时，有} |f(x)-A|<\varepsilon.$$

(2) $\lim\limits_{x\to+\infty}f(x)=A$ 的意义是：直线 $y=A$ 是函数 $y=f(x)$ 的图形的水平渐近线（图 2.1.6）.

由图 2.1.8 可知，$\lim\limits_{x\to+\infty}e^{-x}=0$.

6. $x\to-\infty$ 时函数 $f(x)$ 的极限

定义 2.1.6 设函数 $f(x)$ 在 $(-\infty,a)$ 内有定义（a 为某个实数），如果当自变量 x 取负值，且绝对值无限增大（记作 $x\to-\infty$）时，相应的函数值 $f(x)$ 无限接近于常数 A，则称 A 为 $x\to-\infty$（读作"x 趋于负无穷"）时函数 $f(x)$ 的极限，记为

$$\lim_{x\to-\infty}f(x)=A \quad \text{或} \quad f(x)\to A\ (x\to-\infty).$$

定义 2.1.6'（x 趋于负无穷时函数极限的 ε-X 定义）

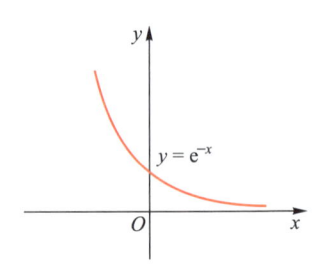

设函数 $f(x)$ 在 $x<-a$（a 为某个正数）时有定义，若存在常数 A，对于任意给定的正数 ε（不论它多么小），总存在着正数 X，使得当 x 满足不等式 $x<-X$ 时，对应的函数值 $f(x)$ 都满足不等式

$$|f(x)-A|<\varepsilon,$$

则称常数 A 为函数 $f(x)$ 当 $x\to-\infty$ 时的极限，记作

$$\lim_{x\to-\infty}f(x)=A \quad \text{或} \quad f(x)\to A（\text{当} x\to-\infty）.$$

注意：(1) 借助于数学符号，定义 2.1.6' 可简单地表述为

$$\lim_{x\to-\infty}f(x)=A\Leftrightarrow\forall\varepsilon>0,\exists X>0,\text{当} x<-X \text{时，有} |f(x)-A|<\varepsilon.$$

(2) $\lim\limits_{x\to-\infty}f(x)=A$ 的意义是：直线 $y=A$ 是函数 $y=f(x)$ 的图形的水平渐近线（图 2.1.6）.

由图 2.1.7 可知，$\lim\limits_{x\to-\infty}\dfrac{1}{x}=0$.

不难证明，函数 $f(x)$ 在 $x\to\infty$ 时的极限与在 $x\to+\infty$，$x\to-\infty$ 时的极限有如下关系：

定理 2.1.2 $\lim\limits_{x\to\infty}f(x)=A$ 的充要条件是 $\lim\limits_{x\to+\infty}f(x)=\lim\limits_{x\to-\infty}f(x)=A$.

2.1.2 数列的极限

1. 数列的概念

自变量为正整数的函数 $u_n=f(n)$（$n=1,2,\cdots$），其函数值按自变量 n 由小到大排列成一列数

$$u_1,u_2,u_3,\cdots,u_n,\cdots$$

称为数列，将其简记为 $\{u_n\}$，其中 u_n 为数列 $\{u_n\}$ 的通项或一般项. 例如，$u_n=\dfrac{1}{2^n}$，相应的数列为

$$\frac{1}{2}, \frac{1}{2^2}, \frac{1}{2^3}, \cdots, \frac{1}{2^n}, \cdots.$$

由于一个数列 $\{u_n\}$ 完全由其通项 u_n 所确定,故经常把数列 $\{u_n\}$ 简称为数列 u_n.

2. 数列极限的定义

数列 $\{f(n)\}$ 的一般项 $f(n)$ 随自变量 n 的变化而变化.由于 n 只能取正整数,所以研究数列的极限,只需要考虑自变量 $n\to+\infty$ 时函数 $f(n)$ 的极限.一般地,在研究数列极限时,把记号 $n\to+\infty$ 简记为 $n\to\infty$.

定义 2.1.7 对于数列 $\{u_n\}$,如果当 n 无限增大时,通项 u_n 无限接近于某个确定的常数 A,则称 A 为数列 $\{u_n\}$ 的极限,或称数列 $\{u_n\}$ 收敛于 A,记为 $\lim\limits_{n\to\infty} u_n = A$ 或 $u_n \to A \ (n\to\infty)$.

若数列 $\{u_n\}$ 没有极限,则称该数列发散.

例 2.1.8 观察下列数列的极限:

(1) $u_n = \dfrac{n}{n+1}$;　　　(2) $u_n = \dfrac{1}{2^n}$;

(3) $u_n = 2n+1$;　　　(4) $u_n = (-1)^{n+1}$.

解 先列出所给的数列:

$u_n = \dfrac{n}{n+1}$,即 $\dfrac{1}{2}, \dfrac{2}{3}, \dfrac{3}{4}, \cdots, \dfrac{n}{n+1}, \cdots$;

$u_n = \dfrac{1}{2^n}$,即 $\dfrac{1}{2}, \dfrac{1}{2^2}, \dfrac{1}{2^3}, \cdots, \dfrac{1}{2^n}, \cdots$;

$u_n = 2n+1$,即 $3, 5, 7, \cdots, 2n+1, \cdots$;

$u_n = (-1)^{n+1}$,即 $1, -1, 1, \cdots, (-1)^{n+1}, \cdots$.

观察如上 4 个数列随 n 变大时的发展趋势,得

(1) $\lim\limits_{n\to\infty} \dfrac{n}{n+1} = 1$;

(2) $\lim\limits_{n\to\infty} \dfrac{1}{2^n} = 0$;

(3) $\lim\limits_{n\to\infty} (2n+1)$ 不存在;

(4) $\lim\limits_{n\to\infty} (-1)^{n+1}$ 不存在.

注意:例 2.1.8 中通过观察法求数列的极限只能得到大致趋势,不能确保所观察到的就是准确极限值.为了确保观察的极限值的正确性,还需用数列极限的 ε-N 定义给出严格证明.

定义 2.1.7′(数列极限的 ε-N 定义) 对于数列 $\{u_n\}$,如果存在常数 A,对于任意给定的正数 ε(不论它多么小),总存在正整数 N,使得当 $n>N$ 时,不等式

$$|u_n - A| < \varepsilon$$

都成立,则称常数 A 是数列 $\{u_n\}$ 的极限,或者称数列 $\{u_n\}$ 收敛于 A,记为

$$\lim\limits_{n\to\infty} u_n = A \quad \text{或} \quad u_n \to A(\text{当 } n\to\infty).$$

如果不存在这样的常数 A,就说数列 $\{u_n\}$ 没有极限,或者说数列 $\{u_n\}$ 是发散的,也可以说极限 $\lim\limits_{n\to\infty} u_n$ 不存在.

采用"$\forall$""$\exists$"等记号,数列极限 $\lim\limits_{n\to\infty} u_n = A$ 的定义可表述为

$$\lim_{n\to\infty} u_n = A \Leftrightarrow \forall \varepsilon > 0, \exists 正整数 N, 当 n > N 时, 有 |u_n - A| < \varepsilon.$$

例 2.1.9 证明数列

$$\frac{1}{2}, \frac{2}{3}, \frac{3}{4}, \cdots, \frac{n+1}{n}, \cdots$$

的极限是 1.

证 因为 $\forall \varepsilon > 0$, 为了使 $|u_n - A| = \left|\frac{n+1}{n} - 1\right| = \frac{1}{n} < \varepsilon$, 只需 $n > \frac{1}{\varepsilon}$, 所以, 任取一个大于 $\frac{1}{\varepsilon}$ 的正整数作为 N, 则当 $n > N$ 时, 就有 $|u_n - A| = \left|\frac{n+1}{n} - 1\right| = \frac{1}{n} < \varepsilon$. 所以,

$$\lim_{n\to\infty} \frac{n+1}{n} = 1.$$

如果数列 $\{u_n\}$ 对于每一个正整数 n, 都有 $u_n < u_{n+1}$, 则称数列 $\{u_n\}$ 为单调递增数列; 类似地, 如果数列 $\{u_n\}$ 对于每一个正整数 n, 都有 $u_n > u_{n+1}$, 则称数列 $\{u_n\}$ 为单调递减数列. 单调递增或单调递减数列简称为单调数列. 如果对于数列 $\{u_n\}$, 存在一个正常数 M, 使得对于每一项 u_n, 都有 $|u_n| \leq M$, 则称数列 $\{u_n\}$ 为有界数列, 如果这样的正数 M 不存在, 就说数列 $\{u_n\}$ 是无界的. 数列 $\{u_n\} = \left\{\frac{n}{n+1}\right\}$ 为单调递增数列, 且有上界. 数列 $\{u_n\} = \left\{\frac{1}{2^n}\right\}$ 为单调递减数列, 且有下界. 一般地, 我们有

定理 2.1.3(单调有界原理) 单调有界数列必有极限.

证明从略. 从几何图形上看, 它的正确性是显而易见的. 由于数列是单调的, 因此它的各项所表示的点(图 2.1.9)在数轴上朝着一个方向移动, 这种移动只有两种可能, 一种是沿数轴无限远移, 另一种是无限接近于一个定点 A, 而又不可超越 A, 终于密集在 A 的附近. 因为数列有界, 前一种是不可能的, 所以只能为后者. 换句话说, A 就是数列的极限.

(a) 数列 $\{u_n\}$ 单调递增且有上界 A (b) 数列 $\{u_n\}$ 单调递减且有下界 A

图 2.1.9

2.1.3 极限的基本性质

以上讨论了函数极限的各种情形, 并把数列的极限作为函数极限的特殊情况给出. 它们描述的问题都是: 自变量在某一无限变化过程中, 函数值无限逼近于一个唯一确定的常数. 因此, 它们有一系列的共性, 下面分别以 $n\to\infty$ 时的数列极限和 $x\to x_0$ 时函数的极限为例介绍极限的性质, 其他情形也有类似的性质.

性质 1(函数极限的唯一性) 若 $\lim\limits_{x\to x_0} f(x) = A, \lim\limits_{x\to x_0} f(x) = B$, 则 $A = B$.

性质 1′(数列极限的唯一性) 如果数列 $\{x_n\}$ 收敛, 那么它的极限唯一. 即若数列 $\{x_n\}$ 收敛, $\lim\limits_{n\to\infty} x_n = a, \lim\limits_{n\to\infty} x_n = b$, 则 $a = b$.

证 (用反证法)假设 $a \neq b$, 不失一般性, 设 $a < b$. $\forall \varepsilon > 0$, 因为 $\lim\limits_{n\to\infty} x_n = a$, 所以, $\exists$ 正整数 N_1, 当 $n > N_1$ 时, 不等式

$$|x_n - a| < \varepsilon \qquad ①$$

成立.

同理,因为 $\lim\limits_{n\to\infty} x_n = b$,故 $\exists$ 正整数 N_2,当 $n > N_2$ 时,不等式

$$|x_n - b| < \varepsilon \qquad ②$$

成立.

取 $N = \max\{N_1, N_2\}$(即 N 是 N_1 和 N_2 中较大者),则当 $n > N$ 时,①式及②式同时成立.因为 $a < b$,故取 $\varepsilon = \dfrac{b-a}{2} > 0$,由①式 $|x_n - a| < \dfrac{b-a}{2}$,得 $x_n < \dfrac{a+b}{2}$ 成立.由②式得 $|x_n - b| < \dfrac{b-a}{2}$,得 $x_n > \dfrac{a+b}{2}$ 成立.矛盾.性质 1′证毕.

根据极限的唯一性可知,当自变量趋于一个确定的目标时,若函数(或数列)的极限存在,则其极限值是唯一的.如果当自变量以不同方式趋于目标时,函数(或数列)趋于不同的数值,则其极限不存在.所以,极限的唯一性经常用于讨论极限不存在的情况.

例 2.1.10 说明数列 $x_n = (-1)^n (n = 1, 2, \cdots)$ 是发散的.

解 因为当 $n = 2k$ 时,有 $x_n = x_{2k} = (-1)^{2k} = 1 \to 1$(当 $k \to \infty$ 时);

当 $n = 2k+1$ 时,有 $x_n = x_{2k+1} = (-1)^{2k+1} = -1 \to -1$(当 $k \to \infty$ 时).

所以,$\lim\limits_{x \to \infty} x_n$ 不存在.即数列 $x_n = (-1)^n (n = 1, 2, \cdots)$ 是发散的.

例 2.1.11 证明 $\lim\limits_{x \to \infty} \cos x$ 不存在.

证 因为当 $x = 2k\pi$ 时,有 $\cos x = \cos 2k\pi = 1 \to 1$(当 $k \to \infty$ 时);

当 $x = 2k\pi + \dfrac{\pi}{2}$ 时,有 $\cos x = \cos\left(2k\pi + \dfrac{\pi}{2}\right) = 0 \to 0$(当 $k \to \infty$ 时).

所以,$\lim\limits_{x \to \infty} \cos x$ 不存在.

性质 2(局部有界性) 若 $\lim\limits_{x \to x_0} f(x) = A$,则存在点 x_0 的某一去心邻域 $N(\hat{x}_0, \delta)$,在 $N(\hat{x}_0, \delta)$ 内函数 $f(x)$ 有界(图 2.1.10).

性质 2′(收敛数列的有界性) 如果数列 $\{x_n\}$ 收敛,那么数列 $\{x_n\}$ 一定有界.

证 设数列 $\{x_n\}$ 收敛于 a,即 $\lim\limits_{n \to \infty} x_n = a$.由数列极限的定义知,$\forall \varepsilon > 0$,$\exists$ 正整数 N,当 $n > N$ 时,$|x_n - a| < \varepsilon$,取 $\varepsilon = 1$,则当 $n > N$ 时,不等式 $|x_n - a| \leq 1$ 成立.

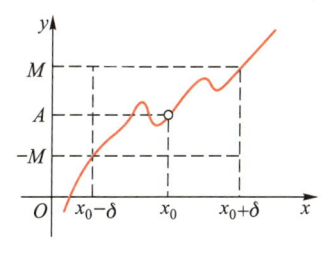

图 2.1.10

于是,当 $n > N$ 时,$|x_n| = |(x_n - a) + a| \leq |x_n - a| + |a| < 1 + |a|$.

取 $M = \max\{|x_1|, |x_2|, \cdots, |x_N|, 1 + |a|\}$,那么数列 $\{x_n\}$ 中的一切 x_n 都满足不等式

$$|x_n| \leq M.$$

因此,数列 $\{x_n\}$ 是有界的.证毕.

根据上述定理,如果数列 $\{x_n\}$ 无界,那么数列 $\{x_n\}$ 一定发散.但是,如果数列 $\{x_n\}$ 有界,却不能断定数列 $\{x_n\}$ 一定收敛,例如数列 $\{(-1)^n\}$ 有界,但其是发散的(例 2.1.10).这说明数列有界是数列收敛的必要条件,但不是充分条件.

性质 3(局部保号性) 若 $\lim\limits_{x \to x_0} f(x) = A$ 且 $A > 0$(或 $A < 0$),则存在点 x_0 的某个去心邻域 $N(\hat{x}_0, \delta)$,在 $N(\hat{x}_0, \delta)$ 内 $f(x) > 0$(或 $f(x) < 0$)(图 2.1.11).

性质 3 推论 若在点 x_0 的某个去心邻域 $N(\hat{x}_0, \delta)$ 内,$f(x) \geq 0$(或 $f(x) \leq 0$),且

$$\lim_{x \to x_0} f(x) = A,$$

则 $A \geqslant 0$（或 $A \leqslant 0$）(图 2.1.12).

图 2.1.11

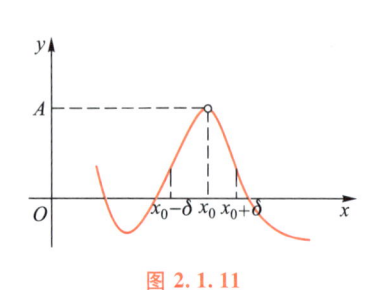

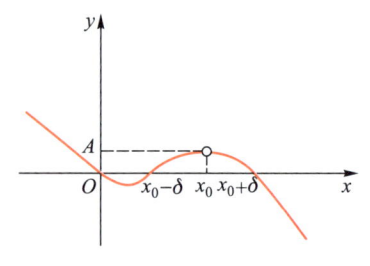

图 2.1.12

性质 3′（收敛数列的保号性） 如果 $\lim\limits_{n\to\infty} x_n = a$，且 $a>0$（或 $a<0$），那么存在正整数 N，当 $n>N$ 时，都有 $x_n>0$（或 $x_n<0$）.

证 下面仅就 $a>0$ 的情形证明，$a<0$ 的情形类似可证明. 因为 $\lim\limits_{n\to\infty} x_n = a$，所以，$\forall \varepsilon > 0$，$\exists$ 正整数 N，当 $n>N$ 时，不等式 $|x_n - a| < \varepsilon$，取 $\varepsilon = \dfrac{a}{2} > 0$，则当 $n>N$ 时，有 $|x_n - a| < \dfrac{a}{2}$，$-\dfrac{a}{2} < x_n - a < \dfrac{a}{2}$，从而有

$$x_n > a - \dfrac{a}{2} = \dfrac{a}{2} > 0.$$ 证毕.

性质 3′ 推论 如果数列 $\{x_n\}$ 从某项起有 $x_n \geqslant 0$ 或 $(x_n \leqslant 0)$，且 $\lim\limits_{n\to\infty} x_n = a$，那么 $a \geqslant 0$（或 $a \leqslant 0$）.

证（用反证法证明）假设数列 $\{x_n\}$ 从第 N_1 项起，即当 $n>N_1$ 时，有 $x_n \geqslant 0$，且 $\lim\limits_{n\to\infty} x_n = a < 0$，则由性质 3′ 知，存在正整数 N_2，当 $n>N_2$ 时，$x_n < 0$. 取 $N = \max\{N_1, N_2\}$，于是，当 $n>N$ 时，既有 $x_n \geqslant 0$，又有 $x_n < 0$，矛盾，所以假设 $\lim\limits_{n\to\infty} x_n = a < 0$ 不成立，因此必有 $a \geqslant 0$. 证毕.

对于数列 $\{x_n\}$ 从某项起有 $x_n \leqslant 0$ 的情形，可以类似地证明.

性质 4（函数极限的夹逼准则） 若 $x \in N(\hat{x}_0, \delta)$（其中 δ 为某个正常数）时，有

$$g(x) \leqslant f(x) \leqslant h(x), \quad \lim\limits_{x\to x_0} g(x) = \lim\limits_{x\to x_0} h(x) = A,$$

则

$$\lim\limits_{x\to x_0} f(x) = A \text{（图 2.1.13）}.$$

从直观上看，该准则是显然的. 当 $x \to x_0$ 时，若函数 $g(x)$，$h(x)$ 的值无限逼近常数 A，则夹在 $g(x)$ 与 $h(x)$ 之间的 $f(x)$ 的值也无限逼近于常数 A，即 $\lim\limits_{x\to x_0} f(x) = A$. 对于极限的上述 4 个性质，若把 $x \to x_0$ 换成自变量 x 的其他变化过程，有类似的结论成立.

性质 4′（数列极限的夹逼准则） 若数列 $\{x_n\}$，$\{y_n\}$ 及 $\{z_n\}$ 满足下列条件：

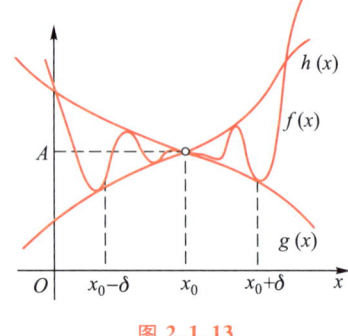

（1）从某项起，即 $\exists$ 正整数 N_1，使得当 $n>N_1$ 时，有 $y_n \leqslant x_n \leqslant z_n$；

（2）$\lim\limits_{n\to\infty} y_n = a$，$\lim\limits_{n\to\infty} z_n = a$.

则数列 $\{x_n\}$ 的极限存在，且 $\lim\limits_{n\to\infty} x_n = a$.

图 2.1.13

证 因为 $\lim\limits_{n\to\infty} y_n = a$，$\lim\limits_{n\to\infty} z_n = a$，所以根据数列极限的定义，$\forall \varepsilon > 0$，$\exists$ 正整数 N_2，当 $n>N_2$ 时，不等式

$$|y_n - a| < \varepsilon$$ ①

成立；

同理，∃ 正整数 N_3，当 $n>N_3$ 时，不等式
$$|z_n-a|<\varepsilon \qquad ②$$
成立.

因为当 $n>N_1$ 时，$y_n \leq x_n \leq z_n$，取 $N=\max\{N_1,N_2,N_3\}$，则当 $n>N$ 时，①、②及③三式同时成立.即
$$a-\varepsilon<y_n<a+\varepsilon,\quad a-\varepsilon<z_n<a+\varepsilon,\quad y_n\leq x_n\leq z_n \qquad ③$$
同时成立.

所以，当 $n>N$ 时，有 $a-\varepsilon<y_n\leq x_n\leq z_n<a+\varepsilon$，即当 $n>N$ 时，有 $|x_n-a|<\varepsilon$ 成立.所以 $\lim\limits_{n\to\infty}x_n=a$.证毕.

例 2.1.12 设 $g(x)\leq f(x)\leq h(x)$，$\lim\limits_{x\to 2}g(x)=\lim\limits_{x\to 2}h(x)=5$，求 $\lim\limits_{x\to 2}f(x)$.

解 因为 $g(x)\leq f(x)\leq h(x)$，$\lim\limits_{x\to 2}g(x)=\lim\limits_{x\to 2}h(x)=5$，故由夹逼准则得
$$\lim_{x\to 2}f(x)=5.$$

例 2.1.13 证明 $\lim\limits_{x\to 0}\cos x=1$.

证 因为当 $0<|x|<\dfrac{\pi}{2}$ 时，有
$$1-\cos x>0, \qquad ①$$
再由例 1.4.5 得，
$$1-\cos x=2\sin\left(\frac{x}{2}\right)^2<2\left(\frac{x}{2}\right)^2=\frac{x^2}{2}, \qquad ②$$
综合①②得，$0<1-\cos x<\dfrac{x^2}{2}$.

又因为 $\lim\limits_{x\to 0}0=0$，$\lim\limits_{x\to 0}\dfrac{x^2}{2}=0$，所以，由性质 4 夹逼准则，得 $\lim\limits_{x\to 0}(1-\cos x)=0$，即 $\lim\limits_{x\to 0}\cos x=1$.证毕.

性质 5（极限的比较性质） 设 $\lim\limits_{x\to\infty}\varphi(x)=A$，$\lim\limits_{x\to\infty}\psi(x)=B$，若 $\varphi(x)\geq\psi(x)$，则 $A\geq B$.

证 因为 $\lim\limits_{x\to\infty}\varphi(x)=A$，$\lim\limits_{x\to\infty}\psi(x)=B$，根据 2.2 节极限的四则运算法则，有 $\lim\limits_{x\to\infty}[\varphi(x)-\psi(x)]=\lim\limits_{x\to\infty}\varphi(x)-\lim\limits_{x\to\infty}\psi(x)=A-B$.

又因为 $\varphi(x)\geq\psi(x)$，所以 $\varphi(x)-\psi(x)\geq 0$，由性质 3 极限的局部保号性之推论，得 $A-B\geq 0$，即 $A\geq B$.证毕.

性质 6（函数极限与数列极限的关系） 如果极限 $\lim\limits_{x\to x_0}f(x)$ 存在，$\{x_n\}$ 为函数 $f(x)$ 的定义域内收敛于 x_0 的数列，且满足 $x_n\neq x_0(n\in\mathbf{N}^*)$，那么相应的函数值数列 $\{f(x_n)\}$ 必收敛，且 $\lim\limits_{n\to\infty}f(x_n)=\lim\limits_{x\to x_0}f(x)$.

证 设 $\lim\limits_{x\to x_0}f(x)=A$，则 $\forall\varepsilon>0$，$\exists\delta>0$，当 $0<|x-x_0|<\delta$ 时，有 $|f(x)-A|<\varepsilon$ 成立.又因为 $\{x_n\}$ 为函数 $f(x)$ 的定义域内收敛于 x_0 且满足 $x_n\neq x_0$ 的数列，即 $\lim\limits_{n\to\infty}x_n=x_0$，且 $x_n\neq x_0$，因此，对 $\delta>0$，$\exists N$，当 $n>N$ 时，有 $0<|x_n-x_0|<\delta$，从而有 $|f(x_n)-A|<\varepsilon$.即 $\lim\limits_{n\to\infty}f(x_n)=A$.证毕.

该性质指出：

若 $\lim\limits_{x\to x_0}f(x)=A$ 存在，则对于属于函数 $f(x)$ 定义域内的任意收敛于 x_0 的数列 $\{x_n\}$，必有 $\lim\limits_{n\to\infty}f(x_n)=A$.换句话说，如果函数 $f(x)$ 定义域内存在两个收敛于 x_0 的数列 $\{x_n^{(1)}\}$ 和 $\{x_n^{(2)}\}$，使得 $\lim\limits_{n\to\infty}f(x_n^{(1)})\neq\lim\limits_{n\to\infty}f(x_n^{(2)})$，则 $\lim\limits_{x\to x_0}f(x)$ 不存在.因此，性质 6 常用来说明极限不存在的例子.事实上，性质 6 中"对于属于函数 $f(x)$ 定义域内的任意收敛于 x_0 的数列 $\{x_n\}$，必有 $\lim\limits_{n\to\infty}f(x_n)=A$"也是极限 $\lim\limits_{x\to x_0}f(x)=A$ 存在的充分条件.这样，性质 6 可以扩充为：$\lim\limits_{x\to x_0}f(x)=A$ 存在的充分必要条件是：对于属于函数 $f(x)$ 定义域内的

任意收敛于 x_0 的数列 $\{x_n\}$，必有 $\lim\limits_{n\to\infty} f(x_n)=A$. 这就是德国数学家海因里希·爱德华·海涅发现的称为归结原则的海涅定理.

扫描右侧二维码，查看 *定理 2.1.4（海涅定理）.

设在数列 $\{x_n\}$ 中，从左到右，第一次抽取一项，记为 x_{n_1}，第二次在 x_{n_1} 后抽取一项，记为 x_{n_2}，第三次在 x_{n_2} 后抽取一项，记为取 x_{n_3}，……，这样一直抽取下去，得到一个数列 $x_{n_1}, x_{n_2}, x_{n_3}, \cdots, x_{n_k}, \cdots$.

定义 2.1.8（子数列） 从数列 $\{x_n\}$ 中从左到右（项数 n 从小到大）任意抽取无限多项 $x_{n_1}, x_{n_2}, x_{n_3}, \cdots, x_{n_k}, \cdots$，并保持这些项按原数列 $\{x_n\}$ 中的先后次序排成数列 $\{x_{n_k}\}$，称数列 $\{x_{n_k}\}$ 为原数列 $\{x_n\}$ 的子数列（或子列）.

由定义 2.1.8 知，若数列 $\{x_{n_k}\}$ 是数列 $\{x_n\}$ 的子数列，则 x_{n_k} 为子列 $\{x_{n_k}\}$ 的第 k 项，为原数列 $\{x_n\}$ 的第 n_k 项. $n_k \geq k$.

例 2.1.14 写出由数列 $\{n^2\}$ 中抽出的偶数的平方项构成的一个子数列.

解 由数列 $\{n^2\}: 1^2, 2^2, 3^2, \cdots, n^2, \cdots$ 的偶数的平方项构成的一个子数列为
$$\{(2n)^2\}: 2^2, 4^2, 6^2, \cdots, (2n)^2, \cdots.$$

性质 7（收敛数列与其子数列的关系） 如果数列 $\{x_n\}$ 收敛于 a，那么它的任一子数列 $\{x_{n_k}\}$ 也收敛，且极限也是 a.

证 设数列 $\{x_{n_k}\}$ 是数列 $\{x_n\}$ 的任意子数列.

由于 $\lim\limits_{n\to\infty} x_n = a$，故 $\forall \varepsilon > 0$，$\exists$ 正整数 N，当 $n > N$ 时，$|x_n - a| < \varepsilon$ 成立.

取 $m = N$，则当 $k > m$ 时，$n_k > n_m = n_N \geq N$，于是 $|x_{n_k} - a| < \varepsilon$. 因此，$\lim\limits_{k\to\infty} x_{n_k} = a$. 证毕.

性质 7 说明，收敛数列与其任一子数列都收敛于同一极限. 所以，若一个数列有两个子列收敛于不同的极限，则该数列必发散. 因此，该性质常用来说明给定的数列是发散的.

性质 8（柯西极限存在准则） 数列 $\{x_n\}$ 收敛的充分必要条件是：$\forall \varepsilon > 0$，$\exists$ 正整数 N，使得当 $n > N$，$m > N$ 时，有 $|x_n - x_m| < \varepsilon$.

通常称满足该条件的数列为基本数列，也叫柯西数列.

证 （必要性）设数列 $\{x_n\}$ 收敛，记 $\lim\limits_{n\to\infty} x_n = A$，则 $\forall \varepsilon > 0$，$\exists$ 正整数 N，当 $n > N$ 时，有不等式
$$|x_n - a| < \frac{\varepsilon}{2}. \qquad ①$$
成立.

同样，当 $m > N$ 时，有不等式
$$|x_m - a| < \frac{\varepsilon}{2}. \qquad ②$$
成立.

因此，综合 ①② 知：当 $n > N$，$m > N$ 时，有不等式
$$|x_n - x_m| = |(x_n - a) - (x_m - a)| \leq |x_n - a| + |x_m - a| < \frac{\varepsilon}{2} + \frac{\varepsilon}{2} = \varepsilon,$$
即 $|x_n - x_m| < \varepsilon$. 必要性证毕.

可扫描右侧二维码，查看 *柯西极限存在准则的充分性证明.

2.1.4 关于极限概念的几点说明

为了正确理解极限的概念，再说明如下几点：

（1）在一个变量前加上记号"lim"，表示对这个变量进行取极限运算，若变量的极限存在，所指的不再是这个变量本身而是它的极限，即变量无限接近的那个值.

例如：设 A 表示圆面积，S_n 表示圆内接正 n 边形面积，则知当 n 较大以后，总有 $S_n \approx A$，但 $\lim\limits_{n\to\infty} S_n$ 就不再是 S_n 了，而是它的极限——圆面积 A，所以它的表达式 $A = \lim\limits_{n\to\infty} S_n$ 不是近似值.

（2）在极限过程 $x \to x_0$ 中考察 $f(x)$ 时，我们只要求 x 充分接近 x_0 时 $f(x)$ 有定义，与 $x = x_0$ 时或远离 x_0 时 $f(x)$ 取值如何是毫无关系的.这一点在求分段函数的极限时尤其重要.

（3）如上所有极限定义中，皆要求自变量在某一变化过程中 $f(x)$ 无限接近于确定的常数 A，那么，何谓 $f(x)$ 与定常数 A 无限接近？如何在数学上予以精确的描述？事实上，$f(x)$ 与定常数 A 无限接近是指 $|f(x)-A|$ 可以任意小，即 $|f(x)-A|$ 可以无限接近于 0.换句话说，对任意给定的无论多么小的正数 ε，当 x 变化到一定程度以后，总有 $|f(x)-A|<\varepsilon$ 成立.由于自变量 x 的变化过程不尽相同，所以，其与"目标"无限接近的方式也就有不同的描述方法.

（4）常数函数的极限等于其本身，即 $\lim\limits_{x\to\square} C = C$（$C$ 为常数且 $x \to \square$ 表示 x 的任何一种变化过程）.

（5）从上面的例题中，我们看到了极限不存在的例子，所以，为了讨论问题的方便，以后把讨论自变量趋于某个目标时，函数的趋势称为"极限"，也即说某函数的极限包括极限存在与极限不存在两种情形.

2.1.5 无穷小

1. 无穷小的定义

定义 2.1.9 极限为零的变量称为无穷小量，简称无穷小.

如果 $\lim\limits_{x\to x_0} \alpha(x) = 0$，则变量 $\alpha(x)$ 是 $x \to x_0$ 时的无穷小；如果 $\lim\limits_{x\to\infty} \beta(x) = 0$，则变量 $\beta(x)$ 是 $x \to \infty$ 时的无穷小.类似地还有 $x \to x_0^+, x \to x_0^-, x \to -\infty$ 等情形下的无穷小.

由定义 2.1.9 可见，常数零是唯一可作为无穷小的常数，一般说来，无穷小表达的是量的变化状态，而不是量的大小.一个非零常数不管绝对值多么小，都不能是无穷小.

无穷小是有极限变量中最简单而且最重要的一类，以至于到现在人们还常常把整个变量理论称为"无穷小分析".

例 2.1.15 自变量 x 在怎样的变化过程中，下列函数为无穷小？

（1）$y = \dfrac{1}{x-1}$；（2）$y = 2x-1$；（3）$y = 2^x$；（4）$y = \left(\dfrac{1}{4}\right)^x$.

解 （1）因为 $\lim\limits_{x\to\infty} \dfrac{1}{x-1} = 0$，所以当 $x \to \infty$ 时，$\dfrac{1}{x-1}$ 为无穷小.

（2）因为 $\lim\limits_{x\to\frac{1}{2}}(2x-1) = 0$，所以当 $x \to \dfrac{1}{2}$ 时，$2x-1$ 为无穷小.

（3）因为 $\lim\limits_{x\to-\infty} 2^x = 0$，所以当 $x \to -\infty$ 时，2^x 为无穷小.

（4）因为 $\lim\limits_{x\to+\infty}\left(\dfrac{1}{4}\right)^x = 0$，所以当 $x \to +\infty$ 时，$\left(\dfrac{1}{4}\right)^x$ 为无穷小.

定理 2.1.5 $\alpha(x)$ 是自变量 $x \to x_0$ 时的无穷小的充分必要条件是：对任意小的正数 ε，都存在着小正数 δ，使得当 $0 < |x-x_0| < \delta$ 时，$|\alpha(x)| < \varepsilon$.

由定理 2.1.5 知,无穷小是绝对值无限变小的量.

将自变量的变化趋势换成其他情形,也有类似定理 2.1.5 的结论.

2. 极限与无穷小之间的关系

设 $\lim\limits_{x \to x_0} f(x) = A$,即 $x \to x_0$ 时,函数值 $f(x)$ 无限接近于常数 A,就是说 $f(x) - A$ 无限接近于常数零,即 $x \to x_0$ 时,$f(x) - A$ 以零为极限,也就是说 $x \to x_0$ 时,$f(x) - A$ 为无穷小,若记 $\alpha(x) = f(x) - A$,则有 $f(x) = A + \alpha(x)$,于是有

定理 2.1.6(极限与无穷小之间的关系) $\lim\limits_{x \to x_0} f(x) = A$ 的充要条件是 $f(x) = A + \alpha(x)$,其中 $\alpha(x)$ 是 $x \to x_0$ 时的无穷小.

在定理 2.1.6 中将自变量 x 的变化过程换成其他任何一种情形($x \to x_0^+$,$x \to x_0^-$,$x \to +\infty$,$x \to -\infty$,$x \to \infty$)后仍然成立.

下面就自变量 $x \to x_0$ 的情形,给出定理 2.1.6 的证明.

证 必要性:

设 $\lim\limits_{x \to x_0} f(x) = A$,则 $\forall \varepsilon > 0$,$\exists \delta > 0$,当 $0 < |x - x_0| < \delta$ 时,有 $|f(x) - A| < \varepsilon$ 成立.

令 $\alpha = f(x) - A$,则有 $\forall \varepsilon > 0$,$\exists \delta > 0$,当 $0 < |x - x_0| < \delta$ 时,$|\alpha| < \varepsilon$,这说明 α 是当 $x \to x_0$ 时的无穷小. 由 $\alpha = f(x) - A$,得 $f(x) = A + \alpha$,其中 α 是当 $x \to x_0$ 时的无穷小. 必要性证毕.

充分性:

设 $f(x) = A + \alpha$,其中 α 是当 $x \to x_0$ 时的无穷小. 因为 α 是当 $x \to x_0$ 时的无穷小,所以,$\forall \varepsilon > 0$,$\exists \delta > 0$,当 $0 < |x - x_0| < \delta$ 时,$|\alpha| < \varepsilon$.

由 $f(x) = A + \alpha$,得 $\alpha = f(x) - A$,于是,$\forall \varepsilon > 0$,$\exists \delta > 0$,当 $0 < |x - x_0| < \delta$ 时,$|f(x) - A| = |\alpha| < \varepsilon$,即 $|f(x) - A| < \varepsilon$. 因此,$\lim\limits_{x \to x_0} f(x) = A$. 充分性证毕.

定理证毕.

例 2.1.16 当 $x \to \infty$ 时,将函数 $f(x) = \dfrac{x+1}{x}$ 写成常数与一个无穷小之和的形式.

解 因为 $\lim\limits_{x \to \infty} f(x) = \lim\limits_{x \to \infty} \dfrac{x+1}{x} = \lim\limits_{x \to \infty} \left(1 + \dfrac{1}{x}\right) = 1$,而 $f(x) = \dfrac{x+1}{x} = 1 + \dfrac{1}{x}$ 中的 $\dfrac{1}{x}$ 为 $x \to \infty$ 时的无穷小,所以,$f(x) = 1 + \dfrac{1}{x}$ 为所求常数与一个无穷小之和的形式.

3. 无穷小的运算性质

定理 2.1.7 有限个无穷小的代数和是无穷小.

必须注意,无穷多个无穷小的代数和未必是无穷小,如 $n \to \infty$ 时,$\dfrac{1}{n^2}$,$\dfrac{2}{n^2}$,$\cdots$,$\dfrac{n}{n^2}$ 均为无穷小,但

$$\lim_{n \to \infty} \left(\dfrac{1}{n^2} + \dfrac{2}{n^2} + \cdots + \dfrac{n}{n^2}\right) = \lim_{n \to \infty} \dfrac{n(n+1)}{2n^2} = \lim_{n \to \infty} \left(\dfrac{1}{2} + \dfrac{1}{2n}\right) = \dfrac{1}{2}.$$

下面就自变量 $x \to x_0$ 的情形,给出定理 2.1.7 的证明.

证 (1)先证两个无穷小的和仍是无穷小.

设 $\alpha(x)$,$\beta(x)$ 是当 $x \to x_0$ 时的两个无穷小,则 $\forall \varepsilon > 0$,因为 $\alpha(x)$ 是当 $x \to x_0$ 时的无穷小,$\exists \delta_1 > 0$,

当 $0<|x-x_0|<\delta_1$ 时,有 $|\alpha(x)|<\dfrac{\varepsilon}{2}$ 成立.

又因为 $\beta(x)$ 是当 $x\to x_0$ 时的无穷小,$\exists\delta_2>0$,当 $0<|x-x_0|<\delta_2$ 时,有 $|\beta(x)|<\dfrac{\varepsilon}{2}$ 成立.

取 $\delta=\min(\delta_1,\delta_2)$,当 $0<|x-x_0|<\delta$ 时,则有

$$|\alpha(x)+\beta(x)|\leqslant|\alpha(x)|+|\beta(x)|<\dfrac{\varepsilon}{2}+\dfrac{\varepsilon}{2}=\varepsilon,\quad 即\ |\alpha(x)+\beta(x)|<\varepsilon.$$

因此,$\alpha(x)+\beta(x)$ 是当 $x\to x_0$ 时的无穷小.

(2) 再证有限个无穷小的代数和是无穷小.

设 $\alpha_1(x),\alpha_2(x),\alpha_3(x),\cdots,\alpha_n(x)$ 是当 $x\to x_0$ 时的 n 个无穷小.下面利用数学归纳法证明 $\alpha_1(x)+\alpha_2(x)+\alpha_3(x)+\cdots+\alpha_n(x)$ 也是 $x\to x_0$ 时的无穷小.为此,记 $\beta_n(x)=\alpha_1(x)+\alpha_2(x)+\alpha_3(x)+\cdots+\alpha_n(x)$,则

① 当 $n=1$ 时,$\beta_1(x)=\alpha_1(x)$ 是 $x\to x_0$ 时的无穷小.

② 设当 $n=k$ 时,$\beta_k(x)=\alpha_1(x)+\alpha_2(x)+\alpha_3(x)+\cdots+\alpha_k(x)$ 是 $x\to x_0$ 时的无穷小,因为已知 $\alpha_{k+1}(x)$ 是 $x\to x_0$ 时的无穷小,故由(1)两个无穷小的和仍是无穷小知,$\beta_k(x)+\alpha_{k+1}(x)$ 也是 $x\to x_0$ 时的无穷小.

因此,由①②,根据数学归纳法原理,对任意自然数 n(注意:∞ 不是自然数),$\beta_n(x)=\alpha_1(x)+\alpha_2(x)+\alpha_3(x)+\cdots+\alpha_n(x)$ 也是 $x\to x_0$ 时的无穷小.

即有限个无穷小的代数和是无穷小.

证毕.

定理 2.1.8 无穷小与有界量的积是无穷小.

下面就自变量 $x\to x_0$ 的情形,给出定理 2.1.8 的证明.

证 设函数 $\varphi(x)$ 是 x_0 的某一去心邻域 $N(\hat{x}_0,\delta_1)$ 内的有界函数,即 $\exists M>0$,使得 $|\varphi(x)|\leqslant M$ 对一切 $x\in N(\hat{x}_0,\delta_1)$ 成立.又设 $\alpha(x)$ 是当 $x\to x_0$ 时的无穷小,即 $\exists\delta_2>0$,当 $0<|x-x_0|<\delta_2$ 时,有 $|\alpha(x)|<\dfrac{\varepsilon}{M}$ 成立.取 $\delta=\min(\delta_1,\delta_2)$,当 $0<|x-x_0|<\delta$ 时,则有 $|\varphi(x)|\leqslant M$ 及 $|\alpha(x)|<\dfrac{\varepsilon}{M}$ 同时成立.从而有

$$|\varphi(x)\alpha(x)|\leqslant|\varphi(x)|\cdot|\alpha(x)|<M\cdot\dfrac{\varepsilon}{M}=\varepsilon.$$

因此,$\varphi(x)\alpha(x)$ 是当 $x\to x_0$ 时的无穷小.

即有界函数与无穷小的乘积仍是无穷小.证毕.

因为常数一定是有界函数,任何一个无穷小也都是有界函数,所以,由该定理容易得到如下两个推论.

推论 1 常数与无穷小的积是无穷小.

推论 2 有限个无穷小的积仍是无穷小.

必须注意,两个无穷小之商未必是无穷小,例如:$x\to 0$ 时,x 与 $2x$ 皆为无穷小,但由 $\lim\limits_{x\to 0}\dfrac{2x}{x}=2$ 知 $\dfrac{2x}{x}$ 当 $x\to 0$ 时不是无穷小.

例 2.1.17 求 $\lim\limits_{x\to 0}x^2\sin\dfrac{1}{x}$.

解 因为 $\lim\limits_{x\to 0}x^2=0$,所以 x^2 为 $x\to 0$ 时的无穷小.又因为 $\left|\sin\dfrac{1}{x}\right|\leqslant 1$,即 $\sin\dfrac{1}{x}$ 为有界函数,因此 $x^2\sin\dfrac{1}{x}$ 仍为 $x\to 0$ 时的无穷小,即

$$\lim_{x\to 0} x^2 \sin\frac{1}{x} = 0.$$

2.1.6 无穷大

1. 无穷大的定义

定义 2.1.10(无穷大的定义) 在自变量 x 的某个变化过程中,若相应的函数值的绝对值 $|f(x)|$ 无限增大,则称 $f(x)$ 为该自变量变化过程中的无穷大量(简称为无穷大).如果相应的函数值 $f(x)$(或 $-f(x)$)无限增大,则称 $f(x)$ 为该自变量变化过程中的正(或负)无穷大.如果函数 $f(x)$ 是 $x\to x_0$ 时的无穷大,记作 $\lim_{x\to x_0} f(x) = \infty$;如果 $f(x)$ 是 $x\to x_0$ 时的正无穷大,记作 $\lim_{x\to x_0} f(x) = +\infty$;如果 $f(x)$ 是 $x\to x_0$ 时的负无穷大,记作 $\lim_{x\to x_0} f(x) = -\infty$.

对于自变量 x 的其他变化过程中的无穷大、正无穷大、负无穷大可用类似的方法描述.值得注意的是,无穷大是极限不存在的一种情形,这里借用极限的记号,但并不表示极限存在.

根据无穷大的定义可知,$\frac{1}{x}$ 是 $x\to 0^-$ 时的负无穷大,x^2 是 $x\to\infty$ 时的正无穷大,用记号表示为

$$\lim_{x\to 0^-}\frac{1}{x} = -\infty, \quad \lim_{x\to\infty} x^2 = +\infty.$$

定义 2.1.10′($x\to x_0$ 时无穷大的定义) 设函数 $f(x)$ 在点 x_0 的某一去心邻域内有定义.若对于任意给定的正数 M(不论它多么大),$\exists \delta > 0$,当 $0 < |x - x_0| < \delta$ 时,对应的函数值 $f(x)$ 都满足不等式 $|f(x)| > M$,则称函数 $f(x)$ 是当 $x\to x_0$ 时的无穷大.如果函数 $f(x)$ 是当 $x\to x_0$ 时的无穷大,则用极限符号记作 $\lim_{x\to x_0} f(x) = \infty$.

例 2.1.18 证明 $f(x) = \frac{1}{x}$ 是当 $x\to 0$ 时的无穷大.

证 对任意给定的正数 M,为使 $|f(x)| = \left|\frac{1}{x}\right| = \frac{1}{|x|} > M$,即 $|x| < \frac{1}{M}$,只要取 $\delta = \frac{1}{M}$,当 $0 < |x - 0| < \delta$ 时,便有 $\left|\frac{1}{x}\right| > M$.因此有 $\lim_{x\to 0}\frac{1}{x} = \infty$.即 $f(x) = \frac{1}{x}$ 是当 $x\to 0$ 时的无穷大.

注意:(1) 根据极限的定义,如果函数 $f(x)$ 是当 $x\to x_0$ 时的无穷大,则当 $x\to x_0$ 函数 $f(x)$ 的极限是不存在的.这里用符号 $\lim_{x\to x_0} f(x) = \infty$ 表示"函数 $f(x)$ 是当 $x\to x_0$ 时的无穷大"只是为了方便描述函数这一性态,因此,有时我们也说"函数的极限是无穷大".

(2) 对于自变量在其他变化过程(如 $x\to x_0^-$,$x\to x_0^+$,$x\to\infty$,$x\to -\infty$,$x\to +\infty$)中的无穷大的精确定义,其自变量的变化过程可参考该变化过程中极限的定义,其函数的变化过程均为 $\forall M > 0$,……,总有 $|f(x)| > M$.下面再给出函数 $f(x)$ 是 $x\to\infty$ 的无穷大的精确定义.

定义 2.1.10″($x\to\infty$ 时无穷大的定义) 设函数 $f(x)$ 在 $|x| > b$(b 为某个正数)时有定义.若对于任意给定的正数 M(不论它多么大),$\exists a \in (b, +\infty)$,当 $|x| > a$ 时,对应的函数值 $f(x)$ 都满足不等式 $|f(x)| > M$,则称函数 $f(x)$ 是当 $x\to\infty$ 时的无穷大.如果函数 $f(x)$ 是当 $x\to\infty$ 时的无穷大,则用极限符号记作 $\lim_{x\to\infty} f(x) = \infty$.

2. 无穷大与无穷小的关系

由无穷小与无穷大的定义,不难知道:

定理 2.1.9(无穷大与无穷小的关系) 在自变量的变化过程中,无穷大的倒数是无穷小,恒不为零的无穷小的倒数为无穷大.

下面在 $x \to x_0$ 的情形下给出定理 2.1.9（无穷大与无穷小的关系）的证明.

证 （1）若 $f(x)$ 是 $x \to x_0$ 时的无穷大，则 $\dfrac{1}{f(x)}$ 是 $x \to x_0$ 时的无穷小.

$\forall \varepsilon > 0$，因为 $f(x)$ 是当 $x \to x_0$ 时的无穷大，所以，对于 $M = \dfrac{1}{\varepsilon}$，$\exists \delta > 0$，使得当 $0 < |x - x_0| < \delta$ 时，有 $|f(x)| > M$，又因为 $f(x) \neq 0$，所以 $\dfrac{1}{|f(x)|} < \dfrac{1}{M}$，从而当 $0 < |x - x_0| < \delta$ 时，有 $\left|\dfrac{1}{f(x)}\right| < \dfrac{1}{M} = \varepsilon$. 所以，$\dfrac{1}{f(x)}$ 是 $x \to x_0$ 时的无穷小.

（2）若 $f(x)$ 是 $x \to x_0$ 时的无穷小，则 $\dfrac{1}{f(x)}$ 是 $x \to x_0$ 时的无穷大.

$\forall M > 0$，因为 $f(x)$ 是 $x \to x_0$ 时的无穷小，所以，对于 $\varepsilon = \dfrac{1}{M}$，$\exists \delta > 0$，使得当 $0 < |x - x_0| < \delta$ 时，有 $|f(x)| < \varepsilon = \dfrac{1}{M}$，又因为 $f(x) \neq 0$，所以 $\dfrac{1}{|f(x)|} > M$，从而当 $0 < |x - x_0| < \delta$ 时，有 $\left|\dfrac{1}{f(x)}\right| > \dfrac{1}{\varepsilon} = M$. 所以，$\dfrac{1}{f(x)}$ 是 $x \to x_0$ 时的无穷大. 证毕.

注意：自变量其他变化过程中无穷小与无穷大的关系，可类似证明.

例 2.1.19 自变量在怎样的变化过程中，下列函数为无穷大：

(1) $y = \dfrac{1}{x-1}$； (2) $y = 2x - 1$； (3) $y = \ln x$； (4) $y = 2^x$.

解 （1）因为 $\lim\limits_{x \to 1}(x-1) = 0$，即 $x \to 1$ 时 $x - 1$ 为无穷小，所以 $\dfrac{1}{x-1}$ 为 $x \to 1$ 时的无穷大.

（2）因为 $\lim\limits_{x \to \infty}\left(\dfrac{1}{2x-1}\right) = 0$，所以 $x \to \infty$ 时 $\dfrac{1}{2x-1}$ 为无穷小，所以 $2x - 1$ 为 $x \to \infty$ 时的无穷大.

（3）由图 2.1.14 知，$x \to 0^+$ 时，$\ln x \to -\infty$，即 $\lim\limits_{x \to 0^+} \ln x = -\infty$. $x \to +\infty$ 时，$\ln x \to +\infty$，即 $\lim\limits_{x \to +\infty} \ln x = +\infty$. 所以，$x \to 0^+$ 及 $x \to +\infty$ 时，$\ln x$ 都是无穷大.

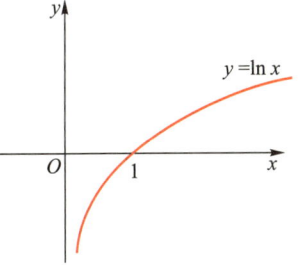

图 2.1.14

（4）因为 $\lim\limits_{x \to +\infty} 2^{-x} = 0$，所以 $x \to +\infty$ 时 2^{-x} 为无穷小，因此，$\dfrac{1}{2^{-x}} = 2^x$ 为 $x \to +\infty$ 时的无穷大.

最后，再指出两点：

（1）无穷大是一个绝对值无限变大的变量，任何绝对值很大的常数都不是无穷大.

（2）无穷大必无界，但反之不真，例如，$f(x) = x\cos x$，在 $(-\infty, +\infty)$ 内是无界的，但不是无穷大.

— 思考题 2.1 —

1. 在 $\lim\limits_{x \to x_0} f(x) = A$ 的定义中，为何只要求 $f(x)$ 在点 x_0 的某个去心邻域 $N(\hat{x}_0, \delta)$ 内有定义？

2. $\lim\limits_{x \to +\infty} \dfrac{\sin x}{x}$ 是否存在，为什么？

— 练习 2.1A —

1. 下列说法是否正确？

(1) 因为函数 $f(x)$ 在 x_0 处有定义，所以 $\lim\limits_{x \to x_0} f(x)$ 存在.

(2) 因为函数 $f(x)$ 在 x_0 处没有定义，所以 $\lim\limits_{x \to x_0} f(x)$ 不存在.

2. 已知 $\lim\limits_{x \to x_0^-} f(x) = 3, \lim\limits_{x \to x_0^+} f(x) = 3$，问 $\lim\limits_{x \to x_0} f(x)$ 是否存在？

3. 求极限 $\lim\limits_{x \to 0} x^2 \cos \dfrac{1}{x}$ 的值.

— 练习 2.1B —

1. 设 $f(x) = \begin{cases} x^2 + 1, & x < 0, \\ x, & x > 0, \end{cases}$ 画出 $f(x)$ 的图形，求 $\lim\limits_{x \to 0^-} f(x)$ 及 $\lim\limits_{x \to 0^+} f(x)$，并问 $\lim\limits_{x \to 0} f(x)$ 是否存在.

2. 函数 $f(x) = \dfrac{x+1}{x-1}$ 在什么条件下是无穷大？什么条件下是无穷小？为什么？

3. 举例说明 $\lim\limits_{x \to +\infty} f(x) = A$（常数）的几何意义（提示：考虑曲线 $y = f(x)$ 的水平渐近线）.

4. 举例说明 $\lim\limits_{x \to x_0} f(x) = \infty$ 的几何意义（提示：考虑曲线 $y = f(x)$ 的铅直渐近线）.

5. 求 $\lim\limits_{x \to 0} x \cos \dfrac{1}{x}$.

6. 求 $\lim\limits_{x \to \infty} \dfrac{1}{x} \sin x$.

7. 下列各题中，哪些数列收敛，哪些数列发散？并写出收敛数列的极限：

(1) $\left\{\dfrac{1}{3^n}\right\}$；　　(2) $\left\{2 + \dfrac{1}{n^2}\right\}$；　　(3) $\{n(-1)^n\}$；　　(4) $\left\{\dfrac{n-1}{n+1}\right\}$.

8. 自变量在怎样的变化过程中，下列函数是无穷小量或无穷大量？

(1) $y = \dfrac{1}{x-2}$；　　(2) $y = 3^x$；

(3) $y = \tan x$；　　(4) $y = \ln(x+1)$.

9. 求 $\lim\limits_{x \to \infty} \dfrac{1}{x} \arctan x$.

2.2 极限的运算

极限的求法是本课程的重点之一，这种运算包含的类型多、方法技巧性强，应适量地多做一些练习，切实掌握基本方法.

2.2.1 极限运算法则

定理 2.2.1（极限四则运算法则）　设 x 在同一变化过程中，$\lim f(x)$ 及 $\lim g(x)$ 都存在（此处省略了自变量 x 的变化趋势，下同），则有下列运算法则：

法则 1　$\lim[f(x) \pm g(x)] = \lim f(x) \pm \lim g(x)$.

法则 2　$\lim[f(x) \cdot g(x)] = \lim f(x) \cdot \lim g(x)$.

当 C 为常数时,有 $\lim[C \cdot g(x)] = C \cdot \lim g(x)$.

法则 3 $\lim \dfrac{f(x)}{g(x)} = \dfrac{\lim f(x)}{\lim g(x)}$ $(\lim g(x) \neq 0)$.

下面我们来证明法则 2,其他证法类同.

证 设 $\lim f(x) = A, \lim g(x) = B$,则知
$$f(x) = A + \alpha, \quad g(x) = B + \beta \quad (\alpha, \beta \text{ 都是无穷小}),$$
于是
$$f(x) \cdot g(x) = (A+\alpha)(B+\beta) = AB + (A\beta + B\alpha + \alpha\beta),$$
由无穷小的性质知 $A\beta + B\alpha + \alpha\beta$ 仍为无穷小,再由极限与无穷小的关系,得
$$\lim[f(x) \cdot g(x)] = AB = \lim f(x) \cdot \lim g(x). \text{证毕}.$$

例 2.2.1 求 $\lim\limits_{x \to 2}(3x^2 - 4x + 1)$.

解 $\lim\limits_{x \to 2}(3x^2 - 4x + 1) = \lim\limits_{x \to 2} 3x^2 - \lim\limits_{x \to 2} 4x + 1 = 3(\lim\limits_{x \to 2} x)^2 - 4\lim\limits_{x \to 2} x + 1 = 3 \times 2^2 - 4 \times 2 + 1 = 5.$

例 2.2.2 求 $\lim\limits_{x \to -1} \dfrac{2x^2 + x - 4}{3x^2 + 2}$.

解 因为
$$\lim\limits_{x \to -1}(3x^2 + 2) = 5 \neq 0,$$
所以
$$\lim\limits_{x \to -1} \dfrac{2x^2 + x - 4}{3x^2 + 2} = \dfrac{\lim\limits_{x \to -1}(2x^2 + x - 4)}{\lim\limits_{x \to -1}(3x^2 + 2)} = -\dfrac{3}{5}.$$

例 2.2.3 求 $\lim\limits_{x \to 4} \dfrac{x^2 - 7x + 12}{x^2 - 5x + 4}$.

解 当 $x = 4$ 时,分子分母都为 0,由于 $x \to 4$ 的过程中,$x \neq 4$,故可约去公因式 $(x-4)$.
$$\lim\limits_{x \to 4} \dfrac{x^2 - 7x + 12}{x^2 - 5x + 4} = \lim\limits_{x \to 4} \dfrac{(x-3)(x-4)}{(x-1)(x-4)} = \lim\limits_{x \to 4} \dfrac{x-3}{x-1} = \dfrac{1}{3}.$$

对 $x \to \infty$ 时 "$\dfrac{\infty}{\infty}$" 型的极限,可用分子、分母中 x 的最高次幂除之,然后再求极限.

例 2.2.4 求 $\lim\limits_{x \to \infty} \dfrac{2x^2 + x + 3}{3x^2 - x + 2}$.

解 $\lim\limits_{x \to \infty} \dfrac{2x^2 + x + 3}{3x^2 - x + 2} = \lim\limits_{x \to \infty} \dfrac{2 + \dfrac{1}{x} + \dfrac{3}{x^2}}{3 - \dfrac{1}{x} + \dfrac{2}{x^2}} = \dfrac{2}{3}.$

用同样方法,可得结果
$$\lim\limits_{x \to \infty} \dfrac{a_0 x^n + a_1 x^{n-1} + \cdots + a_n}{b_0 x^m + b_1 x^{m-1} + \cdots + b_m} = \begin{cases} \infty, & \text{当 } m < n, \\ \dfrac{a_0}{b_0}, & \text{当 } m = n, (a_0 \neq 0, b_0 \neq 0) \\ 0, & \text{当 } m > n. \end{cases}$$

综上讨论,有理函数(两个多项式之商)的极限是容易求得的.

例 2.2.5 求下列函数的极限:

(1) $\lim\limits_{x \to 1} \left(\dfrac{3}{1-x^3} - \dfrac{1}{1-x} \right)$;   (2) $\lim\limits_{x \to 0} \dfrac{\sqrt{1+x} - 1}{x}$;

(3) $\lim\limits_{x\to +\infty}\dfrac{x\cos x}{\sqrt{1+x^3}}$.

解 (1) 当 $x\to 1$ 时,上式两项极限均不存在(呈现"$\infty-\infty$"形式),我们可以先通分,再求极限.

$$\lim_{x\to 1}\left(\dfrac{3}{1-x^3}-\dfrac{1}{1-x}\right)=\lim_{x\to 1}\dfrac{3-(1+x+x^2)}{(1-x)(1+x+x^2)}$$
$$=\lim_{x\to 1}\dfrac{(2+x)(1-x)}{(1-x)(1+x+x^2)}=\lim_{x\to 1}\dfrac{2+x}{1+x+x^2}=1.$$

(2) 当 $x\to 0$ 时,分子、分母的极限均为零(呈现"$\dfrac{0}{0}$"形式),不能直接用商的极限法则,这时,可先对分子有理化,然后再求极限.

$$\lim_{x\to 0}\dfrac{\sqrt{1+x}-1}{x}=\lim_{x\to 0}\dfrac{(\sqrt{1+x}-1)(\sqrt{1+x}+1)}{x(\sqrt{1+x}+1)}$$
$$=\lim_{x\to 0}\dfrac{x}{x(\sqrt{1+x}+1)}=\lim_{x\to 0}\dfrac{1}{\sqrt{1+x}+1}=\dfrac{1}{2}.$$

(3) 因为当 $x\to +\infty$ 时,$x\cos x$ 极限不存在,也不能直接用极限法则,注意到 $\cos x$ 有界(因为 $|\cos x|\leq 1$),又

$$\lim_{x\to +\infty}\dfrac{x}{\sqrt{1+x^3}}=\lim_{x\to +\infty}\dfrac{x}{x\sqrt{\dfrac{1}{x^2}+x}}=0,$$

根据有界量乘无穷小仍是无穷小的性质,得

$$\lim_{x\to +\infty}\dfrac{x\cos x}{\sqrt{1+x^3}}=\lim_{x\to +\infty}\cos x\dfrac{x}{\sqrt{1+x^3}}=0.$$

小结:

(1) 运用极限法则时,必须注意只有各项极限存在(对商,还要分母极限不为零)才能适用.

(2) 如果所求极限呈现"$\dfrac{0}{0}$""$\dfrac{\infty}{\infty}$"等形式,不能直接用极限法则,必须先对原式进行恒等变形(约分、通分、有理化、变量代换等),然后再求极限.

(3) 利用无穷小的运算性质求极限.

2.2.2 两个重要极限

1. $\lim\limits_{x\to 0}\dfrac{\sin x}{x}$

我们来证明上述重要极限:

作单位圆如图 2.2.1 所示,取 $\angle AOB=x(\text{rad})\left(0<x<\dfrac{\pi}{2}\right)$,于是有 $BC=\sin x$,$\overset{\frown}{AB}=x$,$AD=\tan x$.

由图 2.2.1 得 $S_{\triangle OAB}<S_{扇形 OAB}<S_{\triangle OAD}$,即

$$\dfrac{1}{2}\sin x<\dfrac{1}{2}x<\dfrac{1}{2}\tan x,$$

得

$$\sin x<x<\tan x,$$

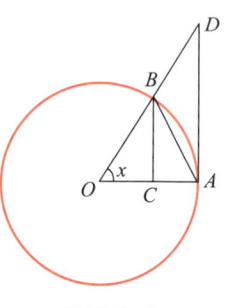

图 2.2.1

从而有 $\cos x < \dfrac{\sin x}{x} < 1$.

上述不等式是当 $0<x<\dfrac{\pi}{2}$ 时得到的,但因 $\cos x$, $\dfrac{\sin x}{x}$ 都是偶函数,所以 $-\dfrac{\pi}{2}<x<0$ 时,关系式也成立.

因为 $\lim\limits_{x\to 0}\cos x = 1$(见例 2.1.13),又 $\lim\limits_{x\to 0} 1 = 1$,由极限的夹逼准则知介于它们之间的函数 $\dfrac{\sin x}{x}$ 当 $x\to 0$ 时,极限也是 1.

这样就证明了 $\boxed{\lim\limits_{x\to 0}\dfrac{\sin x}{x} = 1}$.

注意:这个重要极限是"$\dfrac{0}{0}$"型的,为了强调其形式,我们把它形象地写成

$$\lim_{\Box\to 0}\dfrac{\sin\Box}{\Box} = 1 \quad (\Box\text{代表同一变量}).$$

例 2.2.6 求 $\lim\limits_{x\to 0}\dfrac{\sin 3x}{\sin 4x}$.

解
$$\lim_{x\to 0}\dfrac{\sin 3x}{\sin 4x} = \lim_{x\to 0}\left(\dfrac{\sin 3x}{3x}\cdot\dfrac{4x}{\sin 4x}\cdot\dfrac{3x}{4x}\right)$$
$$= \dfrac{3}{4}\lim_{x\to 0}\dfrac{\sin 3x}{3x}\cdot\lim_{x\to 0}\dfrac{4x}{\sin 4x} = \dfrac{3}{4}.$$

例 2.2.7 求 $\lim\limits_{x\to 0}\dfrac{1-\cos x}{x^2}$.

解 $\lim\limits_{x\to 0}\dfrac{1-\cos x}{x^2} = \lim\limits_{x\to 0}\dfrac{2\sin^2\dfrac{x}{2}}{x^2} = \dfrac{1}{2}\left(\lim\limits_{x\to 0}\dfrac{\sin\dfrac{x}{2}}{\dfrac{x}{2}}\right)^2 = \dfrac{1}{2}$.

例 2.2.8 求 $\lim\limits_{x\to 0}\dfrac{\tan x - \sin x}{x^3}$.

解
$$\lim_{x\to 0}\dfrac{\tan x - \sin x}{x^3} = \lim_{x\to 0}\dfrac{\tan x(1-\cos x)}{x^3}$$
$$= \lim_{x\to 0}\left(\dfrac{1}{\cos x}\cdot\dfrac{\sin x}{x}\cdot\dfrac{1-\cos x}{x^2}\right).$$

由例 2.2.7 知 $\dfrac{1-\cos x}{x^2}\to\dfrac{1}{2}$ $(x\to 0)$,故 $\lim\limits_{x\to 0}\dfrac{\tan x - \sin x}{x^3} = \dfrac{1}{2}$.

2. $\lim\limits_{x\to\infty}\left(1+\dfrac{1}{x}\right)^x$

关于这个极限,我们先通过列出 $\left(1+\dfrac{1}{x}\right)^x$ 的数值表(表 2.2.1)来观察其变化趋势.

表 2.2.1

x	1	2	3	4	5	10	100	1 000	10 000	⋯
$\left(1+\dfrac{1}{x}\right)^x$	2	2.250	2.370	2.441	2.488	2.594	2.705	2.717	2.718	⋯

从表 2.2.1 可看出,当 x 无限增大时,函数 $\left(1+\dfrac{1}{x}\right)^x$ 变化的大致趋势,我们可以证明当 $x\to\infty$ 时,$\left(1+\dfrac{1}{x}\right)^x$ 的极限确实存在,并且是一个无理数,其值为 e = 2.718 281 828…,即

$$\boxed{\lim_{x\to\infty}\left(1+\dfrac{1}{x}\right)^x = e}.$$

常数 e 无论在数学理论或实际问题应用中都有重要作用.物体的冷却、放射元素的衰变都要用到这个极限.

为了准确地用好这个极限,我们指出,它也有两个特征,一是它属于"1^∞"型的极限,二是它可形象地表示为

$$\lim_{\square\to\infty}\left(1+\dfrac{1}{\square}\right)^{\square}=e \quad (\square 代表同一变量).$$

扫描右侧二维码,查看*第二个重要极限的证明.

例 2.2.9 求 $\lim\limits_{x\to\infty}\left(1+\dfrac{3}{x}\right)^x$.

解 所求极限类型是"1^∞"型,令 $\dfrac{x}{3}=u$,则 $x=3u$.

$$\lim_{x\to\infty}\left(1+\dfrac{3}{x}\right)^x = \lim_{u\to\infty}\left(1+\dfrac{1}{u}\right)^{3u} = \lim_{u\to\infty}\left[\left(1+\dfrac{1}{u}\right)^u\right]^3 = e^3.$$

例 2.2.10 求 $\lim\limits_{x\to\infty}\left(1-\dfrac{2}{x}\right)^x$.

解 所求极限类型是"1^∞"型.

$$\lim_{x\to\infty}\left(1-\dfrac{2}{x}\right)^x = \lim_{x\to\infty}\left[\left(1+\dfrac{1}{-\dfrac{x}{2}}\right)^{-\dfrac{x}{2}}\right]^{-2} = e^{-2}.$$

例 2.2.11 求 $\lim\limits_{x\to\infty}\left(\dfrac{2-x}{3-x}\right)^x$.

解 所求极限类型是"1^∞"型,令 $\dfrac{2-x}{3-x}=1+\dfrac{1}{u}$,解得 $x=u+3$.当 $x\to\infty$ 时,$u\to\infty$.于是

$$\lim_{x\to\infty}\left(\dfrac{2-x}{3-x}\right)^x = \lim_{u\to\infty}\left(1+\dfrac{1}{u}\right)^{u+3} = \lim_{u\to\infty}\left(1+\dfrac{1}{u}\right)^u \cdot \lim_{u\to\infty}\left(1+\dfrac{1}{u}\right)^3 = e.$$

2.2.3 无穷小的比较

前面讨论了两个无穷小的和、差、积仍然是无穷小,但两个无穷小之比,则不一定是无穷小,例如 $x\to 0$ 时,$\alpha=3x$,$\beta=x^2$ 和 $\gamma=\sin x$ 都是无穷小,但是 $\lim\limits_{x\to 0}\dfrac{x^2}{3x}=0$,$\lim\limits_{x\to 0}\dfrac{3x}{x^2}=\infty$,$\lim\limits_{x\to 0}\dfrac{\sin x}{3x}=\dfrac{1}{3}$.比的极限不同,反映了无穷小趋于零的速度的差异.为比较无穷小趋于零的快慢,我们引入无穷小阶的概念.

定义 2.2.1(无穷小的阶) 设在某一极限过程中,α 与 β 都是无穷小,则定义 α 与 β 的关系如下:

(1) 若 $\lim\dfrac{\beta}{\alpha}=C=0$,则称 β 是比 α 高阶的无穷小,记成 $\beta=o(\alpha)$(此时,也称 α 是比 β 低阶的无穷小).

（2）若 $\lim\dfrac{\beta}{\alpha}=C\neq 0$，则称 α 与 β 是同阶无穷小．

（3）若 $\lim\dfrac{\beta}{\alpha^k}=C\neq 0, k>0$，则称 β 是关于 α 的 k 阶无穷小．

（4）若 $\lim\dfrac{\beta}{\alpha}=1$，则称 β 与 α 是等价无穷小，记作 $\alpha\sim\beta$．

例如，

因为 $\lim\limits_{x\to 0}\dfrac{\sin x^2}{x}=0$，所以当 $x\to 0$ 时，$\sin x^2$ 是比 x 高阶的无穷小，即 $\sin x^2=o(x)\,(x\to 0)$．

因为 $\lim\limits_{x\to 1}\dfrac{x^2-1}{x-1}=2$，所以当 $x\to 1$ 时，x^2-1 与 $x-1$ 是同阶无穷小．

因为 $\lim\limits_{x\to 0}\dfrac{1-\cos x}{x^2}=\dfrac{1}{2}$，所以当 $x\to 0$ 时，$1-\cos x$ 是关于 x 的二阶无穷小．

因为 $\lim\limits_{x\to 0}\dfrac{\sin x}{x}=1$，所以当 $x\to 0$ 时，$\sin x$ 与 x 是等价无穷小，即 $\sin x\sim x\,(x\to 0)$．

例 2.2.12 证明当 $x\to 0$ 时，$\sin 5x\sim 5x, \tan 2x\sim 2x$．

证 因为 $\lim\limits_{x\to 0}\dfrac{\sin 5x}{5x}=1$，所以 $\sin 5x\sim 5x\,(x\to 0)$．又因为

$$\lim_{x\to 0}\dfrac{\tan 2x}{2x}=\lim_{x\to 0}\dfrac{\sin 2x}{\cos 2x}\cdot\dfrac{1}{2x}=\lim_{x\to 0}\dfrac{\sin 2x}{2x}\cdot\lim_{x\to 0}\dfrac{1}{\cos 2x}=1\times 1=1,$$

所以 $\tan 2x\sim 2x\,(x\to 0)$．

等价无穷小在求两个无穷小之比的极限时有重要作用．对此，有如下定理：

定理 2.2.2（利用等价无穷小求两个无穷小之比的极限） 设 $\alpha\sim\alpha', \beta\sim\beta'$，

（1）若 $\lim\dfrac{\beta'}{\alpha'}$ 存在，则 $\lim\dfrac{\beta}{\alpha}=\lim\dfrac{\beta'}{\alpha'}$；

（2）若 $\lim\dfrac{\beta'}{\alpha'}=\infty$，则 $\lim\dfrac{\beta}{\alpha}=\infty$．

证 （1）$\lim\dfrac{\beta}{\alpha}=\lim\left(\dfrac{\beta}{\beta'}\dfrac{\beta'}{\alpha'}\dfrac{\alpha'}{\alpha}\right)=\lim\dfrac{\beta}{\beta'}\cdot\lim\dfrac{\beta'}{\alpha'}\cdot\lim\dfrac{\alpha'}{\alpha}=\lim\dfrac{\beta'}{\alpha'}$．

（2）因为 $\lim\dfrac{\beta'}{\alpha'}=\infty$，所以 $\lim\dfrac{\alpha'}{\beta'}=0$．

由（1）知，$\lim\dfrac{\alpha}{\beta}=\lim\dfrac{\alpha'}{\beta'}=0$，从而 $\lim\dfrac{\beta}{\alpha}=\infty$．

例 2.2.13 求 $\lim\limits_{x\to 0}\dfrac{\tan 2x}{\sin 5x}$．

解 当 $x\to 0$ 时，$\tan 2x\sim 2x, \sin 5x\sim 5x$，所以

$$\lim_{x\to 0}\dfrac{\tan 2x}{\sin 5x}=\lim_{x\to 0}\dfrac{2x}{5x}=\dfrac{2}{5}.$$

例 2.2.14 求 $\lim\limits_{x\to 0}\dfrac{\tan x-\sin x}{x^3}$．

解 因为当 $x\to 0$ 时，$\sin x\sim x, 1-\cos x\sim\dfrac{1}{2}x^2$，所以

$$\lim_{x\to 0}\frac{\tan x-\sin x}{x^3}=\lim_{x\to 0}\frac{\sin x\left(\dfrac{1}{\cos x}-1\right)}{x^3}=\lim_{x\to 0}\frac{\sin x(1-\cos x)}{x^3\cos x}$$

$$=\lim_{x\to 0}\frac{x\cdot\dfrac{1}{2}x^2}{x^3\cos x}=\frac{1}{2}.$$

这里需要注意的是,等价代换是对分子或分母的整体替换(或对分子、分母的因式进行替换),而对分子或分母中"+""-"号连接的各部分不能随意分别作替换.

例如,上例中 $\lim\limits_{x\to 0}\dfrac{\tan x-\sin x}{x^3}$,若 $\tan x$ 与 $\sin x$ 分别用其等价无穷小 x 代换,则有

$$\lim_{x\to 0}\frac{\tan x-\sin x}{x^3}=\lim_{x\to 0}\frac{x-x}{x^3}=0,$$

这样就错了.

下面是常用的几个等价无穷小代换,要记熟.

当 $x\to 0$ 时,有

$$\sin x\sim x,\quad \tan x\sim x,\quad \arcsin x\sim x,\quad \arctan x\sim x,$$
$$1-\cos x\sim\frac{x^2}{2},\quad \ln(1+x)\sim x,\quad e^x-1\sim x,\quad \sqrt{1+x}-1\sim\frac{1}{2}x.$$

定理 2.2.3 设 α 与 β 是同一过程中的无穷小,则 $\alpha\sim\beta\Leftrightarrow\alpha=\beta+o(\beta)$. 即 α 与 β 是等价无穷小的充分必要条件是 $\alpha=\beta+o(\beta)$.

证 (1) 必要性:设 α 与 β 是同一过程中的等价无穷小,则有 $\lim\dfrac{\alpha}{\beta}=1$,于是,

$$\lim\frac{\alpha-\beta}{\beta}=\lim\left(\frac{\alpha}{\beta}-1\right)=\lim\frac{\alpha}{\beta}-\lim 1=0,\text{即 }\alpha-\beta=o(\beta).$$

必要性证毕.

(2) 充分性:因为 $\alpha=\beta+o(\beta)$,所以,

$$\lim\frac{\alpha}{\beta}=\lim\frac{\beta+o(\beta)}{\beta}=\lim\frac{\beta}{\beta}+\lim\frac{o(\beta)}{\beta}=1+0=1,\text{即 }\alpha\sim\beta.$$

充分性证毕.

定理证毕.

例 2.2.15 因为当 $x\to 0$ 时,$\sin x\sim x$,所以,当 $x\to 0$ 时,$\sin x=x+o(x)$.

— 思考题 2.2 —

1. 下列运算错在何处?

(1) $\lim\limits_{x\to 0}\sin x\cos\dfrac{1}{x}=\lim\limits_{x\to 0}\sin x\cdot\lim\limits_{x\to 0}\cos\dfrac{1}{x}=0\cdot\lim\limits_{x\to 0}\cos\dfrac{1}{x}=0;$

(2) $\lim\limits_{x\to 2}\dfrac{x^2}{2-x}=\dfrac{\lim\limits_{x\to 2}x^2}{\lim\limits_{x\to 2}(2-x)}=\infty.$

2. 两个无穷大的和仍为无穷大吗?试举例说明.

— 练习 2.2A —

1. 已知 $\lim\limits_{x \to x_0} C = C$ (C 为常数), $\lim\limits_{x \to x_0} x = x_0$, 求 (1) $\lim\limits_{x \to x_0} 100$；(2) $\lim\limits_{x \to 1}(2+3x+4x^2)$.

2. 求极限 $\lim\limits_{x \to 0} \dfrac{\sin 10x}{x}$ 的值.

3. 求极限 $\lim\limits_{x \to \infty} \left(1 + \dfrac{1}{x}\right)^{2x}$ 的值.

— 练习 2.2B —

1. 求下列极限：

(1) $\lim\limits_{x \to 1} \dfrac{x^2 - 3x + 2}{x - 1}$；

(2) $\lim\limits_{x \to \infty} \dfrac{4x^4 - 3x^3 + 1}{2x^4 + 5x^2 - 6}$；

(3) $\lim\limits_{x \to 2} \dfrac{2 - \sqrt{x+2}}{2 - x}$；

(4) $\lim\limits_{x \to 0} \dfrac{\tan x^3}{\sin x^3}$；

(5) $\lim\limits_{x \to 0} (1 + x^2)^{x^{-2}}$；

(6) $\lim\limits_{x \to \infty} \left(\dfrac{\sin x}{x} + 100\right)$；

(7) $\lim\limits_{x \to \infty} \left(1 + \dfrac{4}{x}\right)^x$；

(8) $\lim\limits_{x \to \infty} \left(x \sin \dfrac{1}{x}\right)$.

(9) $\lim\limits_{x \to \infty} \dfrac{x^2 - 1}{2x^2 - x - 1}$；

(10) $\lim\limits_{x \to \infty} \dfrac{x^2 + x}{x^4 - 3x^2 + 1}$；

(11) $\lim\limits_{x \to 4} \dfrac{x^2 - 6x + 8}{x^2 - 5x + 4}$；

(12) $\lim\limits_{x \to \infty} \left(1 + \dfrac{1}{x}\right)\left(2 - \dfrac{1}{x^2}\right)$；

(13) $\lim\limits_{x \to 0} \dfrac{\tan 3x}{4x}$；

(14) $\lim\limits_{x \to \infty} \left(1 - \dfrac{1}{x}\right)^{3x}$；

(15) $\lim\limits_{x \to 0} (1 + 2x)^{\frac{1}{x}}$；

(16) $\lim\limits_{x \to 0} \dfrac{\arctan 2x}{\ln(1+x)}$.

2. 试证 $x \to 0$ 时，$\sin x^2$ 是比 $\tan x$ 高阶的无穷小.

3. 试证 $x \to 0$ 时，$e^x - 1$ 与 x 是等价无穷小.

2.3 函数的连续与间断

为了以后深入地研究函数的微分和积分，我们需要引入性质更好的一类函数，即所谓的连续函数. 本课程所研究的函数，基本上都是连续函数.

连续性是自然界中各种物态连续变化的数学体现，这方面实例可以举出很多，如水的流动、身高的增长等.

2.3.1 函数在一点连续的定义

首先我们引入增量概念，进而建立连续性定义.

设函数 $y = f(x)$ 在点 x_0 的某邻域上有定义，给自变量 x 一个增量 Δx，当自变量 x 由 x_0 变到 $x_0 + \Delta x$ ($x_0 + \Delta x$ 仍在该邻域内) 时，函数 y 相应地由 $f(x_0)$ 变到 $f(x_0 + \Delta x)$，因此函数相应的增量为

$$\Delta y = f(x_0+\Delta x) - f(x_0).$$

其几何意义如图 2.3.1 所示.

定义 2.3.1（在一点连续） 设函数 $y=f(x)$ 在点 x_0 的某邻域内有定义，如果自变量的增量 $\Delta x = x - x_0$ 趋于零时，对应的函数增量也趋于零，即

$$\lim_{\Delta x \to 0} \Delta y = \lim_{\Delta x \to 0}[f(x_0+\Delta x) - f(x_0)] = 0,$$

则称函数 $f(x)$ 在点 x_0 是连续的.

由于 Δy 也可写成 $\Delta y = f(x) - f(x_0)$，所以上述定义 2.3.1 中表达式也可写为

$$\lim_{x \to x_0}[f(x) - f(x_0)] = 0,$$

即 $\lim\limits_{x \to x_0} f(x) = f(x_0)$. 于是有

定义 2.3.2（在一点连续） 设函数 $y=f(x)$ 在点 x_0 的某邻域内有定义，若 $\lim\limits_{x \to x_0} f(x) = f(x_0)$，则称函数 $f(x)$ 在点 x_0 处连续.

定义 2.3.2′（用 ε-δ 语言刻画函数在一点连续）

如果对 $\forall \varepsilon > 0$，都 $\exists \delta > 0$，使得当 $|x-x_0|<\delta$ 时，有 $|f(x)-f(x_0)|<\varepsilon$，则称 $f(x)$ 在点 x_0 处连续.

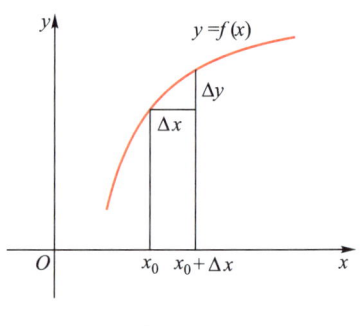

和左右极限类似，有时只需要考虑当自变量 x 由 x_0 的一侧趋于 x_0 时，$f(x)$ 在点 x_0 处是否连续. 为讨论问题的方便，下面引入左连续和右连续的概念.

定义 2.3.3（左右连续） 如果当自变量 x 由大于 x_0 的一侧趋于 x_0 时的极限等于该点的函数值 $f(x_0)$，即 $\lim\limits_{x \to x_0^+} f(x) = f(x_0)$，则称 $f(x)$ 在 x_0 处右连续；如果当自变量 x 由小于 x_0 的一侧趋于 x_0 时的极限等于该点的函数值 $f(x_0)$，即 $\lim\limits_{x \to x_0^-} f(x) = f(x_0)$，则称 $f(x)$ 在 x_0 处左连续.

由定义 2.3.2 知，$f(x)$ 在点 x_0 处连续 $\Leftrightarrow \lim\limits_{x \to x_0} f(x) = f(x_0)$，所以，根据定理 2.1.1，$f(x)$ 在点 x_0 处连续的充分必要条件是 $f(x)$ 在点 x_0 处的左极限和右极限都存在且都等于该点的函数值 $f(x_0)$，即 $f(x)$ 在点 x_0 处既右连续又左连续.

定理 2.3.1 $f(x)$ 在点 x_0 处连续 $\Leftrightarrow f(x)$ 在 x_0 处既右连续又左连续.

例 2.3.1 对于幂函数 $f(x) = x^\mu$，有

（1）若其在 $(-\infty, +\infty)$ 内有定义，则其在点 $x=0$ 处连续.

（2）若其在 $[0, +\infty)$ 内有定义，则其在点 $x=0$ 处右连续.

（3）若其在 $(-\infty, 0]$ 内有定义，则其在点 $x=0$ 处左连续.

证 下面给出（1）的证明：因为幂函数 $f(x) = x^\mu$ 在 $(-\infty, +\infty)$ 内有定义，所以，其在点 $x=0$ 的左右两侧都有定义，因为 $\forall \varepsilon > 0$，为使 $|f(x)-f(0)| = |x^\mu - 0| = |x|^\mu < \varepsilon$，取 $\delta = \varepsilon^{\frac{1}{\mu}}$，则当 $0 < |x-0| < \delta = \varepsilon^{\frac{1}{\mu}}$ 时，就能保证不等式 $|x|^\mu < (\varepsilon^{\frac{1}{\mu}})^\mu = \varepsilon$，即 $|f(x)-f(0)| = |x^\mu - 0| < \varepsilon$ 成立. 即 $\lim\limits_{x \to 0} f(x) = f(0)$，所以幂函数 $y = x^\mu$ 在点 $x=0$ 处连续.

下面给出（2）的证明：因为幂函数 $f(x) = x^\mu$ 在 $[0, +\infty)$ 内有定义，所以，其在点 $x=0$ 的右侧有定义，因为 $\forall \varepsilon > 0$，为使 $|f(x)-f(0)| = |x^\mu - 0| = |x|^\mu < \varepsilon$，取 $\delta = \varepsilon^{\frac{1}{\mu}}$，则当 $0 < x - 0 < \delta = \varepsilon^{\frac{1}{\mu}}$ 时，就能保证不等式 $|x|^\mu < (\varepsilon^{\frac{1}{\mu}})^\mu = \varepsilon$，即 $|f(x)-f(0)| = |x^\mu - 0| < \varepsilon$ 成立. 即 $\lim\limits_{x \to 0^+} f(x) = f(0)$，所以幂函数 $y = x^\mu$ 在点 $x=0$ 处右连续.

下面给出(3)的证明:因为幂函数 $f(x)=x^\mu$ 在 $(-\infty,0]$ 内有定义,所以,其在点 $x=0$ 的左侧有定义,因为 $\forall\varepsilon>0$,为使 $|f(x)-f(0)|=|x^\mu-0|=|x|^\mu<\varepsilon$,取 $\delta=\varepsilon^{\frac{1}{\mu}}$,则当 $0<0-x<\delta=\varepsilon^{\frac{1}{\mu}}$ 时,就能保证不等式 $|x|^\mu<(\varepsilon^{\frac{1}{\mu}})^\mu=\varepsilon$,即 $|f(x)-f(0)|=|x^\mu-0|<\varepsilon$ 成立.即 $\lim\limits_{x\to0^-}f(x)=f(0)$,所以幂函数 $y=x^\mu$ 在点 $x=0$ 处左连续.

2.3.2 间断点

由定义 2.3.2 可看出,函数 $f(x)$ 在点 x_0 处连续,必须同时满足以下三个条件:

(1) $f(x)$ 在点 x_0 的一个邻域内有定义.

(2) $\lim\limits_{x\to x_0}f(x)$ 存在.

(3) 上述极限值等于函数值 $f(x_0)$.

如果上述条件中至少有一个不满足,则点 x_0 就是函数 $f(x)$ 的不连续点.

定义 2.3.4(间断点的定义) 设 $f(x)$ 在点 x_0 的某一去心邻域(或半邻域)内有定义(在点 x_0 也可以有定义),若 $f(x)$ 在点 x_0 不连续,则称点 x_0 为 $f(x)$ 的间断点.

例 2.3.2 求 $f(x)=\dfrac{1}{x}$ 的间断点.

解 因为 $f(x)=\dfrac{1}{x}$ 在 $(-\infty,0)\cup(0,+\infty)$ 内有定义,在点 $x=0$ 处无定义,所以,$f(x)$ 在点 $x=0$ 处不连续,因此,点 $x=0$ 为其间断点.

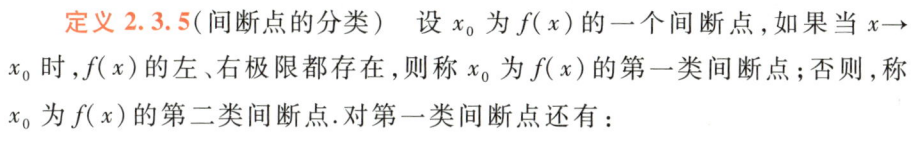

定义 2.3.5(间断点的分类) 设 x_0 为 $f(x)$ 的一个间断点,如果当 $x\to x_0$ 时,$f(x)$ 的左、右极限都存在,则称 x_0 为 $f(x)$ 的第一类间断点;否则,称 x_0 为 $f(x)$ 的第二类间断点.对第一类间断点还有:

(1) 若 $\lim\limits_{x\to x_0^-}f(x)$ 与 $\lim\limits_{x\to x_0^+}f(x)$ 均存在,但不相等,则称 x_0 为 $f(x)$ 的跳跃间断点.

(2) 若 $\lim\limits_{x\to x_0}f(x)$ 存在,则称 x_0 为 $f(x)$ 的可去间断点.

例 2.3.3 设 $f(x)=\begin{cases}x^2,&0\leq x\leq 1,\\ x+1,&x>1,\end{cases}$ 讨论 $f(x)$ 在 $x=1$ 处的连续性.

解 因为
$$\lim\limits_{x\to1^-}f(x)=\lim\limits_{x\to1^-}x^2=1,$$
$$\lim\limits_{x\to1^+}f(x)=\lim\limits_{x\to1^+}(x+1)=2,$$

即 $\lim\limits_{x\to1^-}f(x)\neq\lim\limits_{x\to1^+}f(x)$.所以 $x=1$ 是第一类间断点,且为跳跃间断点(图 2.3.2).

例 2.3.4 设 $f(x)=\begin{cases}\dfrac{x^4}{x},&x\neq0,\\ 1,&x=0,\end{cases}$ 讨论 $f(x)$ 在 $x=0$ 处的连续性.

解
$$f(0)=1,$$
$$\lim\limits_{x\to0}f(x)=\lim\limits_{x\to0}\dfrac{x^4}{x}=0,$$

即 $\lim\limits_{x\to0}f(x)\neq f(0)$.所以 $x=0$ 是 $f(x)$ 的第一类间断点,且为可去间断点(图 2.3.3).

另外,若 $\lim\limits_{x\to x_0}f(x)=\infty$,则称 x_0 为 $f(x)$ 的无穷间断点,无穷间断点属第二类间断点.

图 2.3.2　　　　　　　　　图 2.3.3

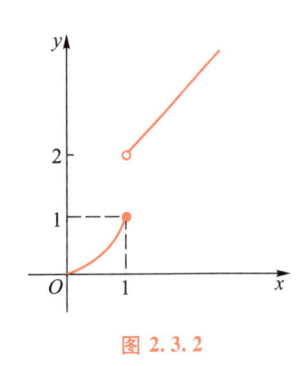

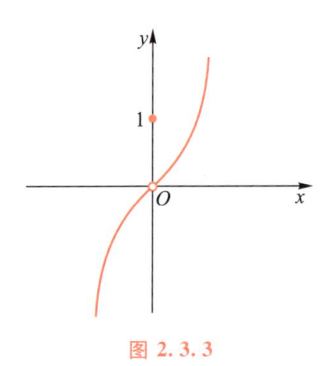

例如，$f(x)=\dfrac{1}{(x-1)^2}$ 在 $x=1$ 处没有定义，且 $\lim\limits_{x\to 1}\dfrac{1}{(x-1)^2}=\infty$，则称 $x=1$ 为 $f(x)$ 的无穷间断点．

2.3.3　连续函数的定义

定义 2.3.6（连续函数）　如果 $f(x)$ 在区间 (a,b) 内每一点都是连续的，就称 $f(x)$ 在区间 (a,b) 内连续．若 $f(x)$ 在 (a,b) 内连续，在 $x=a$ 处右连续（即 $\lim\limits_{x\to a^+}f(x)=f(a)$），在 $x=b$ 处左连续（即 $\lim\limits_{x\to b^-}f(x)=f(b)$），则称 $f(x)$ 在闭区间 $[a,b]$ 上连续．

如果函数 $f(x)$ 在区间 I 上连续，则称 $f(x)$ 为该区间上的连续函数，并称区间 I 为该函数的连续区间．连续函数的图形是一条连绵不断的曲线．

例 2.3.5　多项式函数（有理整函数）的连续区间为区间 $(-\infty,+\infty)$，即多项式函数是其定义区间 $(-\infty,+\infty)$ 内的连续函数．

解　设有 n 次多项式函数 $P_n(x)=a_0+a_1x+a_2x^2+\cdots+a_nx^n$，其中 $a_i(i=0,1,2,\cdots,n)$ 为常数．其定义区间为 $(-\infty,+\infty)$．$\forall x_0\in(-\infty,+\infty)$，根据极限的四则运算法则，有

$$\begin{aligned}\lim_{x\to x_0}P_n(x)&=\lim_{x\to x_0}(a_0+a_1x+a_2x^2+\cdots+a_nx^n)\\&=\lim_{x\to x_0}a_0+\lim_{x\to x_0}a_1x+\lim_{x\to x_0}a_2x^2+\cdots+\lim_{x\to x_0}a_nx^n\\&=a_0+a_1\lim_{x\to x_0}x+a_2(\lim_{x\to x_0}x)^2+\cdots+a_n(\lim_{x\to x_0}x)^n\\&=a_0+a_1x_0+a_2x_0^2+\cdots+a_nx_0^n=P(x_0).\end{aligned}$$

即 $\lim\limits_{x\to x_0}P_n(x)=P(x_0)$，这表明，多项式函数 $P_n(x)$ 在其定义区间 $(-\infty,+\infty)$ 内每一点都连续．

所以，多项式函数（有理整函数）的连续区间为区间 $(-\infty,+\infty)$，即多项式函数是其定义区间 $(-\infty,+\infty)$ 内的连续函数．

例 2.3.6　有理分式函数在其定义域内每一点都是连续的，但是，它一般不是其定义域上的连续函数．

解　设有理分式函数 $Q(x)=\dfrac{P_m(x)}{P_n(x)}$ 的定义域为 D，其中 $P_m(x)$ 为 m 次多项式，$P_n(x)$ 为 n 次多项式．$\forall x_0\in D$，若分母 $P_n(x_0)\ne 0$，则根据极限的四则运算法则，有

$$\lim_{x\to x_0}Q(x)=\lim_{x\to x_0}\dfrac{P_m(x)}{P_n(x)}=\dfrac{\lim\limits_{x\to x_0}P_m(x)}{\lim\limits_{x\to x_0}P_n(x)}=\dfrac{P_m(x_0)}{P_n(x_0)}=Q(x_0).$$

即 $\lim\limits_{x\to x_0}Q(x)=Q(x_0)$，所以，有理分式函数在其定义域内每一点都是连续的．

若分母 $P_n(x_0)=0$,则有理分式函数 $Q(x)=\dfrac{P_m(x)}{P_n(x)}$ 在点 x_0 处间断,此时,有理分式函数 $Q(x)=\dfrac{P_m(x)}{P_n(x)}$ 的定义域不是连续的区间,所以,它也不是其定义域上的连续函数.

注意:连续函数的定义域一定是区间!在定义域内每点都连续的函数不一定是该定义域内的连续函数.例如,幂函数 $y=\dfrac{1}{x}$ 在其定义域 $(-\infty,0)\cup(0,+\infty)$ 内每点都连续,但它不是其定义域内的连续函数. $(-\infty,0)$ 与 $(0,+\infty)$ 均为 $y=\dfrac{1}{x}$ 的连续区间.

例 2.3.7 常函数 $y=C$ 是区间 $(-\infty,+\infty)$ 内的连续函数.

证 设 x_0 为区间 $(-\infty,+\infty)$ 内任一点,因为对任意给定的 $\varepsilon>0$,都存在 $\delta>0$,使得当 $0<|x-x_0|<\delta$ 时, $|C-C|=0<\varepsilon$ 成立.所以, $y=C$ 在区间 $(-\infty,+\infty)$ 内每一点都连续,即常函数 $y=C$ 是区间 $(-\infty,+\infty)$ 内的连续函数.

例 2.3.8 $y=\cos x$ 是其定义区间 $(-\infty,+\infty)$ 上的连续函数.

解 因为 $y=\cos x$ 的定义区间为 $(-\infty,+\infty)$,所以, $\forall x_0\in(-\infty,+\infty)$,设 x_0 有增量 Δx,相应的函数有增量

$$\begin{aligned}\Delta y &= \cos(x_0+\Delta x)-\cos(x_0)\\&=-2\sin\left(\frac{x_0+\Delta x+x_0}{2}\right)\sin\left(\frac{x_0+\Delta x-x_0}{2}\right)\\&=-2\sin\left(x_0+\frac{\Delta x}{2}\right)\sin\left(\frac{\Delta x}{2}\right).\end{aligned}$$

因为 $\lim\limits_{\Delta x\to 0}\sin\dfrac{\Delta x}{2}=\lim\limits_{\frac{\Delta x}{2}\to 0}\sin\dfrac{\Delta x}{2}=0$,所以, $\sin\dfrac{\Delta x}{2}$ 是 $\Delta x\to 0$ 时的无穷小.

又因为 $\left|-2\sin\left(x_0+\dfrac{\Delta x}{2}\right)\right|\leq 2$,所以, $-2\sin\left(x_0+\dfrac{\Delta x}{2}\right)$ 是有界函数,根据有界函数与无穷小的乘积仍是无穷小,所以, $\lim\limits_{\Delta x\to 0}\Delta y=\lim\limits_{\Delta x\to 0}\left[-2\sin\left(x_0+\dfrac{\Delta x}{2}\right)\sin\left(\dfrac{\Delta x}{2}\right)\right]=0$.这表明,余弦函数 $y=\cos x$ 在其定义区间 $(-\infty,+\infty)$ 内每一点都是连续的.所以,余弦函数 $y=\cos x$ 是其定义区间 $(-\infty,+\infty)$ 内的连续函数.

同理可证,正弦函数 $y=\sin x$ 是其定义区间 $(-\infty,+\infty)$ 内的连续函数.

2.3.4 初等函数的连续性

1. 初等函数的连续区间

我们先不加证明地指出如下重要事实:基本初等函数在其有定义的区间内是连续的,即基本初等函数是其有定义的区间上的连续函数.一切初等函数在其有定义的区间内都是连续的,即一切初等函数都是其有定义的区间上的连续函数.所谓定义区间,就是包含在定义域内的区间.

有些函数定义域内包含着区间,有些函数定义域内不包含区间只包含孤立的点,例如,初等函数 $f(x)=\sqrt{x}+\sqrt{-x}$ 的定义域为单点集 $\{0\}$,就不包含区间,由于自变量在其定义域内不能连续变化,所以函数的连续性也就无从谈起.因此,求初等函数的连续区间就是求其有定义的区间.关于分段函数的连续性,除按上述结论考虑每一段函数的连续性外,还必须讨论分段点处的连续性.

例 2.3.9 求函数 $f(x)=\dfrac{1}{\sqrt{x+1}}$ 的连续区间.

解 由于 $f(x)=\dfrac{1}{\sqrt{x+1}}$ 为初等函数，其定义域满足 $x+1>0$，即 $x>-1$. 因此，函数的定义区间为 $(-1,+\infty)$，故 $(-1,+\infty)$ 为函数 $f(x)=\dfrac{1}{\sqrt{x+1}}$ 的连续区间.

2. 利用函数的连续性求极限

若函数 $f(x)$ 在 x_0 处连续，则知

$$\lim_{x\to x_0}f(x)=f(x_0),$$

即求连续函数的极限，可归结为计算函数值.

例 2.3.10 求极限 $\lim\limits_{x\to\frac{\pi}{2}}[\ln(\sin x)]$.

解 因为 $\ln(\sin x)$ 在 $x=\dfrac{\pi}{2}$ 处连续，故有

$$\lim_{x\to\frac{\pi}{2}}[\ln(\sin x)]=\ln\left(\sin\frac{\pi}{2}\right)=\ln 1=0.$$

3. 复合函数求极限的方法

关于复合函数的 $f[\varphi(x)]$ 的极限 $\lim\limits_{x\to x_0}f[\varphi(x)]$ 有如下定理：

定理 2.3.2（复合函数的极限运算法则） 设函数 $y=f[\varphi(x)]$ 是由函数 $u=\varphi(x)$ 与函数 $y=f(u)$ 复合而成的，$y=f[\varphi(x)]$ 在点 x_0 的某去心邻域内有定义，若 $\lim\limits_{x\to x_0}\varphi(x)=u_0$，$\lim\limits_{u\to u_0}f(u)=A$，且存在 $\delta_0>0$，当 $x\in N(\hat{x}_0,\delta_0)$ 时，有 $\varphi(x)\neq u_0$，则

$$\lim_{x\to x_0}f[\varphi(x)]=\lim_{u\to u_0}f(u)=A.$$

证 (1) 因为 $\lim\limits_{u\to u_0}f(u)=A$，所以，$\forall\varepsilon>0$，$\exists\eta>0$，当 $0<|u-u_0|<\eta$ 时，$|f(u)-A|<\varepsilon$ 成立.

(2) 因为 $\lim\limits_{x\to x_0}\varphi(x)=u_0$，所以，对于在上面(1)中得到的 $\eta>0$，$\exists\delta_1>0$，当 $0<|x-x_0|<\delta_1$ 时，$|\varphi(x)-u_0|<\eta$.

(3) 因为，当 $x\in N(\hat{x}_0,\delta_0)$ 时，有 $\varphi(x)\neq u_0$，所以，$|\varphi(x)-u_0|>0$，取 $\delta=\min\{\delta_0,\delta_1\}$，则当 $0<|x-x_0|<\delta$ 时，有 $0<|\varphi(x)-u_0|<\eta$ 成立.

因此，$\forall\varepsilon>0$，$\exists\delta>0$，当 $0<|x-x_0|<\delta$ 时，有 $0<|\varphi(x)-u_0|<\eta$，即 $0<|u-u_0|<\eta$，从而有 $|f(u)-A|<\varepsilon$，即 $|f[\varphi(x)]-A|<\varepsilon$ 成立. 所以，$\lim\limits_{x\to x_0}f[\varphi(x)]=A$. 即

$$\lim_{x\to x_0}f[\varphi(x)]=\lim_{u\to u_0}f(u)=A\text{ 成立}.$$

证毕.

注意：(1) 定理 2.3.2 表明，如果函数 $\varphi(x)$ 和 $f(u)$ 满足该定理的条件，那么作代换 $u=\varphi(x)$，将求 $\lim\limits_{x\to x_0}f[\varphi(x)]$ 转化为求 $\lim\limits_{u\to u_0}f(u)=A$，这里 $\lim\limits_{x\to x_0}\varphi(x)=u_0$.

(2) 在定理 2.3.2 中，将自变量的变化过程 $x\to x_0$，$u\to u_0$ 换成其他自变量的变化过程后也有类似的复合函数的极限运算法则，且可类似证明.

若 $y=f(u)$ 在 $u=a$ 处连续，且 $\lim\limits_{x\to x_0}\varphi(x)$ 存在时，则有 $\lim\limits_{x\to x_0}f[\varphi(x)]=f\left[\lim\limits_{x\to x_0}\varphi(x)\right]$.

定理 2.3.3（复合函数求极限的方法） 设复合函数 $y=f[\varphi(x)]$ 是由函数 $u=\varphi(x)$ 与函数 $y=$

$f(u)$复合而成的,若 $\lim\limits_{x\to x_0}\varphi(x)=a$($a$为常数),而函数 $f(u)$ 在点 $u=a$ 处连续,则
$$\lim_{x\to x_0}f[\varphi(x)]=f[\lim_{x\to x_0}\varphi(x)]=f(a). \tag{1}$$

上式表明,在定理 2.3.3 的条件下,求复合函数 $f[\varphi(x)]$ 的极限 $\lim\limits_{x\to x_0}f[\varphi(x)]$ 时,函数符号 f 与极限符号 lim 可以交换次序. 例如,在下面的例 2.3.11 中,$\lim\limits_{x\to 0}\ln(1+x)^{\frac{1}{x}}=\ln\lim\limits_{x\to 0}(1+x)^{\frac{1}{x}}$.

证 因为函数 $y=f[\varphi(x)]$ 是由函数 $u=\varphi(x)$ 与函数 $y=f(u)$ 复合而成的,又因为 $\lim\limits_{x\to x_0}\varphi(x)=a$, $f(u)$ 在 $u=a$ 处连续,即 $\lim\limits_{u\to a}f(u)=f(a)$,所以,根据定理 2.3.2 有
$$\lim_{x\to x_0}f[\varphi(x)]=\lim_{u\to a}f(u)=f(a),即$$
$$\lim_{x\to x_0}f[\varphi(x)]=f[\lim_{x\to x_0}\varphi(x)].$$
证毕.

例 2.3.11 求 $\lim\limits_{x\to 0}\dfrac{\ln(1+x)}{x}$.

解 $\dfrac{\ln(1+x)}{x}=\ln(1+x)^{\frac{1}{x}}$ 是由 $y=\ln u$,$u=(1+x)^{\frac{1}{x}}$ 复合而成的,而 $\lim\limits_{x\to 0}(1+x)^{\frac{1}{x}}=e$,$\ln u$ 在点 $u=e$ 处连续,故
$$\lim_{x\to 0}\frac{\ln(1+x)}{x}=\lim_{x\to 0}\ln(1+x)^{\frac{1}{x}}=\ln[\lim_{x\to 0}(1+x)^{\frac{1}{x}}]=\ln e=1.$$

例 2.3.12 求 $\lim\limits_{x\to +\infty}\arccos(\sqrt{x^2+x}-x)$.

解
$$\lim_{x\to +\infty}\arccos(\sqrt{x^2+x}-x)$$
$$=\arccos[\lim_{x\to +\infty}(\sqrt{x^2+x}-x)]$$
$$=\arccos\left[\lim_{x\to +\infty}\frac{(\sqrt{x^2+x}-x)(\sqrt{x^2+x}+x)}{\sqrt{x^2+x}+x}\right]$$
$$=\arccos\left(\lim_{x\to +\infty}\frac{x}{\sqrt{x^2+x}+x}\right)$$
$$=\arccos\left(\lim_{x\to +\infty}\frac{1}{\sqrt{1+\dfrac{1}{x}}+1}\right)=\arccos\frac{1}{2}=\frac{\pi}{3}.$$

2.3.5 初等连续函数的连续性

1. 连续函数的和、差、积、商的连续性

由函数在某点连续的定义和极限的四则运算法则,立即可得出下面的定理:

定理 2.3.4 设函数 $f(x)$ 和 $g(x)$ 在点 x_0 连续,则它们的和(差)$f\pm g$、积 $f\cdot g$ 及商 $\dfrac{f}{g}$(当 $g(x_0)\neq 0$ 时)都在点 x_0 连续.

例 2.3.13 因 $\tan x=\dfrac{\sin x}{\cos x}$,$\cot x=\dfrac{\cos x}{\sin x}$,而 $\sin x$ 和 $\cos x$ 都在区间 $(-\infty,+\infty)$ 内连续,故由定理 2.3.4 知 $\tan x$ 和 $\cot x$ 在它们的定义域内每一点都是连续的.

2. 反函数的连续性

对反函数连续性有下面的定理.

定理 2.3.5（反函数的连续性） 若函数 $y=f(x)$ 在区间 I 上单调增加（或单调减少）且连续，则它的反函数 $x=f^{-1}(y)$ 也在对应的区间 $I_y=\{y\mid y=f(x),x\in I_x\}$ 上单调增加（或单调减少）且连续。

可扫描右侧二维码，查看*定理 2.3.5 反函数的连续性证明。

例 2.3.14 根据定理 2.3.5，我们有：

（1）由于 $y=\sin x$ 在闭区间 $\left[-\dfrac{\pi}{2},\dfrac{\pi}{2}\right]$ 上单调增加且连续，所以其反函数 $y=\arcsin x$ 在闭区间 $[-1,1]$ 上单调增加且连续。

（2）由于 $y=\cos x$ 在闭区间 $[0,\pi]$ 上单调减少且连续，所以其反函数 $y=\arccos x$ 在闭区间 $[-1,1]$ 上单调减少且连续。

（3）由于 $y=\tan x$ 在闭区间 $\left(-\dfrac{\pi}{2},\dfrac{\pi}{2}\right)$ 上单调增加且连续，所以其反函数 $y=\arctan x$ 在区间 $(-\infty,+\infty)$ 内单调增加且连续。

（4）由于 $y=\cot x$ 在闭区间 $(0,\pi)$ 上单调减少且连续，所以其反函数 $y=\mathrm{arccot}\, x$ 在区间 $(-\infty,+\infty)$ 内单调减少且连续。

总之，反三角函数 $\arcsin x,\arccos x,\arctan x,\mathrm{arccot}\, x$ 在它们的定义域内每一点都是连续的。

我们还可以证明，指数函数在其定义区间 $(-\infty,+\infty)$ 内是连续的。由指数函数的单调性和连续性，再根据反函数连续性定理可得，对数函数在其定义区间 $(0,+\infty)$ 内也是单调且连续的。

3. 复合函数的连续性

对复合函数连续性有下面的定理。

定理 2.3.6 设函数 $y=f[\varphi(x)]$ 由函数 $u=\varphi(x)$ 与函数 $y=f(u)$ 复合而成，$N(a,\delta)\subset D_{f\circ\varphi}$（$D_{f\circ\varphi}$ 表示复合函数 $y=f[\varphi(x)]$ 的定义域），若函数 $u=\varphi(x)$ 在 $x=a$ 处连续，且 $\varphi(a)=u_0$，而函数 $y=f(u)$ 在 $u=u_0$ 连续，则复合函数 $y=f[\varphi(x)]$ 在 $x=a$ 处也连续。

证 只要在定理 2.3.3 中令 $u_0=\varphi(a)$，这就表示 $\varphi(x)$ 在点 a 处连续，于是由定理 2.3.3 中（1）式得
$$\lim_{x\to x_0}f[\varphi(x)]=f(u_0)=f[\varphi(a)],$$
因此，复合函数 $y=f[\varphi(x)]$ 在 $x=a$ 处也连续。证毕。

例 2.3.15 证明幂函数是其有定义的区间上的连续函数（扫描右侧二维码查看证明过程）。

例 2.3.16 讨论函数 $y=\cos\dfrac{1}{\sqrt{x}}$ 的连续性。

解 函数 $y=\cos\dfrac{1}{\sqrt{x}}$ 可看作是由 $u=\dfrac{1}{\sqrt{x}}$ 及 $y=\cos u$ 复合而成的。$u=\dfrac{1}{\sqrt{x}}$ 在 $(0,+\infty)$ 内是连续的，$y=\cos u$ 在区间 $(-\infty,+\infty)$ 内是连续的。根据定理 2.3.6，函数 $y=\cos\dfrac{1}{\sqrt{x}}$ 在区间 $(0,+\infty)$ 内是连续的。

综上所述：基本初等函数在其定义域内每点都是连续的。进而得，基本初等函数是其有定义的区间上的连续函数。再根据初等函数的定义及上述连续函数的运算法则可得：一切初等函数都是其有定义的区间上的连续函数，需要指出的是在有定义的区间左端点处是右连续的，在有定义的区间右端点处是左连续的。

2.3.6 闭区间上连续函数的性质

闭区间上连续函数的性质的证明涉及严密的实数理论,在此,我们主要阐述结论,一般不予证明.

1. 最大值最小值定理

下面先介绍最大值和最小值的概念.

定义 2.3.7(函数的最值) 对于在区间 I 上有定义的函数 $f(x)$,如果有 $x_0 \in I$,若对于任一 $x \in I$,都有 $f(x) \leq f(x_0)$($f(x) \geq f(x_0)$),则称 $f(x_0)$ 为函数 $f(x)$ 在区间 I 上的最大值(最小值).

例如,$f(x) = 2 + \cos x$ 在区间 $[-\pi, \pi]$ 上有最大值 3 和最小值 1.

定理 2.3.7(连续函数最值定理) 闭区间上连续函数一定存在最大值和最小值.

应当注意定理中"闭区间"和"连续"这两个重要条件.比如函数 $y = \dfrac{1}{|x|}$ 在闭区间 $[-1,1]$ 上不连续,它不存在最大值(图 2.3.4).函数 $y = \tan x$ 在开区间 $\left(-\dfrac{\pi}{2}, \dfrac{\pi}{2}\right)$ 内连续,它既无最大值也无最小值(图 2.3.5).函数

$$y = \begin{cases} x, & 0 < x < 1, \\ x-1, & 1 \leq x \leq 2 \end{cases}$$

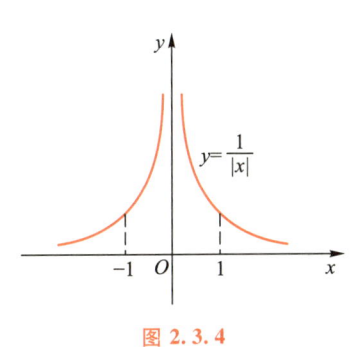

图 2.3.4

图 2.3.5

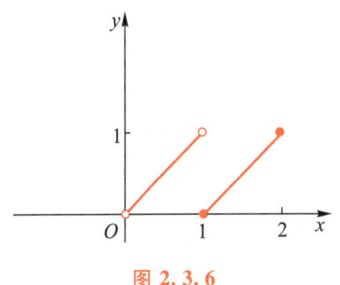

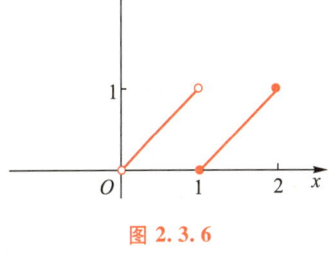

图 2.3.6

的定义域是 $(0,2]$,但是既有最大值也有最小值(图 2.3.6).我们要搞清充分条件与结论之间的逻辑关系.

2. 零点定理与介值定理

对闭区间 $[a,b]$ 上的连续函数 $f(x)$,若在两个端点处的函数值 $f(a)$ 与 $f(b)$ 异号,则其在几何上表现为:连续曲线弧 $y = f(x)$ 的两个端点分别位于 x 轴的上下两侧,这时曲线弧必与 x 轴有交点(图 2.3.7).该几何事实可表述为如下定理:

定理 2.3.8(根的存在定理) 若函数 $f(x)$ 在闭区间 $[a,b]$ 上连续,且 $f(a)$ 与 $f(b)$ 异号,则至少存在一点 $\xi \in (a,b)$,使得 $f(\xi) = 0$.

该定理表明,若方程 $f(x) = 0$ 左端的函数 $f(x)$ 在闭区间 $[a,b]$ 两个端点处的函数值异号,则该方程在开区间 (a,b) 内至少存在一个根.因此,定理 2.3.8 称为零点定理,也称为根的存在定理.

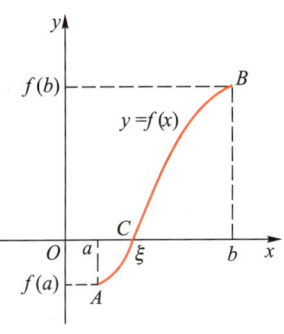

图 2.3.7

例 2.3.17 证明方程 $\sin x - x + 1 = 0$ 在 0 与 π 之间有实根.

证 设 $f(x) = \sin x - x + 1$,因为 $f(x)$ 在 $(-\infty, +\infty)$ 内连续,所以,$f(x)$ 在

微视频

根的存在定理

$[0,\pi]$ 上也连续,而

$$f(0)=1>0, \quad f(\pi)=-\pi+1<0,$$

所以,据定理 2.3.8(根的存在定理)知,至少有一个 $\xi \in (0,\pi)$,使得 $f(\xi)=0$,即方程 $\sin x-x+1=0$ 在 0 与 π 之间至少有一个实根.

定理 2.3.9(介值定理 1) 若函数 $f(x)$ 在闭区间 $[a,b]$ 上连续,且 $f(a) \neq f(b)$,μ 为介于 $f(a)$ 与 $f(b)$ 之间的任意一个数,则至少存在一点 $\xi \in (a,b)$,使得 $f(\xi)=\mu$.

定理 2.3.9 表明,如图 2.3.8 所示,闭区间 $[a,b]$ 上的连续函数 $y=f(x)$ 的图像从 A 连续画到 B 时,至少要与直线 $y=\mu$ 相交一次.

证 设 $\varphi(x)=f(x)-\mu$,其中 $f(a)<\mu<f(b)$.因为函数 $f(x)$ 在闭区间 $[a,b]$ 上连续,所以 $\varphi(x)$ 也在闭区间 $[a,b]$ 上连续,且 $\varphi(a)=f(a)-\mu<0$ 与 $\varphi(b)=f(b)-\mu>0$ 异号.根据零点定理,开区间 (a,b) 内至少有一点 ξ 使得 $\varphi(\xi)=f(\xi)-\mu=0(a<\xi<b)$.即存在 $\xi \in (a,b)$,使得 $f(\xi)=\mu$.证毕.

定理 2.3.10(介值定理 2) 设 $f(x)$ 在闭区间 $[a,b]$ 上连续,m,M 分别为 $f(x)$ 在 $[a,b]$ 上的最小值与最大值,则对任何数值 $\mu \in [m,M]$,必存在一点 $\xi \in [a,b]$,使得 $f(\xi)=\mu$.

证 因为 m,M 为连续函数 $f(x)$ 在闭区间 $[a,b]$ 上的最小值和最大值,所以,一定存在点 $x_1,x_2 \in [a,b]$,使得 $f(x_1)=m,f(x_2)=M$,且 $f(x)$ 在闭区间 $[x_1,x_2]$(不妨设 $x_1<x_2$)上连续.当 $m<\mu<M$ 时,则由定理 2.3.9 知,至少存在一点 $\xi \in (x_1,x_2) \subset [a,b]$,使得 $f(\xi)=\mu$;当 $\mu=m$ 或 $\mu=M$ 时,则由定理 2.3.7 连续函数最值定理知,至少存在一点 $\xi \in [a,b]$,使得 $f(\xi)=\mu$.总之,对于任何数值 $\mu \in [m,M]$,至少存在一点 $\xi \in [a,b]$,使得 $f(\xi)=\mu$(图 2.3.9).

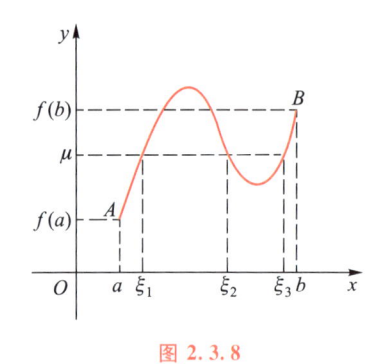

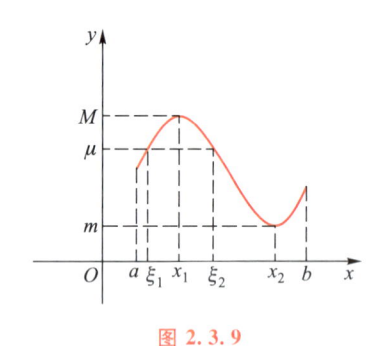

图 2.3.8

图 2.3.9

由定理 2.3.10 介值定理 2 可知,若 m,M 分别为闭区间 $[a,b]$ 上的连续函数 $f(x)$ 的最小值与最大值,则 $f(x)$ 的值域为 $[m,M]$.

*2.3.7 一致连续性

扫描右侧二维码,查看 *2.3.7 一致连续性.

文档

*2.3.7 一致连续性

— 思考题 2.3 —

1. 如果 $f(x)$ 在点 x_0 处连续,问 $|f(x)|$ 在点 x_0 处是否连续?
2. 区间 (a,b) 上的连续函数一定存在最大值与最小值吗?请举例说明.
3. 函数 $f(x)=\sqrt{x}$ 在点 $x=-6$ 处无定义,问 $x=-6$ 是其间断点吗?

— 练习 2.3A —

1. 说明 $f(x)=2x^2+1$ 在 $x=1$ 处连续.

2. 求 $f(x)=\dfrac{1}{x-1}$ 的间断点.

3. 求下列极限：

(1) $\lim\limits_{x\to 3\pi}\sin 3x$；

(2) $\lim\limits_{x\to 3\pi}\cos 3x$；

(3) $\lim\limits_{x\to 2}(3x^3-2x^2+x-1)$；

(4) $\lim\limits_{x\to 0}(e^{2x}+2^x+1)$；

(5) $\lim\limits_{x\to e}\dfrac{\ln x}{x}$；

(6) $\lim\limits_{x\to 1}\arctan x$.

— 练习 2.3B —

1. 求下列极限，并指出解题过程中每步的根据：

(1) $\lim\limits_{x\to 0}\ln\dfrac{\sqrt{x+1}-1}{x}$；

(2) $\lim\limits_{x\to\infty}\left(\dfrac{24x^2+1}{3x^2-2}\right)^{\frac{1}{3}}$；

(3) $\lim\limits_{x\to 0}(\ln|\sin x|-\ln|x|)$.

2. 设 $f(x)=\begin{cases}e^x, & x<0,\\ a+x, & x\geq 0,\end{cases}$ 问 a 为何值时函数 $f(x)$ 在点 $x=0$ 处连续？

3. 设 $f(x)=\begin{cases}\dfrac{\sin x}{x}, & x\neq 0,\\ \dfrac{1}{2}, & x=0.\end{cases}$

(1) 问 $f(x)$ 在 $x=0$ 处是否连续？若不连续，指出间断点类型；

(2) 令 $g(x)=\begin{cases}f(x), & x\neq 0,\\ 1, & x=0,\end{cases}$ 则 $g(x)$ 的连续区间是_____；

(3) 试说明 $f(x)$ 与 $g(x)$ 的区别与联系.

4. 求函数 $f(x)=\dfrac{x^2-1}{(x-1)x}$ 的间断点，并判断其类型.

5. 指出下列函数在给定点处是否间断，并判定间断点的类型.

(1) $y=\dfrac{x^2-1}{x^2-3x+2}, x=1, x=2$；

(2) $y=\cos^2\dfrac{1}{x}, x=0$.

6. 根据函数的连续性，求下列极限：

(1) $\lim\limits_{x\to 1}\dfrac{\sqrt{5x-4}-\sqrt{x}}{x-1}$；

(2) $\lim\limits_{x\to\alpha}\dfrac{\sin x-\sin\alpha}{x-\alpha}$；

(3) $\lim\limits_{x\to+\infty}(\sqrt{x^2+x}-\sqrt{x^2-x})$；

(4) $\lim\limits_{x\to 0}\dfrac{\left(1-\dfrac{1}{2}x^2\right)^{\frac{2}{3}}-1}{x\ln(1+x)}$.

7. 证明方程 $x^5-3x=1$ 至少有一个根介于 1 和 2 之间.

*8. 要想使在 $(1,2)$ 内的连续函数 $f(x)$ 为一致连续,需满足什么条件?

2.4 用数学软件进行极限运算

2.4.1 用数学软件 Mathematica 进行极限运算

在 Mathematica 系统中,求极限的函数为 Limit,其形式如下:
$$\text{Limit}[f[x],x\text{->}a]$$
其中 f[x] 是以 x 为自变量的函数或表达式,x->a 中的箭头"->"是由键盘上的减号及大于号组成的.求表达式的左极限和右极限时,分别用如下形式实现:

$\quad$ Limit[f[x],x->a,Direction->1] (左极限)

$\quad$ Limit[f[x],x->a,Direction->-1] (右极限)

例 2.4.1 求下列极限:

(1) $\lim\limits_{x\to 0}\dfrac{e^{2x}-1}{x}$; $\quad$ (2) $\lim\limits_{x\to 0^+}2^{\frac{1}{x}}$; $\quad$ (3) $\lim\limits_{x\to 0^-}2^x$.

解

In[1]:= Limit[(E^(2*x)-1)/x,x->0] (* 计算 $\lim\limits_{x\to 0}\dfrac{e^{2x}-1}{x}$ *)

Out[1]=2

In[2]:=Limit[2^(1/x),x->0,Direction->-1] (* 计算 $\lim\limits_{x\to 0^+}2^{\frac{1}{x}}$ *)

Out[2]=Infinity $\quad$ (* Infinity 为正无穷 *)

In[3]:=Limit[2^x,x->0,Direction->1] (* 计算 $\lim\limits_{x\to 0^-}2^x$ *)

Out[3]=1

注意:Infinity 代表 $+\infty$,读作"正无穷".

例 2.4.2 求下列极限:

(1) $\lim\limits_{x\to +\infty}\arctan x$; $\quad$ (2) $\lim\limits_{x\to -\infty}\arctan x$.

解

In[1]:= Limit[ArcTan[x],x->Infinity] (* 计算 $\lim\limits_{x\to +\infty}\arctan x$ *)

Out[1]=$\dfrac{\text{Pi}}{2}$

In[2]:=Limit[ArcTan[x],x->-Infinity] (* 计算 $\lim\limits_{x\to -\infty}\arctan x$ *)

Out[2]=$\dfrac{-\text{Pi}}{2}$

2.4.2 用数学软件 MATLAB 进行极限运算

在 MATLAB 系统中,求自变量 x 趋于 a 时,函数 f 的极限用 limit,其形式如下:
$$\text{limit}(f,x,a),$$
其中 f 是自变量 x 的函数或表达式. 求表达式 f 的左极限或右极限时,分别用如下形式实现:
$$\text{limit}(f,x,a,'\text{left}')（左极限）$$
$$\text{limit}(f,x,a,'\text{right}')（右极限）$$

例 2.4.3 求下列极限:

(1) $\lim\limits_{x\to 0}\dfrac{e^{2x}-1}{x}$; (2) $\lim\limits_{x\to 0^+} 2^{\frac{1}{x}}$; (3) $\lim\limits_{x\to 0^-} 2^x$;

(4) $\lim\limits_{x\to +\infty} \arctan x$; (5) $\lim\limits_{x\to -\infty} \arctan x$.

解

(1)
≫ clear
syms x
limit((exp(2*x)-1)/x,x,0)
ans = 2

(2)
≫ clear
syms x
limit(2^(1/x),x,0,'right')
ans = Inf

(3)
≫ clear
syms x
limit(2^x,x,0,'left')
ans = 1

(4)
≫ clear
syms x
limit(atan(x),x,Inf)
ans = pi/2

(5)
≫ clear
syms x
limit(atan(x),x,-Inf)
ans = -pi/2

注意:Inf 代表+∞,读作"正无穷".

2.5　学习任务2解答　由圆内接正 n 边形的周长推导圆的周长

解

1. 由图 2.5.1 知,(1) 半径为 R 的圆内接正 n 边形的周长 $C_n = 2nR\sin\dfrac{\pi}{n}$；

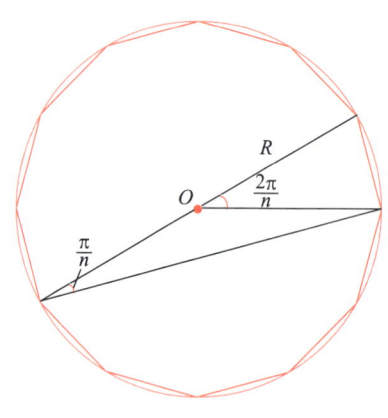

图 2.5.1

（2）圆内接正 6 边形的周长 $C_6 = 2\times 6 \times R\sin\dfrac{\pi}{6} = 6R$；

（3）半径为 R 的圆的周长

$$C = \lim_{n\to\infty} C_n = \lim_{n\to\infty}\left(2nR\sin\dfrac{\pi}{n}\right) = 2R\pi \lim_{(\pi/n)\to 0}\dfrac{\sin(\pi/n)}{\pi/n} = 2\pi R,$$ 即半径为 R 的圆的周长 $C = 2\pi R$.

（4）因为对任意的 $R_0 \in (0, +\infty)$ 都有 $\lim\limits_{R\to R_0} C = \lim\limits_{R\to R_0} 2\pi R = 2\pi R_0$，即圆周长 $C = 2\pi R$ 在区间 $(0, +\infty)$ 内每一点都连续，因此，圆周长 $C = 2\pi R$ 在其定义区间 $(0, +\infty)$ 内是其半径 R 的连续函数.

2. 扫描二维码，查看学习任务 2 的 Mathematica 程序.

3. 扫描二维码，查看学习任务 2 的 MATLAB 程序.

复习题2

A级

1. 设函数 $f(x) = \begin{cases} x^2, & x < 0, \\ x, & x \geq 0, \end{cases}$

（1）作出 $f(x)$ 的图形；

（2）给出 $\lim\limits_{x\to 0^-} f(x)$ 及 $\lim\limits_{x\to 0^+} f(x)$；

（3）$x \to 0$ 时，$f(x)$ 的极限存在吗？

2. 设 $f(x) = \begin{cases} 3x, & -1 < x < 1, \\ 2, & x = 1, \\ 3x^2, & 1 < x < 2, \end{cases}$ 求 $\lim\limits_{x\to 0} f(x), \lim\limits_{x\to 1} f(x), \lim\limits_{x\to \frac{3}{2}} f(x)$.

3. 观察下列各题中，哪些是无穷小？哪些是无穷大？你能用你所掌握的有关数学知识确保所观察的结论正确无误吗？

（1）$\dfrac{1+2x}{x}$ （$x\to 0$ 时）； （2）$\dfrac{1+2x}{x^2}$ （$x\to\infty$ 时）；

（3）$\tan x$ （$x\to 0$ 时）； （4）e^{-x} （$x\to +\infty$ 时）；

（5）$2^{\frac{1}{x}}$ （$x\to 0^-$ 时）； （6）$\dfrac{(-1)^n}{2^n}$ （$n\to +\infty$ 时）.

4. 求下列极限：

（1）$\lim\limits_{x\to 0} x^2\sin\dfrac{1}{x^2}$； （2）$\lim\limits_{x\to\infty}\dfrac{1}{x}\arctan x$；

（3）$\lim\limits_{x\to\infty}\dfrac{\sin x+\cos x}{x}$.

5. 求下列极限：

（1）$\lim\limits_{x\to\infty}\dfrac{x^3+x}{x^3-3x^2+4}$； （2）$\lim\limits_{n\to\infty}\dfrac{2^{n+1}+3^{n+1}}{2^n+3^n}$ （n 为正整数）；

（3）$\lim\limits_{x\to 1}\dfrac{x^2-3x+2}{x^2-4x+3}$； （4）$\lim\limits_{x\to 1}\left(\dfrac{2}{x^2-1}-\dfrac{1}{x-1}\right)$；

（5）$\lim\limits_{x\to\infty}\dfrac{x-\cos x}{x}$； （6）$\lim\limits_{n\to\infty}\left[1+\dfrac{(-1)^n}{n}\right]$ （n 为正整数）；

（7）$\lim\limits_{x\to +\infty}(\sqrt{x+5}-\sqrt{x})$； （8）$\lim\limits_{x\to 1}\dfrac{\sqrt{x+2}-\sqrt{3}}{x-1}$.

6. 求 $\lim\limits_{n\to\infty}\left(1+\dfrac{1}{n}\right)^{2n}$，其中 n 为正整数.

7. 求下列极限：

（1）$\lim\limits_{x\to\infty} x\tan\dfrac{1}{x}$； （2）$\lim\limits_{x\to +\infty} 2^x\sin\dfrac{1}{2^x}$；

（3）$\lim\limits_{x\to 1}\dfrac{\sin^2(x-1)}{x-1}$； （4）$\lim\limits_{x\to 0}(1-2x)^{\frac{1}{x}}$；

（5）$\lim\limits_{x\to\infty}\left(1+\dfrac{2}{x}\right)^{x+2}$； （6）$\lim\limits_{x\to\infty}\left(\dfrac{2x-1}{2x+1}\right)^{x+1}$.

B 级

8. 试证：当 $x\to 1$ 时，$1-\sqrt{x}$ 与 $1-\sqrt[3]{x}$ 均为无穷小，并对这两个无穷小的阶进行比较.

9. 用等价无穷小代换定理，求下列极限：

（1）$\lim\limits_{x\to 0}\dfrac{1-\cos x}{x\sin x}$； （2）$\lim\limits_{x\to 0^+}\dfrac{\sin ax}{\sqrt{1-\cos x}}$ （$a\neq 0$）.

10. 讨论下列函数的连续性，如有间断点，指出其类型：

（1）$y=\dfrac{x^2-1}{x^2-3x+2}$； （2）$y=\dfrac{\tan 2x}{x}$；

（3）$y=\begin{cases} e^{\frac{1}{x}}, & x<0, \\ 1, & x=0, \\ x, & x>0; \end{cases}$ （4）$y=\dfrac{2^{\frac{1}{x}}-1}{2^{\frac{1}{x}}+1}$.

11. 求下列极限：

(1) $\lim\limits_{x\to+\infty} x[\ln(x+a)-\ln x]$;

(2) $\lim\limits_{x\to 0} \dfrac{\sqrt{1+x+x^2}-1}{\sin 2x}$;

(3) $\lim\limits_{x\to+\infty} x(\sqrt{x^2+1}-x)$;

(4) $\lim\limits_{x\to 0} \dfrac{x\tan x}{\sqrt{1-x^2}-1}$.

12. 已知 a,b 为常数，$\lim\limits_{x\to\infty}\dfrac{ax^2+bx+5}{3x+2}=5$，求 a,b 的值.

13. 已知 a,b 为常数，$\lim\limits_{x\to 2}\dfrac{ax+b}{x-2}=2$，求 a,b 的值.

14. 已知 $\lim\limits_{x\to 0}\dfrac{x}{f(4x)}=1$，求 $\lim\limits_{x\to 0}\dfrac{f(2x)}{x}$.

15. 求函数 $f(x)=\dfrac{1}{\sqrt{x^2-1}}$ 的连续区间.

16. 设 $f(x)=\dfrac{|x|-x}{x}$，求 $\lim\limits_{x\to 0^+}f(x)$ 及 $\lim\limits_{x\to 0^-}f(x)$，并问 $\lim\limits_{x\to 0}f(x)$ 是否存在？

17. 设圆的半径为 R，求证：

(1) 圆内接正 n 边形的面积 $A_n=\dfrac{R^2}{2}n\sin\dfrac{2\pi}{n}$;

(2) 圆面积为 πR^2.

18. 求 $\lim\limits_{x\to 0}\dfrac{e^x-1}{x}$（提示：作变量置换 $\tau=e^x-1$）.

19. 设 $f(x)=\begin{cases}1+e^x, & x<0,\\ x+2a, & x\geq 0,\end{cases}$ 问常数 a 为何值时，函数 $f(x)$ 在 $(-\infty,+\infty)$ 内连续？

20. 证明方程 $x-2\sin x=1$ 至少有一个正根小于 3.

21. 设 A,B 为半径为 R 的圆周上的两点，O 为圆心，圆心角 $\angle AOB=\alpha$，它所对的圆弧为 $\overset{\frown}{AB}$，弦为 AB，试证当 $\alpha\to 0$ 时弦 AB 与 $\overset{\frown}{AB}$ 是等价无穷小（提示：先分别把弦 AB 和弧 $\overset{\frown}{AB}$ 用半径 R 和圆心角 α 表示出来，然后，再求二者之比的极限）.

22. 设

$$f(x)=\begin{cases}x\sin\dfrac{1}{x}, & x>0,\\ a+x^2, & x\leq 0.\end{cases}$$

要使 $f(x)$ 在 $(-\infty,+\infty)$ 内连续，则 a 等于多少？

C 级

23. 椅子能在凹凸不平的地面上放平稳吗？

D 级

第 3 章　导数与微分

3.0　学习任务3　面积随半径的变化率

一半径为 r 的圆盘(不考虑厚度)受热后均匀膨胀,请完成下列任务:
1. 求圆盘面积关于半径的变化率.
2. 求半径为 5 cm 时,圆盘面积关于半径的变化率.
3. 当半径由 5 cm 增加到 5.021 cm 时,圆盘面积大约增加了多少?

该问题一方面要求计算出函数关于自变量的变化率,另一方面要求计算出当自变量有微小增量时函数值大约改变了多少.解决这类问题需要导数与微分的知识.

在本章,我们将在函数与极限这两个概念的基础上来研究微分学的两个基本概念——导数与微分.

在自然科学的许多领域中,当研究运动的各种形式时,都需要从数量上研究函数相对于自变量变化的快慢程度,如物体运动的速度、电流、线密度、化学反应速率以及生物繁殖率等,而当物体沿曲线运动时,还需要考虑速度的方向,即曲线的切线问题.所有这些在数量关系上都归结为函数的变化率,即导数.而微分则与导数密切相关,它指明当自变量有微小变化时,函数大体上变化多少.因此,在这一章中,除了阐明导数与微分的概念之外,我们还将建立起一整套的微分公式和法则,从而系统地解决初等函数求导问题.

> **引例**　某日小明问老师:圆的切线是与该圆周有且只有一个交点的直线,匀速直线运动的物体的速度等于在某时间段内所走过的路程除以经过这段路程所用的时间.一般平面曲线有切线吗?是怎么定义的?如何求其斜率?做变速直线运动的物体在某时刻的瞬时速度是怎么定义的?该如何去求?

3.1　导数的概念

本节我们通过两个经典实例(变速直线运动的瞬时速度和平面曲线的切线斜率)引出导数定义,并介绍几个具体的变化率模型,进而研究可导与连续的关系.最后,结合具体例子介绍用定义求导数的方法.

3.1.1　两个实例

微分学的最基本的概念——导数,来源于实际生活中两个最典型的概念:速度与切线.

1. 求高铁的瞬时速度

我国高铁发展经过几代铁路人接续奋斗,已实现了从无到有、从追赶到并跑、再到领跑的历史性变化,成功建成了世界上规模最大、现代化水平最高的高速铁路网,形成了具有自主知识产权的世界先进高铁技术体系,打造了具有世界一流运营品质的中国高铁品牌.

假设高铁做直线运动,那么如何求其在某时刻的瞬时速度呢?

对于匀速运动来说,我们有速度公式

$$速度 = \frac{距离}{时间}.$$

但是,在实际问题中,运动往往是非匀速的,因此,上述公式只是表示物体走完某一段路程的平均速度,而没有反映出在任何时刻物体运动的快慢.要想精确地刻画出物体运动中的这种变化,就需要进一步讨论物体在运动过程中任一时刻的速度,即所谓瞬时速度.

设一物体做变速直线运动,以它的起点为坐标原点,以其运动方向为正方向建立数轴,则在物体运动的过程中,对于每一时刻 t,物体的相应位置可以用数轴上的一个坐标 s 表示,即 s 与 t 之间存在函数关系 $s=s(t)$,这个函数习惯上叫作位置函数.现在我们来考察该物体在时刻 t_0 的瞬时速度.

设在时刻 t_0 物体的位置为 $s(t_0)$.当自变量 t 获得增量 Δt 时,物体的位置函数 s 相应地有增量(图 3.1.1)

$$\Delta s = s(t_0 + \Delta t) - s(t_0),$$

于是比值

$$\frac{\Delta s}{\Delta t} = \frac{s(t_0 + \Delta t) - s(t_0)}{\Delta t}$$

就是物体在时刻 t_0 到 $t_0+\Delta t$ 这段时间内的平均速度,记作 $\bar{v}$,即

$$\bar{v} = \frac{\Delta s}{\Delta t} = \frac{s(t_0 + \Delta t) - s(t_0)}{\Delta t}.$$

图 3.1.1

由于变速运动的速度通常是连续变化的,所以虽然从整体来看,运动是变速的,但从局部来看,在一段很短的时间 Δt 内,速度变化不大,可以近似地看作是匀速的,因此当 $|\Delta t|$ 很小时,$\bar{v}$ 可作为物体在时刻 t_0 的瞬时速度的近似值.

很明显,$|\Delta t|$ 越小,$\bar{v}$ 就越接近物体在时刻 t_0 的瞬时速度,$|\Delta t|$ 无限小时,$\bar{v}$ 就无限接近于物体在时刻 t_0 的瞬时速度 $v(t_0)$,即

$$v(t_0) = \lim_{\Delta t \to 0} \bar{v} = \lim_{\Delta t \to 0} \frac{\Delta s}{\Delta t} = \lim_{\Delta t \to 0} \frac{s(t_0 + \Delta t) - s(t_0)}{\Delta t},$$

这就是说,物体运动的瞬时速度是位置函数的增量和时间的增量之比当时间增量趋于零时的极限.

2. 平面曲线的切线斜率

在平面几何里,圆的切线被定义为"与圆只相交于一点的直线",对一般曲线来说,不能把与曲线只相交于一点的直线定义为曲线的切线.不然,像曲线 $y=x^2$ 上任一点处,都可有两条与该曲线只相交于这一点的直线,如图 3.1.2 所示.而图 3.1.3 中的直线由于跟曲线相交于两点,所以就认为不是曲线的切线了!这显然是不合理的.因此,需要给曲线在一点处的切线下一个普遍适用的定义.

下面给出一般曲线的切线定义.在曲线 L 上点 M 附近,再取一点 M_1,作割线 MM_1,当点 M_1 沿曲线 L 移动而趋向于点 M 时,割线 MM_1 的极限位置 MT 就定义为曲线 L 在点 M 处的切线.

设函数 $y=f(x)$ 的图像为曲线 L(图 3.1.4),$M(x, f(x))$ 和

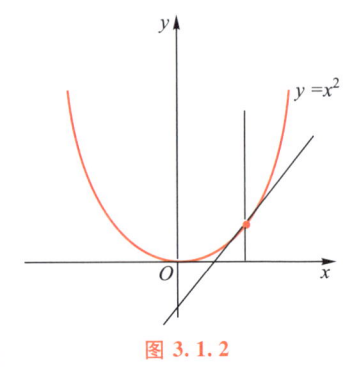

图 3.1.2

$M_1(x_1, f(x_1))$ 为曲线 L 上的两点,它们到 x 轴的垂足分别为 A 和 B,作 MN 垂直 BM_1 并交 BM_1 于 N,则

$$MN = \Delta x = x_1 - x,$$
$$NM_1 = \Delta y = f(x_1) - f(x),$$

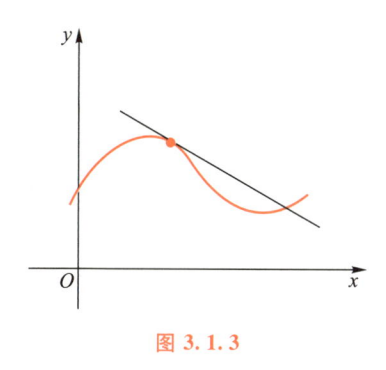

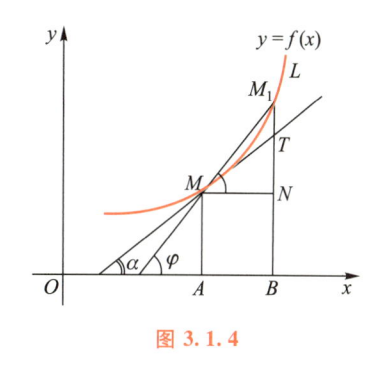

图 3.1.3

图 3.1.4

而比值

$$\frac{\Delta y}{\Delta x} = \frac{f(x_1) - f(x)}{x_1 - x} = \frac{f(x + \Delta x) - f(x)}{\Delta x}$$

便是割线 MM_1 的斜率 $\tan \varphi$(φ 为割线的倾角).可见,$|\Delta x|$ 越小,割线斜率越接近于切线斜率 $\tan \alpha$(α 为切线的倾角),当 $|\Delta x|$ 无限小时,割线斜率就无限接近于切线斜率.因此,当 $\Delta x \to 0$ 时(M_1 沿曲线 L 趋于 M)我们就得到切线的斜率

$$\tan \alpha = \lim_{\Delta x \to 0} \tan \varphi = \lim_{\Delta x \to 0} \frac{\Delta y}{\Delta x} = \lim_{\Delta x \to 0} \frac{f(\Delta x + x) - f(x)}{\Delta x},$$

由此可见,曲线 $y = f(x)$ 在点 M 处的纵坐标 y 的增量 Δy 与横坐标 x 的增量 Δx 之比,当 $\Delta x \to 0$ 时的极限即为曲线在点 M 处的切线斜率.

3.1.2 导数的概念

上面我们研究了变速直线运动的瞬时速度和平面曲线切线的斜率,虽然它们的具体意义各不相同,但从数学结构上看,却具有完全相同的形式.在自然科学和工程技术领域内,还有许多其他的量,如电流、线密度等都具有这种形式.事实上,研究这种形式的极限不仅是由于解决科学技术中的各种实际问题的需要,而且对数学中的很多问题在作理论性的探讨时也是必不可少的.为此,我们把这种形式的极限定义为函数的导数.

1. 导数的定义

定义 3.1.1(导数) 设函数 $y = f(x)$ 在点 x_0 的某一邻域内有定义,当自变量 x 在点 x_0 处有增量 Δx($\Delta x \neq 0$,$x_0 + \Delta x$ 仍在该邻域内)时,相应地函数有增量 $\Delta y = f(x_0 + \Delta x) - f(x_0)$,如果函数的增量 Δy 与自变量的增量 Δx 之比 $\frac{\Delta y}{\Delta x}$ 当 $\Delta x \to 0$ 时的极限

$$\lim_{\Delta x \to 0} \frac{\Delta y}{\Delta x} = \lim_{\Delta x \to 0} \frac{f(x_0 + \Delta x) - f(x_0)}{\Delta x}$$

存在,则称函数 $y = f(x)$ 在点 x_0 处可导,并称这个极限值为函数 $y = f(x)$ 在点 x_0 处的导数,记作 $f'(x_0)$,也可记为

微视频

导数的定义

$$y'\big|_{x=x_0}, \quad \frac{\mathrm{d}f(x)}{\mathrm{d}x}\bigg|_{x=x_0} \quad 或 \quad \frac{\mathrm{d}y}{\mathrm{d}x}\bigg|_{x=x_0},$$

即

$$f'(x_0) = \lim_{\Delta x \to 0} \frac{\Delta y}{\Delta x} = \lim_{\Delta x \to 0} \frac{f(x_0 + \Delta x) - f(x_0)}{\Delta x}.$$

如果极限不存在,我们说函数 $y=f(x)$ 在点 x_0 处不可导. 通常,我们也把函数 $f(x)$ 在点 x_0 处可导说成 $f(x)$ 在点 x_0 具有导数或导数存在.

例 3.1.1 设函数 $f(x) = x^{\frac{2}{3}} \sin x$,求 $f(x)$ 在 $x=0$ 处的导数.

解 因为,

$$\Delta y = f(0 + \Delta x) - f(0) = \Delta x^{\frac{2}{3}} \sin \Delta x - 0 = \Delta x^{\frac{2}{3}} \sin \Delta x,$$

$$\frac{\Delta y}{\Delta x} = \frac{\Delta x^{\frac{2}{3}} \sin \Delta x}{\Delta x} = \Delta x^{\frac{2}{3}} \cdot \frac{\sin \Delta x}{\Delta x},$$

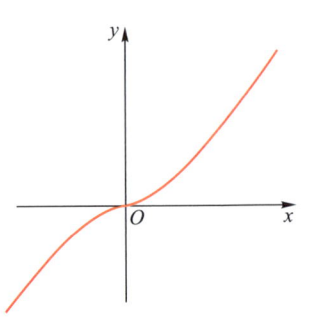

图 3.1.5

所以,

$$f'(0) = \lim_{\Delta x \to 0} \frac{\Delta y}{\Delta x} = \lim_{\Delta x \to 0} \left(\Delta x^{\frac{2}{3}} \cdot \frac{\sin \Delta x}{\Delta x} \right) = \lim_{\Delta x \to 0} \Delta x^{\frac{2}{3}} \cdot \lim_{\Delta x \to 0} \frac{\sin \Delta x}{\Delta x} = 0 \times 1 = 0 \text{(图 3.1.5)}.$$

如果固定 x_0,令 $x_0 + \Delta x = x$,则当 $\Delta x \to 0$ 时,有 $x \to x_0$,故函数在点 x_0 处的导数 $f'(x_0)$ 也可表示为

$$f'(x_0) = \lim_{x \to x_0} \frac{f(x) - f(x_0)}{x - x_0}.$$

有了导数这个概念,前面两个问题可以重述为

(1) 做变速直线运动的物体在时刻 t_0 的瞬时速度 $v(t_0)$,就是位置函数 $s=s(t)$ 在 t_0 处对时间 t 的导数,即

$$v(t_0) = \frac{\mathrm{d}s}{\mathrm{d}t}\bigg|_{t=t_0}.$$

(2) 平面曲线上点 (x_0, y_0) 处的切线斜率 k 是曲线纵坐标 y 在该点对横坐标 x 的导数,即

$$k = \frac{\mathrm{d}y}{\mathrm{d}x}\bigg|_{x=x_0}.$$

如果函数 $y=f(x)$ 在开区间 (a,b) 内每一点都可导,则称 $y=f(x)$ 在区间 (a,b) 内可导.

如果 $f(x)$ 在开区间 (a,b) 内可导,那么对于开区间 (a,b) 中的每一个确定的 x 值,都对应着一个确定的导数值 $f'(x)$,这样就确定了一个新的函数,此函数称为函数 $y=f(x)$ 的导函数,记作 $f'(x)$,y',$\frac{\mathrm{d}y}{\mathrm{d}x}$ 或 $\frac{\mathrm{d}f(x)}{\mathrm{d}x}$,在不致发生混淆的情况下,导函数也简称导数.

显然,函数 $y=f(x)$ 在点 x_0 处的导数 $f'(x_0)$ 就是导函数 $f'(x)$ 在点 $x=x_0$ 处的函数值,即

$$f'(x_0) = f'(x)\big|_{x=x_0}.$$

例 3.1.2 求函数 $y=x^2$ 在任意点 x 处的导数.

解 在 x 处给自变量一个增量 Δx,相应的函数增量为

$$\Delta y = f(x + \Delta x) - f(x) = (x + \Delta x)^2 - x^2$$
$$= 2x\Delta x + (\Delta x)^2,$$

于是

$$\frac{\Delta y}{\Delta x} = 2x + \Delta x,$$

则
$$\lim_{\Delta x\to 0}\frac{\Delta y}{\Delta x}=\lim_{\Delta x\to 0}(2x+\Delta x)=2x,$$
即
$$(x^2)'=2x.$$

更一般地,对于幂函数 x^μ 的导数,有如下公式:
$$(x^\mu)'=\mu x^{\mu-1},$$
其中 μ 为任意实数.

例 3.1.3 求下列函数的导数.

(1) $y=x^5$; (2) $y=x^{\frac{2}{7}}$;

(3) $f(x)=\sqrt{x^{11}}$; (4) $g(x)=x^{201}$.

解 (1) 因为 $y=x^5$,所以 $\dfrac{dy}{dx}=(x^5)'=5x^4$.

(2) 因为 $y=x^{\frac{2}{7}}$,所以 $\dfrac{dy}{dx}=(x^{\frac{2}{7}})'=\dfrac{2}{7}x^{\frac{2}{7}-1}=\dfrac{2}{7}x^{-\frac{5}{7}}$.

(3) 因为 $f(x)=\sqrt{x^{11}}=x^{\frac{11}{2}}$,所以 $f'(x)=(x^{\frac{11}{2}})'=\dfrac{11}{2}x^{\frac{11}{2}-1}=\dfrac{11}{2}x^{\frac{9}{2}}$.

(4) 因为 $g(x)=x^{201}$,所以 $g'(x)=(x^{201})'=201x^{201-1}=201x^{200}$.

2. 左、右导数

既然导数是比值 $\dfrac{\Delta y}{\Delta x}$ 当 $\Delta x\to 0$ 时的极限,那么,类似于左、右极限的定义,我们可定义左、右导数.

定义 3.1.2(左、右导数) 如果极限
$$\lim_{\Delta x\to 0^-}\frac{\Delta y}{\Delta x}=\lim_{\Delta x\to 0^-}\frac{f(x_0+\Delta x)-f(x_0)}{\Delta x}$$
存在,则称其为函数 $f(x)$ 在点 x_0 处的左导数,记为 $f'_-(x_0)$.如果极限
$$\lim_{\Delta x\to 0^+}\frac{\Delta y}{\Delta x}=\lim_{\Delta x\to 0^+}\frac{f(x_0+\Delta x)-f(x_0)}{\Delta x}$$
存在,则称其为函数 $f(x)$ 在点 x_0 处的右导数,且记为 $f'_+(x_0)$.于是,有
$$f'_-(x_0)=\lim_{\Delta x\to 0^-}\frac{f(x_0+\Delta x)-f(x_0)}{\Delta x},$$
$$f'_+(x_0)=\lim_{\Delta x\to 0^+}\frac{f(x_0+\Delta x)-f(x_0)}{\Delta x}.$$

例 3.1.4 讨论函数 $f(x)=\begin{cases}1+x,&x<0,\\1,&x=0,\\1-x,&x>0\end{cases}$ 在 $x=0$ 处的左右导数,并讨论导数是否存在.

解 因为 $f(x)=\begin{cases}1+x,&x<0,\\1,&x=0,\\1-x,&x>0,\end{cases}$ 所以,函数在 $x=0$ 处的左导数为
$$f'_-(0)=\lim_{x\to 0^-}\frac{f(x)-f(0)}{x-0}=\lim_{\substack{x\to 0^-\\(x<0)}}\frac{1+x-1}{x-0}=1,$$
函数在 $x=0$ 处的右导数为
$$f'_+(0)=\lim_{x\to 0^+}\frac{f(x)-f(0)}{x-0}=\lim_{\substack{x\to 0^+\\(x>0)}}\frac{1-x-1}{x-0}=\lim_{\substack{x\to 0^+\\(x>0)}}(-1)=-1.$$

由此可见，$\lim\limits_{x\to 0^-}\dfrac{f(x)-f(0)}{x-0}\neq\lim\limits_{x\to 0^+}\dfrac{f(x)-f(0)}{x-0}$，所以，$\lim\limits_{x\to 0}\dfrac{f(x)-f(0)}{x-0}$ 不存在，即函数在 $x=0$ 处的导数不存在（图 3.1.6）.

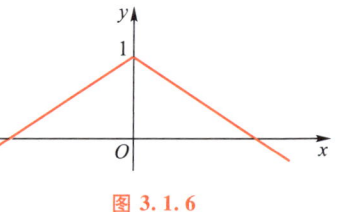

根据左、右极限的性质，容易得到下面定理：

定理 3.1.1（可导的充要条件） 函数 $y=f(x)$ 在点 x_0 处的左、右导数存在且相等是 $f(x)$ 在点 x_0 处可导的充分必要条件.

3.1.3 导数的几何意义

由前面的讨论可知，函数 $y=f(x)$ 在点 x_0 处的导数 $f'(x_0)$（也即纵坐标 y 对横坐标 x 的导数 $\dfrac{\mathrm{d}y}{\mathrm{d}x}$ 在 x_0 处的值 $\left.\dfrac{\mathrm{d}y}{\mathrm{d}x}\right|_{x=x_0}$）等于该函数所表示的曲线 L 在相应点 (x_0, y_0) 处的切线斜率，即 $f'(x_0)=\tan\alpha$，其中 α 是切线的倾角（图 3.1.7）. 这就是导数的几何意义.

有了曲线在点 (x_0, y_0) 处的切线斜率，就很容易写出曲线在该点处的切线方程，事实上，若 $f'(x_0)$ 存在，则曲线 L 上点 $M(x_0, y_0)$ 处的切线方程就是

$$y-y_0=f'(x_0)(x-x_0).$$

若 $\lim\limits_{\Delta x\to 0}\dfrac{f(x_0+\Delta x)-f(x_0)}{\Delta x}=\infty$，则切线垂直于 x 轴，切线方程就是 x 轴的垂线 $x=x_0$.

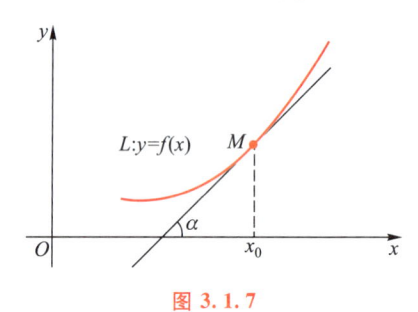

若 $f'(x_0)\neq 0$，则过点 $M(x_0, y_0)$ 的法线方程是

$$y-y_0=-\dfrac{1}{f'(x_0)}(x-x_0),$$

而当 $f'(x_0)=0$ 时，法线为 x 轴的垂线 $x=x_0$.

例 3.1.5 求抛物线 $y=x^2$ 在点 $(1,1)$ 处的切线方程和法线方程.

解 因为 $y'=(x^2)'=2x$，由导数的几何意义可知，曲线 $y=x^2$ 在点 $(1,1)$ 处的切线斜率为 $y'|_{x=1}=2x|_{x=1}=2$，所以，所求的切线方程为

$$y-1=2(x-1),$$

即

$$y=2x-1.$$

法线方程为

$$y-1=-\dfrac{1}{2}(x-1),$$

即

$$y=-\dfrac{1}{2}x+\dfrac{3}{2}.$$

3.1.4 变化率模型

前面我们从实际问题中抽象出了导数的概念，并能够利用导数定义求一些函数的导数，这当然是很重要的一方面，但另一方面，我们还应使抽象的概念回到具体的问题中去，在科学技术中常把导数称为变化率.因为，对于一个未赋予具体含义的一般函数 $y=f(x)$ 来说，

$$\frac{\Delta y}{\Delta x} = \frac{f(x_0+\Delta x)-f(x_0)}{\Delta x}$$

表示自变量 x 在以 x_0 与 $x_0+\Delta x$ 为端点的区间上函数 y 的平均变化量，所以把 $\dfrac{\Delta y}{\Delta x}$ 称为函数 $y=f(x)$ 在该区间上的平均变化率，把平均变化率当 $\Delta x \to 0$ 时的极限 $f'(x_0)$ 或 $\left.\dfrac{dy}{dx}\right|_{x=x_0}$ 称为函数在 x_0 处的变化率．变化率反映了函数 y 随着自变量 x 在 x_0 处的变化而变化的快慢程度．显然，当函数有不同实际含义时，变化率的含义也不同．为了使读者加深对变化率概念的理解，同时能看到它在科学技术中的广泛应用，我们举一些变化率的例子．

首先，我们可以说：切线的斜率是曲线的纵坐标 y 对横坐标 x 的变化率，作变速直线运动物体的瞬时速度是位置函数 $s=s(t)$ 对时间 t 的变化率．

例 3.1.6（电流模型） 设在 $[0,t]$ 这段时间内通过导线横截面的电荷量为 $Q(t)$，求时刻 t_0 的电流．

解 如果电流是恒定电流，在 Δt 这段时间内通过导线横截面的电荷量为 ΔQ，那么它的电流为

$$i = \frac{电荷量}{时间} = \frac{\Delta Q}{\Delta t}.$$

如果电流是非恒定电流，就不能直接用上面的公式求时刻 t_0 的电流，此时

$$\bar{i} = \frac{\Delta Q}{\Delta t} = \frac{Q(t_0+\Delta t)-Q(t_0)}{\Delta t}$$

称为在 Δt 这段时间内的平均电流．当 $|\Delta t|$ 很小时，平均电流 $\bar{i}$ 可以作为时刻 t_0 电流的近似值，$|\Delta t|$ 越小近似程度越好，当 $|\Delta t|$ 无限小时，平均电流就无限接近于 t_0 时刻的电流．我们令 $\Delta t \to 0$，平均电流 $\bar{i}$ 的极限（如果极限存在）就称为时刻 t_0 的电流 $i(t_0)$，即

$$i(t_0) = \lim_{\Delta t \to 0} \frac{\Delta Q}{\Delta t} = \lim_{\Delta t \to 0} \frac{Q(t_0+\Delta t)-Q(t_0)}{\Delta t} = \left.\frac{dQ}{dt}\right|_{t=t_0}.$$

例 3.1.7（细杆的线密度模型） 设一根质量非均匀分布的细杆放在 x 轴上，在 $[0,x]$ 上的质量 m 是 x 的函数 $m=m(x)$，求杆上点 x_0 处的线密度．

解 如果细杆质量分布是均匀的，长度为 Δx 的一段的质量为 Δm，那么它的线密度为

$$\rho = \frac{质量}{长度} = \frac{\Delta m}{\Delta x}.$$

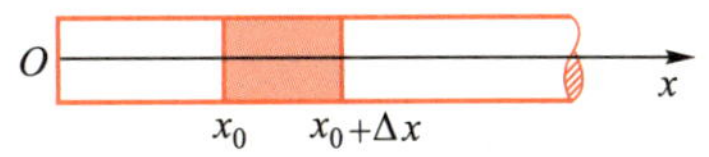

如果细杆（图 3.1.8）是非均匀的，就不能直接用上面的公式求点 x_0 处的线密度．

图 3.1.8

由题意知，区间 $[0,x_0]$ 对应的一段细杆的质量 $m=m(x_0)$，区间 $[0,x_0+\Delta x]$ 对应的一段细杆的质量 $m=m(x_0+\Delta x)$，于是在 Δx 这段长度内，细杆的质量为

$$\Delta m = m(x_0+\Delta x) - m(x_0),$$

平均线密度为

$$\bar{\rho} = \frac{\Delta m}{\Delta x} = \frac{m(x_0+\Delta x)-m(x_0)}{\Delta x}.$$

当 $|\Delta x|$ 很小时，平均线密度 $\bar{\rho}$ 可作为细杆在点 x_0 处的线密度的近似值，$|\Delta x|$ 越小近似的程度越好，当 $|\Delta x|$ 无限小时，细杆平均线密度就无限接近于细杆在 x_0 处的线密度．我们令 $\Delta x \to 0$，细杆的平均线密度 $\bar{\rho}$ 的极限（如果极限存在）就称为细杆在点 x_0 处的线密度，即

$$\rho(x_0) = \lim_{\Delta x \to 0} \frac{m(x_0 + \Delta x) - m(x_0)}{\Delta x} = \frac{dm}{dx}\bigg|_{x=x_0} = m'(x_0).$$

例 3.1.8（边际成本模型） 在经济学中，边际成本定义为产量增加一个单位时所增加的总成本. 求产量为 x 时的边际成本.

解 设某产品产量为 x 单位时所需的总成本为 $C(x)$，称 $C(x)$ 为总成本函数，简称成本函数. 当产量由 x 变为 $x+\Delta x$ 时，总成本函数的增量为

$$\Delta C = C(x+\Delta x) - C(x),$$

这时，总成本函数的平均变化率为

$$\frac{\Delta C}{\Delta x} = \frac{C(x+\Delta x) - C(x)}{\Delta x},$$

它表示产量由 x 变到 $x+\Delta x$ 时，在平均意义下的边际成本.

当总成本函数 $C(x)$ 可导时，其变化率

$$C'(x) = \lim_{\Delta x \to 0} \frac{\Delta C}{\Delta x} = \lim_{\Delta x \to 0} \frac{C(x+\Delta x) - C(x)}{\Delta x}$$

表示该产品产量为 x 时的边际成本，即边际成本是总成本函数关于产量的导数.

类似地，在经济学中，边际收益定义为多销售一个单位产品所增加的总收益，即 $R'(x)$. 这里 $R(x)$ 为销售量为 x 时的总收益.

例 3.1.9（化学反应速率模型） 在化学反应中某种物质的浓度 N 和时间 t 的关系为 $N=N(t)$，求在时刻 t 该物质的瞬时反应速率.

解 当时间从 t 变到 $t+\Delta t$ 时，浓度的增量为

$$\Delta N = N(t+\Delta t) - N(t),$$

此时，浓度函数的平均变化率为

$$\frac{\Delta N}{\Delta t} = \frac{N(t+\Delta t) - N(t)}{\Delta t},$$

当 Δt 越小时，物质的平均浓度就越接近于时刻 t_0 时的浓度；当 Δt 无限小时，物质的平均浓度就无限接近于时刻 t_0 时的浓度.

令 $\Delta t \to 0$，则该物质在时刻 t 的瞬时反应速率为

$$N'(t) = \lim_{\Delta t \to 0} \frac{\Delta N}{\Delta t} = \lim_{\Delta t \to 0} \frac{N(t+\Delta t) - N(t)}{\Delta t}.$$

关于变化率模型的例子有很多，如比热容、角速度、生物繁殖率等，在这里就不再一一列举了.

3.1.5 可导与连续

直观上看，一个函数如果可导，它显然是连续的. 将该几何事实用定理描述如下：

定理 3.1.2（可导必连续） 如果函数 $y=f(x)$ 在某点处导数存在，那么它在该点必连续.

证 设函数 $y=f(x)$ 在点 x 处可导，有

$$\lim_{\Delta x \to 0} \frac{\Delta y}{\Delta x} = f'(x),$$

根据函数的极限与无穷小的关系，由上式可得

$$\frac{\Delta y}{\Delta x} = f'(x) + \alpha(\Delta x),$$

其中 $\alpha(\Delta x)$ 为当 $\Delta x \to 0$ 时的无穷小,两端各乘 Δx,即得
$$\Delta y = f'(x)\Delta x + \alpha(\Delta x)\Delta x,$$
由此可见
$$\lim_{\Delta x \to 0}\Delta y = 0.$$

这就是说 $y=f(x)$ 在点 x 处连续.定理证毕.

如果函数 $y=f(x)$ 在点 x 处可导,那么在点 x 处必连续.但反过来不一定成立,即在点 x 处连续的函数未必在点 x 处可导,见下例.

例 3.1.10 试证函数 $y=f(x)=|x|=\begin{cases}-x, & x<0,\\ x, & x\geq 0\end{cases}$ 在 $x=0$ 处连续,但是在该点不可导.

解 因为
$$\lim_{x\to 0^-}f(x)=\lim_{x\to 0^-}(-x)=0,$$
$$\lim_{x\to 0^+}f(x)=\lim_{x\to 0^+}x=0,$$
所以
$$\lim_{x\to 0^-}f(x)=\lim_{x\to 0^+}f(x)=0=f(0),$$
所以 $f(x)=|x|$ 在 $x=0$ 处连续.

又因为 $\Delta y=f(0+\Delta x)-f(0)=|\Delta x|$,
所以 $f(x)$ 在点 $x=0$ 处的右导数是
$$f'_+(0)=\lim_{\Delta x\to 0^+}\frac{\Delta y}{\Delta x}=\lim_{\Delta x\to 0^+}\frac{|\Delta x|}{\Delta x}=\lim_{\Delta x\to 0^+}\frac{\Delta x}{\Delta x}=1,$$
而左导数是
$$f'_-(0)=\lim_{\Delta x\to 0^-}\frac{\Delta y}{\Delta x}=\lim_{\Delta x\to 0^-}\frac{|\Delta x|}{\Delta x}=\lim_{\Delta x\to 0^-}\frac{-\Delta x}{\Delta x}=-1,$$

图 3.1.9

左、右导数不相等,故函数在该点不可导(图 3.1.9).由此可见,函数连续是可导的必要条件而不是充分条件.

例 3.1.11 说明函数 $f(x)=x^{\frac{1}{3}}$ 在点 $x=0$ 处连续但不可导.

解 因为基本初等函数 $f(x)=x^{\frac{1}{3}}$ 在其有定义区间 $(-\infty,+\infty)$ 内每一点都连续,所以,其在点 $x=0$ 处也连续.

又因为
$$\lim_{x\to 0}\frac{f(x)-f(0)}{x-0}=\lim_{x\to 0}\frac{x^{\frac{1}{3}}-0^{\frac{1}{3}}}{x-0}=\lim_{x\to 0}\frac{1}{x^{\frac{2}{3}}}=+\infty,$$
即 $f(x)$ 在 $x=0$ 处的导数不存在.

所以,函数 $f(x)=x^{\frac{1}{3}}$ 在点 $x=0$ 处连续但不可导(图 3.1.10).

3.1.6 求导举例

由导数定义可知,求函数 $y=f(x)$ 的导数 y' 可以分为以下三个步骤:

(1) 求增量
$$\Delta y=f(x+\Delta x)-f(x);$$

图 3.1.10

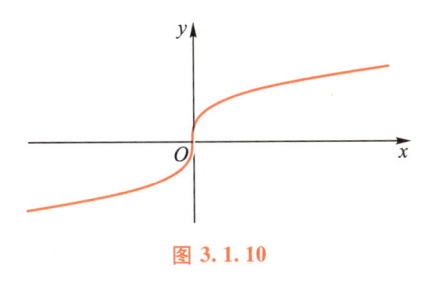

（2）算比值
$$\frac{\Delta y}{\Delta x}=\frac{f(x+\Delta x)-f(x)}{\Delta x};$$

（3）取极限
$$y'=\lim_{\Delta x\to 0}\frac{\Delta y}{\Delta x}.$$

下面,我们根据这三个步骤来求一些基本初等函数的导数.

例 3.1.12 求函数 $y=C$（C 为常数）的导数.

解 （1）求增量 因为 $y=C$,即不论 x 取什么值,y 的值总等于 C,所以 $\Delta y=0$.

（2）算比值 $\dfrac{\Delta y}{\Delta x}=0.$

（3）取极限 $y'=\lim\limits_{\Delta x\to 0}\dfrac{\Delta y}{\Delta x}=\lim\limits_{\Delta x\to 0}0=0$.

即 $(C)'=0$. 这就是说,常数函数的导数等于零.

例 3.1.13 求函数 $y=\sin x$ 的导数.

解 （1）求增量 因为 $f(x)=\sin x$,
$$f(x+\Delta x)=\sin(x+\Delta x),$$
所以
$$\Delta y=f(x+\Delta x)-f(x)=\sin(x+\Delta x)-\sin x,$$
由和差化积公式有
$$\Delta y=2\cos\frac{(x+\Delta x)+x}{2}\sin\frac{(x+\Delta x)-x}{2}=2\cos\left(x+\frac{\Delta x}{2}\right)\sin\frac{\Delta x}{2}.$$

（2）算比值
$$\frac{\Delta y}{\Delta x}=\frac{2\cos\left(x+\dfrac{\Delta x}{2}\right)\sin\dfrac{\Delta x}{2}}{\Delta x}=\cos\left(x+\frac{\Delta x}{2}\right)\frac{\sin\dfrac{\Delta x}{2}}{\dfrac{\Delta x}{2}}.$$

（3）取极限
$$\frac{dy}{dx}=\lim_{\Delta x\to 0}\frac{\Delta y}{\Delta x}=\lim_{\Delta x\to 0}\cos\left(x+\frac{\Delta x}{2}\right)\frac{\sin\dfrac{\Delta x}{2}}{\dfrac{\Delta x}{2}}$$
$$=\lim_{\Delta x\to 0}\cos\left(x+\frac{\Delta x}{2}\right)\lim_{\Delta x\to 0}\frac{\sin\dfrac{\Delta x}{2}}{\dfrac{\Delta x}{2}},$$

由 $\cos x$ 的连续性及重要极限 $\lim\limits_{x\to 0}\dfrac{\sin x}{x}=1$,得
$$\frac{dy}{dx}=\cos x,$$
即
$$(\sin x)'=\cos x.$$

用类似的方法,可求得
$$(\cos x)'=-\sin x.$$

例 3.1.14 求对数函数 $y=\ln x$ 的导数.

解 （1）求增量

$$\Delta y = \ln(x+\Delta x) - \ln x = \ln\frac{x+\Delta x}{x}$$
$$= \ln\left(1+\frac{\Delta x}{x}\right).$$

（2）算比值

$$\frac{\Delta y}{\Delta x} = \frac{\ln\left(1+\frac{\Delta x}{x}\right)}{\Delta x} = \frac{1}{x}\ln\left(1+\frac{\Delta x}{x}\right)^{\frac{x}{\Delta x}}.$$

（3）取极限

$$\frac{dy}{dx} = \lim_{\Delta x \to 0}\frac{\Delta y}{\Delta x} = \lim_{\Delta x \to 0}\frac{1}{x}\ln\left(1+\frac{\Delta x}{x}\right)^{\frac{x}{\Delta x}},$$

这里,由对数函数的连续性,根据定理 2.3.3 及重要极限 $\lim_{x\to 0}(1+x)^{\frac{1}{x}} = e$,得

$$\frac{dy}{dx} = \frac{1}{x}\ln e = \frac{1}{x},$$

即

$$(\ln x)' = \frac{1}{x}.$$

例 3.1.15 求证 $(e^x)' = e^x$.

证 设 $f(x) = e^x$,则

$$(e^x)' = f'(x) = \lim_{\Delta x \to 0}\frac{f(x+\Delta x)-f(x)}{\Delta x}$$
$$= \lim_{\Delta x \to 0}\frac{e^{x+\Delta x} - e^x}{\Delta x} = e^x \lim_{\Delta x \to 0}\frac{e^{\Delta x}-1}{\Delta x}.$$

令 $e^{\Delta x} - 1 = t$,则 $\Delta x = \ln(1+t)$,且 $\Delta x \to 0$ 时,有 $t \to 0$.于是

$$(e^x)' = e^x \lim_{t \to 0}\frac{t}{\ln(1+t)} = e^x \lim_{t \to 0}\frac{1}{\ln(1+t)^{\frac{1}{t}}}$$
$$= \frac{e^x}{\ln \lim_{t\to 0}(1+t)^{\frac{1}{t}}} = \frac{e^x}{\ln e} = e^x.$$

即 $(e^x)' = e^x$.证毕.

3.1.7 无尖角的连续曲线

由导数的几何意义可知,若函数 $f(x)$ 在点 x_0 处有导数,则曲线 $y=f(x)$ 在点 $M_0(x_0,f(x_0))$ 处有不垂直于 x 轴的切线,因此,该曲线在该点必无"尖角".一般地,若函数 $f(x)$ 在区间 (a,b) 内处处具有导数,则曲线 $y=f(x)$ 为一条处处有切线,且处处无"尖角"的连续曲线.也就是说,若函数的图形上有"尖角",则可以断言,该函数在该"尖角"的对应点横坐标处的导数不存在.

例 3.1.16 对图 3.1.11 所给函数 $f(x)$,指出其导数不存在的点.

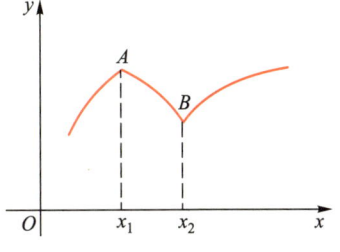

图 3.1.11

解 由图 3.1.11 可见,曲线 $y=f(x)$ 在 A,B 两点均不存在切线,因此,函数 $f(x)$ 在点 x_1,x_2 处均不存在导数,或者说,x_1,x_2 为 $f(x)$ 的导数不存在的点.

为了叙述问题的方便,我们称使导数不存在(∞ 情况除外)的点为尖点,具体定义如下:

定义 3.1.3(尖点) 在连续函数 $f(x)$ 的定义区间内部,称使函数 $f(x)$ 的导数不存在(∞ 情况除外)的点 $x=x_0$ 为其尖点.

由此可见,例 3.1.16 中的 x_1,x_2 均为函数 $f(x)$ 的尖点.注意:按此定义,例 3.1.11 中导数不存在的点 $x=0$ 就不是所给函数的尖点.

— 思考题 3.1 —

1. 思考下列命题是否正确,如不正确举出反例.

（1）若函数 $y=f(x)$ 在点 x_0 处不可导,则 $f(x)$ 在点 x_0 一定不连续;

（2）若曲线 $y=f(x)$ 处处有切线,则 $y=f(x)$ 必处处可导.

2. 若 $\lim\limits_{x \to a} \dfrac{f(x)-f(a)}{x-a}=A$（$A$ 为常数）,试判断下列命题是否正确:

（1）$f(x)$ 在点 $x=a$ 处可导;

（2）$f(x)$ 在点 $x=a$ 处连续;

（3）$f(x)-f(a)=A(x-a)+o(x-a)$.

3. 试举出至少五个能用导数描述变化率的有实际意义的变量(写成小短文).

— 练习 3.1A —

1. 利用幂函数的求导公式 $(x^\mu)'=\mu x^{\mu-1}$ 分别求出下列函数的导数:

（1）$y=x^{100}$；　　（2）$y=x^{\frac{9}{8}}$；　　（3）$y=x^3\sqrt{x}$.

2. 若曲线 $y=x^3$ 上点 M 处切线的斜率等于 3,求点 M 的坐标.

3. 函数 $f(x)$ 在点 x_0 连续,是 $f(x)$ 在点 x_0 可导的（　　）条件.

A. 必要不充分　　　　　　　　　　B. 充分不必要

C. 充分必要　　　　　　　　　　　D. 既不充分也不必要

— 练习 3.1B —

1. 抛物线 $y=x^2$ 在何处切线与 x 轴正向夹角为 $\dfrac{\pi}{4}$？求曲线在该处的切线方程.

2. 已知 $(\sin x)'=\cos x$,利用导数定义求极限

$$\lim_{x \to 0} \frac{\sin\left(\dfrac{\pi}{2}+x\right)-1}{x}.$$

3. 若函数 $f(x)$ 在点 a 可导,则 $\lim\limits_{h \to 0} \dfrac{f(a)-f(a+2h)}{3h}=(\quad)$.

A. $-\dfrac{2}{3}f'(a)$　　　　　　　　　　B. $-\dfrac{3}{2}f'(a)$

C. $\dfrac{2}{3}f'(a)$　　　　　　　　　　　D. $\dfrac{3}{2}f'(a)$

4. 设 $f(x)=\begin{cases} x^3, & x\leqslant 0, \\ x, & x>0, \end{cases}$ 则 $f(x)$ 在点 $x=0$ 处的（　　）.

A. 左、右导数都存在，但不相等　　　　B. 左导数存在，右导数不存在

C. 左导数不存在，右导数存在　　　　　D. 左、右导数都不存在

5. 若函数 $f'(x_0)=3$，则 $\lim\limits_{h\to 0}\dfrac{f(x_0)-f(x_0+h)}{2h}=$（　　）.

A. -3　　　　B. $-\dfrac{3}{2}$　　　　C. 3　　　　D. $\dfrac{3}{2}$

6. 设 $f(x)=x(x-1)(x-2)(x-3)(x-4)$，求 $f'(0)$.

7. 试确定曲线 $y=\ln x$ 在哪一点的切线平行于直线 $y=x-1$.

8. 设函数 $f(x)$ 在点 x_0 可导，证明 $\lim\limits_{h\to 0}\dfrac{f(x_0+h)-f(x_0-h)}{2h}=f'(x_0)$.

9. 假定 $f'(x_0)$ 存在，且 $\lim\limits_{h\to 0}\dfrac{f(x_0+\alpha h)-f(x_0-\beta h)}{h}=A$，求 A.

3.2　求导法则

本节先依次介绍函数的和、差、积、商的求导法则、复合函数求导法则，并结合具体例子介绍相关变化率，随后介绍反函数求导法则，最后小结基本初等函数求导公式与求导法则.

3.2.1　函数的和、差、积、商的求导法则

在上一节里，我们给出了根据定义求函数的导数的方法.但是，如果对每一个函数，都用定义去求导数，那将是很麻烦的，有时甚至是很困难的.本节中，我们将介绍一些求导的基本法则.借助于这些法则，就能比较方便地求出一些常见函数的导数.

定理 3.2.1（导数的四则运算法则）　设函数 $u=u(x)$ 与 $v=v(x)$ 在点 x 处可导，则函数 $u(x)\pm v(x)$，$u(x)v(x)$，$\dfrac{u(x)}{v(x)}$ $(v(x)\neq 0)$ 也在点 x 处可导，且有以下运算法则：

(1) $[u(x)\pm v(x)]'=u'(x)\pm v'(x)$.

(2) $[u(x)v(x)]'=u'(x)v(x)+u(x)v'(x)$，

特别地，$[Cu(x)]'=Cu'(x)$（C 为常数）.

(3) $\left[\dfrac{u(x)}{v(x)}\right]'=\dfrac{u'(x)v(x)-u(x)v'(x)}{v^2(x)}$ $(v(x)\neq 0)$，

特别地，当 $u(x)=C$（C 为常数）时，有

$$\left[\dfrac{C}{v(x)}\right]'=-\dfrac{Cv'(x)}{v^2(x)}.$$

下面我们给出法则(2)的证明，法则(1)，(3)的证明从略.

证　令 $y=u(x)v(x)$，

① 求函数 y 的增量

给 x 以增量 Δx，相应地函数 $u(x)$ 与 $v(x)$ 各有增量 Δu 与 Δv，从而 y 有增量

$$\Delta y=u(x+\Delta x)v(x+\Delta x)-u(x)v(x)$$

微视频

函数的和、差、积、商的求导法则

$$= [u(x+\Delta x)-u(x)]v(x+\Delta x)+u(x)[v(x+\Delta x)-v(x)]$$
$$= v(x+\Delta x)\Delta u+u(x)\Delta v.$$

② 算比值
$$\frac{\Delta y}{\Delta x}=\frac{\Delta u}{\Delta x}v(x+\Delta x)+u(x)\frac{\Delta v}{\Delta x}.$$

③ 取极限

由于 $u(x)$ 与 $v(x)$ 均在 x 处可导,所以
$$\lim_{\Delta x\to 0}\frac{\Delta u}{\Delta x}=u'(x),\quad \lim_{\Delta x\to 0}\frac{\Delta v}{\Delta x}=v'(x),$$

又函数 $v(x)$ 在 x 处可导,就必在 x 处连续,因此
$$\lim_{\Delta x\to 0}v(x+\Delta x)=v(x),$$

从而根据和与乘积的极限运算法则有
$$\lim_{\Delta x\to 0}\frac{\Delta y}{\Delta x}=\lim_{\Delta x\to 0}\frac{\Delta u}{\Delta x}\lim_{\Delta x\to 0}v(x+\Delta x)+u(x)\lim_{\Delta x\to 0}\frac{\Delta v}{\Delta x}$$
$$=u'(x)v(x)+u(x)v'(x).$$

这就是说,$y=u(x)v(x)$ 也在 x 处可导且有
$$[u(x)v(x)]'=u'(x)v(x)+u(x)v'(x).$$

上述法则(1)可以推广到有限个可导函数的情形.例如,
$$[u(x)+v(x)-w(x)]'=u'(x)+v'(x)-w'(x).$$

对于有限个可导函数的乘积,其求导法则可以根据法则(2)推得,例如设 $u=u(x),v=v(x)$ 和 $w=w(x)$ 为三个可导函数,则其乘积的导数为
$$(uvw)'=(uv)'w+(uv)w'=(u'v+uv')w+uvw'$$
$$=u'vw+uv'w+uvw'.$$

例 3.2.1 求函数 $y=2x^3+x^2+1$ 的导数.

解
$$\frac{\mathrm{d}y}{\mathrm{d}x}=(2x^3+x^2+1)'=2(x^3)'+(x^2)'+0=6x^2+2x.$$

例 3.2.2 求函数 $y=\mathrm{e}^x+2x$ 的导数.

解 因为 $y=\mathrm{e}^x+2x,$
所以 $y'=(\mathrm{e}^x+2x)'=\mathrm{e}^x+2.$

例 3.2.3 求下列函数的导数:

(1) $y=\log_a x\quad (a>0,a\neq 1,x>0)$;

(2) $y=\mathrm{e}^x\sin x.$

解 (1) $y'=(\log_a x)'=\left(\dfrac{\ln x}{\ln a}\right)'=\dfrac{1}{\ln a}(\ln x)'=\dfrac{1}{x\ln a}.$

(2) $y'=(\mathrm{e}^x\sin x)'=(\mathrm{e}^x)'\sin x+\mathrm{e}^x(\sin x)'$
$=\mathrm{e}^x\sin x+\mathrm{e}^x\cos x=\mathrm{e}^x(\sin x+\cos x).$

例 3.2.4 设 $y=\sqrt{x}\cos x+4\ln x+\sin\dfrac{\pi}{7},$ 求 $y'.$

解 $y'=(\sqrt{x}\cos x)'+(4\ln x)'+\left(\sin\dfrac{\pi}{7}\right)'$

$$= (\sqrt{x})'\cos x + \sqrt{x}(\cos x)' + 4(\ln x)' + 0$$

$$= \frac{\cos x}{2\sqrt{x}} - \sqrt{x}\sin x + \frac{4}{x}.$$

例 3.2.5 求 $y = \tan x$ 的导数.

解 $y' = (\tan x)' = \left(\dfrac{\sin x}{\cos x}\right)' = \dfrac{(\sin x)'\cos x - \sin x(\cos x)'}{\cos^2 x}$

$$= \frac{\cos^2 x + \sin^2 x}{\cos^2 x} = \frac{1}{\cos^2 x} = \sec^2 x,$$

即

$$(\tan x)' = \sec^2 x.$$

用类似的方法可得

$$(\cot x)' = -\csc^2 x.$$

例 3.2.6 设 $y = \sec x$,求 y'.

解 $y' = (\sec x)' = \left(\dfrac{1}{\cos x}\right)' = -\dfrac{(\cos x)'}{\cos^2 x} = \dfrac{\sin x}{\cos^2 x} = \sec x \tan x.$

用类似的方法可求得

$$(\csc x)' = -\csc x \cot x.$$

例 3.2.7 设 $f(x) = \dfrac{x\sin x}{1+\cos x}$,求 $f'(x)$.

解 $f'(x) = \dfrac{(x\sin x)'(1+\cos x) - x\sin x(1+\cos x)'}{(1+\cos x)^2}$

$$= \frac{(\sin x + x\cos x)(1+\cos x) - x\sin x(-\sin x)}{(1+\cos x)^2}$$

$$= \frac{\sin x(1+\cos x) + x\cos x + x\cos^2 x + x\sin^2 x}{(1+\cos x)^2}$$

$$= \frac{\sin x(1+\cos x) + x(1+\cos x)}{(1+\cos x)^2}$$

$$= \frac{\sin x + x}{1+\cos x}.$$

3.2.2 复合函数的求导法则

在前面,我们应用导数的四则运算和一些基本初等函数的导数公式求出了一些比较复杂的初等函数的导数.但是,产生初等函数的方法,除了四则运算外,还有函数的复合,因而复合函数的求导法则是求初等函数的导数所不可缺少的工具.

关于复合函数的求导法则,我们有下面的定理.

定理 3.2.2 如果函数 $u = \varphi(x)$ 在点 x 处可导,而函数 $y = f(u)$ 在对应的点 $u = \varphi(x)$ 处可导,那么复合函数 $y = f[\varphi(x)]$ 也在点 x 处可导,且有

$$\frac{dy}{dx} = \frac{dy}{du}\frac{du}{dx} \quad \text{或} \quad \{f[\varphi(x)]\}' = f'(u)\varphi'(x).$$

证 当自变量 x 的增量为 Δx 时,对应的函数 $u = \varphi(x)$ 与 $y = f(u)$ 的增量分别为 Δu 和 Δy.

由于函数 $y=f(u)$ 可导，即 $\lim\limits_{\Delta u \to 0}\dfrac{\Delta y}{\Delta u}=\dfrac{\mathrm{d}y}{\mathrm{d}u}$ 存在，于是由无穷小与函数极限的关系，有

$$\dfrac{\Delta y}{\Delta u}=\dfrac{\mathrm{d}y}{\mathrm{d}u}+\alpha(\Delta u),$$

其中 $\alpha(\Delta u)$ 是 $\Delta u \to 0$ 时的无穷小. 当 $\Delta u \neq 0$ 时，以 Δu 乘上式两边得

$$\Delta y=\dfrac{\mathrm{d}y}{\mathrm{d}u}\Delta u+\alpha(\Delta u)\Delta u, \tag{3.2.1}$$

当 $\Delta u=0$ 时，令 $\alpha(\Delta u)=0$①. 所以，式(3.2.1)的右端 $\alpha(\Delta u)\Delta u=0\times 0=0$，而式(3.2.1)的左端 $\Delta y=f(u+\Delta u)-f(u)=f(u)-f(u)=0$，所以，当 $\Delta u=0$ 时，式(3.2.1)也成立.

式(3.2.1)两边同除以 Δx 得

$$\dfrac{\Delta y}{\Delta x}=\dfrac{\mathrm{d}y}{\mathrm{d}u}\dfrac{\Delta u}{\Delta x}+\alpha(\Delta u)\dfrac{\Delta u}{\Delta x}, \tag{3.2.2}$$

因为 $u=\varphi(x)$ 在点 x 处可导，故有

$$\lim\limits_{\Delta x \to 0}\dfrac{\Delta u}{\Delta x}=\dfrac{\mathrm{d}u}{\mathrm{d}x},$$

又根据函数在某点可导必在该点连续，可知 $u=\varphi(x)$ 在点 x 处也是连续的，从而当 $\Delta x \to 0$ 时，有 $\Delta u \to 0$，且 $\lim\limits_{\Delta x \to 0}\alpha(\Delta u)=\lim\limits_{\Delta u \to 0}\alpha(\Delta u)=0$. 所以，对式(3.2.2)两边取极限得

$$\lim\limits_{\Delta x \to 0}\dfrac{\Delta y}{\Delta x}=\lim\limits_{\Delta x \to 0}\left[\dfrac{\mathrm{d}y}{\mathrm{d}u}\dfrac{\Delta u}{\Delta x}+\alpha(\Delta u)\dfrac{\Delta u}{\Delta x}\right]$$

$$=\dfrac{\mathrm{d}y}{\mathrm{d}u}\lim\limits_{\Delta x \to 0}\dfrac{\Delta u}{\Delta x}+\lim\limits_{\Delta x \to 0}\alpha(\Delta u)\lim\limits_{\Delta x \to 0}\dfrac{\Delta u}{\Delta x}=\dfrac{\mathrm{d}y}{\mathrm{d}u}\dfrac{\mathrm{d}u}{\mathrm{d}x}.$$

即

$$\dfrac{\mathrm{d}y}{\mathrm{d}x}=\dfrac{\mathrm{d}y}{\mathrm{d}u}\dfrac{\mathrm{d}u}{\mathrm{d}x},$$

定理证毕.

上式说明求复合函数 $y=f[\varphi(x)]$ 对 x 的导数时，可先求出 $y=f(u)$ 对 u 的导数和 $u=\varphi(x)$ 对 x 的导数，然后相乘即得.

显然，以上法则也可用于多次复合的情形.

例如，若 $y=f(u),u=\varphi(v),v=\psi(x)$ 都可导，且 $f\{\varphi[(\psi(x))]\}$ 有意义，则

$$\dfrac{\mathrm{d}y}{\mathrm{d}x}=\dfrac{\mathrm{d}y}{\mathrm{d}u}\dfrac{\mathrm{d}u}{\mathrm{d}v}\dfrac{\mathrm{d}v}{\mathrm{d}x},$$

或记为

$$\{f[\varphi(\psi(x))]\}'=f'(u)\varphi'(v)\psi'(x).$$

例 3.2.8 求函数 $y=\sin x^2$ 的导数.

解 函数 $y=\sin x^2$ 可以看作由函数 $y=\sin u$ 与 $u=x^2$ 复合而成，由复合函数求导法则得

$$\dfrac{\mathrm{d}y}{\mathrm{d}x}=\dfrac{\mathrm{d}y}{\mathrm{d}u}\cdot\dfrac{\mathrm{d}u}{\mathrm{d}x}=(\sin u)'\cdot(x^2)'=\cos u\cdot 2x=2x\cos x^2.$$

例 3.2.9 求函数 $y=\sqrt{a^2-x^2}$ 的导数.

---

① 这时，$\alpha(\Delta u)=\begin{cases}\dfrac{\Delta y}{\Delta u}-f'(u), & \Delta u\neq 0,\\ 0, & \Delta u=0,\end{cases}$ 函数 $\alpha(\Delta u)$ 在 $\Delta u=0$ 处连续，即 $\lim\limits_{\Delta u \to 0}\alpha(\Delta u)=0=\alpha(0)$.

解 此函数可看作由函数 $y=\sqrt{u}$ 与 $u=a^2-x^2$ 复合而成.因此

$$\frac{dy}{dx}=\frac{dy}{du}\frac{du}{dx}=(\sqrt{u})'(a^2-x^2)'$$
$$=\frac{1}{2\sqrt{u}}(-2x)=-\frac{x}{\sqrt{a^2-x^2}}.$$

例 3.2.10 设 $f(x)=e^{x^2}$,求 $f'(x)$.

解 因为 $f(x)=e^{x^2}$,所以

$$f'(x)=(e^{x^2})'_{x^2}\cdot(x^2)'=e^{x^2}\cdot 2x=2xe^{x^2}.$$

注意:上面 $(e^{x^2})'_{x^2}$ 表示函数 e^{x^2} 对 x^2 的导数,而 $(e^{x^2})'$ 表示函数 e^{x^2} 对 x 的导数.一般地,我们用 $(f(\varphi(x)))'_{\varphi(x)}$ 表示函数 $f(\varphi(x))$ 对中间变量 $\varphi(x)$ 的导数;用 $(f(\varphi(x)))'$ 表示函数 $f(\varphi(x))$ 对自变量 x 的导数.

例 3.2.11 求下列导数:

(1) $((1+2x)^{100})'_{(1+2x)}$; (2) $(e^{2x+1})'_{(2x+1)}$;

(3) $((1+2x)^{100})'$; (4) $(e^{2x+1})'$.

解 (1) $((1+2x)^{100})'_{(1+2x)}=100(1+2x)^{99}$.

(2) $(e^{2x+1})'_{(2x+1)}=e^{2x+1}$.

(3) $((1+2x)^{100})'=((1+2x)^{100})'_{(1+2x)}\cdot(1+2x)'$
$$=100(1+2x)^{99}\cdot 2=200(1+2x)^{99}.$$

(4) $(e^{2x+1})'=(e^{2x+1})'_{(2x+1)}\cdot(2x+1)'=e^{2x+1}\cdot 2=2e^{2x+1}.$

对于复合函数的分解比较熟练后,就不必再写出中间变量,而可以采用下列例题的方式来计算.

例 3.2.12 求函数 $y=(3x+8)^{100}$ 的导数.

解 因为 $y=(3x+8)^{100}$,

所以 $y'=((3x+8)^{100})'=100(3x+8)^{99}(3x+8)'$
$$=100(3x+8)^{99}\cdot 3=300(3x+8)^{99}.$$

例 3.2.13 求函数 $y=\ln\tan\dfrac{x}{2}$ 的导数.

解 $y'=\left(\ln\tan\dfrac{x}{2}\right)'=\dfrac{1}{\tan\dfrac{x}{2}}\left(\tan\dfrac{x}{2}\right)'$

$$=\dfrac{1}{\tan\dfrac{x}{2}}\sec^2\dfrac{x}{2}\cdot\left(\dfrac{x}{2}\right)'=\dfrac{\cos\dfrac{x}{2}}{\sin\dfrac{x}{2}}\cdot\dfrac{1}{\cos^2\dfrac{x}{2}}\cdot\dfrac{1}{2}$$

$$=\dfrac{1}{\sin x}=\csc x.$$

例 3.2.14 设 $f'(x)$ 存在,求 $y=\ln|f(x)|$ 的导数 $(f(x)\neq 0)$.

解 分两种情况来考虑:

当 $f(x)>0$ 时,$y=\ln f(x)$,$y'=[\ln f(x)]'=\dfrac{1}{f(x)}f'(x)=\dfrac{f'(x)}{f(x)}$;

当 $f(x)<0$ 时,$y=\ln(-f(x))$,$y'=\dfrac{1}{-f(x)}[-f(x)]'=\dfrac{f'(x)}{f(x)}$,

所以
$$[\ln|f(x)|]' = \frac{f'(x)}{f(x)}.$$

复合函数求导法则熟练后，可以按照复合的前后次序，层层求导直接得出最后结果.

例 3.2.15 求函数 $y = \sin \ln \sqrt{2x+1}$ 的导数.

解 $y' = \cos \ln \sqrt{2x+1} \cdot \dfrac{1}{\sqrt{2x+1}} \cdot \dfrac{1}{2\sqrt{2x+1}} \cdot 2 = \dfrac{\cos \ln \sqrt{2x+1}}{2x+1}.$

3.2.3 相关变化率

从以上各例可见，复合函数求导法则在求导数时有重要作用，其实它的作用并非仅此而已，它对某些实际问题也有其直接应用.

设 $u = u(t)$ 及 $v = v(t)$ 都是可导函数，若 $u = \varphi(v)$ 在 $v = v(t)$ 处也可导，则有 $\dfrac{du}{dt} = \dfrac{du}{dv} \cdot \dfrac{dv}{dt}$，即变化率 $\dfrac{du}{dt}$ 与 $\dfrac{dv}{dt}$ 间也存在着关系，并且知道其一，则可求出另一个，所以，我们一般称这两个相互依赖的变化率为相关变化率. 下面结合具体例子予以说明.

例 3.2.16 设气体以 100 cm³/s 的常速注入球状的气球，假定气体的压力不变，那么当气球半径为 10 cm 时，半径增加的速率是多少？

解 设在时刻 t 时，气球的体积与半径分别为 V 和 r. 显然
$$V = \frac{4}{3}\pi r^3, \quad r = r(t),$$

所以 V 通过中间变量 r 与时间 t 发生联系，是一个复合函数
$$V = \frac{4}{3}\pi [r(t)]^3.$$

按题意，已知 $\dfrac{dV}{dt} = 100$ cm³/s，要求当 $r = 10$ cm 时 $\dfrac{dr}{dt}$ 的值.

根据复合函数求导法则，得
$$\frac{dV}{dt} = \frac{4}{3}\pi \times 3[r(t)]^2 \frac{dr}{dt},$$

将已知数据代入上式，得
$$100 = 4\pi \times 10^2 \times \frac{dr}{dt},$$

所以 $\dfrac{dr}{dt} = \dfrac{1}{4\pi}$ cm/s，即在 $r = 10$ cm 这一瞬间，半径以 $\dfrac{1}{4\pi}$ cm/s 的速率增加.

例 3.2.17 若水以 2 m³/min 的速度灌入高为 10 m，底面半径为 5 m 的圆锥形水槽中（图 3.2.1），问当水深为 6 m 时，水位的上升速度为多少？

解 如图 3.2.1 所示，设在时间为 t 时，水槽中水的体积为 V，水面的半径为 x，水槽中水的深度为 y.

由题意有，$\dfrac{dV}{dt} = 2$ m³/min，$V = \dfrac{1}{3}\pi x^2 y$，且有 $\dfrac{x}{y} = \dfrac{5}{10}$，即 $x = \dfrac{1}{2}y$，因此

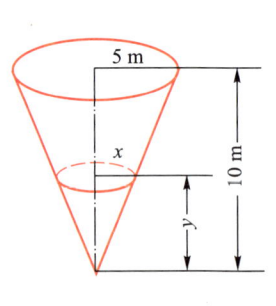

图 3.2.1

$$V = \frac{1}{12}\pi y^3.$$

将上式对时间 t 求导得

$$\frac{dV}{dt} = \frac{1}{4}\pi y^2 \frac{dy}{dt},$$

即 $\dfrac{dy}{dt} = \dfrac{4}{\pi y^2} \dfrac{dV}{dt}$. 将 $\dfrac{dV}{dt} = 2 \text{ m}^3/\text{min}$ 及 $y = 6 \text{ m}$ 代入上式得

$$\frac{dy}{dt} = \frac{4 \times 2}{\pi \times 36} = \frac{2}{9\pi} \approx 0.071 \text{ (m/min)}.$$

所以,当水深 6 m 时,水位上升速度约为 0.071 m/min.

3.2.4 反函数的求导法则

前面已经求出一些基本初等函数的导数公式.在此我们主要解决反函数的求导问题.为此,先利用复合函数的求导法则来推导一般的反函数的求导法则.

定理 3.2.3(反函数的求导法则) 如果单调连续函数 $x = \varphi(y)$ 在点 y 处可导,而且 $\varphi'(y) \neq 0$,那么它的反函数 $y = f(x)$ 在对应的点 x 处可导,且有

$$f'(x) = \frac{1}{\varphi'(y)} \quad \text{或} \quad \frac{dy}{dx} = \frac{1}{\dfrac{dx}{dy}}.$$

证 由于 $x = \varphi(y)$ 单调连续,所以它的反函数 $y = f(x)$ 也单调连续,给 x 以增量 $\Delta x \neq 0$,由 $y = f(x)$ 的单调性可知

$$\Delta y = f(x + \Delta x) - f(x) \neq 0,$$

因而有

$$\frac{\Delta y}{\Delta x} = \frac{1}{\dfrac{\Delta x}{\Delta y}}.$$

根据 $y = f(x)$ 的连续性,当 $\Delta x \to 0$ 时,必有 $\Delta y \to 0$,而 $x = \varphi(y)$ 可导,于是

$$\lim_{\Delta y \to 0} \frac{\Delta x}{\Delta y} = \varphi'(y) \neq 0,$$

所以

$$\lim_{\Delta x \to 0} \frac{\Delta y}{\Delta x} = \lim_{\Delta x \to 0} \frac{1}{\dfrac{\Delta x}{\Delta y}} = \frac{1}{\lim_{\Delta y \to 0} \dfrac{\Delta x}{\Delta y}} = \frac{1}{\varphi'(y)}.$$

这就是说,$y = f(x)$ 在点 x 处可导,且有

$$f'(x) = \frac{1}{\varphi'(y)}.$$

证毕.

作为此定理的应用,下面来导出几个函数的导数公式.

例 3.2.18 求 $y=a^x(a>0,a\neq 1)$ 的导数.

解 因为 $y=a^x$ 是 $x=\log_a y$ 的反函数,且 $x=\log_a y$ 在 $(0,+\infty)$ 内单调、可导,又

$$\frac{\mathrm{d}x}{\mathrm{d}y}=\frac{1}{y\ln a}\neq 0,$$

所以
$$y'=\frac{1}{\dfrac{\mathrm{d}x}{\mathrm{d}y}}=y\ln a=a^x\ln a,$$

即
$$(a^x)'=a^x\ln a.$$

特别地,有 $(\mathrm{e}^x)'=\mathrm{e}^x.$

例 3.2.19 设 $y=x^\mu$(μ 为实数),求 y'.

解 (1) 当 $x>0$ 时,因为 $y=x^\mu=\mathrm{e}^{\mu\ln x}$ 可以看作由指数函数 e^u 与函数 $u=\mu\ln x$ 复合而成,由复合函数求导法则有

$$y'=\mathrm{e}^u(\mu\ln x)'=\mathrm{e}^u\mu\frac{1}{x}=\mathrm{e}^{\mu\ln x}\mu\frac{1}{x}$$

$$=x^\mu\mu\frac{1}{x}=\mu x^{\mu-1},$$

即
$$(x^\mu)'=\mu x^{\mu-1}(\mu\text{ 为实数}). \qquad ①$$

(2) 当 $x<0$ 时,可证①成立(证明见右侧二维码链接).

(3) 当 $x=0$,并且 $f'(0)$ 存在时,根据导数的定义易证①成立. 因此综合(1),(2),(3)得,$(x^\mu)'=\mu x^{\mu-1}$(μ 为实数).

例 3.2.19 $x<0$ 时,幂函数的导数

例 3.2.20 求 $y=\arcsin x$ 的导数.

解 因为 $y=\arcsin x$ 是 $x=\sin y$ 的反函数,$x=\sin y$ 在区间 $\left(-\dfrac{\pi}{2},\dfrac{\pi}{2}\right)$ 内单调、可导,且 $\dfrac{\mathrm{d}x}{\mathrm{d}y}=\cos y>0$,

所以
$$y'=\frac{1}{\dfrac{\mathrm{d}x}{\mathrm{d}y}}=\frac{1}{\cos y}=\frac{1}{\sqrt{1-\sin^2 y}}=\frac{1}{\sqrt{1-x^2}},$$

即
$$(\arcsin x)'=\frac{1}{\sqrt{1-x^2}}.$$

类似地,有
$$(\arccos x)'=-\frac{1}{\sqrt{1-x^2}}.$$

例 3.2.21 求 $y=\arctan x$ 的导数.

解 因为 $y=\arctan x$ 是 $x=\tan y$ 的反函数,$x=\tan y$ 在区间 $\left(-\dfrac{\pi}{2},\dfrac{\pi}{2}\right)$ 内单调、可导,且 $\dfrac{\mathrm{d}x}{\mathrm{d}y}=\sec^2 y\neq 0$,

所以
$$y'=\frac{1}{\dfrac{\mathrm{d}x}{\mathrm{d}y}}=\frac{1}{\sec^2 y}=\frac{1}{1+\tan^2 y}=\frac{1}{1+x^2},$$

即
$$(\arctan x)'=\frac{1}{1+x^2}.$$

类似地,有
$$(\text{arccot } x)'=-\frac{1}{1+x^2}.$$

例 3.2.22 设 $y=\arcsin\sqrt{x}$,求 y'.

解 $y' = (\arcsin\sqrt{x})' = \dfrac{1}{\sqrt{1-(\sqrt{x})^2}} \cdot \dfrac{1}{2\sqrt{x}} = \dfrac{1}{2\sqrt{x-x^2}}$.

例 3.2.23 设 $y = e^{\arctan\sqrt{x}}$，求 y'.

解 $y' = e^{\arctan\sqrt{x}} \dfrac{1}{1+(\sqrt{x})^2} \cdot \dfrac{1}{2\sqrt{x}} = \dfrac{e^{\arctan\sqrt{x}}}{2\sqrt{x}(1+x)}$.

3.2.5 初等函数的求导公式与求导法则小结

我们已经求出了所有基本初等函数的导数，建立了函数的和、差、积、商的求导法则，复合函数的求导法则，反函数的求导法则. 这样，我们就解决了初等函数的求导问题. 为了便于查阅，我们将上面已学过的导数公式和求导法则列表如下：

1. 基本初等函数的导数公式

$C' = 0$ （C 为常数）， $(x^\mu)' = \mu x^{\mu-1}$ （μ 为实数），

$(\log_a x)' = \dfrac{1}{x \ln a}$， $(\ln x)' = \dfrac{1}{x}$，

$(a^x)' = a^x \ln a$， $(e^x)' = e^x$，

$(\sin x)' = \cos x$， $(\cos x)' = -\sin x$，

$(\tan x)' = \dfrac{1}{\cos^2 x} = \sec^2 x$， $(\cot x)' = -\dfrac{1}{\sin^2 x} = -\csc^2 x$，

$(\sec x)' = \sec x \tan x$， $(\csc x)' = -\csc x \cot x$，

$(\arcsin x)' = \dfrac{1}{\sqrt{1-x^2}}$， $(\arccos x)' = -\dfrac{1}{\sqrt{1-x^2}}$，

$(\arctan x)' = \dfrac{1}{1+x^2}$， $(\text{arccot}\, x)' = -\dfrac{1}{1+x^2}$.

2. 函数的和、差、积、商的求导法则

$[u(x) \pm v(x)]' = u'(x) \pm v'(x)$，

$[u(x)v(x)]' = u'(x)v(x) + u(x)v'(x)$，

$[Cu(x)]' = Cu'(x)$ （C 是常数），

$\left[\dfrac{u(x)}{v(x)}\right]' = \dfrac{u'(x)v(x) - u(x)v'(x)}{[v(x)]^2}$ （$v(x) \neq 0$），

$\left[\dfrac{C}{v(x)}\right]' = -\dfrac{Cv'(x)}{v^2(x)}$ （$v(x) \neq 0$，C 是常数）.

3. 复合函数的求导法则

设 $y = f(u)$，$u = \varphi(x)$，则复合函数 $y = f[\varphi(x)]$ 的导数为

$$\dfrac{dy}{dx} = \dfrac{dy}{du}\dfrac{du}{dx} \quad \text{或} \quad \{f[\varphi(x)]\}' = f'(u)\varphi'(x).$$

4. 反函数的求导法则

设 $y = f(x)$ 是 $x = \varphi(y)$ 的反函数，则

$$f'(x) = \dfrac{1}{\varphi'(y)} \quad (\varphi'(y) \neq 0) \quad \text{或} \quad \dfrac{dy}{dx} = \dfrac{1}{\dfrac{dx}{dy}}.$$

— 思考题 3.2 —

1. 思考下列命题是否成立.

(1) 若 $f(x),g(x)$ 在点 x_0 处都不可导，则 $f(x)+g(x)$ 在点 x_0 处也一定不可导；

(2) 若 $f(x)$ 在点 x_0 处可导，$g(x)$ 在点 x_0 处不可导，则 $f(x)+g(x)$ 在点 x_0 处一定不可导.

2. $f'(x_0)$ 与 $[f(x_0)]'$ 有无区别？为什么？

3. 给定一个初等函数，一定能求其导函数吗？为什么？

4. $f'[\varphi(x)]|_{x=x_0}$ 与 $(f[\varphi(x)])'|_{x=x_0}$ 是否相等？

— 练习 3.2A —

1. 求下列函数的导数：

(1) $y=4x^2+3x+1$；

(2) $y=4e^x+3e+1$；

(3) $y=x+\ln x+1$；

(4) $y=2\cos x+3x$；

(5) $y=2^x+3^x$；

(6) $y=\log_2 x+x^2$.

(7) $y=3xe^x$；

(8) $y=2x\sin x$；

(9) $y=\dfrac{1+x-x^2}{x+x^2}$；

(10) $y=\dfrac{1+\ln x}{x}$.

2. 求下列函数的导数：

(1) $y=x^3+\dfrac{7}{x^4}-\dfrac{2}{x}+6$；

(2) $y=5x^3-2^x+3e^x$；

(3) $y=2\tan x+\sec x-2$；

(4) $y=\dfrac{e^x}{x+1}$；

(5) $y=x^2\ln x+1$；

(6) $y=2e^x\cos x$.

3. 求下列函数在给定点处的导数：

(1) $f(x)=x^3+\dfrac{1}{4}x^4-\dfrac{2}{x}+\pi, f'(1)$；

(2) $f(x)=\dfrac{1}{3}x^3+3^x+3e^x, f'(0)$；

(3) $y=2\sin x+\cos x$，求 $y'|_{x=\frac{\pi}{6}}$ 和 $y'|_{x=\frac{\pi}{3}}$；

(4) $y=e^x+x^2\ln x+e^2, y'|_{x=2}$；

(5) $r(\theta)=\theta\sin\theta+\cos\theta$，求 $r'\left(\dfrac{\pi}{4}\right)$；

(6) $y=x\arctan x, \dfrac{dy}{dx}\bigg|_{x=1}$.

— 练习 3.2B —

1. 求下列函数的导数：

(1) $y = \dfrac{2x^3 + x^2 - \pi}{x^4 - x + \pi}$;

(2) $y = \dfrac{e^{2+x}}{x+1}$;

(3) $y = 2\tan x + \sec x + \cot x$;

(4) $y = -\sin x \cos x + x \ln x$;

(5) $y = 3^x + x^2 \ln x + e^2$;

(6) $y = 2e^x \cos x \sin x$;

(7) $y = x - \arcsin x$;

(8) $y = x + \cos x$;

(9) $y = x \arctan x$;

(10) $y = -x \operatorname{arccot} x$.

2. 求下列函数的导数：

(1) $y = x(5x+e)^2$;

(2) $y = 3\cos\left(2x - \dfrac{\pi}{6}\right)$;

(3) $y = 2^{(1-x^2)}$;

(4) $y = e^{2x} + \ln(1 + 2x^2)$;

(5) $y = 2\arcsin(\sin x)$;

(6) $y = 2\arctan \dfrac{1+x^2}{1-x^2}$;

(7) $y = e^{-3x^2}$;

(8) $y = \ln \dfrac{1}{1+x^2}$.

3. 设 $y = f(u)\ (-1 \leqslant u \leqslant 1)$ 可导，$u = \sin x^2$，求 $\dfrac{dy}{dx}$.

4. 设 $f(x)$ 可导，求下列函数的导数 $\dfrac{dy}{dx}$.

(1) $y = f(x^2)$;

(2) $y = f(\sin^2 x) + f(\cos^2 x)$.

5. 落在平静水面上的石头，产生同心波纹．若最外一圈波半径的增大速率总是 6 m/s，问在 2 s 末扰动水面面积增大的速率为多少？

3.3 隐函数与参数式函数的求导法

本节分别介绍隐函数求导法、对数求导法，以及参数式函数的求导法．

3.3.1 隐函数求导法

前面我们所遇到的函数都是 $y = f(x)$ 的形式，就是因变量 y 可由含有自变量 x 的数学式子直接表示出来的函数，这样的函数叫作显函数．例如，$y = \cos x$，$y = \ln(1 + \sqrt{1+x^2})$ 等．但是有些函数的表达方式却不是这样，例如，方程 $x + y^3 - 1 = 0$ 表示一个函数，因为当自变量 x 在 $(-\infty, +\infty)$ 内取值时，变量 y 有唯一确定的值与之对应，像这样由方程表示的函数称为隐函数．

一般地，如果变量 x, y 之间的函数关系是由某一个方程 $F(x, y) = 0$ 所确定，那么这种函数就叫作由方程所确定的隐函数．

把一个隐函数化成显函数，叫作隐函数的显化．例如由方程 $x + y^3 - 1 = 0$ 解出 $y = \sqrt[3]{1-x}$，就把隐函数化成了显函数，但有的隐函数不易显化甚至不可能显化．例如，由方程 $e^x - e^y - xy = 0$ 所确定的隐函数就不能用显式表示出来．

微视频

隐函数的导数与对数求导法

对于由方程 $F(x,y)=0$ 所确定的隐函数求 y 关于 x 的导数当然不能完全寄希望于把它显化,关键是要能从 $F(x,y)=0$ 直接把 $\dfrac{dy}{dx}$ 求出来.

我们知道,把方程 $F(x,y)=0$ 所确定的隐函数 $y=f(x)$ 代入原方程,结果是恒等式
$$F[x,f(x)]\equiv 0,$$
把这个恒等式的两端对 x 求导,所得的结果也必然相等,但应注意,左端 $F[x,f(x)]$ 是将 $y=f(x)$ 代入 $F(x,y)$ 后所得的结果,所以,当方程 $F(x,y)=0$ 的两端对 x 求导时,要记住 y 是 x 的函数,然后用复合函数求导法则去求导,这样,便可得到欲求的导数.下面举例说明这种方法.

例 3.3.1 求由方程 $xy-e^x+e^y=0$ 所确定的隐函数的导数 $\dfrac{dy}{dx}$.

解 把方程 $xy-e^x+e^y=0$ 的两端对 x 求导,记住 y 是 x 的函数,得
$$y+xy'-e^x+e^y y'=0,$$
由上式解出 y',便得隐函数的导数为
$$y'=\dfrac{e^x-y}{x+e^y}\quad(x+e^y\neq 0).$$

例 3.3.2 求曲线 $3y^2=x^2(x+1)$ 在点 $(2,2)$ 处的切线方程.

解 方程两边对 x 求导,可得
$$6yy'=3x^2+2x,$$
于是得
$$y'=\dfrac{3x^2+2x}{6y}\quad(y\neq 0),$$
所以
$$y'\big|_{(2,2)}=\dfrac{4}{3}.$$
因而所求切线方程为
$$y-2=\dfrac{4}{3}(x-2),$$
即
$$4x-3y-2=0.$$

3.3.2 对数求导法

根据隐函数求导法,我们还可以得到一个简化求导运算的方法.它适合于由几个因子通过乘、除、乘方、开方所构成的比较复杂的函数(包括幂指函数)的求导.这个方法是先通过取对数,化乘、除为加、减、化乘方、开方为乘积,然后利用隐函数求导法求导,因此称为对数求导法.

例 3.3.3 设 $y=(x-1)\sqrt[3]{(3x+1)^2(x-2)}$,求 y'.

解 先在等式两边取绝对值,再取对数,得
$$\ln|y|=\ln|x-1|+\dfrac{2}{3}\ln|3x+1|+\dfrac{1}{3}\ln|x-2|,$$
两端对 x 求导,利用例 3.2.14 的结论得
$$\dfrac{1}{y}y'=\dfrac{1}{x-1}+\dfrac{2}{3}\dfrac{3}{3x+1}+\dfrac{1}{3}\dfrac{1}{x-2},$$
所以
$$y'=(x-1)\sqrt[3]{(3x+1)^2(x-2)}\left[\dfrac{1}{x-1}+\dfrac{2}{3x+1}+\dfrac{1}{3(x-2)}\right].$$

以后解题时,为了方便起见,取绝对值可以略去.

例 3.3.4 求 $y=x^{\sin x}\,(x>0)$ 的导数.

解 对于 $y = x^{\sin x}$ 两边取对数,得
$$\ln y = \sin x \ln x,$$
两边求导,得
$$\frac{1}{y} y' = \frac{\sin x}{x} + \cos x \ln x,$$
所以
$$y' = y\left(\frac{\sin x}{x} + \cos x \ln x\right) = x^{\sin x}\left(\frac{\sin x}{x} + \cos x \ln x\right).$$

3.3.3 参数式函数的求导法

在前面,我们讨论了由 $y = f(x)$ 或 $F(x, y) = 0$ 给出的函数关系的导数问题.但在研究物体运动轨迹时,曲线常被看作质点运动的轨迹,动点 $M(x, y)$ 的位置随时间 t 变化,因此动点坐标 x, y 可分别由时间 t 的函数表示.

例如,研究抛射体运动(空气阻力不计)时,抛射体的运动轨迹可表示为

$$\begin{cases} x = v_1 t, \\ y = v_2 t - \dfrac{1}{2} g t^2, \end{cases} \quad (3.3.1)$$

其中 v_1, v_2 分别是抛射体的初速度的水平和垂直分量,g 是重力加速度,t 是时间,x, y 是抛射体在垂直面上的位置的横坐标和纵坐标(图 3.3.1).

在式(3.3.1)中,x, y 都是 t 的函数,因此,x 与 y 之间通过 t 发生联系,这样 y 与 x 之间存在着确定的函数关系,消去式(3.3.1)中的 t,得

$$y = \frac{v_2}{v_1} x - \frac{g}{2 v_1^2} x^2,$$

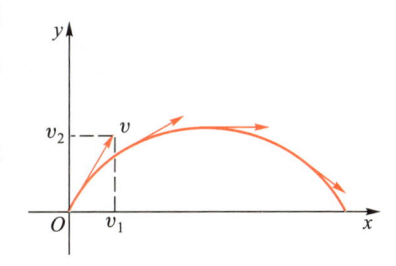

图 3.3.1

这就是参数方程(3.3.1)确定的函数的显式表示.

一般地,如果参数方程

$$\begin{cases} x = \varphi(t), \\ y = \psi(t) \end{cases}$$

确定 y 与 x 之间的函数关系,则称此函数关系所表示的函数为由参数方程所确定的函数,简称为参数式函数.

对于参数方程所确定的函数的求导,通常并不需要由参数方程消去参数 t,化为 y 与 x 之间的直接函数关系后再求导.

如果函数 $x = \varphi(t), y = \psi(t)$ 都可导,且 $\varphi'(t) \neq 0$,又 $x = \varphi(t)$ 具有单调连续的反函数 $t = \varphi^{-1}(x)$,则参数方程确定的函数可以看成 $y = \psi(t)$ 与 $t = \varphi^{-1}(x)$ 复合而成的函数,根据复合函数与反函数的求导法则,有

$$\frac{\mathrm{d}y}{\mathrm{d}x} = \frac{\mathrm{d}y}{\mathrm{d}t} \frac{\mathrm{d}t}{\mathrm{d}x} = \frac{\mathrm{d}y}{\mathrm{d}t} \frac{1}{\frac{\mathrm{d}x}{\mathrm{d}t}}$$

$$= \psi'(t) \frac{1}{\varphi'(t)} = \frac{\psi'(t)}{\varphi'(t)}.$$

例 3.3.5 已知抛射体的运动轨迹的参数方程为 $\begin{cases} x = v_1 t, \\ y = v_2 t - \dfrac{1}{2} g t^2. \end{cases}$

(1) 求抛射体在时刻 t 的运动速度的大小；

(2) 求抛射体在时刻 t 的运动方向；

(3) 当时间 t 为多少时，抛射体达到最高点？

(4) 若 $v_1 = v_2$，问在开始发射的时刻，抛射体的发射角 α 为多少？

解 (1) 因为抛射体在时刻 t 的位置坐标 $(x(t), y(t))$ 由参数方程 $\begin{cases} x = v_1 t, \\ y = v_2 t - \dfrac{1}{2} g t^2 \end{cases}$ 确定，所以，抛射体运动速度的水平分量为 $\dfrac{\mathrm{d}x}{\mathrm{d}t} = v_1$，抛射体运动速度的铅直分量为 $\dfrac{\mathrm{d}y}{\mathrm{d}t} = v_2 - gt$. 所以抛射体运动速度的大小为

$$v = \sqrt{\left(\dfrac{\mathrm{d}x}{\mathrm{d}t}\right)^2 + \left(\dfrac{\mathrm{d}y}{\mathrm{d}t}\right)^2} = \sqrt{v_1^2 + (v_2 - gt)^2}.$$

(2) 因为速度的方向就是轨迹的切线方向，所以，切线的倾角 α 就确定了抛射体运动速度的方向. 设 α 是切线的倾角，则根据导数的几何意义，得 $\tan \alpha = \dfrac{\mathrm{d}y}{\mathrm{d}x} = \dfrac{\frac{\mathrm{d}y}{\mathrm{d}t}}{\frac{\mathrm{d}x}{\mathrm{d}t}} = \dfrac{v_2 - gt}{v_1}$，所以，切线的倾角 $\alpha = \arctan \dfrac{v_2 - gt}{v_1}$.

(3) 因为当运动轨迹的切线水平时（图 3.3.1），即切线倾角为 0 时，抛射体达到最高点. 所以令 $\tan \alpha = 0$，即 $\tan \alpha = \dfrac{v_2 - gt}{v_1} = 0$，解之得 $t = \dfrac{v_2}{g}$，即当 $t = \dfrac{v_2}{g}$ 时，抛射体达到最高点.

(4) 因为 $v_1 = v_2$，又因为抛射体在开始发射的时刻，即 $t = 0$ 时，有 $\tan \alpha \Big|_{t=0} = \dfrac{\mathrm{d}y}{\mathrm{d}x}\Big|_{t=0} = \dfrac{v_2 - gt}{v_1}\Big|_{t=0} = \dfrac{v_2}{v_1} = 1$，所以，$\alpha = \arctan 1 = \dfrac{\pi}{4}$ 为所求发射角.

例 3.3.6 求摆线

$$\begin{cases} x = a(t - \sin t), \\ y = a(1 - \cos t) \end{cases} (0 \leq t \leq 2\pi)$$

(1) 在任意点的切线斜率；

(2) 在 $t = \dfrac{\pi}{2}$ 处的切线方程.

解 (1) 摆线在任意点的切线斜率为

$$\dfrac{\mathrm{d}y}{\mathrm{d}x} = \dfrac{\frac{\mathrm{d}y}{\mathrm{d}t}}{\frac{\mathrm{d}x}{\mathrm{d}t}} = \dfrac{a \sin t}{a(1 - \cos t)} = \cot \dfrac{t}{2}.$$

(2) 当 $t = \dfrac{\pi}{2}$ 时，摆线上对应点为 $\left(a\left(\dfrac{\pi}{2} - 1\right), a\right)$，在此点的切线斜率为

$$\left.\frac{\mathrm{d}y}{\mathrm{d}x}\right|_{t=\frac{\pi}{2}} = \left.\cot\frac{t}{2}\right|_{t=\frac{\pi}{2}} = 1,$$

于是,切线方程为

$$y - a = x - a\left(\frac{\pi}{2} - 1\right),$$

即

$$y = x + a\left(2 - \frac{\pi}{2}\right).$$

— 思考题 3.3 —

1. 如何求由隐函数所确定的曲线上任一点的切线斜率、切线方程及法线方程?
2. 如何求由参数式函数所确定的曲线上任一点的切线斜率、切线方程及法线方程?

— 练习 3.3A —

1. 判断下列各题的正误:

(1) 曲线 $\begin{cases} x = 2t, \\ y = t^2 \end{cases}$ 在 $t = 1$ 的对应点处切线的斜率为 2. ( )

(2) 曲线 $y = \frac{1}{2}(x^2 + y^2 - 3)$ 在点 $(2,1)$ 处的切线斜率为 $y'\big|_{(2,1)} = (x+y)\big|_{(2,1)} = 2+1 = 3$.
( )

2. 求由下列方程所确定的隐函数的导数 $\dfrac{\mathrm{d}y}{\mathrm{d}x}$:

(1) $y^2 - 2xy + x^2 - 9 = 0$;
(2) $y^2 + x^2 - 2y - 2x - 7 = 0$;
(3) $xy = \mathrm{e}^{x-y}$;
(4) $y = 1 - x\mathrm{e}^y$;
(5) $9x^2 + 4y^2 = 36$.

— 练习 3.3B —

1. 求由下列方程所确定的隐函数的导数 $\dfrac{\mathrm{d}y}{\mathrm{d}x}$:

(1) $y^2 - 2xy + 3y = 0$;   (2) $x^3 + y^3 - 3axy = 1$.

2. 用对数求导法求下列函数的导数:

(1) $y = \left(\dfrac{x}{1+x}\right)^x$;   (2) $y = \sqrt[5]{\dfrac{x-5}{\sqrt[5]{x^2+2}}}$;

3. 求下列参数方程所确定的函数的导数 $\dfrac{\mathrm{d}y}{\mathrm{d}x}$:

(1) $\begin{cases} x = at^2, \\ y = bt^3; \end{cases}$ (2) $\begin{cases} x = \theta(1 - \sin\theta), \\ y = \theta\cos\theta. \end{cases}$

4. 求曲线 $\begin{cases} x = t, \\ y = t^3 \end{cases}$ 在点 $(1,1)$ 处切线的斜率.

3.4 高阶导数

3.4.1 高阶导数的定义

我们知道,变速直线运动的速度 $v(t)$ 是位置函数 $s(t)$ 对时间 t 的导数,即

$$v = \frac{ds}{dt} \quad \text{或} \quad v = s',$$

而加速度 a 是速度 v 对时间 t 的变化率.也就是说,加速度 a 等于速度 v 对时间 t 的导数,即

$$a = \frac{dv}{dt},$$

因为 $v = \frac{ds}{dt}$,所以

$$a = \frac{dv}{dt} = \frac{d}{dt}\left(\frac{ds}{dt}\right) \quad \text{或} \quad a = [s'(t)]'.$$

其中 $\frac{d}{dt}\left(\frac{ds}{dt}\right)$ 或 $[s'(t)]'$ 叫作 s 对 t 的二阶导数,记作 $\frac{d^2 s}{dt^2}$ 或 $s''(t)$.

所以,变速直线运动的加速度就是位置函数 $s(t)$ 对时间 t 的二阶导数.

二阶导数的定义如下:

定义 3.4.1(二阶导数) 如果函数 $y=f(x)$ 的导数 $y'=f'(x)$ 仍是 x 的可导函数,就称 $y'=f'(x)$ 的导数为函数 $y=f(x)$ 的二阶导数,记作 y'',$f''(x)$ 或 $\frac{d^2 y}{dx^2}$,即

$$y'' = (y')' = f''(x) \quad \text{或} \quad \frac{d^2 y}{dx^2} = \frac{d}{dx}\left(\frac{dy}{dx}\right).$$

相应地,把 $y=f(x)$ 的导数 $f'(x)$ 叫作函数 $y=f(x)$ 的一阶导数.

例 3.4.1 求下列函数的二阶导数.

(1) $y = x^{16}$; (2) $f(x) = x^{\frac{3}{4}}$; (3) $y = x^{21}$.

解 (1) 因为 $y = x^{16}$,所以

$$y' = (x^{16})' = 16x^{15},$$
$$y'' = (y')' = (16x^{15})' = 16 \times 15 x^{14} = 240 x^{14}.$$

(2) 因为 $f(x) = x^{\frac{3}{4}}$,所以

$$f'(x) = (x^{\frac{3}{4}})' = \frac{3}{4} x^{-\frac{1}{4}},$$
$$f''(x) = \left(\frac{3}{4} x^{-\frac{1}{4}}\right)' = \frac{3}{4} \times \left(-\frac{1}{4}\right) x^{-\frac{5}{4}} = -\frac{3}{16} x^{-\frac{5}{4}}.$$

(3) 因为 $y = x^{21}$,所以

$$\frac{dy}{dx} = (x^{21})' = 21 x^{20},$$

$$\frac{\mathrm{d}^2 y}{\mathrm{d}x^2} = \left(\frac{\mathrm{d}y}{\mathrm{d}x}\right)' = (21x^{20})' = 21 \times 20 x^{19} = 420 x^{19}.$$

对于二阶以上的导数我们有如下定义：

定义 3.4.2（n 阶导数） 二阶导数的导数叫作三阶导数，三阶导数的导数叫作四阶导数……一般地，函数 $f(x)$ 的 $n-1$ 阶导数的导数叫作 n 阶导数，三阶以上的导数分别记作

$$y''', y^{(4)}, \cdots, y^{(n)}; \quad f'''(x), f^{(4)}(x), \cdots, f^{(n)}(x)$$

或

$$\frac{\mathrm{d}^3 y}{\mathrm{d}x^3}, \frac{\mathrm{d}^4 y}{\mathrm{d}x^4}, \cdots, \frac{\mathrm{d}^n y}{\mathrm{d}x^n},$$

且有 $y^{(n)} = [y^{(n-1)}]'$ 或 $\dfrac{\mathrm{d}^n y}{\mathrm{d}x^n} = \dfrac{\mathrm{d}}{\mathrm{d}x}\left(\dfrac{\mathrm{d}^{n-1} y}{\mathrm{d}x^{n-1}}\right)$.

二阶及二阶以上的导数统称为高阶导数.

由于 n 阶导数是 $n-1$ 阶导数的导数，所以求高阶导数并不需要增加新的方法，只要逐阶求导，直到所要求的阶数即可，仍可用前面学过的求导方法来计算高阶导数.

例 3.4.2 设 $f(x) = x^{13}$，求 $f^{(4)}(1)$.

解 因为 $f(x) = x^{13}$，所以

$$f'(x) = 13 x^{12}, \quad f''(x) = 13 \times 12 x^{11},$$
$$f'''(x) = 13 \times 12 \times 11 x^{10}, \quad f^{(4)}(x) = 13 \times 12 \times 11 \times 10 x^9,$$

因此，$f^{(4)}(1) = 13 \times 12 \times 11 \times 10 \times 1^9 = 17\,160$.

例 3.4.3 求函数 $y = x^2 + 2x + 5$ 的一、二、三、四阶导数.

解 因为 $y = x^2 + 2x + 5$，所以

$$y' = 2x + 2,$$
$$y'' = (y')' = (2x+2)' = 2,$$
$$y''' = (y'')' = (2)' = 0,$$
$$y^{(4)} = (y''')' = (0)' = 0.$$

例 3.4.4 求函数 $y = \mathrm{e}^{-x} \cos x$ 的二阶及三阶导数.

解 $y' = -\mathrm{e}^{-x} \cos x + \mathrm{e}^{-x}(-\sin x) = -\mathrm{e}^{-x}(\cos x + \sin x),$

$y'' = \mathrm{e}^{-x}(\cos x + \sin x) - \mathrm{e}^{-x}(-\sin x + \cos x) = 2\mathrm{e}^{-x}\sin x,$

$y''' = -2\mathrm{e}^{-x}\sin x + 2\mathrm{e}^{-x}\cos x = 2\mathrm{e}^{-x}(\cos x - \sin x).$

例 3.4.5 求 n 次多项式 $y = a_0 x^n + a_1 x^{n-1} + \cdots + a_n$ 的各阶导数.

解 $y' = n a_0 x^{n-1} + (n-1) a_1 x^{n-2} + \cdots + a_{n-1},$

$y'' = n(n-1) a_0 x^{n-2} + (n-1)(n-2) a_1 x^{n-3} + \cdots + 2 a_{n-2},$

可见每经过一次求导运算，多项式的次数就降低一次，继续求导得

$$y^{(n)} = n! a_0,$$

这是一个常数，因而 $y^{(n+1)} = y^{(n+2)} = \cdots = 0$.

这就是说，n 次多项式的一切高于 n 阶的导数都是零.

例 3.4.6 求指数函数 $y = \mathrm{e}^{ax}$ 与 $y = a^x$ 的 n 阶导数.

解 对 $y=e^{ax}$, $y'=ae^{ax}$, $y''=a^2e^{ax}$, $y'''=a^3e^{ax}$, 依此类推, 可得 $y^{(n)}=a^ne^{ax}$, 即

$$(e^{ax})^{(n)} = a^n e^{ax}.$$

特别地
$$(e^x)^{(n)} = e^x.$$

对 $y=a^x$, $y'=a^x\ln a$, $y''=a^x\ln^2 a$, $y'''=a^x\ln^3 a$, 依此类推, $y^{(n)}=a^x\ln^n a$, 即

$$(a^x)^{(n)} = a^x \ln^n a.$$

3.4.2 参数式函数的二阶导数

如果 $x=\varphi(t)$, $y=\psi(t)$ 均具有二阶导数, 且 $\varphi'(t)\neq 0$, 则由参数方程 $\begin{cases}x=\varphi(t),\\y=\psi(t)\end{cases}$ 所确定的函数 $y=y(x)$ 对 x 的二阶导数为

$$\frac{d^2y}{dx^2} = \frac{d\left(\frac{dy}{dx}\right)}{dx} = \frac{d\left(\frac{\psi'(t)}{\varphi'(t)}\right)}{dx} = \frac{d\left(\frac{\psi'(t)}{\varphi'(t)}\right)}{dt} \cdot \frac{dt}{dx} = \frac{\psi''(t)\varphi'(t)-\psi'(t)\varphi''(t)}{[\varphi'(t)]^2} \cdot \frac{1}{\varphi'(t)},$$

即

$$\frac{d^2y}{dx^2} = \frac{\psi''(t)\varphi'(t)-\psi'(t)\varphi''(t)}{[\varphi'(t)]^3}.$$

例 3.4.7 对由摆线的参数方程 $\begin{cases}x=a(t-\sin t),\\y=a(1-\cos t)\end{cases}$ $(a\neq 0)$ 所确定的函数 $y=y(x)$, 求:

(1) y 对 x 的二阶导数 $\dfrac{d^2y}{dx^2}$;

(2) 当 $t=\dfrac{\pi}{3}$ 时, $\dfrac{d^2y}{dx^2}$ 的值.

解 (1) 因为 $\dfrac{dy}{dx} = \dfrac{\frac{dy}{dt}}{\frac{dx}{dt}} = \dfrac{[a(1-\cos t)]'_t}{[a(t-\sin t)]'_t} = \dfrac{\sin t}{1-\cos t} = \cot\dfrac{t}{2}$, 所以

$$\frac{d^2y}{dx^2} = \frac{d\left(\frac{dy}{dx}\right)}{dx} = \frac{\frac{d}{dt}\left(\frac{dy}{dx}\right)}{\frac{dx}{dt}} = \frac{\left[\cot\frac{t}{2}\right]'_t}{[a(t-\sin t)]'_t}$$

$$= -\frac{1}{2\sin^2\frac{t}{2}} \cdot \frac{1}{a(1-\cos t)} = -\frac{1}{a(1-\cos t)^2},$$

即 $\dfrac{d^2y}{dx^2} = -\dfrac{1}{a(1-\cos t)^2}$ $(t\neq 2n\pi, n\in \mathbf{Z})$.

(2) 当 $t=\dfrac{\pi}{3}$ 时, $\dfrac{d^2y}{dx^2}\bigg|_{t=\frac{\pi}{3}} = -\dfrac{1}{a(1-\cos t)^2}\bigg|_{t=\frac{\pi}{3}} = -\dfrac{1}{a\left(1-\cos\frac{\pi}{3}\right)^2} = -\dfrac{4}{a}$. 即 $\dfrac{d^2y}{dx^2}\bigg|_{t=\frac{\pi}{3}} = -\dfrac{4}{a}$ 为所求.

例 3.4.8 求方程 $\begin{cases}x=a\cos t,\\y=b\sin t\end{cases}$ $(0\leq t\leq 2\pi)$ 所确定的函数的二阶导数 $\dfrac{d^2y}{dx^2}$.

解 $\dfrac{dy}{dx} = \dfrac{\dfrac{dy}{dt}}{\dfrac{dx}{dt}} = \dfrac{b\cos t}{-a\sin t} = -\dfrac{b}{a}\cot t,$

$$\dfrac{d^2 y}{dx^2} = \dfrac{d\left(\dfrac{dy}{dx}\right)}{dx} = \dfrac{\dfrac{d}{dt}\left(\dfrac{dy}{dx}\right)}{\dfrac{dx}{dt}} = \dfrac{\dfrac{b}{a}\csc^2 t}{-a\sin t} = -\dfrac{b}{a^2 \sin^3 t}.$$

3.4.3 隐函数的二阶导数

例 3.4.9 求由方程 $x - y + \sin y = 0$ 所确定的隐函数 $y = y(x)$ 的二阶导数.

解 因为 $x - y + \sin y = 0$ 确定了隐函数 $y = y(x)$，所以，先将方程两边对 x 求导，即

$$\dfrac{d(x - y + \sin y)}{dx} = \dfrac{d0}{dx},$$

$$1 - \dfrac{dy}{dx} + \cos y \cdot \dfrac{dy}{dx} = 0,$$

所以，$\dfrac{dy}{dx} = \dfrac{1}{1 - \cos y}.$

上式两边对 x 求导得，

$$\dfrac{d}{dx}\left(\dfrac{dy}{dx}\right) = \dfrac{d}{dx}\left(\dfrac{1}{1 - \cos y}\right),$$

$$\dfrac{d^2 y}{dx^2} = \dfrac{-\sin y \cdot \dfrac{dy}{dx}}{(1 - \cos y)^2} = \dfrac{-\sin y}{(1 - \cos y)^2} \dfrac{1}{1 - \cos y} = \dfrac{-\sin y}{(1 - \cos y)^3}.$$

即 $\dfrac{d^2 y}{dx^2} = \dfrac{-\sin y}{(1 - \cos y)^3}$ 为所求.

— 思考题 3.4 —

1. 什么是隐函数？如何求隐函数的导数？
2. 什么是参数式函数？如何求参数式函数的导数？

— 练习 3.4A —

1. 求下列函数的一、二阶导数：
   (1) $y = 2x^2 + \ln x$；　　　(2) $y = e^{2x-1}$；
2. 设 $f(x) = (x + 10)^6$，求 $f'''(2)$.
3. 设 $y = \ln x$，求 $y^{(n)}$.
4. 已知物体的运动规律为 $s = A\sin \omega t$（A, ω 是常数），求物体运动的加速度，并验证：
$$\dfrac{d^2 s}{dt^2} + \omega^2 s = 0.$$
5. 假设一列高铁从开始（$t = 0$）时刻出站到 $t = t_1$ 时刻达到每小时 350 km 的速度，其间的运动方程为 $s(t) = kt^2$（$k > 0$），求该高铁在 t（$0 < t < t_1$）时刻的瞬时速度及加速度.

— 练习 3.4B —

1. 求下列参数方程所确定的函数的一阶导数 $\dfrac{dy}{dx}$ 及二阶导数 $\dfrac{d^2y}{dx^2}$：

（1）$\begin{cases} x = \dfrac{t^2}{2}, \\ y = 1-t; \end{cases}$ （2）$\begin{cases} x = a\cos t, \\ y = b\sin t. \end{cases}$

2. 求 $y = \left[\dfrac{(x+1)(x+2)(x+3)}{x^3(x+4)}\right]^{\frac{2}{3}}$ 的一、二阶导数.

3. 求由方程 $x+y-e^{2x}+e^y=0$ 所确定的隐函数的一、二阶导数 y' 及 y''.

4. 设 $y=f(u)(-1\leqslant u\leqslant 1)$ 可导，$u=\sin x^2$，求 $\dfrac{dy}{dx}$ 和 $\dfrac{d^2y}{dx^2}$.

5. 若 $y=x^x$，求 y' 及 y''.

3.5 微分及其在近似计算中的应用

前面我们讨论了函数的导数，本节中我们要讨论微分学中的另一个基本概念——微分.

3.5.1 两个实例

在实际问题中，当我们分析运动过程时，常常要通过微小的局部运动来寻找运动的规律，因此需要考虑变量的微小增量. 一般说来，计算函数 $y=f(x)$ 的增量 Δy 的精确值是较繁的. 所以，往往需要计算它的近似值，找出简便的计算方法.

下面我们先讨论两个具体例子：

例 3.5.1 一块正方形金属薄片受温度变化影响时，其边长由 x_0 变到 $x_0 + \Delta x$（图 3.5.1），问此薄片的面积改变了多少？

解 设此薄片的边长为 x，面积为 S，则 S 是 x 的函数
$$S(x) = x^2,$$
薄片受温度变化影响时，面积的增量可以看成当自变量 x 从 x_0 取得增量 Δx 时，函数 S 相应的增量 ΔS，即
$$\Delta S = (x_0 + \Delta x)^2 - x_0^2 = 2x_0\Delta x + (\Delta x)^2.$$

从上式可以看出，ΔS 可分成两部分：第一部分是 $2x_0\Delta x$，它是 Δx 的线性函数，即图中带有浅阴影的两个矩形面积之和；第二部分是 $(\Delta x)^2$，在图中是带有深阴影的小正方形的面积. 显然，如图所示，$2x_0\Delta x$ 是面积增量 ΔS 的主要部分，而 $(\Delta x)^2$ 是次要部分，当 $|\Delta x|$ 很小时，$(\Delta x)^2$ 比 $2x_0\Delta x$ 要小得多. 也就是说，当 $|\Delta x|$ 很小时，面积增量 ΔS 可以近似地用 $2x_0\Delta x$ 表示，即
$$\Delta S \approx 2x_0\Delta x,$$
由此式作为 ΔS 的近似值，略去的部分，即 $(\Delta x)^2$，是比 Δx 高阶的无穷小，即
$$\lim_{\Delta x \to 0} \dfrac{(\Delta x)^2}{\Delta x} = \lim_{\Delta x \to 0} \Delta x = 0.$$

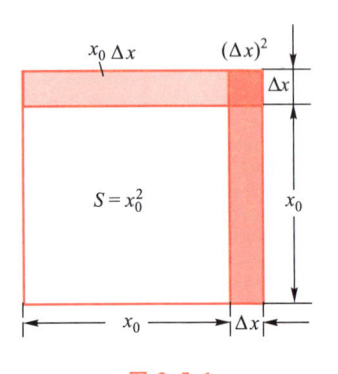

图 3.5.1

又因为 $S'(x_0) = (x^2)'|_{x=x_0} = 2x_0$，所以有
$$\Delta S \approx S'(x_0)\Delta x.$$

例 3.5.2 求做自由落体运动的物体由时刻 t 到 $t+\Delta t$ 所经过路程的近似值.

解 做自由落体运动的物体的路程 s 与时间 t 的关系是 $s(t) = \frac{1}{2}gt^2$，当时间从 t 变到 $t+\Delta t$ 时，路程 s 有相应的增量

$$\Delta s = \frac{1}{2}g(t+\Delta t)^2 - \frac{1}{2}gt^2 = gt\Delta t + \frac{1}{2}g(\Delta t)^2.$$

上式右边第一部分是 Δt 的线性函数，第二部分当 $\Delta t \to 0$ 时是一个比 Δt 高阶的无穷小，因此，当 $|\Delta t|$ 很小时，我们可以把第二部分忽略，而得到路程增量的近似值

$$\Delta s \approx gt\Delta t.$$

又因为 $s' = \left(\frac{1}{2}gt^2\right)' = gt$，所以

$$\Delta s \approx s'(t)\Delta t.$$

事实上，上式表明当 $|\Delta t|$ 很小时，从 t 到 $t+\Delta t$ 这段时间内物体运动的速度的变化也很小. 因此，在这段时间内，物体的运动可以近似地看作速度为 $s'(t)$ 的匀速运动，于是路程增量的近似值为 $\Delta s \approx s'(t)\Delta t$.

以上两个问题的实际意义虽然不同，但在数量关系上却有共同点：函数的增量可以表示成两部分，第一部分为自变量增量的线性部分，第二部分是当自变量增量趋于零时，比自变量增量高阶的无穷小. 且当自变量增量绝对值很小时，函数的增量可以由该点的导数与自变量的增量乘积来近似代替.

一般地，如果函数 $y = f(x)$ 满足一定条件，那么增量 Δy 可表示为

$$\Delta y = A\Delta x + o(\Delta x),$$

其中 A 是不依赖于 Δx 的常数，因此 $A\Delta x$ 是 Δx 的线性函数，且 Δy 与它的差

$$\Delta y - A\Delta x = o(\Delta x)$$

是比 Δx 高阶的无穷小. 所以，当 $A \neq 0$，且 $|\Delta x|$ 很小时，我们就可以用 Δx 的线性函数 $A\Delta x$ 来近似代替 Δy.

为了讨论问题的方便，我们引入微分的概念.

3.5.2 微分的概念

定义 3.5.1 若函数 $y = f(x)$ 在点 x 处的增量 $\Delta y = f(x+\Delta x) - f(x)$ 可以表示成

$$\Delta y = A\Delta x + o(\Delta x),$$

其中 A 是不依赖于 Δx 的常数，$o(\Delta x)$ 为比 Δx ($\Delta x \to 0$) 高阶的无穷小，则称函数 $f(x)$ 在点 x 处可微，并称 $A\Delta x$ 为函数 $y = f(x)$ 在点 x 处的微分，记为 dy 或 $df(x)$.

由微分定义可知，在例 3.5.1 中，金属薄片面积函数 $S(x)$ 在 $x = x_0$ 处当自变量 x 有增量 Δx 时的微分 $dS = 2x_0\Delta x = S'(x_0)\Delta x$；在例 3.5.2 中，做自由落体运动的物体的路程函数 $s(t)$ 在 $t = t_0$ 处当自变量 t 有增量 Δt 时的微分 $ds = gt_0\Delta t = s'(t_0)\Delta t$.

那么，上述微分与导数的关系是否具有一般性呢，即函数 $y = f(x)$ 在 $x = x_0$ 处当自变量 x 有增量 Δx 时的微分 $dy = A\Delta x$ 是否可以写成 $dy = f'(x_0)\Delta x$ 呢？亦即微分 $dy = A\Delta x$ 中的常数 A 是否等于 $f'(x_0)$ 呢？我们有下面的定理.

定理 3.5.1(微分的计算公式) 一元函数的可导与可微是等价的,且其关系为 $dy=f'(x)\Delta x$.

证 (1)(可导必可微)设函数 $y=f(x)$ 在点 x 处可导,对于 x 处的增量 Δx,相应地有增量 Δy.由 $\lim\limits_{\Delta x \to 0}\dfrac{\Delta y}{\Delta x}=f'(x)$,根据极限与无穷小的关系,我们有 $\dfrac{\Delta y}{\Delta x}=f'(x)+\alpha$(其中 α 为无穷小,即 $\lim\limits_{\Delta x \to 0}\alpha=0$),于是

$$\Delta y=f'(x)\Delta x+\alpha\Delta x.$$

其中,$\alpha\Delta x$ 是比 Δx 高阶的无穷小,从而由微分的定义得 $dy=f'(x)\Delta x$.

(2)(可微必可导)设函数 $y=f(x)$ 在点 x 处可微,于是由微分的定义知

$$\Delta y=A\Delta x+o(\Delta x) \quad \left(\text{其中}\lim\limits_{\Delta x \to 0}\dfrac{o(\Delta x)}{\Delta x}=0\right),$$

则有

$$\dfrac{\Delta y}{\Delta x}=A+\dfrac{o(\Delta x)}{\Delta x},$$

这样

$$\lim\limits_{\Delta x \to 0}\dfrac{\Delta y}{\Delta x}=\lim\limits_{\Delta x \to 0}\left(A+\dfrac{o(\Delta x)}{\Delta x}\right)=A,$$

即

$$f'(x)=A.$$

证毕.

当函数 $f(x)=x$ 时,函数的微分 $df(x)=dx=x'\Delta x=\Delta x$,即 $dx=\Delta x$.

因此我们规定自变量的微分等于自变量的增量,这样函数 $y=f(x)$ 的微分可以写成

$$dy=f'(x)\Delta x=f'(x)dx,$$

上式两边同除以 dx,有

$$\dfrac{dy}{dx}=f'(x).$$

由此可见,导数等于函数的微分与自变量的微分之商,即 $f'(x)=\dfrac{dy}{dx}$,正因为这样,导数也称为"微商",而微分的分式 $\dfrac{dy}{dx}$ 也常常被用作导数的符号.

我们注意到,若函数 $y=f(x)$ 在点 x 处可微,则有 $\Delta y=f'(x)\Delta x+\alpha\Delta x$,而此式右端的第一部分 $(f'(x)\Delta x)$ 是 Δx 的线性函数;第二部分 $(\alpha\Delta x)$,因为 $\lim\limits_{\Delta x \to 0}\dfrac{\alpha\Delta x}{\Delta x}=0$,所以是比 Δx 高阶的无穷小,因此当 $f'(x)\neq 0$,且 $|\Delta x|$ 很小时,第二部分可以忽略,于是第一部分就成了 Δy 的主要部分,从而有近似公式

$$\Delta y\approx f'(x)\Delta x.$$

通常称 $f'(x)\Delta x$ 为 Δy 的线性主部.

应当注意,微分与导数虽然有着密切的联系,但它们是有区别的:导数是函数在一点处的变化率,而微分是函数在一点处由自变量增量所引起的函数变化量的近似.导数的值只与自变量 x 的取值有关,而微分的值与自变量 x 的取值和自变量 x 的增量 Δx 都有关.

例 3.5.3 求函数 $y=x^2$ 在 $x=1,\Delta x=0.1$ 时的增量及微分.

解 因为 $y=x^2,x=1,\Delta x=0.1$,所以 $\Delta y=(x+\Delta x)^2-x^2=1.1^2-1^2=0.21$.

因为在点 $x=1$ 处,$y'|_{x=1}=2x|_{x=1}=2$,所以

$$dy=y'\Delta x=2\times 0.1=0.2.$$

例 3.5.4 半径为 r 的球,其体积为 $V=\dfrac{4}{3}\pi r^3$,当半径增大 Δr 时,求体积的增量及微分.

解 体积的增量

$$\Delta V=\dfrac{4}{3}\pi(r+\Delta r)^3-\dfrac{4}{3}\pi r^3=4\pi r^2\Delta r+4\pi r(\Delta r)^2+\dfrac{4}{3}\pi(\Delta r)^3,$$

显然有 $\Delta V = 4\pi r^2 \Delta r + o(\Delta r)$,
故根据微分的定义,得体积微分为 $dV = 4\pi r^2 \Delta r$.

注意:因为 $V' = 4\pi r^2$,所以,由微分的计算公式得
$$dV = V' \Delta r = 4\pi r^2 \Delta r.$$

3.5.3 微分的几何意义

为了对微分有比较直观的了解,我们来说明微分的几何意义.

设函数 $y=f(x)$ 的图形如图 3.5.2 所示,MP 是曲线上点 $M(x_0,y_0)$ 处的切线,设 MP 的倾角为 $\alpha(\alpha \neq 0)$,当自变量 x 有增量 Δx 时,得到曲线上另一点 $N(x_0+\Delta x, y_0+\Delta y)$,从图 3.5.2 可知,$MQ = \Delta x, QN = \Delta y$,则
$$QP = MQ \cdot \tan \alpha = f'(x_0) \Delta x,$$
即
$$dy = QP.$$

由此可知,当 $f'(x_0) \neq 0$ 时,微分 $dy = f'(x_0) \Delta x$ 是当 x 有增量 Δx 时,曲线 $y=f(x)$ 在点 (x_0,y_0) 处的切线的纵坐标的增量.用 dy 近似代替 Δy 就是用点 $M(x_0,y_0)$ 处的切线纵坐标的增量 QP 来近似代替曲线 $y=f(x)$ 的纵坐标的增量 QN,并且有 $|\Delta y - dy| = PN$.

由此可见,对于可微函数 $y=f(x)$ 而言,当 Δy 是曲线 $y=f(x)$ 上的点的纵坐标的增量时,dy 就是曲线在该点的切线纵坐标的相应增量.当 $|\Delta x|$ 很小时,$|\Delta y - dy|$ 比 $|\Delta x|$ 小得多.因此在点 M 的邻近,我们可以用切线段来近似代替曲线段,即在局部范围内用线性函数近似代替非线性函数.这在数学上称为非线性函数的局部线性化,是微分学的基本思想方法之一,经常用于研究自然科学和工程问题.

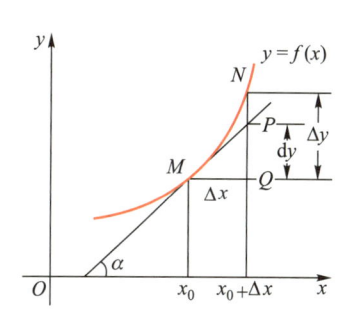

图 3.5.2

3.5.4 基本初等函数的微分公式和微分的运算法则

因为函数 $y=f(x)$ 的微分等于 $f'(x)dx$,所以根据导数公式和导数运算法则,就能得到相应的微分公式和微分运算法则.

1. 微分基本公式

$d(C) = 0 (C 为常数)$,

$d(x) = dx, d(x^\mu) = \mu x^{\mu-1} dx (\mu 为任意实数)$,

$d(\log_a x) = \dfrac{1}{x \ln a} dx (a>0 \text{ 且 } a \neq 1), d(\ln x) = \dfrac{1}{x} dx$,

$d(a^x) = a^x \ln a dx (a>0 \text{ 且 } a \neq 1), d(e^x) = e^x dx$,

$d(\sin x) = \cos x dx, d(\cos x) = -\sin x dx$,

$d(\tan x) = \sec^2 x dx, d(\cot x) = -\csc^2 x dx$,

$d(\sec x) = \sec x \tan x dx, d(\csc x) = -\csc x \cot x dx$,

$d(\arcsin x) = \dfrac{1}{\sqrt{1-x^2}} dx, d(\arccos x) = \dfrac{-1}{\sqrt{1-x^2}} dx$,

$d(\arctan x) = \dfrac{1}{1+x^2} dx, d(\operatorname{arccot} x) = \dfrac{-1}{1+x^2} dx$.

例 3.5.5 设 $f(x) = 3^x$,求函数 $f(x)$ 的微分.

解 因为 $\mathrm{d}a^x = a^x \ln a \mathrm{d}x$，所以，$\mathrm{d}f(x) = \mathrm{d}(3^x) = 3^x \ln 3 \mathrm{d}x$.

由于 $\mathrm{d}f(x) = f'(x)\mathrm{d}x$，所以，在求函数 $f(x)$ 的微分时，只需求出 $f'(x)$ 后，再乘以 $\mathrm{d}x$ 即可，无需再另外记忆上述微分公式.

2. 函数的和、差、积、商的微分运算法则

$$\mathrm{d}(u(x) \pm v(x)) = \mathrm{d}u(x) \pm \mathrm{d}v(x),$$

$$\mathrm{d}(u(x)v(x)) = v(x)\mathrm{d}u(x) + u(x)\mathrm{d}v(x),$$

$$\mathrm{d}(Cu(x)) = C\mathrm{d}u(x) \quad (C \text{ 为常数}),$$

$$\mathrm{d}\left(\frac{u(x)}{v(x)}\right) = \frac{v(x)\mathrm{d}u(x) - u(x)\mathrm{d}v(x)}{v^2(x)} \quad (v(x) \neq 0).$$

例 3.5.6 设 $y = x^8 + 6x^2 + 1$，求 $\mathrm{d}y$.

解 $\mathrm{d}y = \mathrm{d}(x^8 + 6x^2 + 1) = \mathrm{d}(x^8) + 6\mathrm{d}(x^2) + 0$
$= 8x^7 \mathrm{d}x + 12x\mathrm{d}x = (8x^7 + 12x)\mathrm{d}x.$

例 3.5.7 设 $y = \mathrm{e}^x + 2\sin x$，求 $\mathrm{d}y$.

解 $\mathrm{d}y = \mathrm{d}(\mathrm{e}^x + 2\sin x) = (\mathrm{e}^x + 2\sin x)'\mathrm{d}x$
$= (\mathrm{e}^x + 2\cos x)\mathrm{d}x.$

3. 复合函数的微分法则

设函数 $y = f(u)$，根据微分的定义，当 u 是自变量时，函数 $y = f(u)$ 的微分是

$$\mathrm{d}y = f'(u)\mathrm{d}u.$$

如果 u 不是自变量，而是 x 的可导函数 $u = \varphi(x)$，则复合函数 $y = f[\varphi(x)]$ 的导数为

$$y' = f'(u)\varphi'(x).$$

于是，复合函数 $y = f[\varphi(x)]$ 的微分为

$$\mathrm{d}y = f'(u)\varphi'(x)\mathrm{d}x,$$

由于

$$\varphi'(x)\mathrm{d}x = \mathrm{d}u,$$

所以

$$\mathrm{d}y = f'(u)\mathrm{d}u.$$

微视频

复合函数的微分法则

由此可见，不论 u 是自变量还是函数（中间变量），函数 $y = f(u)$ 的微分总保持同一形式 $\mathrm{d}y = f'(u)\mathrm{d}u$，这一性质称为**一阶微分形式不变性**. 有时，利用一阶微分形式不变性求复合函数的微分比较方便.

例 3.5.8 设 $y = \mathrm{e}^{x^2}$，求 $\mathrm{d}y$.

解法 1 用公式 $\mathrm{d}y = y'\mathrm{d}x$，得

$$\mathrm{d}y = (\mathrm{e}^{x^2})'\mathrm{d}x = (\mathrm{e}^{x^2})'_{x^2}(x^2)'\mathrm{d}x$$
$$= \mathrm{e}^{x^2} \cdot 2x\mathrm{d}x = 2x\mathrm{e}^{x^2}\mathrm{d}x.$$

解法 2 用一阶微分形式不变性，得

$$\mathrm{d}y = \mathrm{d}\mathrm{e}^{x^2} = (\mathrm{e}^{x^2})'_{x^2}\mathrm{d}x^2$$
$$= \mathrm{e}^{x^2}(x^2)'\mathrm{d}x = 2x\mathrm{e}^{x^2}\mathrm{d}x.$$

例 3.5.9 设 $f(x) = \cos\sqrt{x}$，求 $\mathrm{d}f(x)$.

解法 1 用公式 $\mathrm{d}f(x) = f'(x)\mathrm{d}x$，得

$$\mathrm{d}f(x) = (\cos\sqrt{x})'\mathrm{d}x = -\frac{1}{2\sqrt{x}}\sin\sqrt{x}\,\mathrm{d}x.$$

解法 2 用一阶微分形式不变性,得

$$dy = d(\cos\sqrt{x}) = -\sin\sqrt{x}\, d(\sqrt{x})$$

$$= -\sin\sqrt{x}\, \frac{1}{2\sqrt{x}}dx = -\frac{1}{2\sqrt{x}}\sin\sqrt{x}\, dx.$$

例 3.5.10 设 $y = e^{\sin x}$,求 dy.

解法 1 用公式 $dy = f'(x)dx$,得

$$dy = (e^{\sin x})'dx = e^{\sin x}\cos x\, dx.$$

解法 2 用一阶微分形式不变性,得

$$dy = d(e^{\sin x}) = e^{\sin x}d(\sin x) = e^{\sin x}\cos x\, dx.$$

例 3.5.11 求方程 $x^2 + 2xy - y^2 = a^2$ 确定的隐函数 $y = f(x)$ 的微分 dy 及导数 $\dfrac{dy}{dx}$.

解 对方程两边求微分,得

$$2xdx + 2(ydx + xdy) - 2ydy = 0,$$

即

$$(x+y)dx = (y-x)dy,$$

所以

$$dy = \frac{y+x}{y-x}dx,$$

$$\frac{dy}{dx} = \frac{y+x}{y-x}.$$

例 3.5.12 利用微分求方程 $\begin{cases} x = a\cos^3 t, \\ y = a\sin^3 t \end{cases}$ $(0 \leqslant t \leqslant 2\pi)$ 确定的函数的一阶导数 $\dfrac{dy}{dx}$ 及二阶导数 $\dfrac{d^2 y}{dx^2}$.

解 因为 $dx = -3a\cos^2 t\sin t\, dt$, $dy = 3a\sin^2 t\cos t\, dt$,所以利用导数为微分之商得

$$\frac{dy}{dx} = \frac{3a\sin^2 t\cos t\, dt}{-3a\cos^2 t\sin t\, dt} = -\tan t,$$

$$\frac{d^2 y}{dx^2} = \frac{d}{dx}\left(\frac{dy}{dx}\right) = \frac{d(-\tan t)}{d(a\cos^3 t)} = \frac{-\sec^2 t\, dt}{-3a\cos^2 t\sin t\, dt} = \frac{1}{3a\sin t\cos^4 t}.$$

3.5.5 微分在近似计算中的应用

在实际问题中,经常利用微分作近似计算.

利用微分进行近似计算的理论根据就是,在一定条件下,函数的增量近似等于函数的微分,具体地说就是,当函数 $y = f(x)$ 在 x_0 处的导数 $f'(x_0) \neq 0$,且 $|\Delta x|$ 很小时,我们有近似公式 $\Delta y \approx dy$,即,

$$\Delta y = f(x_0 + \Delta x) - f(x_0) \approx f'(x_0)\Delta x \qquad (3.5.1)$$

或

$$f(x_0 + \Delta x) \approx f(x_0) + f'(x_0)\Delta x. \qquad (3.5.2)$$

上式中令 $x_0 + \Delta x = x$,则

$$f(x) \approx f(x_0) + f'(x_0)(x - x_0), \qquad (3.5.3)$$

特别地,当 $x_0 = 0$,$|x|$ 很小时,有

$$f(x) \approx f(0) + f'(0)x. \qquad (3.5.4)$$

这里,(3.5.1)式可以用于求函数增量的近似值,而(3.5.2),(3.5.3),(3.5.4)式可用来求函数

的近似值.

应用(3.5.4)式可以推得一些常用的近似公式.当$|x|$很小时,有

(1) $\sqrt[n]{1+x} \approx 1 + \dfrac{1}{n}x$.

(2) $e^x \approx 1+x$.

(3) $\ln(1+x) \approx x$.

(4) $\sin x \approx x$ （x用弧度作单位）.

(5) $\tan x \approx x$ （x用弧度作单位）.

证 (1) 取$f(x) = \sqrt[n]{1+x}$, 于是$f(0) = 1$,
$$f'(0) = \dfrac{1}{n}(1+x)^{\frac{1}{n}-1}\Big|_{x=0} = \dfrac{1}{n},$$

代入(3.5.4)式得
$$\sqrt[n]{1+x} \approx 1 + \dfrac{1}{n}x.$$

(2) 取$f(x) = e^x$, 于是$f(0) = 1$, $f'(0) = (e^x)'|_{x=0} = 1$, 代入(3.5.4)式得
$$e^x \approx 1+x.$$

其他几个公式也可用类似的方法证明.

例 3.5.13 计算 $\arctan 1.05$ 的近似值.

解 设$f(x) = \arctan x$, 由(3.5.2)式有
$$\arctan(x_0 + \Delta x) \approx \arctan x_0 + \dfrac{1}{1+x_0^2}\Delta x,$$

取$x_0 = 1$, $\Delta x = 0.05$ 有
$$\arctan 1.05 = \arctan(1+0.05) \approx \arctan 1 + \dfrac{1}{1+1^2} \times 0.05$$
$$= \dfrac{\pi}{4} + \dfrac{0.05}{2} \approx 0.810.$$

例 3.5.14 某球体的体积从 972π cm³ 增加到 973π cm³, 试求其半径的增量的近似值.

解 设球的半径为r, 体积$V = \dfrac{4}{3}\pi r^3$, 则$r = \sqrt[3]{\dfrac{3V}{4\pi}}$.
$$\Delta r \approx dr = \sqrt[3]{\dfrac{3}{4\pi}}\dfrac{1}{3\sqrt[3]{V^2}}dV = \sqrt[3]{\dfrac{1}{36\pi}}\dfrac{1}{\sqrt[3]{V^2}}dV,$$

现$V = 972\pi$ cm³, $\Delta V = 973\pi - 972\pi = \pi$ (cm³).所以
$$\Delta r \approx dr = \sqrt[3]{\dfrac{1}{36\pi(972\pi)^2}}\pi = \sqrt[3]{\dfrac{1}{36 \cdot 972^2}} \approx 0.003 \text{(cm)},$$

即半径约增加 0.003 cm.

注意:利用微分进行近似计算时,要求自变量的增量的绝对值$|\Delta x|$很小,这个"很小"是相对于点x_0而言的,请读者结合下例体会.

例 3.5.15 计算 $\sqrt[3]{65}$ 的近似值.

解法 1 设 $f(x)=\sqrt[3]{x}$,令 $x_0=64,\Delta x=1$,由于 $f'(x)=\dfrac{1}{3}x^{-\frac{2}{3}}$,所以,

$$f'(x_0)=f'(64)=\dfrac{1}{3}\times 64^{-\frac{2}{3}}=\dfrac{1}{3}\times(4^3)^{-\frac{2}{3}}$$

$$=\dfrac{1}{3}\times 4^{-2}=\dfrac{1}{3}\times\dfrac{1}{16}=\dfrac{1}{48},$$

又因为当 $|\Delta x|$ 很小时,有 $\Delta y\approx\mathrm{d}y$,所以,

$$f(x_0+\Delta x)-f(x_0)\approx f'(x_0)\Delta x,$$

即

$$f(x_0+\Delta x)\approx f(x_0)+f'(x_0)\Delta x.$$

因此,

$$f(64+1)\approx f(64)+f'(64)\times 1,$$

即

$$\sqrt[3]{65}\approx\sqrt[3]{64}+\dfrac{1}{48}=4+\dfrac{1}{48}\approx 4.021.$$

解法 2 因为 $\sqrt[3]{65}=\sqrt[3]{64+1}=\sqrt[3]{64\left(1+\dfrac{1}{64}\right)}=4\sqrt[3]{1+\dfrac{1}{64}}$,由近似公式(1)得

$$\sqrt[3]{65}=4\sqrt[3]{1+\dfrac{1}{64}}\approx 4\left(1+\dfrac{1}{3}\times\dfrac{1}{64}\right)=4+\dfrac{1}{48}\approx 4.021.$$

— 思考题 3.5 —

1. 设 $y=f(x)$ 在点 x_0 的某邻域有定义,且 $f(x_0+\Delta x)-f(x_0)=a\Delta x+b(\Delta x)^2$,其中 a,b 为常数,下列命题哪个正确?

(1) $f(x)$ 在点 x_0 处可导,且 $f'(x_0)=a$;

(2) $f(x)$ 在点 x_0 处可微,且 $\mathrm{d}f(x)\big|_{x=x_0}=a\mathrm{d}x$;

(3) $f(x_0+\Delta x)\approx f(x_0)+a\Delta x$ ($|\Delta x|$ 很小时).

2. 可导与可微有什么关系?其几何意义分别表示什么?二者有什么区别?

3. 用微分进行近似计算的理论依据是什么?

— 练习 3.5A —

1. 求下列函数的微分:

(1) $f(x)=2x^2$;   (2) $g(x)=3\mathrm{e}^x$;

(3) $\varphi(x)=\sin x$;   (4) $y=\cos x$.

2. $\mathrm{d}(\quad)=\mathrm{e}^{2x}\mathrm{d}x,\mathrm{d}(\quad)=\dfrac{\mathrm{d}x}{1+x},\mathrm{d}(\quad)=\dfrac{\ln x}{x}\mathrm{d}x.$

3. 设 $f(x)=\ln(x+1)$,求 $\mathrm{d}f(x)\Big|_{\substack{x=2\\ \Delta x=0.01}}$.

— 练习 3.5B —

1. 求下列函数的微分:

(1) $y=x^2+\sin x$;   (2) $y=\tan x$;

(3) $y = xe^x$; (4) $y = (3x-1)^{100}$.

2. 求 $\sqrt[3]{1.02}$, $\sin 29°$ 的近似值.

3. 已知 $y = x^3 - x$, 计算在 $x = 2$ 处当 Δx 分别等于 $1, 0.1, 0.01$ 时的 Δy 及 dy.

4. 求下列函数的微分:

(1) $y = \dfrac{1}{x} + 2\sqrt{x}$; (2) $y = x\sin 2x$;

(3) $y = \dfrac{x}{\sqrt{x^2+1}}$; (4) $y = \ln^2(1-x)$.

5. 将适当的函数填入下列括号内, 使等式成立:

(1) $d(\quad) = 2dx$; (2) $d(\quad) = 3xdx$;

(3) $d(\quad) = \cos t dt$; (4) $d(\quad) = \sin \omega x dx$;

(5) $d(\quad) = \dfrac{1}{1+x}dx$; (6) $d(\quad) = e^{-2x}dx$.

6. 计算 $\tan 136°$ 的近似值.

3.6 用数学软件进行导数与微分运算

3.6.1 用数学软件 Mathematica 进行导数与微分运算

在 Mathematica 系统中, 用 D[f,x] 求 f(x) 对 x 的一阶导数, 用 D[f,{x,n}] 求 f(x) 对 x 的 n 阶导数. 在一定范围内, 也能使用微积分中的"撇号"("撇号"为计算机键盘上的单引号)标记来定义导数, 其使用方法为: 若 f[x] 为一元函数, 则 f'[x] 给出 f[x] 的一阶导数, f'[x₀] 给出函数 f[x] 在 $x = x_0$ 处的导数值. 同样 f''[x] 给出 f[x] 的二阶导数, f'''[x] 给出 f[x] 的三阶导数.

例 3.6.1 求下列函数的一阶导数.

(1) $y = x^8$; (2) $y = x^8 \sin x$.

解

```
In[1]:=D[x^8,x]
Out[1]=8x^7
In[2]:=D[x^8*Sin[x],x]
Out[2]=x^8 Cos[x]+8x^7 Sin[x]
```

例 3.6.2 求函数 $y = x^8 e^{2x}$ 的二阶导数.

解法 1

```
In[3]:=D[x^8*E^(2*x),{x,2}]  (*求函数 y=x^8 e^{2x} 的二阶导数*)
Out[3]=56 E^{2x} x^6+32 E^{2x} x^7+4 E^{2x} x^8
```

解法 2

```
In[1]:=Clear[x,f]
f[x_]:=x^8*E^(2x)(*定义函数 f(x)=x^8 e^{2x}*)
f''[x]  (*求函数 f(x) 的二阶导数*)
Out[3]=56 E^{2x} x^6+32 E^{2x} x^7+4 E^{2x} x^8
```

微视频

Mathematica 求一元函数微分

3.6.2 用数学软件 MATLAB 进行导数与微分运算

在 MATLAB 系统中,用 diff(f,x) 求 f 对自变量 x 的一阶导数;用 diff(f,x,n) 求 f 对自变量 x 的 n 阶导数.

例 3.6.3 求下列函数的一阶导数.

(1) $y = x^8$;　　(2) $y = x^8 \sin x$.

解

(1)
```
≫ clear
  syms x
≫ diff(x^8,x)
ans = 8*x^7
```

(2)
```
≫ clear
  syms x
diff(x^8*sin(x),x)
ans = x^8*cos(x)+8*x^7*sin(x)
```

例 3.6.4 求函数 $y = x^8 e^{2x}$ 的二阶导数.

解
```
≫ clear
  syms x
diff(x^8*exp(2*x),x,2)
ans = 56*x^6*exp(2*x)+32*x^7*exp(2*x)+4*x^8*exp(2*x)
```

3.7 学习任务 3 解答　面积随半径的变化率

解

1. 设半径为 r 的圆的面积为 S,则 $S = \pi r^2, r \in (0, +\infty)$,

(1) 因为 $\dfrac{dS}{dr} = (\pi r^2)' = 2\pi r$,所以,圆盘面积关于半径的变化率为 $2\pi r$.

(2) 因为 $\dfrac{dS}{dr}\bigg|_{r=5} = 2\pi r \big|_{r=5} = 10\pi$,所以,半径为 5 cm 时,面积关于半径的变化率为 10π.

(3) 因为 $dS = (\pi r^2)' dr = 2\pi r dr$,所以,

$$dS = 2\pi r dr \bigg|_{\substack{r=5 \\ dr=0.021}} = 2 \times \pi \times 5 \times 0.021 \approx 0.66 (\text{cm}^2),$$

即半径由 5 cm 增加到 5.021 cm 时,面积大约增加了 0.66 cm².

2. 扫描二维码,查看学习任务 3 的 Mathematica 程序.

3. 扫描二维码,查看学习任务 3 的 MATLAB 程序.

复习题 3

A 级

1. 根据导数的定义求下列函数的导数：

(1) $f(x) = \sqrt{2x-1}$，计算 $f'(5)$；

(2) $f(x) = \cos x$，求 $f'(x)$.

2. 如果 $f(x)$ 在点 x_0 处可导，求

(1) $\lim\limits_{h \to 0} \dfrac{f(x_0-h) - f(x_0)}{h}$；

(2) $\lim\limits_{h \to 0} \dfrac{f(x_0+\alpha h) - f(x_0+\beta h)}{h}$（其中 α, β 为常数）.

3. 求下列曲线在指定点处的切线方程和法线方程：

(1) $y = \dfrac{1}{x}$ 在点 $(1,1)$；

(2) $y = x^3$ 在点 $(2,8)$.

4. 一金属圆盘，当温度为 t 时，半径为 $r = r_0(1+\alpha t)$（r_0 与 α 为常数），求温度为 t 时，该圆盘面积关于温度的变化率$\left(\text{提示：求 } \dfrac{\mathrm{d}r}{\mathrm{d}t}\right)$.

5. 假设制作 x kg 供出售的蜂蜜的成本为 $C(x)$ 元，其中

$$C(x) = 40x - 0.1x^2, \quad 0 \leq x \leq 80,$$

求在 $x = 40$ kg 时的边际成本（提示：求 $C'(40)$）.

6. 求下列函数的导数：

(1) $y = 2x^2 - \dfrac{1}{x^3} + 5x + 1$；

(2) $y = 3\sqrt[3]{x^2} - \dfrac{1}{x^3} + \cos\dfrac{\pi}{3}$；

(3) $y = x^2 \sin x$；

(4) $y = x\ln x + \dfrac{\ln x}{x}$；

(5) $y = (\sin x - \cos x)\ln x$；

(6) $y = \dfrac{\sin x}{1+\cos x}$；

(7) $y = \dfrac{x\tan x}{1+x^2}$；

(8) $y = (2+\sec x)\sin x$.

7. 求下列函数在指定点处的导数值：

(1) $f(x) = x + \sin x$ 在 $x = 2\pi$ 处；

(2) $f(t) = \dfrac{t - \sin t}{t + \sin t}$ 在 $t = \dfrac{\pi}{2}$ 处；

(3) $y = (1+x^3)\left(5 - \dfrac{1}{x^2}\right)$ 在 $x = 1$ 处；

(4) $y = \dfrac{\cos x}{2x^3 + 3}$ 在 $x = \dfrac{\pi}{2}$ 处.

B 级

8. 曲线 $y = x^2 + x - 2$ 上哪一点的切线与 x 轴平行，哪一点的切线与直线 $y = 4x - 1$ 平行，又在哪一点的切线与 x 轴正向交角为 $60°$？

9. 设 $f(x) = x^3 + 9x^2 + 2x + 2$，求满足 $f(x) = f'(x)$ 的所有 x 值.

10. 以初速度 v_0 上抛的物体，其上升的高度 s 与时间 t 的关系为

$$s(t) = v_0 t - \frac{1}{2}gt^2,$$

求（1）上升物体的速度 $v(t)$；（2）经过多长时间，它的速度为零．

11. 一底半径与高相等的直圆锥体受热膨胀，在膨胀过程中，其高和底半径的膨胀率相等，问：

（1）体积关于底半径的变化率如何？

（2）底半径为 5 cm 时，体积关于底半径的变化率如何？

12. 求下列函数的导数：

（1）$y = (x^3 - x)^6$；

（2）$y = \sqrt{1 + \ln^2 x}$；

（3）$y = \cot\left(\dfrac{1}{x}\right)$；

（4）$y = x^2 \sin\left(\dfrac{1}{x}\right)$；

（5）$y = \ln\dfrac{x}{1-x}$；

（6）$y = \sin^2(\cos 3x)$；

（7）$y = \ln[\ln(\ln x)]$；

（8）$y = \dfrac{\sin^2 x}{\sin x^2}$；

（9）$y = \arcsin(1-x)$；

（10）$y = \arctan(\ln x)$．

13. 已知电容器极板上的电荷量为

$$Q(t) = cu_m \sin \omega t,$$

其中 c, u_m, ω 都是常数，求电流 $i(t)$ $\left(\text{提示}: i(t) = \dfrac{\mathrm{d}Q(t)}{\mathrm{d}t}\right)$．

14. 质量为 m_0 的物质，在化学分解中经过时间 t 后，所剩的质量 m 与时间 t 的关系为 $m = m_0 \mathrm{e}^{-kt}$（$k > 0$ 是常数），求物质的分解速度．

15. 若以 10 cm³/s 的速率给一个球形气球充气，那么当气球半径为 2 cm 时，它的表面积增加有多快 $\left(\text{提示}:\text{半径为 } r \text{ 的球体体积 } V = \dfrac{4}{3}\pi r^3, \text{半径为 } r \text{ 的球的表面积 } S = 4\pi r^2. \text{为求}\dfrac{\mathrm{d}S}{\mathrm{d}t}, \text{需要先通过}\dfrac{\mathrm{d}V}{\mathrm{d}t}\text{求出}\dfrac{\mathrm{d}r}{\mathrm{d}t}\right)$？

16. 求下列函数的导数：

（1）$y = (x^3 + 1)^2$，求 y''；

（2）$y = x^2 \sin 2x$，求 y'''．

17. 求下列函数的 n 阶导数：

（1）$y = x\mathrm{e}^x$；

（2）$y = \sin^2 x$．

18. 求由下列方程所确定的隐函数的导数 y'：

（1）$y^3 + x^3 - 3xy = 1$；

（2）$\arctan\dfrac{y}{x} = \ln\sqrt{x^2 + y^2}$．

19. 用对数求导法求下列函数的导数：

（1）$y = \dfrac{(2x+3)\sqrt[4]{x-6}}{\sqrt[3]{x+1}}$；

（2）$y = (\sin x)^{\cos x}$ $(\sin x > 0)$．

20. 求由下列参数方程所确定的函数 $y = y(x)$ 的导数 $\dfrac{\mathrm{d}y}{\mathrm{d}x}$：

（1）$\begin{cases} x = \dfrac{1}{t+1}, \\ y = \dfrac{t}{(t+1)^2}; \end{cases}$

（2）$\begin{cases} x = \mathrm{e}^t \cos t, \\ y = \mathrm{e}^t \sin t, \end{cases}$ 求 $\left.\dfrac{\mathrm{d}y}{\mathrm{d}x}\right|_{t=\frac{\pi}{2}}$．

21. 求曲线 $\begin{cases} x = \ln \sin t, \\ y = \cos t \end{cases}$ 在 $t = \dfrac{\pi}{2}$ 处的切线方程．

22. 求下列函数的微分：

(1) $y = \ln \sin \dfrac{x}{2}$；　　　　(2) $e^{xy} - xy = e - 1$.

23. 利用微分求近似值：

(1) $\arctan 1.02$；　　　　(2) $\sin 30°\ 30'$；

(3) $\ln 1.01$；　　　　(4) $\sqrt[6]{65}$.

24. 水管壁的横截面是一个圆环，设它的内径为 R_0，壁厚为 h，试利用微分来计算这个圆环面积的近似值（提示：半径为 r 的圆面积 $S = S(r) = \pi r^2$，圆环面积 $\Delta S = S(R_0 + h) - S(R_0) \approx dS \Big|_{\substack{r = R_0 \\ \Delta r = h}}$）.

25. 如果半径为 15 cm 的球的半径伸长 2 mm，球的体积约扩大多少？

26. 已知单摆的振动周期 $T = 2\pi \sqrt{\dfrac{l}{g}}$，其中 $g = 980\ \text{cm/s}^2$，l 为摆长（单位：cm），设原摆长为 20 cm，为使周期 T 增加 0.05 s，摆长约需加长多少（提示：求 $dl \Big|_{\substack{dT = 0.05 \\ l = 20}}$）？

27. 设

$$f(x) = \begin{cases} \dfrac{2}{3} x^3, & x \leq 1, \\ x^2, & x > 1, \end{cases}$$

则 $f(x)$ 在 $x = 1$ 处的（　　）.

A. 左、右导数都存在　　　　B. 左导数存在，右导数不存在

C. 左导数不存在，右导数存在　　　　D. 左、右导数都不存在

28. 设函数 $f(x)$ 和 $g(x)$ 均在点 x_0 的某一邻域内有定义，$f(x)$ 在 x_0 处可导，$f(x_0) = 0$，$g(x)$ 在 x_0 处连续，试讨论 $f(x)g(x)$ 在 x_0 处的可导性.

29. 若函数 $f(x) = \begin{cases} x^2, & x \leq 1, \\ ax + 2b, & x > 1 \end{cases}$ 在 $x = 1$ 处可导，试求参数 a, b 的值.

30. 设 $f(x)$ 在点 $x = 0$ 处连续，且 $\lim\limits_{x \to 0} \dfrac{f(x)}{x} = 1$，证明：$f(x)$ 在 $x = 0$ 处可导.

31. 设 $y = f(e^x) e^{f(x)}$，求 y'.

32. 设 $y = \dfrac{x^2}{\sqrt{1 - x^2}}$，求 y'.

33. 设 $f\left(\dfrac{1}{x}\right) = x^2 + \dfrac{1}{x} + 1$，求 $f'(x)$.

34. 若函数 $y = f(x)$ 在 $(-a, a)$ 内可导且为奇（偶）函数，证明：在该区间内函数 $f'(x)$ 为偶（奇）函数；

35. 求曲线 $x^2 + y^2 - 2x + 3y + 2 = 0$ 的切线，使该切线平行于直线 $2x + y - 2 = 0$.

36. 设 $f''(x)$ 存在，分别求下列函数的一、二阶导数 y', y''：

(1) $y = f(x^2)$；　　　　(2) $y = \ln[f(x)]$.

37. 设一质点按运动规律 $s(t) = \sin(wt + \varphi)$ 做直线运动，求质点在 t 时刻的速度 $v(t)$ 和加速度 $a(t)$.

38. 求下列方程确定的隐函数 $y = f(x)$ 的微分 dy：

(1) $1 + x^2 y - e^x = \sin y$；　　　　(2) $\dfrac{x^2}{a^2} + \dfrac{y^2}{b^2} = 1$.

39. 有 100 个半径为 5 cm 的球，为了提高球面的光洁度，要镀上一层铜，厚度定为 0.01 cm. 估计这批

球大约需用多少克铜（铜的密度是 8.9 g/cm³）？

C 级

40. 人在路灯下行走，其影子也随之移动，这是司空见惯的生活现象.设一人站在白炽灯光源的正下方以速度 v 向前直行，试确定其影子的运动规律.

D 级

第 4 章 导数的应用

4.0 学习任务 4 粮仓的最小表面积

某粮站要建上端为半球形、下端为圆柱形的粮仓,请回答如下问题:

(1)若粮仓的体积确定,问圆柱的底面半径与圆柱的高之比为多少时,粮仓(包含底面)的表面积最小?

(2)若容积为 1 000 m³,圆柱的底面半径和高各为多少时,粮仓(包含底面)的表面积最小?

该问题要求计算粮仓的最小表面积,也就是求其表面积函数的最小值.该问题涉及如何用导数研究函数的最大值、最小值等有关性态.

我们已经研究了导数概念及求导法则,本章将利用导数来研究函数的性质.本章所介绍的微分中值定理是用导数研究函数在区间上整体性质的有力工具.

引例 某日小明对数学老师说:老师,有一个问题长期困扰着我.如果已知某函数 $f(x)$ 的图形如图 4.0.1,我就很容易看到该函数在其定义区间 $[a,b]$ 上的变化情况.但是,如果我事先不知道该函数的图形,只知道其解析表达式,通过描点 $(a,f(a))$,$(0,f(0))$,$(1,f(1))$,$(2,f(2))$,$(3,f(3))$,$(b,f(b))$,得到的仅是图 4.0.2 所示的一条直线,与 $f(x)$ 的真实图形相差甚远,这个问题该如何解决?

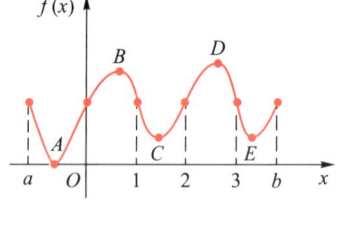

图 4.0.1

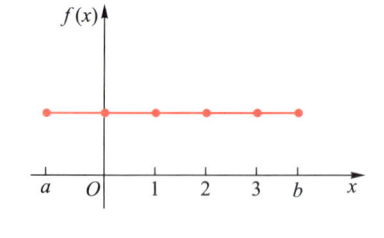

图 4.0.2

回答小明的问题其实很简单,就是小明在用"描点法"描绘函数 $f(x)$ 的图形时根本没有找到函数 $f(x)$ 的图形上的 A,B,C,D,E 这 5 个关键点.而这几个点恰是该函数所对应的"局部最低点"与"局部最高点",本章我们就研究如何利用导数找到这些点.

4.1 拉格朗日中值定理与函数的单调性

本节首先通过几何直观引入拉格朗日(Lagrange,1736—1813)中值定理,随后以拉格朗日中值定理为基础,推导出函数单调性的判别方法.

在介绍拉格朗日定理之前,先介绍费马引理和罗尔中值定理.

文档

拉格朗日

4.1.1 费马引理

定理 4.1.1(费马引理) 设函数 $f(x)$ 在点 x_0 的某邻域 $U(x_0,\delta)$ 内有定义,并且在 x_0 处可导,如果对任意的 $x \in U(x_0,\delta)$,有 $f(x) \leqslant f(x_0)$(或 $f(x) \geqslant f(x_0)$),那么 $f'(x_0) = 0$.

费马引理的几何意义:在曲线弧段 $y = f(x)$ 内的峰点或谷点 (x_0,y_0) 处,若存在不垂直于 x 轴的切线,即 $f(x)$ 在 x_0 处可导,则其切线平行于 x 轴,如图 4.1.1 中 C、D 两点.

证 设当 $x \in U(x_0,\delta)$ 时,有 $f(x) \geqslant f(x_0)$(如果 $f(x) \leqslant f(x_0)$,证法类似),于是,对于 $x_0 + \Delta x \in U(x_0,\delta)$,有 $f(x_0 + \Delta x) - f(x_0) \geqslant 0$,又因为 $f'(x_0)$ 存在,由极限的保号性知,

当 $\Delta x \geqslant 0$ 时,有 $f'(x_0) = f'_+(x_0) = \lim\limits_{\Delta x \to 0^+} \dfrac{f(x_0 + \Delta x) - f(x_0)}{\Delta x} \geqslant 0$,

当 $\Delta x \leqslant 0$ 时,$f'(x_0) = f'_-(x_0) = \lim\limits_{\Delta x \to 0^-} \dfrac{f(x_0 + \Delta x) - f(x_0)}{\Delta x} \leqslant 0$.

因此,有 $f'(x_0) = 0$. 证毕.

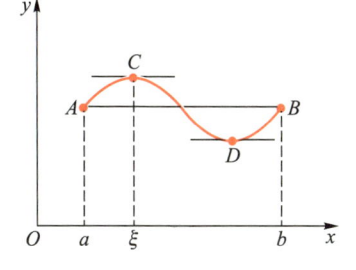

图 4.1.1

下面以费马引理为基础,推导出罗尔中值定理.

4.1.2 罗尔(Rolle)中值定理

定理 4.1.2(罗尔中值定理) 如果函数 $f(x)$ 满足以下 3 个条件:
(1) 在闭区间 $[a,b]$ 上连续,
(2) 在开区间 (a,b) 内可导,
(3) 在闭区间 $[a,b]$ 的两个端点处的函数值相等,即 $f(a) = f(b)$,则至少存在一个 $\xi \in (a,b)$,使得 $f'(\xi) = 0$.

罗尔中值定理的几何意义:若连续的曲线弧 $y = f(x)$ ($x \in [a,b]$)除端点外处处有不垂直于 x 轴的切线,且两端点的纵坐标相等,则在该曲线弧上至少有一点,使得曲线在该点的切线是水平的(图 4.1.2).

证 因为函数 $f(x)$ 在闭区间 $[a,b]$ 上连续,所以存在最大值与最小值,分别用 M 和 m 表示,分两种情况讨论:

若 $M = m$,则函数 $f(x)$ 在闭区间 $[a,b]$ 上必为常函数,结论显然成立.

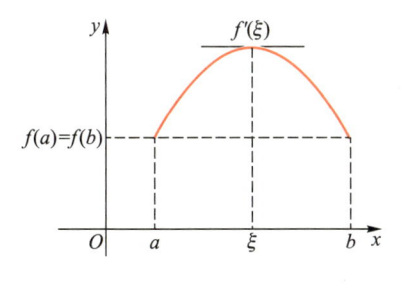

图 4.1.2

若 $M > m$,则因为 $f(a) = f(b)$,所以最大值 M 与最小值 m 至少有一个在开区间 (a,b) 内部某点 ξ 处取得,不失一般性,设在点 ξ 处取得最小值 m,即设 $f(\xi) = m$,即对任意的 $x \in [a,b]$,有 $f(x) \geqslant f(\xi) = m$,因此,由费马引理可知 $f'(\xi) = 0$,$\xi \in (a,b)$,证毕.

例 4.1.1 不求出函数 $f(x) = (x-2)(x-3)(x-4)$ 的导数,说明方程 $f'(x) = 0$ 有几个实根,并指出它们所在的区间.

解 因为多项式函数 $f(x)$ 分别在闭区间 $[2,3]$,$[3,4]$ 上连续,分别在开区间 $(2,3)$,$(3,4)$ 内可导,且在区间端点处的函数值相等,即 $f(2) = f(3) = f(4) = 0$.由罗尔中值定理知:在开区间 $(2,3)$ 内至少存在一点 $\xi_1 \in (2,3)$;在开区间 $(3,4)$ 内至少存在一点 $\xi_2 \in (3,4)$,使得 $f'(\xi_1) = f'(\xi_2) = 0$ 成立.即方程 $f'(x) = 0$ 至少有 2 个实根.

又因为 $f(x)$ 为 3 次多项式，所以 $f'(x)$ 为 2 次多项式，所以方程 $f'(x)=0$ 为 2 次方程，故它至多有两个实根．因此方程 $f'(x)=0$ 有且仅有两个实根，它们分别位于开区间 (2,3) 和 (3,4) 内．

在罗尔中值定理的 3 个条件中去掉第 3 个条件"在闭区间 $[a,b]$ 的两个端点处的函数值相等"后，就有如下拉格朗日中值定理．

4.1.3 拉格朗日中值定理

为了用导数研究函数，需要用导数表示函数的关系式．为此，我们先观察图 4.1.3.

由图 4.1.3 可以看出，在连续且除端点外处处有不垂直于 x 轴的切线的曲线弧 $\overset{\frown}{AB}$ 上，至少存在一点 $C(\xi, f(\xi))$，使曲线弧在该点的切线 CT 平行于该曲线两端点的连线，即割线 AB．我们知道，两直线平行的充要条件是其斜率相等．由于曲线 $y=f(x)$ 在点 $C(\xi, f(\xi))$ 处的切线 CT 的斜率为 $f'(\xi)$，割线 AB 的斜率为 $\dfrac{f(b)-f(a)}{b-a}$，因此，有 $\dfrac{f(b)-f(a)}{b-a} = f'(\xi)$．这就把函数 $f(x)$ 在区间 $[a,b]$ 端点处的函数值与 $f'(x)$ 在点 ξ 处的值联系到了一起，为我们用导数研究函数提供了方便．将该事实用定理刻画就是：

定理 4.1.3（拉格朗日中值定理） 如果函数 $f(x)$ 满足下列条件：

(1) 在闭区间 $[a,b]$ 上连续，

(2) 在开区间 (a,b) 内可导，

那么，在开区间 (a,b) 内至少有一点 ξ，使得

$$f(b)-f(a)=f'(\xi)(b-a). \tag{4.1.1}$$

图 4.1.3

(4.1.1)式也叫拉格朗日中值公式，如果令 $x=a, \Delta x=b-a$，则(4.1.1)式又可写成

$$f(x+\Delta x)-f(x)=f'(\xi)\Delta x, \tag{4.1.2}$$

其中 ξ 介于 x 与 $x+\Delta x$ 之间，如果将 ξ 表示成 $\xi=x+\theta\Delta x(0<\theta<1)$，上式也可写成

$$f(x+\Delta x)-f(x)=f'(x+\theta\Delta x)\Delta x \quad (0<\theta<1). \tag{4.1.3}$$

拉格朗日中值定理是微分学的一个基本定理，在理论上和应用上都有很重要的价值．它建立了函数在一个区间上的改变量和函数在这个区间内某点处的导数之间的联系，从而使我们有可能用导数去研究函数在区间上的性态．

证明思路：比较拉格朗日中值定理与罗尔中值定理的条件发现，在拉格朗日中值定理的条件中，没有限定函数 $f(x)$ 在区间 $[a,b]$ 端点处的函数值 $f(a)$ 和 $f(b)$ 相等，为了利用罗尔中值定理证明拉格朗日中值定理，就得设法构造一个与 $f(x)$ 有密切关系的函数 $\varphi(x)$（称为辅助函数），使之不但满足罗尔中值定理的条件(1)和条件(2)，而且还要满足条件(3) $\varphi(a)=\varphi(b)$．由图 4.1.3 可以看出，曲线弧 $y=f(x)(x\in[a,b])$ 与直线 $AB: L(x)=f(a)+\dfrac{f(b)-f(a)}{b-a}(x-a)$ 有相同的端点，令 $\varphi(x)=f(x)-L(x)$，便有 $\varphi(a)=\varphi(b)$．

证 构造辅助函数 $\varphi(x)=f(x)-\left[f(a)+\dfrac{f(b)-f(a)}{b-a}(x-a)\right]$，由于 $f(x)$ 在闭区间 $[a,b]$ 上连续，在开区间 (a,b) 内可导，所以，$\varphi(x)$ 也在闭区间 $[a,b]$ 上连续，在开区间 (a,b) 内可导，且有 $\varphi(a)=\varphi(b)=0$，根据罗尔中值定理知，在开区间 (a,b) 内至少存在一点 ξ，使得 $\varphi'(\xi)=0$．由于，

$$\varphi'(x) = f'(x) - \frac{f(b)-f(a)}{b-a},$$

所以,
$$\varphi'(\xi) = f'(\xi) - \frac{f(b)-f(a)}{b-a} = 0,$$

即
$$f'(\xi) = \frac{f(b)-f(a)}{b-a}.$$

因此,开区间(a,b)内至少存在一点ξ,使得$f'(\xi) = \frac{f(b)-f(a)}{b-a}$,即$f(b)-f(a) = f'(\xi)(b-a)$.定理证毕.

例 4.1.2 写出函数$f(x) = x^2$在闭区间$[1,2]$上所满足的拉格朗日中值公式,并求出满足拉格朗日中值公式的ξ.

解 由于$f(x)$在闭区间$[1,2]$上连续,在开区间$(1,2)$内可导,所以,在开区间$(1,2)$内至少存在一点ξ,使得
$$2^2 - 1^2 = 2\xi \cdot (2-1),$$

这就是所满足的拉格朗日中值公式.解之得$\xi = \frac{3}{2}$.

例 4.1.3 证明当$x>0$时,有$\ln(1+x) < x$.

证 设$f(t) = \ln(1+t) - t$,则当$x>0$时,$f(t)$在闭区间$[0,x]$上连续,在开区间$(0,x)$内可导,根据拉格朗日中值定理知,在开区间$(0,x)$内至少存在一点ξ,使得
$$f'(\xi) = \frac{f(x)-f(0)}{x-0} = \frac{\ln(1+x)-x}{x} \quad (\xi \in (0,x)).$$

又因为$f'(\xi) = \frac{1}{1+\xi} - 1 = -\frac{\xi}{1+\xi} < 0 (\xi > 0)$.所以$\frac{\ln(1+x)-x}{x} < 0$,即$\ln(1+x)-x < 0$,亦即$\ln(1+x) < x$.

因此,当$x>0$时,有$\ln(1+x) < x$.

4.1.4 两个重要推论

推论 1 如果函数$f(x)$在区间(a,b)内满足$f'(x) = 0$,则在(a,b)内$f(x) = C$(C为常数).

证 设x_1, x_2是区间(a,b)内的任意两点,且$x_1 < x_2$,于是在区间$[x_1, x_2]$上函数$f(x)$满足拉格朗日中值定理的条件,故得
$$f(x_2) - f(x_1) = f'(\xi)(x_2 - x_1) \quad (x_1 < \xi < x_2),$$

由于$f'(\xi) = 0$,所以$f(x_2) - f(x_1) = 0$,即
$$f(x_1) = f(x_2).$$

因为x_1, x_2是(a,b)内的任意两点,于是上式表明$f(x)$在(a,b)内任意两点的值总是相等的,即$f(x)$在(a,b)内是一个常数,证毕.

例 4.1.4 证明
$$\arcsin x + \arccos x = \frac{\pi}{2}.$$

证 令 $f(x) = \arcsin x + \arccos x$,

由于
$$f'(x) = \frac{1}{\sqrt{1-x^2}} + \frac{-1}{\sqrt{1-x^2}} = 0,$$

所以,由推论 1 知,

即
$$f(x)=C(常数),$$
$$\arcsin x+\arccos x=C.$$

取 $x=1$,有
$$\arcsin 1+\arccos 1=C.$$

所以
$$C=\frac{\pi}{2}.$$

因此
$$\arcsin x+\arccos x=\frac{\pi}{2}.$$

证毕.

推论 2 如果对 (a,b) 内任意 x,均有 $f'(x)=g'(x)$,则在 (a,b) 内 $f(x)$ 与 $g(x)$ 之间只差一个常数,即 $f(x)=g(x)+C$(C 为常数).

证 令 $F(x)=f(x)-g(x)$,则 $F'(x)=0$,由推论 1 知,$F(x)$ 在 (a,b) 内为一常数 C,即 $f(x)-g(x)=C$,$x\in(a,b)$,证毕.

4.1.5 函数的单调性

在第 1 章,我们曾定义了函数的单调性,单调函数在高等数学中占有重要的地位,如单调函数才有反函数等.本段我们着重讨论函数的单调性与其导数之间的关系,从而提供一种判别函数单调性的方法.

我们知道区间 $[a,b]$ 上的单调增函数 $f(x)$(图 4.1.4)的图像是一条随 x 的增大而逐渐上升的曲线.此时,曲线上任一点处的切线与 x 轴正向夹角为锐角,即 $f'(x)>0$,反过来是否也成立呢? 我们有如下定理:

定理 4.1.4(函数单调性判别) 设函数 $f(x)$ 在闭区间 $[a,b]$ 上连续,在开区间 (a,b) 内可导,则有

(1) 如果在开区间 (a,b) 内 $f'(x)>0$,则函数 $f(x)$ 在闭区间 $[a,b]$ 上单调增加;

(2) 如果在开区间 (a,b) 内 $f'(x)<0$,则函数 $f(x)$ 在闭区间 $[a,b]$ 上单调减少.

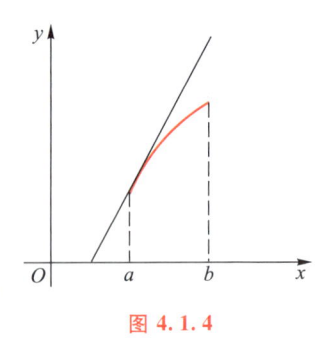

证 设 x_1,x_2 是 $[a,b]$ 上任意两点,且 $x_1<x_2$,则 $f(x)$ 在 $[x_1,x_2]$ 上满足拉格朗日中值定理,于是有
$$f(x_2)-f(x_1)=f'(\xi)(x_2-x_1) \quad (x_1<\xi<x_2),$$
如果 $f'(x)>0$,必有 $f'(\xi)>0$,又 $x_2-x_1>0$,于是有 $f(x_2)-f(x_1)>0$,即 $f(x_2)>f(x_1)$.由于 x_1,x_2($x_1<x_2$)是 $[a,b]$ 上任意两点,所以函数 $f(x)$ 在 $[a,b]$ 上单调增加.

同理可证,如果 $f'(x)<0$,则函数 $f(x)$ 在 $[a,b]$ 上单调减少,证毕.

有时,函数在其整个定义域上并不具有单调性,但在其各个部分区间上却具有单调性.如图 4.1.5 所示,函数 $f(x)$ 在区间 $[a,x_1]$,$[x_2,b]$ 上单调增加,而在 $[x_1,x_2]$ 上单调减少,并且,从图上容易看到,可导函数 $f(x)$ 在单调区间的分界点处的导数为零,即 $f'(x_1)=f'(x_2)=0$.

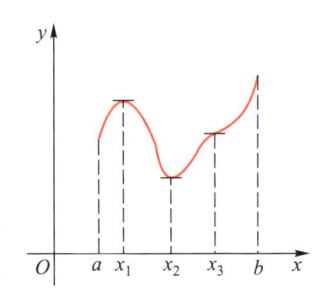

因此,要确定可导函数 $f(x)$ 的单调区间,首先要求出使 $f'(x)=0$ 的点(称这样的点为驻点),然后,用这些驻点将 $f(x)$ 的定义域分成若干个子区间,再在每个子区间上用定理 4.1.4 判断函数的单调性.一般地,当

图 4.1.4

图 4.1.5

$f'(x)$ 在某区间内的个别点处为零,而在其余各点处都为正(或负)时,那么 $f(x)$ 在该区间上仍旧是单调增加(或单调减少)的.例如,图 4.1.5 中 $f'(x_3)=0$,但 $f(x)$ 在 $[x_2,b]$ 上仍是单调增加的.又如,$f(x)=x^3$ 在 $(-\infty,+\infty)$ 内除 $x=0$ 外,处处有 $f'(x)=3x^2>0$,函数 $f(x)=x^3$ 在 $(-\infty,+\infty)$ 内是单调增加的.

例 4.1.5 求函数 $y=x^2$ 的单调区间.

解 因为 $y=x^2$,所以 $y'=2x$,令 $y'=0$,得 $x=0$.用 $x=0$ 将 $y=x^2$ 的定义区间 $(-\infty,+\infty)$ 分成两个小区间 $(-\infty,0]$ 和 $[0,+\infty)$.由于 $x\in(-\infty,0)$ 时,$y'<0$;$x\in(0,+\infty)$ 时,$y'>0$.又因为函数 $y=x^2$ 分别在区间 $(-\infty,0]$ 和 $[0,+\infty)$ 上连续,因此,其单调减区间为 $(-\infty,0]$,单调增区间为 $[0,+\infty)$.

例 4.1.6 讨论函数 $f(x)=3x^2-x^3$ 的单调性.

解 因为 $f(x)=3x^2-x^3$,所以
$$f'(x)=6x-3x^2=3x(2-x).$$

令 $f'(x)=0$ 得驻点 $x_1=0,x_2=2$,用它们将 $f(x)$ 的定义区间 $(-\infty,+\infty)$ 分成三个小区间 $(-\infty,0]$,$[0,2]$,$[2,+\infty)$,并列表讨论如下:

开区间	$(-\infty,0)$	$(0,2)$	$(2,+\infty)$
$f'(x)$	<0	>0	<0
$f(x)$ 的连续区间	$(-\infty,0]$	$[0,2]$	$[2,+\infty)$
$f(x)$ 的增减性	↘	↗	↘

注:用"↘"表示函数 $f(x)$ 在给定区间上单调减少,用"↗"表示函数 $f(x)$ 在给定区间上单调增加.

根据此表及定理 4.1.4 知,函数 $f(x)$ 在区间 $(-\infty,0]$ 与 $[2,+\infty)$ 上单调减少,在区间 $[0,2]$ 上单调增加.

例 4.1.7 求函数 $y=\sqrt[5]{x^2}$ 的单调区间.

解 因为 $y=\sqrt[5]{x^2}=x^{\frac{2}{5}}$,$y'=\dfrac{2}{5}x^{-\frac{3}{5}}=\dfrac{2}{5\sqrt[5]{x^3}}$,所以,该函数无驻点,但有导数不存在的点 $x=0$.用 $x=0$ 将该函数的定义域 $(-\infty,+\infty)$ 分成两部分 $(-\infty,0]$ 和 $[0,+\infty)$.由于该函数在 $(-\infty,0]$ 和 $[0,+\infty)$ 上连续,在开区间 $(-\infty,0)$ 内可导,且有 $y'<0$;在开区间 $(0,+\infty)$ 内可导,且有 $y'>0$.

因此,函数 $y=\sqrt[5]{x^2}$ 在 $(-\infty,0]$ 上单调减少,其单调减区间为 $(-\infty,0]$;在 $[0,+\infty)$ 上单调增加,其单调增区间为 $[0,+\infty)$(图 4.1.6).

从例 4.1.5 和例 4.1.7 可以看出,函数的单调区间的分界点有驻点(导数为零的点)和导数不存在的点.因此,在讨论函数的单调性时,要先用驻点和导数不存在的点将函数的定义域分成几个小区间,然后根据导数在每个小区间内的符号判定函数在该小区间内的增减性.

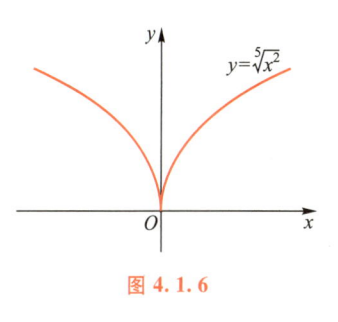

例 4.1.8 证明 $x>0$ 时,$e^x>x$.

证 令 $f(x)=e^x-x$,则初等函数 $f(x)$ 在其有定义的区间 $[0,+\infty)$ 上连续,又因为 $f'(x)=e^x-1$,所以,当 $x\in(0,+\infty)$ 时,有 $f'(x)>0$,因此,$f(x)$ 在 $[0,+\infty)$ 上单调增加,所以,当 $x>0$ 时,有 $f(x)>f(0)=1>0$,即 $x>0$ 时,$e^x-x>0$,亦即 $x>0$ 时,$e^x>x$.证毕.

用完全类似的方法,可以证明 $x>0$ 时,有 $e^x>1+x$ 成立.请读者自证.

— 思考题 4.1 —

1. 将拉格朗日中值定理中的条件 $f(x)$ "在闭区间 $[a,b]$ 上连续" 换为 "在开区间 (a,b) 内连续" 后,定理是否还成立?试举例(只需画图)说明.

2. 思考并回答下列问题:

(1) 罗尔中值定理与拉格朗日中值定理的联系与区别?

(2) 若将罗尔中值定理中条件(1)换成"在开区间 (a,b) 内连续",定理的结论还成立吗?画图说明.

(3) 不求 $f(x)=(x-1)(x-2)(x-3)(x-4)$ 的导数,说明方程 $f'(x)=0$ 有几个实根,并指出它们所在的区间(提示:注意 $f(x)$ 为 4 次多项式,$f'(x)$ 为 3 次多项式,3 次多项式至多有 3 个实根).

3. 举例说明罗尔中值定理与拉格朗日中值定理的条件是充分的而非必要的(可采用画图方式说明).

— 练习 4.1A —

1. 求 $y=x^2-2x-1$ 的单调区间.

2. 讨论函数 $y=e^x$ 的单调性.

3. 求函数 $y=x+\dfrac{25}{x}(x>0)$ 的单调区间.

— 练习 4.1B —

1. 求函数 $f(x)=\dfrac{1}{3}x^3+\dfrac{1}{2}x^2+x+1$ 的单调区间.

2. 讨论函数 $f(x)=e^{-x^2}$ 的单调性.

3. 求函数 $f(x)=e^{x^3}$ 在 $[-1,1]$ 上的最小值与最大值(提示:利用函数的单调性).

4. 若方程 $a_0x^n+a_1x^{n-1}+\cdots+a_{n-1}x=0$ 有一个根 $x=5$,证明方程 $a_0nx^{n-1}+a_1(n-1)x^{n-2}+\cdots+a_{n-1}=0$ 在开区间 $(0,5)$ 内必有一个根.

5. 证明方程 $x^5+2x-1=0$ 只有一个正根.

6. 证明下列不等式:当 $0<x<\dfrac{\pi}{2}$ 时,$\tan x>x+\dfrac{1}{3}x^3$.

7. 若 $f(x)$ 在 $[0,1]$ 上连续,在 $(0,1)$ 内可导,且 $f(0)=f(1)=0$,$f\left(\dfrac{1}{2}\right)=1$,证明在 $(0,1)$ 内至少有一点 ξ,使 $f'(\xi)=1$.

8. 求函数 $y=(x-1)(x+1)^3$ 的单调区间.

9. 已知 $f(x)$ 在 $[0,+\infty)$ 上连续,在 $(0,+\infty)$ 内可导,且 $f'(x)>0$,$f(0)<0$,$f(1)>0$. 证明:方程 $f(x)=0$ 在 $[0,+\infty)$ 内有唯一根.

4.2 柯西中值定理与洛必达法则

本节首先给出柯西(Cauchy,1789—1857)中值定理,然后用柯西中值定理研究用导数求不定式极限的方法——洛必达(L'Hospital,1661—1704)法则.

4.2.1 柯西中值定理

柯西中值定理与拉格朗日中值定理有相同的几何背景,只需把曲线方程换成参数方程即可.柯西中值定理内容如下:

定理 4.2.1(柯西中值定理) 如果函数 $f(x)$ 与 $F(x)$ 满足下列条件:
(1) 在闭区间 $[a,b]$ 上连续,
(2) 在开区间 (a,b) 内可导,
(3) $F'(x)$ 在 (a,b) 内的每一点均不为零,

那么在开区间 (a,b) 内至少有一点 ξ,使得

$$\frac{f(b)-f(a)}{F(b)-F(a)}=\frac{f'(\xi)}{F'(\xi)}. \tag{4.2.1}$$

本定理的几何解释如下:

若将定理 4.2.1 中的 x 看成参数,则可将

$$X=F(x),Y=f(x),\quad a\leqslant x\leqslant b$$

看作一条曲线的参量方程表示式,这时 $\dfrac{f(b)-f(a)}{F(b)-F(a)}$ 表示连接曲线两端点 $A(F(a),f(a))$,$B(F(b),f(b))$ 的弦的斜率(图 4.2.1),而 $\dfrac{f'(\xi)}{F'(\xi)}$ 表示该曲线上某一点 $C(F(\xi),f(\xi))$ 处切线的斜率.因此,柯西中值定理的几何意义就表示:在连续且除端点外处处有不垂直于 X 轴的切线的曲线弧 $\overset{\frown}{AB}$ 上,至少存在一点 C,在该点处的切线平行于两端点的连线.

下面我们证明柯西中值定理.在证明之前,先捋清证明思路.证明该定理的关键是要证明在开区间 (a,b) 内至少存在一个 ξ 使得等式

$$\frac{f(b)-f(a)}{F(b)-F(a)}=\frac{f'(\xi)}{F'(\xi)}$$

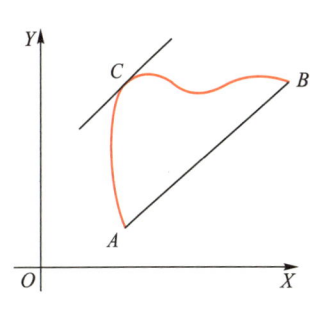

图 4.2.1

成立,

为此,我们先对其进行等价变形得

$$[f(b)-f(a)]F'(\xi)=[F(b)-F(a)]f'(\xi),$$

即

$$[f(b)-f(a)]F'(\xi)-[F(b)-F(a)]f'(\xi)=0.$$

现在问题转化为,能否构造一个函数 $\varphi(x)$,使得

$$\varphi'(\xi)=[f(b)-f(a)]F'(\xi)-[F(b)-F(a)]f'(\xi)=0,$$

由于 $F(b)-F(a)$ 和 $f(b)-f(a)$ 都是常数,所以自然想到构造函数

$$\varphi(x)=[f(b)-f(a)]F(x)-[F(b)-F(a)]f(x).$$

如果能够证明 $\varphi(x)$ 在闭区间 $[a,b]$ 上满足罗尔中值定理的三个条件,则可断定柯西中值定理成立.

证 令 $\varphi(x) = [f(b)-f(a)]F(x) - [F(b)-F(a)]f(x)$,

(1) 因为 $f(x), F(x)$ 在闭区间 $[a,b]$ 上连续,所以, $\varphi(x)$ 也在闭区间 $[a,b]$ 上连续.

(2) 因为 $f(x), F(x)$ 在开区间 (a,b) 内可导,所以, $\varphi(x)$ 也在开区间 (a,b) 内可导.

(3) 直接计算得 $\varphi(a) = \varphi(b) = F(a)f(b) - F(b)f(a)$.

所以, $\varphi(x)$ 在闭区间 $[a,b]$ 上满足罗尔中值定理的 3 个条件,因此,在开区间 (a,b) 内至少存在一个 ξ 使得 $\varphi'(\xi) = 0$,即 $[f(b)-f(a)]F'(\xi) - [F(b)-F(a)]f'(\xi) = 0$,变形得

$$[f(b)-f(a)]F'(\xi) = [F(b)-F(a)]f'(\xi). \qquad ①$$

又因为 $F(x)$ 在闭区间 $[a,b]$ 上连续,在开区间 (a,b) 内可导,由拉格朗日中值定理知,至少存在一个 $\eta \in (a,b)$,使得 $\dfrac{F(b)-F(a)}{b-a} = F'(\eta)$,由柯西中值定理的条件(3)知,对于 (a,b) 内任意 x 都有 $F'(x) \neq 0$,所以, $F'(\eta) \neq 0$,从而得 $F(b)-F(a) \neq 0$.故将①式两边同除以 $F(b)-F(a)$,得

$$\frac{f(b)-f(a)}{F(b)-F(a)} = \frac{f'(\xi)}{F'(\xi)}.$$

定理证毕.

4.2.2 洛必达法则

把两个无穷小之比或两个无穷大之比的极限称为 "$\dfrac{0}{0}$" 型或 "$\dfrac{\infty}{\infty}$" 型不定式(也称为 "$\dfrac{0}{0}$" 型或 "$\dfrac{\infty}{\infty}$" 型未定式)的极限.洛必达法则就是以导数为工具求不定式极限的方法.

定理 4.2.2(洛必达法则) 若

(1) $\lim\limits_{x \to x_0} f(x) = 0, \lim\limits_{x \to x_0} g(x) = 0$,

(2) $f(x)$ 与 $g(x)$ 在 x_0 的某邻域内(点 x_0 可除外)可导,且 $g'(x) \neq 0$,

(3) $\lim\limits_{x \to x_0} \dfrac{f'(x)}{g'(x)} = A$ (A 为有限数,也可为 $\infty, +\infty$ 或 $-\infty$),

则

$$\lim_{x \to x_0} \frac{f(x)}{g(x)} = \lim_{x \to x_0} \frac{f'(x)}{g'(x)} = A. \qquad (4.2.2)$$

证 由于我们要讨论的是函数在点 x_0 处的极限,而极限与函数在点 x_0 处的值无关,所以我们可补充 $f(x)$ 与 $g(x)$ 在 x_0 处的定义,而对问题的讨论不会发生任何影响.令 $f(x_0) = g(x_0) = 0$,则 $f(x)$ 与 $g(x)$ 在点 x_0 处连续.在点 x_0 附近任取一点 x,并应用柯西中值定理,得

$$\frac{f(x)}{g(x)} = \frac{f(x)-f(x_0)}{g(x)-g(x_0)} = \frac{f'(\xi)}{g'(\xi)} \quad (\xi \text{ 在 } x \text{ 与 } x_0 \text{ 之间}),$$

由于 $x \to x_0$ 时, $\xi \to x_0$,所以,对上式取极限便得要证的结果,证毕.

注 上述定理对 $x \to \infty$ 时的 "$\dfrac{0}{0}$" 不定式同样适用,对于 $x \to x_0$ 或 $x \to \infty$ 时的 "$\dfrac{\infty}{\infty}$" 不定式,也有相应的法则.

例 4.2.1 求 $\lim\limits_{x \to 0} \dfrac{1-e^x}{2x}$.

解 因为 $\lim\limits_{x \to 0}(1-e^x) = 1 - e^0 = 0, \lim\limits_{x \to 0} 2x = 0$,所以,由洛必达法则有,

$$\lim_{x\to 0}\frac{1-e^x}{2x}=\lim_{x\to 0}\frac{(1-e^x)'}{(2x)'}=\lim_{x\to 0}\frac{-e^x}{2}=-\frac{1}{2}.$$

注意：在求"$\frac{0}{0}$"或"$\frac{\infty}{\infty}$"不定式的极限时，当用过一次洛必达法则后，若其极限已经不满足洛必达法则的条件了，就需要改用其他方法确定极限；对有的极限问题，当用过一次洛必达法则后所得极限仍为"$\frac{0}{0}$"或"$\frac{\infty}{\infty}$"型不定式，则还可以继续应用洛必达法则求极限．

例 4.2.2 求 $\lim\limits_{x\to 1}\dfrac{x^3-3x+2}{x^3-x^2-x+1}$．

解 $\lim\limits_{x\to 1}\dfrac{x^3-3x+2}{x^3-x^2-x+1}=\lim\limits_{x\to 1}\dfrac{3x^2-3}{3x^2-2x-1}=\lim\limits_{x\to 1}\dfrac{6x}{6x-2}=\dfrac{6}{4}=\dfrac{3}{2}.$

例 4.2.3 求 $\lim\limits_{x\to \pi}\dfrac{1+\cos x}{\tan x}$．

解 $\lim\limits_{x\to \pi}\dfrac{1+\cos x}{\tan x}=\lim\limits_{x\to \pi}\dfrac{-\sin x}{\dfrac{1}{\cos^2 x}}=0.$

例 4.2.4 求 $\lim\limits_{x\to +\infty}\dfrac{\dfrac{\pi}{2}-\arctan x}{\dfrac{1}{x}}$．

解 $\lim\limits_{x\to +\infty}\dfrac{\dfrac{\pi}{2}-\arctan x}{\dfrac{1}{x}}=\lim\limits_{x\to +\infty}\dfrac{-\dfrac{1}{1+x^2}}{-\dfrac{1}{x^2}}=\lim\limits_{x\to +\infty}\dfrac{x^2}{1+x^2}=1.$

例 4.2.5 求 $\lim\limits_{x\to +\infty}\dfrac{\ln x}{x^n}\;(n>0).$

解 $\lim\limits_{x\to +\infty}\dfrac{\ln x}{x^n}=\lim\limits_{x\to +\infty}\dfrac{\dfrac{1}{x}}{nx^{n-1}}=\lim\limits_{x\to +\infty}\dfrac{1}{nx^n}=0.$

除不定式"$\dfrac{0}{0}$"与"$\dfrac{\infty}{\infty}$"之外，还有"$0\cdot\infty$""$\infty-\infty$""0^0""1^∞""∞^0"等不定式，这里不一一介绍，有兴趣的读者可参阅相应的书籍，下面就"$\infty-\infty$"不定式再举一例．

例 4.2.6 求 $\lim\limits_{x\to 1}\left(\dfrac{x}{x-1}-\dfrac{1}{\ln x}\right)$．

解 这是"$\infty-\infty$"不定式，通过"通分"将其化为"$\dfrac{0}{0}$"不定式．

$$\lim_{x\to 1}\left(\frac{x}{x-1}-\frac{1}{\ln x}\right)=\lim_{x\to 1}\frac{x\ln x-(x-1)}{(x-1)\ln x}=\lim_{x\to 1}\frac{x\cdot\dfrac{1}{x}+\ln x-1}{\ln x+\dfrac{x-1}{x}}$$

$$=\lim_{x\to 1}\frac{\ln x}{1-\dfrac{1}{x}+\ln x}=\lim_{x\to 1}\frac{\dfrac{1}{x}}{\dfrac{1}{x^2}+\dfrac{1}{x}}$$

$$=\frac{1}{2}.$$

在使用洛必达法则时,应注意如下几点:

(1) 每次使用法则前,必须检验是否属于"$\dfrac{0}{0}$"或"$\dfrac{\infty}{\infty}$"不定式,若不是不定式,就不能使用该法则.

(2) 如果有可约因子要先约去,如果有非零极限值的乘积因子,可先求出其极限,以简化演算步骤.

(3) 当$\lim\dfrac{f'(x)}{g'(x)}$不存在(不包括∞的情形)时,并不能断定$\lim\dfrac{f(x)}{g(x)}$也不存在,此时应改用其他方法求极限.

例 4.2.7 证明$\lim\limits_{x\to\infty}\dfrac{x+\sin x}{x}$存在,但不能用洛必达法则求解.

解 因为 $\lim\limits_{x\to\infty}\dfrac{x+\sin x}{x}=\lim\limits_{x\to\infty}\left(1+\dfrac{\sin x}{x}\right)=1+0=1$,

所以,所给极限存在.

又因为 $\lim\limits_{x\to\infty}\dfrac{(x+\sin x)'}{(x)'}=\lim\limits_{x\to\infty}\dfrac{1+\cos x}{1}=\lim\limits_{x\to\infty}(1+\cos x)$不存在,所以,所给极限不能用洛必达法则求出.

例 4.2.8 求$\lim\limits_{x\to 0^+}x^{\sin x}$.

解 极限$\lim\limits_{x\to 0^+}x^{\sin x}$为$0^0$型不定式,利用对数的性质$A^B=e^{\ln A^B}=e^{B\ln A}$对该极限变形得,

$$\lim\limits_{x\to 0^+}x^{\sin x}=\lim\limits_{x\to 0^+}e^{\ln x^{\sin x}}=e^{\lim\limits_{x\to 0^+}\sin x\ln x},$$

又因为,

$$\lim\limits_{x\to 0^+}\sin x\ln x=\lim\limits_{x\to 0^+}\left(\dfrac{\sin x}{x}\cdot\dfrac{\ln x}{x^{-1}}\right)=\lim\limits_{x\to 0^+}\left(\dfrac{\sin x}{x}\right)\cdot\lim\limits_{x\to 0^+}\left(\dfrac{\ln x}{x^{-1}}\right)=1\times\lim\limits_{x\to 0^+}\dfrac{x^{-1}}{-x^{-2}}=-\lim\limits_{x\to 0^+}x=0,$$

所以,$\lim\limits_{x\to 0^+}x^{\sin x}=e^{\lim\limits_{x\to 0^+}\sin x\ln x}=e^0=1$为所求.

— 思考题 4.2 —

1. 用洛必达法则求极限时应注意什么?

2. 把柯西中值定理中的"$f(x)$与$F(x)$在闭区间$[a,b]$上连续"换成"$f(x)$与$F(x)$在开区间(a,b)内连续"后,柯西中值定理的结论是否还成立?试举例(只需画出函数图像)说明.

— 练习 4.2A —

用洛必达法则求下列极限:

(1) $\lim\limits_{x\to 1}\dfrac{x^2-1}{x-1}$;

(2) $\lim\limits_{x\to 0}\dfrac{\sin 2x}{x}$;

(3) $\lim\limits_{x\to\pi}\dfrac{\sin(x-\pi)}{x-\pi}$;

(4) $\lim\limits_{x\to 0}\dfrac{x^4-3x^2+2x-\sin x}{x^4-x}$;

(5) $\lim\limits_{x\to 0}\dfrac{1-\cos x}{\tan x}$;

(6) $\lim\limits_{x\to 0}\dfrac{1-\cos x}{\tan^2 x}$;

(7) $\lim\limits_{x\to-\infty}\dfrac{\dfrac{\pi}{2}+\arctan x}{\dfrac{1}{x}}$;

(8) $\lim\limits_{x\to+\infty}\dfrac{2+\ln x}{x^n}$;

(9) $\lim\limits_{x\to 1^+}\left(\dfrac{x}{x-1}-\dfrac{x}{\ln x}\right)$;

(10) $\lim\limits_{x\to+\infty}x^{100}e^{-x}$.

— 练习 4.2B —

1. 设 $f(x)=\dfrac{\frac{1}{4}x^4-\frac{1}{3}x^3}{x-\sin x}$,求 $\lim\limits_{x\to 0}f(x)$.

2. 设 $f(x)=x^2-x$,直接用柯西中值定理求极限 $\lim\limits_{x\to 0}\dfrac{f(x)}{\sin x}$.

3. $\lim\limits_{x\to 1}\left(\dfrac{1}{x^2-1}-\dfrac{2}{x-1}\right)$.

4. $\lim\limits_{x\to 0^+}\left(\dfrac{1}{2x}\right)^{\tan x}$.

5. $\lim\limits_{x\to 0^+}x^{\tan x}$.

6. $\lim\limits_{x\to 0}\left(\dfrac{1}{x^2}-\dfrac{1}{x\sin x}\right)$.

7. $\lim\limits_{x\to 0}\left(\dfrac{1}{\sin x}-\dfrac{1}{x}\right)$;

8. $\lim\limits_{x\to +\infty}\dfrac{\ln x}{x^2}$;

9. $\lim\limits_{x\to +\infty}\dfrac{x^2}{\mathrm{e}^x}$;

10. $\lim\limits_{x\to 0}x^{-1}(\mathrm{e}^x-1)$.

4.3 函数的极值与最值

本节先研究函数极值的定义及取得极值的必要条件,而后研究极值存在的判定定理,最后,给出求闭区间上连续函数的最大值、最小值的方法,并结合具体例子介绍求解实际问题最值的方法.

4.3.1 函数的极值

定义 4.3.1 设函数 $f(x)$ 在点 x_0 的某邻域内有定义,且对此邻域内任一点 $x(x\neq x_0)$,均有 $f(x)<f(x_0)$,则称 $f(x_0)$ 是函数 $f(x)$ 的一个极大值.同样,如果对此邻域内任一点 $x(x\neq x_0)$,均有 $f(x)>f(x_0)$,则称 $f(x_0)$ 是函数 $f(x)$ 的一个极小值.函数的极大值与极小值统称为函数的极值.使函数取得极值的点 x_0,称为极值点.

注 (1) 函数在一个区间上可能有多个极大值和多个极小值,其中有的极大值可能比极小值还小.如图 4.3.1 所示:$f(x_1),f(x_3),f(x_5)$ 均是 $f(x)$ 的极小值,$f(x_0),f(x_2),f(x_4)$ 均是 $f(x)$ 的极大值.显然,极小值 $f(x_5)$ 大于极大值 $f(x_2)$.

(2) 函数的极值概念是局部性的,它们与函数的最值(函数 $f(x)$ 在其定义域上的最大值与最小值统称为 $f(x)$ 的最值)不同.极值 $f(x_0)$ 是就点 x_0 附近的一个局部范围来说的,最大值与最小值是就 $f(x)$ 的整个定

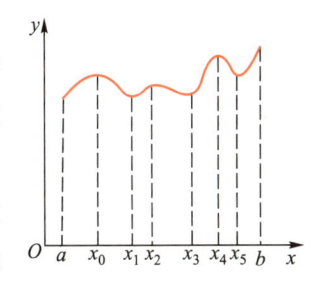

图 4.3.1

义域而言的.

从图 4.3.1 可以看出,可导函数在取得极值处的切线是水平的,即极值点 x_0 处,必有 $f'(x_0)=0$,于是有下面的定理.

定理 4.3.1(极值的必要条件) 设 $f(x)$ 在点 x_0 处具有导数,且在点 x_0 处取得极值,那么 $f'(x_0)=0$.

证明参见定理 4.1.1(费马引理).

我们已经知道使 $f'(x_0)=0$ 的点 x_0 叫作函数 $f(x)$ 的驻点.定理 4.3.1 告诉我们可导函数 $f(x)$ 的极值点必是 $f(x)$ 的驻点.反过来,驻点却不一定是 $f(x)$ 的极值点.如 $x=0$ 是函数 $f(x)=x^3$ 的驻点,但不是其极值点.

对于一个连续函数,它的极值点还可能是使导数不存在的点.例如,$f(x)=|x|$,$f'(0)$ 不存在,但 $x=0$ 是它的极小值点(图 4.3.2).

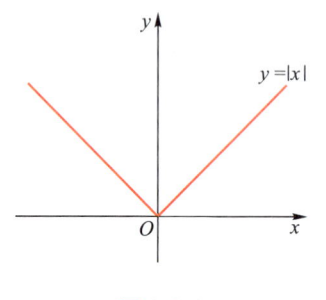

总之,连续函数 $f(x)$ 的可能极值点只能是其驻点或不可导点,为了判断可能极值点是否为极值点,有如下定理.

定理 4.3.2(极值的第一充分条件) 设 $f(x)$ 在点 x_0 处连续,在点 x_0 的某一空心邻域内可导.当 x 由小到大经过点 x_0 时,如果

(1) $f'(x)$ 由正变负,那么点 x_0 是极大值点.

(2) $f'(x)$ 由负变正,那么点 x_0 是极小值点.

(3) $f'(x)$ 不变号,那么点 x_0 不是极值点.

证 (1) 由假设知,$f(x)$ 在点 x_0 的左侧邻近 $(x_0-\delta,x_0]$ $(\delta>0)$ 单调增加,在点 x_0 的右侧邻近 $[x_0,x_0+\delta)$ $(\delta>0)$ 单调减少,即当 $x<x_0$ 时,$f(x)<f(x_0)$;当 $x>x_0$ 时,$f(x)<f(x_0)$,因此 x_0 是 $f(x)$ 的极大值点,$f(x_0)$ 是 $f(x)$ 的极大值.

类似地可证明(2).

(3) 由假设,当 x 在点 x_0 的某个邻域 $(x\neq x_0)$ 内取值时,$f'(x)>0(<0)$,所以在这个邻域内是单调增加(减少)的,因此 x_0 不是极值点.证毕.

例 4.3.1 求函数 $y=1-x^2$ 的极值.

解 因为 $y=1-x^2$,所以 $y'=-2x$.令 $y'=0$,得 $x=0$.

用 $x=0$ 将函数 $y=1-x^2$ 的定义域 $(-\infty,+\infty)$ 分成两个区间,列表讨论如下:

x	$(-\infty,0)$	0	$(0,+\infty)$
y'	+	0	−
y	↗	极大值	↘

由上表可见,函数 $y=1-x^2$ 在 $x=0$ 处取得极大值 $y=1$.

定理 4.3.3(极值的第二充分条件) 设 $f(x)$ 在点 x_0 处具有二阶导数且 $f'(x_0)=0$,$f''(x_0)\neq 0$.

(1) 如果 $f''(x_0)<0$,则 $f(x)$ 在点 x_0 取得极大值.

(2) 如果 $f''(x_0)>0$,则 $f(x)$ 在点 x_0 取得极小值.

证 在情形(1),由于 $f''(x_0)<0$,按二阶导数的定义有

$$f''(x_0)=\lim_{x\to x_0}\frac{f'(x)-f'(x_0)}{x-x_0}<0.$$

根据函数极限的局部保号性,当 x 在 x_0 的足够小的去心邻域内时,

$$\frac{f'(x)-f'(x_0)}{x-x_0}<0.$$

但 $f'(x_0)=0$,所以上式即

$$\frac{f'(x)}{x-x_0}<0.$$

从而知道,对于这去心邻域内的 x 来说, $f'(x)$ 与 $x-x_0$ 符号相反.因此,当 $x-x_0<0$ 即 $x<x_0$ 时, $f'(x)>0$;当 $x-x_0>0$ 即 $x>x_0$ 时, $f'(x)<0$.于是根据定理 4.3.2 可知, $f(x)$ 在点 x_0 处取得极大值.

类似地可以证明情形(2).证毕.

定理 4.3.3 表明,如果函数 $f(x)$ 在驻点 x_0 处的二阶导数 $f''(x_0)\neq 0$,那么该驻点 x_0 一定是极值点,并且可以按二阶导数 $f''(x_0)$ 的符号来判定 $f(x_0)$ 是极大值还是极小值.但如果 $f''(x_0)=0$,那么定理 4.3.3 就不能应用.事实上,当 $f'(x_0)=0, f''(x_0)=0$ 时, $f(x)$ 在 x_0 处可能有极大值,也可能有极小值,也可能没有极值.例如, $f_1(x)=-x^2, f_2(x)=x^2, f_3(x)=x^3$ 这三个函数在 $x=0$ 处就分别属于这三种情况.因此,如果函数在驻点处的二阶导数为零,那么可以根据定理 4.3.2(极值的第一充分条件)用一阶导数在驻点左右邻近的符号来判定.

例 4.3.2 求函数 $f(x)=x^3-6x^2+9x$ 的极值.

解法 1 因为 $f(x)=x^3-6x^2+9x$ 的定义域为 $(-\infty,+\infty)$,且 $f'(x)=3x^2-12x+9=3(x-1)(x-3)$.

令 $f'(x)=0$,得驻点 $x_1=1, x_2=3$.

在 $(-\infty,1)$ 内, $f'(x)>0$;在 $(1,3)$ 内, $f'(x)<0$,故由定理 4.3.2 知, $f(1)=4$ 为函数 $f(x)$ 的极大值.同理知 $f(3)=0$ 为 $f(x)$ 的极小值.

解法 2 因为 $f(x)=x^3-6x^2+9x$ 的定义域为 $(-\infty,+\infty)$,且 $f'(x)=3x^2-12x+9, f''(x)=6x-12$.

令 $f'(x)=0$,得驻点 $x_1=1, x_2=3$.

又因为 $f''(1)=-6<0$,所以, $f(1)=4$ 为极大值.

$f''(3)=6>0$,所以, $f(3)=0$ 为极小值.

例 4.3.3 求函数 $f(x)=2-(x-1)^{\frac{2}{3}}$ 的极值.

解 因为 $f(x)=2-(x-1)^{\frac{2}{3}}$ 的定义域为 $(-\infty,+\infty)$, $f(x)$ 在 $(-\infty,+\infty)$ 上连续,且

$$f'(x)=-\frac{2}{3}(x-1)^{-\frac{1}{3}}=\frac{-2}{3(x-1)^{\frac{1}{3}}} \quad (x\neq 1),$$

当 $x=1$ 时, $f'(x)$ 不存在,所以 $x=1$ 为 $f(x)$ 的可能极值点.在 $(-\infty,1)$ 内, $f'(x)>0$;在 $(1,+\infty)$ 内, $f'(x)<0$,由定理 4.3.2 知, $f(x)$ 在 $x=1$ 处取得极大值 $f(1)=2$.

4.3.2 函数的最值

在生产及生活实际中,经常会遇到如何做才能使"用料最省""产值最高""质量最好""耗时最少"等问题,这类问题在数学上就是最大值、最小值问题.

在第 2 章,我们已经知道:闭区间 $[a,b]$ 上的连续函数 $f(x)$ 一定存在着最大值和最小值.显然,函数在闭区间 $[a,b]$ 上的最大值和最小值只能在区间 (a,b) 内的极值点和闭区间 $[a,b]$ 的端点处达到.因此可先求出函数在一切可能的极值点(包括驻点和不可导点)和端点处的函数值,然后再比较这些数值的大小,即可得出函数的最大值和最小值.

例 4.3.4 求函数 $f(x)=2x^3+3x^2-12x$ 在 $[-3,4]$ 上的最大值和最小值.

解 因为 $f(x)=2x^3+3x^2-12x$ 在 $[-3,4]$ 上连续,所以在该区间上存在着最大值和最小值.

又因为 $f'(x)=6x^2+6x-12=6(x+2)(x-1)$,令 $f'(x)=0$,得驻点 $x_1=-2,x_2=1$,由于
$$f(-2)=20,\quad f(1)=-7,\quad f(-3)=9,\quad f(4)=128,$$
比较各值,可得函数 $f(x)$ 的最大值为 $f(4)=128$,最小值为 $f(1)=-7$.

对于实际问题,往往根据问题的性质就可断定函数 $f(x)$ 在定义区间的内部确有最大值或最小值. 理论上可以证明:若实际问题已断定 $f(x)$ 在其定义区间内部(不是端点处)存在着最大值(或最小值),且 $f'(x)=0$ 在定义区间内只有一个根 x_0,那么,可断定 $f(x)$ 在点 x_0 取得相应的最大值(或最小值).

例 4.3.5 有一块宽为 $2a$ 的长方形铁皮,将宽的两个边缘向上折起,做成一个开口水槽,其横截面为矩形,问矩形高 x 取何值时水槽的流量最大?

解 设两边各折起 x(图 4.3.3 所示为水槽的横截面),则横截面积为
$$S(x)=x(2a-2x)=2ax-2x^2\quad(0<x<a),$$
这样,问题归结为:当 x 为何值时,$S(x)$ 取最大值.

图 4.3.3

由于 $S'(x)=2a-4x$,令 $S'(x)=0$,得 $S(x)$ 的唯一驻点 $x=\dfrac{a}{2}$.

又因为铁皮两边折得过大或过小,其横截面积都会变小,因此,该实际问题存在着最大截面积.所以,$S(x)$ 的最大值在 $x=\dfrac{a}{2}$ 处取得,即当 $x=\dfrac{a}{2}$ 时,水槽的流量最大.

例 4.3.6 铁路线上 AB 的距离为 100 km,工厂 C 距 A 处为 20 km,AC 垂直于 AB(图 4.3.4),今要在 AB 线上选定一点 D 向工厂修筑一条公路,已知铁路与公路每千米货运费之比为 3∶5,问点 D 选在何处,才能使从 B 到 C 的运费最少?

解 设 $AD=x(\text{km})$,则 $DB=100-x$,$CD=\sqrt{20^2+x^2}$.

由于铁路每千米货物运费与公路每千米货物运费之比为 3∶5,因此,不妨设铁路上每千米运费为 $3k$,则公路上每千米运费为 $5k$,并设从点 B 到点 C 需要的总运费为 y,则
$$y=5k\sqrt{20^2+x^2}+3k(100-x)\quad(0\leq x\leq 100),$$

图 4.3.4

由此可见,x 过大或过小,总运费 y 均不会变小,故有一个合适的 x 使总运费 y 达到最小值.

又因为
$$y'=k\left(\dfrac{5x}{\sqrt{400+x^2}}-3\right),$$

令 $y'=0$,即 $\dfrac{5x}{\sqrt{400+x^2}}-3=0$,得 $x=15$ 为函数 y 在其定义域内的唯一驻点,故知 y 在 $x=15$ 处取得最小值,即点 D 应选在距 A 为 15 km 处,运费最少.

— 思考题 4.3 —

1. 画图说明闭区间上连续函数 $f(x)$ 的极值与最值之间的关系.
2. 可能极值点有哪几种? 如何判定可能极值点是否为极值点.
3. 对定理 4.3.3(极值的第二充分条件)进行几何解释.

— 练习 4.3A —

1. 求函数 $y=2x^2+4x+1$ 的驻点.
2. 讨论函数 $y=(1-x)^2$ 的极值.
3. 求函数 $y=x+\sqrt{2-x}$ 的极值.
4. 求函数 $y=x^2+\sqrt{2-x^2}$ 的极值.

— 练习 4.3B —

1. 求函数 $y=2+(1-x)^2$ 的极值.
2. 求函数 $f(x)=x^3+3x^2$ 在闭区间 $[-5,5]$ 上的极大值与极小值,最大值与最小值.
3. 求函数 $y=x+\sqrt{1-x}$ 在 $[-5,1]$ 上的最大值.
4. 设有质量为 100 kg 的物体,置于水平面上,受力 F 的作用而开始移动(图 4.3.5),摩擦系数 $\mu=0.25$,问力 F 与水平线的交角 α 为多少,才可使力 F 为最小.
5. 某吊车的车身高为 1.5 m,吊臂长 15 m.现在要把一个 6 m 宽、2 m 高的屋架,水平地吊到 6 m 高的柱子上去,如图 4.3.6 所示,问能否吊得上去?

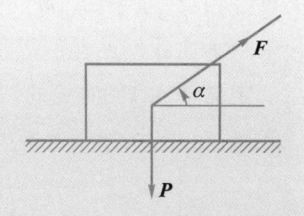

图 4.3.5

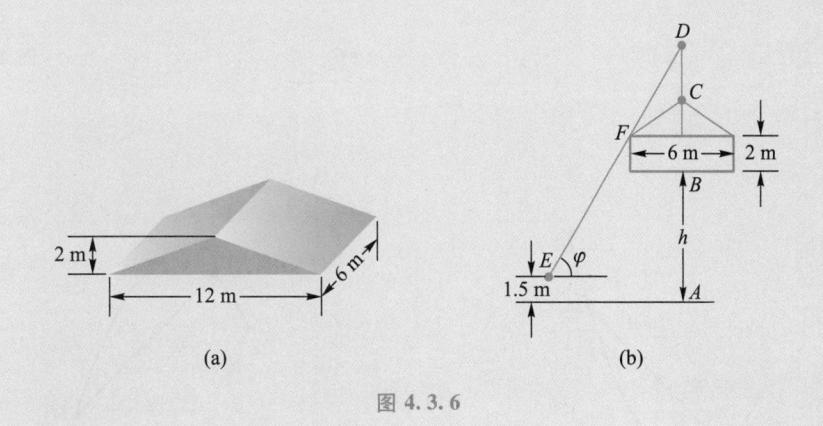

图 4.3.6

6. 求函数 $y=x+\sqrt{1-x}-1$ 的极值.
7. 求函数 $f(x)=x^4-x^2$ 的极值.
8. 求函数 $f(x)=x^3-3x^2-9x+5$ 在区间 $[-2,1]$ 上的最值.
9. 设函数 $y=ax^2+3bx+c$ 在 $x=-1$ 处取得极值,且其图像与曲线 $y=3x^2$ 相切于点 $(1,3)$,试确定常数 a,b 和 c.

4.4 曲线的凹凸性与函数图形的描绘

为了准确地描绘函数的图形,仅知道函数的增减性和极值、最值是不够的,还应知道它的弯曲方向以及不同弯曲方向的分界点.这一节,我们就先研究曲线的凹凸性与拐点.

4.4.1 曲线的凹凸性及其判别法

在图4.4.1中,可以看到曲线段 AB 总位于其上任一点处切线的下方;曲线段 BC 总位于其上任一点处切线的上方.为了讨论问题的方便,我们给出如下定义.

定义 4.4.1(曲线的凹凸) 若在某区间 (a,b) 内曲线段总位于其上任一点处切线的上方,则称曲线段在 (a,b) 内是向上凹的(简称凹弧,也称凹的);若曲线段总位于其上任一点处切线的下方,则称该曲线段在 (a,b) 内是向上凸的(简称凸弧,也称凸的).

为了定量研究曲线弧的凹凸性,我们注意到,在向上凹的曲线弧 AB 上(图4.4.2),如果任取两点 $M_1(x_1,f(x_1))$,$M_2(x_2,f(x_2))$,则联结这两点间的弦 $\overline{M_1M_2}$ 总位于这两点间的弧段的上方;而在向上凸的曲线弧 CD 上正好相反,联结 M_1,M_2 这两点的弦 $\overline{M_1M_2}$ 总位于这两点间弧段的下方(图4.4.3).据此,我们再给出一个刻画曲线凹凸性的等价定义.

定义 4.4.1′(曲线的凹凸) 设 $f(x)$ 在区间 I 上连续,对于区间 I 上任意两点 x_1,x_2,如果恒有

$$f\left(\frac{x_1+x_2}{2}\right) < \frac{f(x_1)+f(x_2)}{2},$$

则称 $f(x)$ 在区间 I 上的图形是向上凹的(简称凹的或凹弧)(图4.4.2);如果恒有

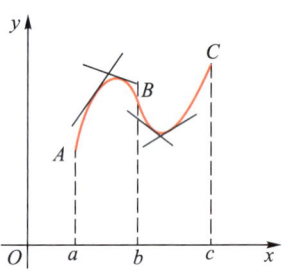

$$f\left(\frac{x_1+x_2}{2}\right) > \frac{f(x_1)+f(x_2)}{2},$$

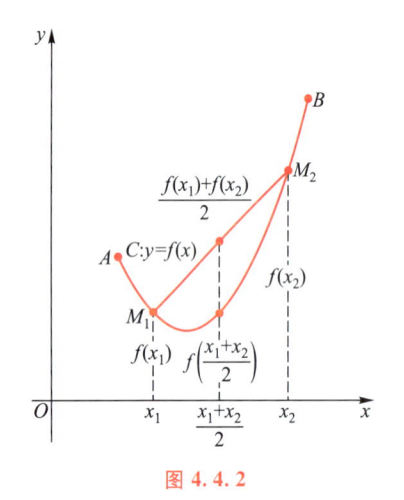

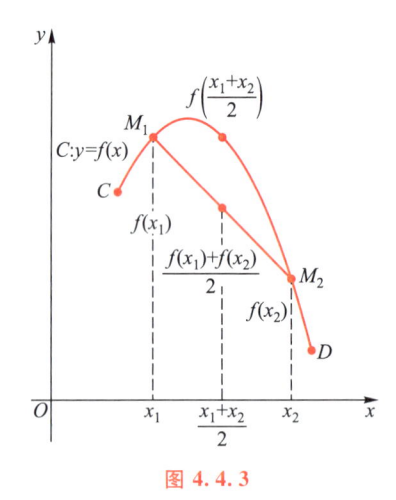

图 4.4.1

图 4.4.2

图 4.4.3

则称 $f(x)$ 在区间 I 上的图形是向上凸的(简称凸的或凸弧)(图4.4.3).

如果曲线 $y=f(x)$ 在区间 I 上是凸(凹)的,则称区间 I 是该曲线的凸(凹)区间.

根据定义4.4.1,由图4.4.1可以看出,若位于曲线弧上方的切线沿曲线从左到右转动时,其倾角由锐角变为钝角,则曲线是凸的.这意味着,随自变量 x 由小变大,曲线 $y=f(x)$ 的切线斜率 $f'(x)$ 由正变负,即 $f'(x)$ 单调减少,亦即 $f''(x)<0$ 时,曲线弧是凸的.若位于曲线弧下方的切线沿曲线从左到右转动时,其倾角由钝角变为锐角,则曲线是凹的.这意味着,随自变量 x 由小变大,曲线 $y=f(x)$ 的切线

斜率 $f'(x)$ 由负变正,即 $f'(x)$ 单调增加,亦即 $f''(x)>0$ 时,曲线弧是凹的.如果函数 $f(x)$ 在区间 I 内具有二阶导数,那么可以利用二阶导数的符号来判定曲线的凹凸性.基于该几何事实,我们有如下判定曲线凹凸性的定理.

定理 4.4.1(凹凸性的判别法) 设函数 $y=f(x)$ 在闭区间 $[a,b]$ 上连续,在开区间 (a,b) 内具有二阶导数.

(1) 若在 (a,b) 内 $f''(x)>0$,则曲线 $y=f(x)$ 在闭区间 $[a,b]$ 上是凹的.

(2) 若在 (a,b) 内 $f''(x)<0$,则曲线 $y=f(x)$ 在闭区间 $[a,b]$ 上是凸的.

证 下面只证明情形(2).设 x_1,x_2 为闭区间 $[a,b]$ 内任意两点,且 $x_1<x_2$,记 $x_2-x_0=x_0-x_1=h$,则有 $\dfrac{x_2+x_1}{2}=x_0, x_1=x_0-h, x_2=x_0+h$,由拉格朗日中值公式得

$$f(x_0+h)-f(x_0)=f'(x_0+\theta_1 h)h, \text{其中 } 0<\theta_1<1,$$
$$f(x_0)-f(x_0-h)=f'(x_0-\theta_2 h)h, \text{其中 } 0<\theta_2<1.$$

两式相减,得

$$f(x_0+h)-2f(x_0)+f(x_0-h)=[f'(x_0+\theta_1 h)-f'(x_0-\theta_2 h)]h,$$

对 $f'(x)$ 在区间 $[(x_0-\theta_2 h),(x_0+\theta_1 h)]$ 上再利用拉格朗日中值公式,得

$$[f'(x_0+\theta_1 h)-f'(x_0-\theta_2 h)]h=f''(\xi)(\theta_1+\theta_2)h^2, \text{其中 } x_0-\theta_2 h<\xi<x_0+\theta_1 h,$$

按情形(2)的假设知 $f''(\xi)<0$,故有

$$[f'(x_0+\theta_1 h)-f'(x_0-\theta_2 h)]h=f''(\xi)(\theta_1+\theta_2)h^2<0,$$

所以

$$f(x_0+h)-2f(x_0)+f(x_0-h)<0,$$

即

$$\frac{f(x_0+h)+f(x_0-h)}{2}<f(x_0),$$

将 $\dfrac{x_2+x_1}{2}=x_0, x_1=x_0-h, x_2=x_0+h$ 代入得,$\dfrac{f(x_2)+f(x_1)}{2}<f\left(\dfrac{x_1+x_2}{2}\right)$.

因此,$f(x)$ 在闭区间 $[a,b]$ 上的图形是凸的.情形(2)证毕.

与情形(2)证明过程类似,可以证明情形(1).

注意:将该判定法中的闭区间换成其他各种区间(包括无穷区间)结论仍然成立.

例 4.4.1 判定曲线 $y=\ln x$ 的凹凸性.

解 函数 $y=\ln x$ 的定义域为 $(0,+\infty)$.

$$y'=\frac{1}{x}, y''=-\frac{1}{x^2},$$

当 $x\in(0,+\infty)$ 时,$y''<0$,故曲线 $y=\ln x$ 在 $(0,+\infty)$ 内是凸的.

4.4.2 曲线的拐点及其求法

定义 4.4.2(拐点) 若连续曲线 $y=f(x)$ 上的点 P 是曲线凹与凸的分界点,则称点 P 是曲线 $y=f(x)$ 的拐点.

由于拐点是曲线凹凸的分界点,所以拐点左右两侧近旁 $f''(x)$ 必然异号.因此,曲线拐点的横坐标 x_0,只可能是使 $f''(x)=0$ 的点或 $f''(x)$ 不存在的点.从而可得拐点的求法:

设 $y=f(x)$ 在 (a,b) 内连续.

(1) 先求出 $f''(x)$, 找出在 (a,b) 内使 $f''(x)=0$ 的点和 $f''(x)$ 不存在的点.

(2) 用上述各点按照从小到大依次将 (a,b) 分成小区间, 再在每个小区间上考察 $f''(x)$ 的符号.

(3) 若 $f''(x)$ 在某点 x_i 两侧近旁异号, 则 $(x_i, f(x_i))$ 是曲线 $y=f(x)$ 的拐点, 否则不是.

例 4.4.2 求曲线 $y=x^3$ 的凹凸性及拐点, 并画其草图.

解 因为初等函数 $y=x^3$ 的定义域为 $(-\infty, +\infty)$, 所以, 其为 $(-\infty, +\infty)$ 上的连续函数且
$$y'=3x^2, \quad y''=6x,$$
令 $y''=0$, 得 $x=0$.

用 $x=0$ 将 $(-\infty, +\infty)$ 分成两个小区间: $(-\infty, 0)$ 和 $(0, +\infty)$.

当 $x \in (-\infty, 0)$ 时, $y''<0$, 曲线 $y=x^3$ 是凸的; 当 $x \in (0, +\infty)$ 时, $y''>0$, 曲线 $y=x^3$ 是凹的. 所以, 点 $(0,0)$ 为曲线 $y=x^3$ 的拐点(图 4.4.4).

例 4.4.3 求函数 $y=x^{\frac{5}{3}}+10x^{\frac{2}{3}}$ 的单调区间, 并求该函数图形的凹凸区间及拐点.

解 (1) $y'=\dfrac{5}{3}x^{\frac{2}{3}}+\dfrac{20}{3}x^{-\frac{1}{3}}=\dfrac{5x+20}{3x^{\frac{1}{3}}}$, $y''=\dfrac{10}{9}x^{-\frac{1}{3}}-\dfrac{20}{9}x^{-\frac{4}{3}}=\dfrac{10x-20}{9x^{\frac{4}{3}}}$.

图 4.4.4

(2) 令 $y'=\dfrac{5x+20}{3x^{\frac{1}{3}}}=\dfrac{5(x+4)}{3x^{\frac{1}{3}}}=0$, 得 $x_1=-4$; 另外, $x_2=0$ 时 y' 不存在.

(3) 令 $y''=\dfrac{10x-20}{9x^{\frac{4}{3}}}=\dfrac{10(x-2)}{9x^{\frac{4}{3}}}=0$, 得 $x_3=2$; 另外, $x_4=0$ 时 y'' 不存在.

(4) 用 $x_1=-4, x_2=0, x_3=2$ 将函数 $y=x^{\frac{5}{3}}+10x^{\frac{2}{3}}$ 的定义域 $(-\infty, +\infty)$ 分成 4 个小区间, 并列表讨论.

x	$(-\infty, -4)$	-4	$(-4, 0)$	0	$(0, 2)$	2	$(2, +\infty)$
y'	+	0	−	不存在	+	+	+
y''	−	−	−	不存在	−	0	+
$y=f(x)$	↗凸	有极大值	↘凸	有极小值	↗凸	拐点 $(2, 12\sqrt[3]{4})$	↗凹

注: 符号 "↗凸" 表示曲线单增且凸, "↘凸" 表示曲线单减且凸, "↗凹" 表示曲线单增且凹, 其余类推.

(5) 又因为函数 $y=x^{\frac{5}{3}}+10x^{\frac{2}{3}}$ 分别在 $(-\infty, -4]$、$[-4, 0]$、$[0, +\infty)$ 上连续, 所以, 由上表可知, $(-\infty, -4]$ 和 $[0, +\infty)$ 均为该函数的单增区间, $[-4, 0]$ 为该函数的单减区间; $(-\infty, 0]$ 和 $[0, 2]$ 均为该函数图形的凸区间, $[2, +\infty)$ 为该函数图形的凹区间; $(2, 12\sqrt[3]{4})$ 为该函数图形的拐点(图 4.4.5).

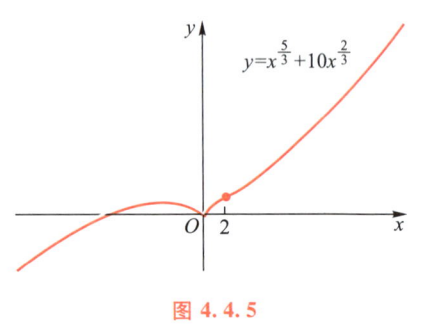

图 4.4.5

4.4.3 曲线的渐近线

我们知道双曲线 $\dfrac{x^2}{a^2}-\dfrac{y^2}{b^2}=1$ 有两条渐近线 $\dfrac{x}{a}+\dfrac{y}{b}=0$ 及 $\dfrac{x}{a}-\dfrac{y}{b}=0$ (图 4.4.6). 根据双曲线的渐近线, 就容易看出双曲线在无穷远处的伸展状况. 对一般曲线, 我们也希望知道其在无穷远处的变化趋势.

定义 4.4.3（渐近线） 若曲线 C 上的动点 P 沿着曲线无限地远离原点时，点 P 与某一固定直线 L 的距离趋于零，则称直线 L 为曲线 C 的渐近线（图 4.4.7）.

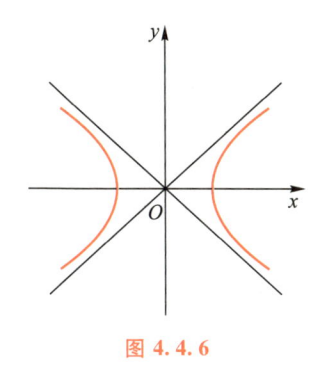

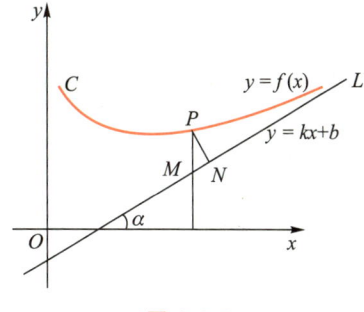

图 4.4.6 图 4.4.7

并不是任何曲线都有渐近线，下面分三种情况予以讨论.

1. 斜渐近线

定理 4.4.2（斜渐近线的求法） 若 $f(x)$ 满足：

(1) $\lim\limits_{x \to \infty} \dfrac{f(x)}{x} = k$， （4.4.1）

(2) $\lim\limits_{x \to \infty} [f(x) - kx] = b$， （4.4.2）

则曲线 $y = f(x)$ 有斜渐近线 $y = kx + b$. 反之亦真.

例 4.4.4 求曲线 $y = \dfrac{x^3}{x^2 + 2x - 3}$ 的斜渐近线.

解 令 $f(x) = \dfrac{x^3}{x^2 + 2x - 3}$，因为

$$k = \lim_{x \to \infty} \frac{f(x)}{x} = \lim_{x \to \infty} \frac{x^2}{x^2 + 2x - 3} = 1,$$

$$b = \lim_{x \to \infty} [f(x) - kx] = \lim_{x \to \infty} \left(\frac{x^3}{x^2 + 2x - 3} - x \right) = -2,$$

故得曲线的斜渐近线方程为 $y = x - 2$.

2. 铅直渐近线

我们知道：当 $x \to 0$ 时，双曲线 $y = \dfrac{1}{x} \to \infty$ 且 $x = 0$（y 轴）为曲线 $y = \dfrac{1}{x}$ 的渐近线. 一般地，有

定义 4.4.4（铅直渐近线） 若 $x \to C$ 时（有时仅当 $x \to C^+$ 或 $x \to C^-$），有 $f(x) \to \infty$，则称直线 $x = C$ 为曲线 $y = f(x)$ 的铅直渐近线，也叫垂直渐近线（其中 C 为常数）.

由于 $y = \dfrac{x^3}{x^2 + 2x - 3} = \dfrac{x^3}{(x+3)(x-1)}$，所以当 $x \to -3$ 和 $x \to 1$ 时，皆有 $y \to \infty$. 所以曲线 $y = \dfrac{x^3}{x^2 + 2x - 3}$ 有两条铅直渐近线 $x = -3$ 和 $x = 1$.

3. 水平渐近线

我们知道，当 $x \to \infty$ 时，$\dfrac{1}{x} \to 0$，且曲线 $y = \dfrac{1}{x}$ 以 x 轴（即 $y = 0$）为渐近线（图 4.4.8）. 一般地，有

定义 4.4.5（水平渐近线） 若当 $x \to \infty$ 时，$f(x) \to C$（C 为常数），则称曲线 $y=f(x)$ 有水平渐近线 $y=C$. 事实上，这是斜渐近线中斜率为零的特殊情况. 如当 $x \to \infty$ 时，有 $e^{-x^2} \to 0$，所以，$y=0$ 为曲线 $y=e^{-x^2}$ 的水平渐近线（图 4.4.9）.

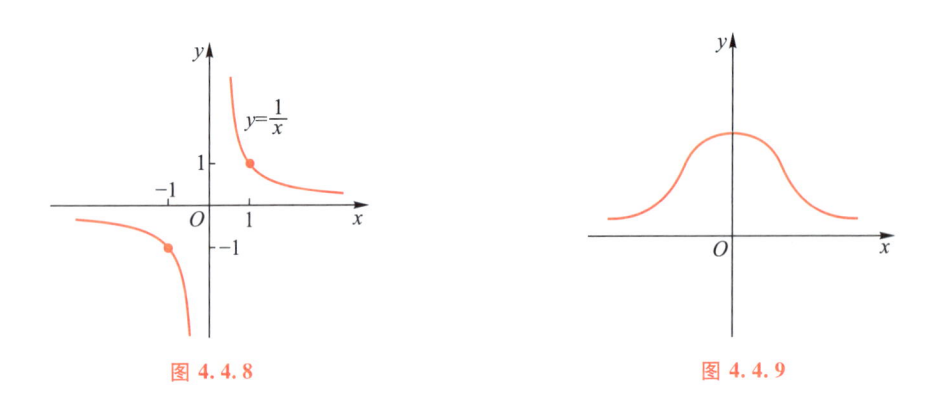

图 4.4.8

图 4.4.9

4.4.4 作函数图形的一般步骤

在工程实践中经常用图像表示函数. 画出了函数的图像，使我们能直观地看到事物的变化规律，这无论对于定性的分析还是对于定量计算，都大有益处.

中学里学过的描点作图法，对于简单的平面曲线（如直线，抛物线）比较适用，但对于一般的平面曲线就不适用了. 因为我们既不能保证所取的点是曲线上的关键点（最高点或最低点），又不能保证通过取点来判定函数的增减与函数图形的凹凸性（凹凸区间）. 为了更准确、更全面地描绘平面曲线，我们必须确定出反映曲线主要特征的点与线. 一般需考虑如下几方面：

（1）确定函数的定义域及值域.

（2）考察函数的周期性与奇偶性.

（3）确定函数的单调区间、极值点，函数图形的凹凸区间以及拐点.

（4）考察函数曲线的渐近线.

（5）考察函数曲线与坐标轴的交点.

最后，根据上面几方面的讨论画出函数的图像.

例 4.4.5 描绘函数 $y = \dfrac{e^x}{1+x}$ 的图像.

解 函数 $y=f(x)=\dfrac{e^x}{1+x}$ 的定义域为 $x \neq -1$ 的全体实数，且当 $x<-1$ 时，有 $f(x)<0$，即 $x<-1$ 时，图像在 x 轴下方；当 $x>-1$ 时，有 $f(x)>0$，即 $x>-1$ 时，图像在 x 轴上方.

由于 $\lim\limits_{x \to -1} f(x) = \infty$，所以，$x=-1$ 为曲线 $y=f(x)$ 的铅直渐近线.

又因为 $\lim\limits_{x \to -\infty} \dfrac{e^x}{1+x} = 0$，所以，$y=0$ 为该曲线的水平渐近线.

因为 $y' = \dfrac{xe^x}{(1+x)^2}$, $y'' = \dfrac{e^x(x^2+1)}{(1+x)^3}$,

令 $y'=0$，得 $x=0$.

用 $x=0$ 将定义域 $(-\infty,-1) \cup (-1,+\infty)$ 分为三个子区间，并进行讨论如下：

x	$(-\infty,-1)$	$(-1,0)$	0	$(0,+\infty)$
y'	$-$	$-$	0	$+$
y''	$-$	$+$		$+$
y	↘	↘	极小值	↗

故极小值 $f(0)=\dfrac{\mathrm{e}^0}{1+0}=1.$

根据如上讨论，画出图像(图 4.4.10).

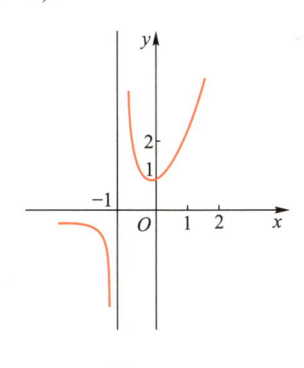

图 4.4.10

— 思考题 4.4 —

1. 若 $(x_0,f(x_0))$ 为连续曲线弧 $y=f(x)$ 的拐点，问：

(1) $f(x_0)$ 有无可能是 $f(x)$ 的极值，为什么？

(2) $f'(x_0)$ 是否一定存在？为什么？画图说明.

2. 根据下列条件，画曲线：

(1) 画出一条曲线，使得它的一阶和二阶导数处处为正；

(2) 画出一条曲线，使得它的二阶导数处处为负，但一阶导数处处为正；

(3) 画出一条曲线，使得它的二阶导数处处为正，但一阶导数处处为负；

(4) 画出一条曲线，使得它的一阶和二阶导数处处为负.

3. 试根据导数的几何意义及函数单调性的判别法则对定理 4.4.1 作出几何解释.

— 练习 4.4A —

1. 判别曲线 $y=\dfrac{1}{2}x^2-1$ 的凹凸性.

2. 求曲线 $y=3(x-1)^3+1$ 的拐点.

3. 讨论曲线 $y=\dfrac{1}{x-1}$ 的渐近线.

4. 求曲线 $y=\dfrac{x+3}{(x-1)(x-2)}$ 的渐近线.

5. 求曲线 $y=2x+\dfrac{8}{x}(x>0)$ 的凹凸区间.

6. 求曲线 $y=x^3-2x^2+x+1$ 的凹凸区间及拐点.

— 练习 4.4B —

1. 设水以常速 $a\text{ m}^3/\text{s}(a>0)$ 注入如图 4.4.11 所示的容器中,请作出水面上升的高度关于时间 t 的函数 $y=f(t)$ 的图像,阐明凹凸性,并指出拐点.

2. (1) $f'(x)$ 的图像如图 4.4.12 所示,试根据该图像指出函数 $f(x)$ 的拐点横坐标 x 的值;

(2) 在图 4.4.13 的二阶导函数 $f''(x)$ 的图像中,指出函数 $f(x)$ 的拐点横坐标 x 的值.

图 4.4.11

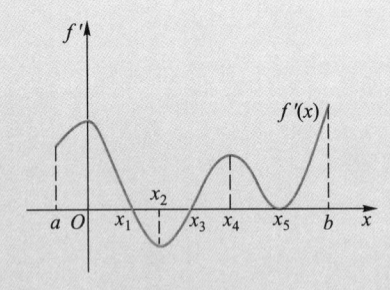

图 4.4.12

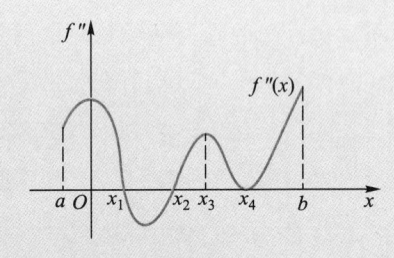

图 4.4.13

3. 求曲线 $f(x)=\dfrac{10}{3}x^3+5x^2+10$ 的凹凸区间与拐点.

4. 已知过点 $(0,10)$ 的曲线 $y=ax^3+bx^2+cx+d$,当 $x=0$ 及 $x=2$ 时均有水平切线,且点 $\left(1,\dfrac{29}{3}\right)$ 为该曲线的拐点,求 a,b,c,d 的值.

5. 求函数 $y=x\mathrm{e}^{-x}$ 的拐点和凹凸区间.

6. 已知函数 $y=ax^3+bx^2+cx+d$,当 $x=-2$ 时有极大值 53,当 $x=4$ 时有极小值 -55. 求 a,b,c,d.

7. 求曲线 $y=\dfrac{2(x-3)^3}{(x-1)^2}$ 的渐近线.

8. 求曲线 $y=x-2\arctan x$ 的渐近线.

9. 设函数 $f(x)=\mathrm{e}^{-x^2}$,

(1) 求其单调区间;

(2) 求函数曲线的凹凸区间;

(3) 求函数曲线的拐点;

(4) 求函数曲线的渐近线;

(5) 在区间 $[-2.5,2.5]$ 上,画出其图形.

10. 设函数 $f(x)=\dfrac{1}{16}x^4-2x^2$,

(1) 求其单调区间;

(2) 求函数曲线的凹凸区间;

(3) 求函数曲线的拐点;

(4) 在区间 $[-6,6]$ 上,画出其图形.

11. 画出函数 $f(x)=\dfrac{x^3-x^2+1}{x}$ 的图形.

*4.5 曲率与曲率圆

工程技术和现实生活中,许多问题都要考虑曲线的弯曲程度,如在修铁路时,铁路线的弯曲程度必须合适,否则,容易造成火车出轨.数学上用"曲率"这一概念描述曲线的弯曲程度.

4.5.1 曲率

我们坐汽车时,公路拐弯在车里是有感觉的.我们说这个弯大,那个弯小,通常是从两方面说的:一是指公路的方向改变的大小,如原来向北最后拐向东了,我们说方向改变了90°;另一方面是指在多远的路程上改变了这个角度,如果两个弯都是改变了90°,但一个是在 10 m 内改变的,一个是在 1 000 m 内改变的,当然我们说前者比后者弯曲得厉害.由此可见,弯曲程度是由方向改变的大小以及在多长一段路程上改变的这两个因素所决定的.并且,弯曲程度与方向改变的大小成正比,与改变这个方向所经过的路程成反比.

微视频
曲率与曲率半径

从图 4.5.1 中可以看出,曲线 $y=f(x)$ 上弧 $\widehat{M_1M_2}$ 比弧 $\widehat{M_2M_3}$ 弯曲程度小,且从点 M_1 到点 M_2 切线转过的角度 θ_1 比点 M_2 到点 M_3 切线转过的角度 θ_2 要小,而弧 $\widehat{M_1M_2}$ 的长度比弧 $\widehat{M_2M_3}$ 长度大,这就是说,曲线弧 $\widehat{M_1M_2}$ 的弯曲程度与从点 M_1 到点 M_2 切线转过的角度成正比,与弧 $\widehat{M_1M_2}$ 的长度成反比.为了叙述问题的方便,下面将引入曲率的概念来刻画曲线的弯曲程度,以便说某条曲线的曲率大就指该曲线的弯曲程度大.

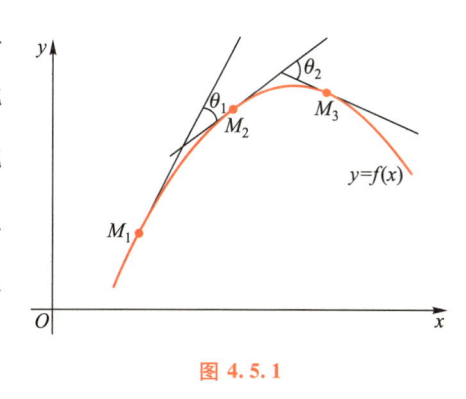

图 4.5.1

为了讨论问题的方便,先介绍光滑曲线的概念.

定义 4.5.1(光滑曲线) 若函数 $f(x)$ 的一阶导数连续,则曲线 $y=f(x)$ 称为光滑曲线.即如果曲线上每一点处都具有切线,且切线随切点的移动而连续转动,则把这样的曲线称为光滑曲线.

为了定量刻画曲线的弯曲程度(曲率),下面先引入弧坐标的概念.

定义 4.5.2(弧坐标) 对光滑曲线 C 上的每一个点都按下述规则规定一个弧坐标 s:在 C 上选定一点 M_0 作为度量弧的基点,规定基点的弧坐标 $s=0$;规定位于基点 M_0 两侧的点 M 的弧坐标 s 的绝对值等于弧 $\widehat{M_0M}$ 的长度,若点 M 在基点 M_0 的右侧规定 $s>0$;若点 M 在基点 M_0 的左侧规定 $s<0$ (图 4.5.2).

由弧坐标的定义可知,若点 A 的弧坐标为 s,点 B 的弧坐标为 $s+\Delta s$,则弧 $\widehat{AB}$ 的长度为

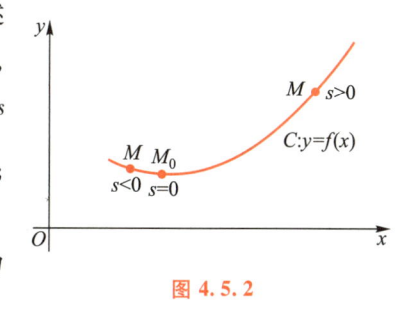

$$|s+\Delta s-s|=|\Delta s|.$$

图 4.5.2

由图 4.5.3 可以看出,在确定了弧坐标基点 $M_0(s=0)$ 的光滑曲线上,任给一点 $M(s)$(s 为点 M 的弧坐标)都有唯一的一个切线倾角 α 与之对应,所以,切线倾角是弧坐标的函数.

定义 4.5.3(切线倾角是弧坐标的函数) 在光滑曲线 $y=f(x)$ 上,给定一个弧坐标为 s 的点 M,就有唯一的切线倾角 α 与之对应,所以,切线倾角 α 是弧坐标 s 的函数,记为 $\alpha=\alpha(s)$(图 4.5.3).

定义 4.5.4(平均曲率、曲率) 设 A,B 是光滑曲线 $y=f(x)$ 上两个点(图 4.5.4),点 A 的弧坐标为 s,点 B 的弧坐标为 $s+\Delta s$,假如曲线在点 A 和点 B 的切线倾角分别为 α 和 $\alpha+\Delta\alpha$,那么,当点从 A 沿曲线 $y=f(x)$ 移动到点 B 时,切线的倾角改变了 $\Delta\alpha$,而改变这个角度所经过的路程则是弧段 $\widehat{AB}$ 的长度 $|\Delta s|$,则称 $\left|\dfrac{\Delta\alpha}{\Delta s}\right|$ 为弧段 AB 的平均曲率,记作 $\overline{K}$,即 $\overline{K}=\left|\dfrac{\Delta\alpha}{\Delta s}\right|$.

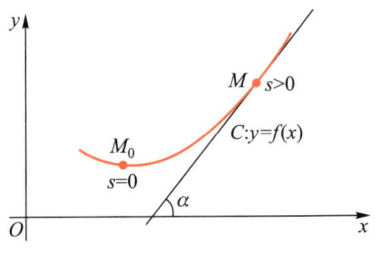

图 4.5.3

称 $K=\lim\limits_{\Delta s\to 0}\overline{K}=\lim\limits_{\Delta s\to 0}\left|\dfrac{\Delta\alpha}{\Delta s}\right|$ 为曲线 $y=f(x)$ 在点 A 处的曲率.

例 4.5.1 求半径为 R 的圆的平均曲率及曲率.

解 在图 4.5.5 中,由于 $\angle AO'B=\Delta\alpha$,又等于 $\dfrac{\Delta s}{R}$,所以,

$$\frac{\Delta\alpha}{\Delta s}=\frac{\dfrac{\Delta s}{R}}{\Delta s}=\frac{1}{R}$$

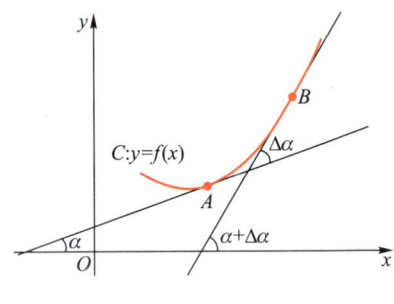

图 4.5.4

为 $\widehat{AB}$ 段的平均曲率,当 $B\to A$ 时,有 $\Delta s\to 0$,所以,圆上任一点 A 的曲率

$$K=\left|\lim_{\Delta s\to 0}\frac{\Delta\alpha}{\Delta s}\right|=\lim_{\Delta s\to 0}\frac{1}{R}=\frac{1}{R}.$$

可见,圆上任一点处的曲率都等于圆半径的倒数.因而圆的半径越大,曲率越小;半径越小,曲率越大.这表明曲率确实反映了曲线的弯曲程度.

4.5.2 曲率的计算

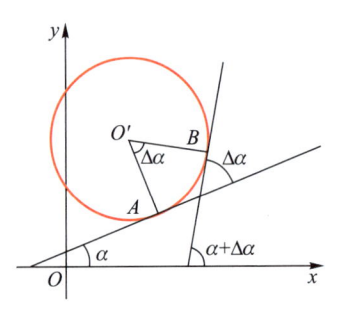

图 4.5.5

1. 弧微分

设函数 $y=f(x)$ 在 (a,b) 内具有连续导数,x_0 为 (a,b) 内一个定点,$x,x+\Delta x$ 为 (a,b) 内两个邻近的点,M_0,M,M' 分别为曲线 $y=f(x)$ 上与 $x_0,x,x+\Delta x$ 对应的点(图 4.5.6),并设 M_0 为基点,M 的弧坐标为 s,所以,弧坐标 s 是 x 的单调增加函数,又设 M' 的弧坐标为 $s+\Delta s$,由于弧坐标 s 的增量为 Δs,则 $\Delta s=\widehat{M_0M'}-\widehat{M_0M}=\widehat{MM'}$.

于是有 $\lim\limits_{\Delta x\to 0}\Delta s=0$,$\lim\limits_{\Delta x\to 0}\overline{MM'}=0$. 我们还可以证明 $\lim\limits_{\Delta x\to 0}\dfrac{\widehat{MM'}}{\overline{MM'}}=1$,这就是说小段弧长 $|\Delta s|=\widehat{MM'}$ 与和其对应的弦 $\overline{MM'}$ 的长度是 $\Delta x\to 0$ 时的两个等价无穷小,又因为

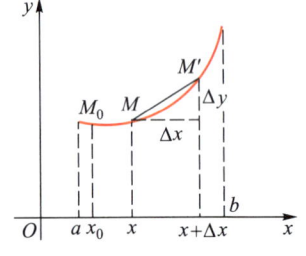

图 4.5.6

$$\left(\frac{\Delta s}{\Delta x}\right)^2=\frac{\widehat{MM'}^2}{(\Delta x)^2}=\frac{\widehat{MM'}^2}{\overline{MM'}^2}\cdot\frac{\overline{MM'}^2}{(\Delta x)^2}=\frac{\widehat{MM'}^2}{\overline{MM'}^2}\cdot\frac{(\Delta x)^2+(\Delta y)^2}{(\Delta x)^2}$$

$$= \frac{\widehat{MM'}^2}{\overline{MM'}^2} \cdot \left[1+\left(\frac{\Delta y}{\Delta x}\right)^2\right],$$

即
$$\frac{\Delta s}{\Delta x} = \pm \frac{\widehat{MM'}}{\overline{MM'}} \cdot \sqrt{1+\left(\frac{\Delta y}{\Delta x}\right)^2},$$

令 $\Delta x \to 0$ 取极限,得

$$\frac{ds}{dx} = \pm \lim_{\Delta x \to 0} \frac{\widehat{MM'}}{\overline{MM'}} \cdot \lim_{\Delta x \to 0} \sqrt{1+\left(\frac{\Delta y}{\Delta x}\right)^2}$$

$$= \pm\sqrt{1+y'^2},$$

由于 $s(x)$ 是单调增加函数,所以,$s'>0$,从而上式根号前取正号,
所以,有弧微分公式
$$ds = \sqrt{1+y'^2}\,dx. \tag{4.5.1}$$

2. 曲率的计算公式

设曲线的直角坐标方程是 $y=f(x)$,且 $f(x)$ 具有二阶导数(这时一阶导数连续,所以曲线是光滑的).

又因为曲线 $y=f(x)$ 在点 M 处的切线斜率为 $y'=\tan\alpha$,所以,$\alpha=\arctan y'$.

$$d\alpha = \frac{y''}{1+y'^2}dx,$$

由弧微分公式得,

$$K = \left|\frac{d\alpha}{ds}\right| = \left|\frac{\frac{y''}{1+y'^2}dx}{\sqrt{1+y'^2}\,dx}\right| = \left|\frac{y''}{(1+y'^2)^{3/2}}\right|,$$

于是,得曲线 $y=f(x)$ 的曲率计算公式
$$K = \frac{|y''|}{(1+y'^2)^{3/2}}. \tag{4.5.2}$$

例 4.5.2 求直线 $y=ax+b$ 的曲率.

解 因为 $y'=a$,$y''=0$,所以,代入曲率计算公式(4.5.2),得所求直线的曲率
$$K=0,$$
即直线不弯曲.

例 4.5.3 在铁轨由直道进入圆弧弯道时,由于接头处的曲率突然改变,容易产生事故,为了平稳行驶,往往在直线和圆弧交接处接入一段缓冲曲线(图 4.5.7),使它的曲率逐步地由零过渡到 $\frac{1}{R}$(R 为圆弧半径),通常采用立方抛物线 $y=\frac{x^3}{6Rl}$ 作为缓冲曲线,其中 l 为弧 $\widehat{OM}$ 的长度,试验证缓冲曲线弧 $\widehat{OM}$ 在端点 O 处的曲率为零,并且当 $\frac{l}{R}$ 很小时,在 M 处的曲率为 $\frac{1}{R}$.

解 因为 $\widehat{OM}$ 的方程为 $y=\frac{x^3}{6Rl}$,所以

$$y' = \frac{1}{2Rl}x^2, \quad y'' = \frac{1}{Rl}x,$$

在 $x=0$ 处,$y'=0$,$y''=0$,故缓冲曲线在点 O 处的曲率 $K_O=0$.

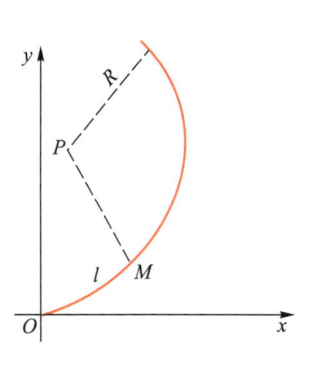

图 4.5.7

设点 M 的横坐标为 x_0,实际上 l 与 x_0 比较接近,即 $l \approx x_0$,于是

$$y'|_{x=x_0} = \frac{1}{2Rl}x_0^2 \approx \frac{1}{2Rl}l^2 = \frac{l}{2R},$$

$$y''|_{x=x_0} = \frac{1}{Rl}x_0 \approx \frac{1}{Rl}l = \frac{1}{R},$$

故在点 M 处的曲率

$$K_M = \frac{|y''|}{(1+y'^2)^{3/2}} \approx \frac{\frac{1}{R}}{\left(1+\frac{l^2}{4R^2}\right)^{3/2}},$$

因 $\frac{l}{R}$ 很小,略去 $\frac{l^2}{4R^2}$ 项,得 $K_M \approx \frac{1}{R}$.

4.5.3 曲率圆

由例 4.5.1 可知,圆的半径等于圆的曲率的倒数,对于一般的曲线,也可以把它在各点的曲率的倒数称为它在该点的曲率半径,为此,我们引入如下定义.

定义 4.5.5(曲率圆) 设曲线 $y=f(x)$ 在点 $M(x,y)$ 处的曲率为 $K(K \neq 0)$.在点 M 处的曲线的法线上,在凹的一侧取一点 B,使 $|BM| = \frac{1}{K} = r$,以 B 为圆心,r 为半径的圆(图 4.5.8)叫作曲线 $y=f(x)$ 在点 $M(x,y)$ 处的曲率圆.曲率圆的圆心 B 叫作曲线 $y=f(x)$ 在点 $M(x,y)$ 处的曲率中心.曲率圆的半径 r 叫作曲线在点 M 处的曲率半径.

由曲率半径的定义可知,曲线上一点处的曲率半径 r 与曲线在该点处的曲率 $K(K \neq 0$ 时)互为倒数,即 $\frac{1}{K} = r$.

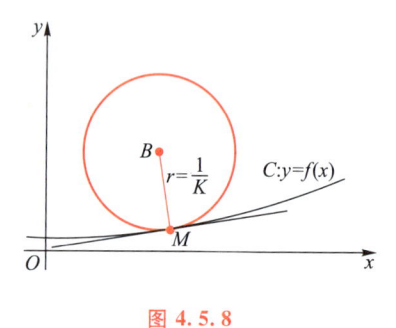

图 4.5.8

由曲率圆定义可知,曲线 $y=f(x)$ 与曲率圆在点 $M(x,y)$ 处有相同的切线和曲率,且在点 M 邻近有相同的凹凸性(图 4.5.8).因此,在实际问题中,常常用曲率圆在点 M 邻近的一段圆弧来近似代替曲线弧,以使问题简化.

例 4.5.4 设工件内表面的截线为抛物线 $y = \frac{1}{2}x^2$.现在要用砂轮磨削其内表面.问用直径多大的砂轮才比较合适?

解 为了在磨削时不使砂轮与工件接触处附近的那部分工件磨去太多,砂轮的半径应不大于抛物线上各点处曲率半径中的最小值,即需要求出抛物线上曲率半径最小的点.由于曲率与曲率半径互为倒数,所以,只需求出抛物线上曲率最大的点.

因为 $y = \frac{1}{2}x^2$,所以,$y' = x$,$y'' = 1$,由曲率的计算公式得

$$K = \frac{|y''|}{[1+(y')^2]^{3/2}} = \frac{1}{(1+x^2)^{3/2}},$$

因为曲率 K 的分子是常数 1,所以只要分母最小,K 就最大.容易看出,当 $x=0$ 时,分母 $(1+x^2)^{3/2}$ 有最小值 1,即当 $x=0$ 时,曲率 K 有最大值 1,此时,曲率半径 $r = \frac{1}{K} = 1$ 为抛物线上各点处曲率半径中的最小值.故选用砂轮的半径不得超过 1 个单位长,即直径不得超过 2 个单位长.

值得说明的是,用砂轮磨削一般工件的内表面时,也有类似的结论,即选用的砂轮的半径不应超过该工件内表面截线上各点处曲率半径中的最小值.

例 4.5.5 一自重 2 t 的汽车载着 3 t 重的货物,在跨度为 10 m,拱桥矢高(从拱顶 D 到拱脚 A、B 连线的距离)为 0.25 m 的抛物线形拱桥(图 4.5.9)上,以 43.2 km/h 的速度行使,求汽车越过桥顶时对桥的压力.

解 以桥顶为原点 O,取 y 轴正向向下建立直角坐标系.设抛物线方程为 $y=ax^2$,因为桥的跨度为 10 m,拱高 0.25 m,所以抛物线过点 $(5,0.25)$,代入方程得 $a=0.01$,即 $y=0.01x^2$.所以,在抛物线顶点 $x=0$ 处,有

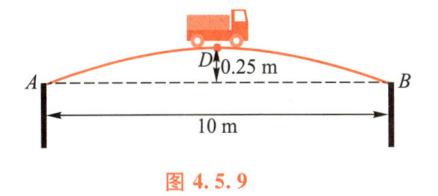

$$y'|_{x=0}=0.02x|_{x=0}=0, \quad y''|_{x=0}=0.02,$$

图 4.5.9

从而得抛物线顶点处的曲率 $K=\dfrac{|y''|}{(\sqrt{1+(y')^2})^3}\bigg|_{x=0}=\dfrac{0.02}{1}=0.02$,曲率半径 $r=\dfrac{1}{0.02}=50$ m. 把汽车通过拱桥顶点时视为质量集中于 D 点的质点以速度 $v=43.2$ km/h 绕半径为 $r=50$ m 的圆作圆周运动,所以其向心加速度为 $\dfrac{v^2}{r}$,由于重力 mg 与桥面的支持力 F 的合力提供向心力 $\dfrac{mv^2}{r}$,即 $mg-F=\dfrac{mv^2}{r}$,将 $m=5\,000$ kg,$v=43.2$ km/h $=43.2\cdot 1\,000/3\,600$ m/s $=12$ m/s,所以,$F=mg-\dfrac{mv^2}{r}\bigg|_{\substack{m=5\,000,v=12\\g=9.8,r=50}}=5\,000\times 9.8-\dfrac{5\,000\times 12^2}{50}=34\,600$ N.

即汽车越过桥顶时对桥的压力为 34 600 N.

4.5.4 曲率中心的计算

由曲率圆的定义 4.5.5 知,求曲线 $y=f(x)$ 在点 $M(x_0,y_0)$ 处曲率圆方程,不但要求出曲率半径 r,而且还要求出曲率圆的圆心(即曲率中心)$B(a,b)$.

设曲线 $y=f(x)$ 在点 $M(x_0,y_0)$ 处的曲率圆方程为 $(\xi-a)^2+(\eta-b)^2=r^2$,其中 ξ,η 是曲率圆上的任一点的坐标.由于曲率中心 $B(a,b)$ 位于曲线 $y=f(x)$ 在点 $M(x_0,y_0)$ 处的法线上,所以,其曲率中心 B 的坐标 (a,b) 必满足该法线方程;由于点 $M(x_0,y_0)$ 在该曲率圆上,则其坐标 (x_0,y_0) 必满足该曲率圆方程.求解这两个关于未知元 a,b 的方程,便可得到曲率中心 (a,b).

例 4.5.6 求曲线 $y=\ln x$ 在点 $(1,0)$ 处的曲率中心及曲率圆方程.

解 因为 $y=\ln x, y'=\dfrac{1}{x}, y''=-\dfrac{1}{x^2}$,所以曲线在点 $(1,0)$ 处曲率

$$K=\dfrac{|x^{-2}|}{(\sqrt{1+(x^{-1})^2})^3}\bigg|_{x=1}=\dfrac{1}{(\sqrt{2})^3}=\dfrac{1}{\sqrt{8}},$$

曲率半径 $r=\dfrac{1}{K}=\sqrt{8}$.

由于曲线 $y=\ln x$ 在点 $(1,0)$ 处的切线斜率 $k_t=y'|_{x=1}=\dfrac{1}{x}\bigg|_{x=1}=1$,所以,其法线斜率 $k_n=-\dfrac{1}{k_t}=-\dfrac{1}{1}=-1$,法线方程为 $y-0=-1(x-1)$,整理得,$y=-x+1$.

设曲率圆的圆心(曲率中心)为 (a,b),因为曲率圆的半径 $r=\sqrt{8}$,所以,曲率圆方程为 $(x-a)^2+(y-b)^2=(\sqrt{8})^2=8$.

因为点 $(1,0)$ 在曲率圆 $(x-a)^2+(y-b)^2=8$ 上,所以有

$$(1-a)^2+(0-b)^2=8.$$

①

因为曲率中心 (a,b) 在法线 $y=-x+1$ 上,所以有
$$b=-a+1. \qquad ②$$

联立①,②,解得 $a_1=3, b_1=-2$ 及 $a_2=-1, b_2=2$,由于曲率圆的圆心在曲线凹的一侧,由曲线 $y=\ln x$ 的图形可知,曲率中心的横坐标 $a>0$,故所求曲率中心为 $(3,-2)$,所求曲率圆方程为 $(x-3)^2+(y+2)^2=8$.

***定理 4.5.1**(曲率中心公式) 对曲线 $y=f(x)$,设 y'' 存在且不为零,则曲线 $y=f(x)$ 在点 $M(x,y)$ 处的曲率中心 (a,b) 存在,且有**曲率中心公式**

$$\begin{cases} a = x - \dfrac{y'(1+y'^2)}{y''}, \\ b = y + \dfrac{1+y'^2}{y''}. \end{cases} \qquad (4.5.3)$$

证 因为 $y'' \neq 0$,则曲线 $y=f(x)$ 在点 $M(x,y)$ 处的曲率圆半径为
$$r = \frac{1}{K} = \frac{(1+y'^2)^{3/2}}{|y''|}.$$

因为曲线 $y=f(x)$ 上点 $M(x,y)$ 处的斜率为 y',曲线 $y=f(x)$ 上点 $M(x,y)$ 处的法线过曲率中心 $B(a,b)$,所以其斜率为 $\dfrac{y-b}{x-a}$,由于切线与法线相互垂直,所以有 $\dfrac{1}{y'} = -\dfrac{y-b}{x-a}$,即 $y' = -\dfrac{x-a}{y-b}$,从而有
$$x-a = -y'(y-b). \qquad ①$$

设曲线 $y=f(x)$ 在点 $M(x,y)$ 处,以 $B(a,b)$ 为圆心,以 r 为半径的曲率圆方程为 $(\xi-a)^2+(\eta-b)^2=r^2$,其中 ξ, η 是曲率圆上的任一点的坐标,由于点 $M(x,y)$ 在该曲率圆上,所以有,$(x-a)^2+(y-b)^2=r^2$.从而有
$$(x-a)^2+(y-b)^2 = \frac{(1+y'^2)^3}{y''^2},$$

将①代入上式得,
$$(y-b)^2 y'^2 + (y-b)^2 = \frac{(1+y'^2)^3}{y''^2},$$
$$(y-b)^2(1+y'^2) = \frac{(1+y'^2)^3}{y''^2},$$
$$(y-b)^2 = \frac{(1+y'^2)^2}{y''^2}.$$

由于当 $y''>0$ 时曲线是凹弧,此时 $y-b<0$,由于当 $y''<0$ 时曲线为凸弧,此时 $y-b>0$,总之,无论曲线是凹弧还是凸弧,y'' 与 $y-b$ 总是异号(图 4.5.10),因此,上式两边开方得
$$y-b = -\frac{1+y'^2}{y''}, \qquad ②$$

从而有
$$b = y + \frac{1+y'^2}{y''},$$

图 4.5.10

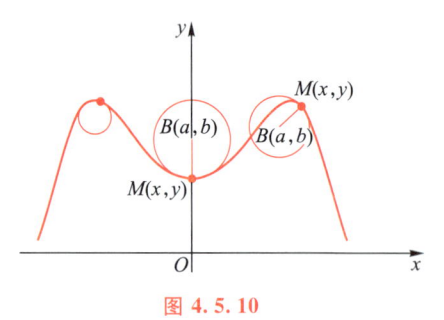

将②代入①得,$x-a = -y'\left(-\dfrac{1+y'^2}{y''}\right)$,整理得 $a = x - \dfrac{y'(1+y'^2)}{y''}$,于是,有曲率中心公式

$$\begin{cases} a = x - \dfrac{y'(1+y'^2)}{y''}, \\ b = y + \dfrac{1+y'^2}{y''}. \end{cases}$$

证毕.

尽管利用*定理 4.5.1 中给出的曲率中心公式计算曲率中心,直接将有关量代入公式(4.5.3)计算即可,但由于长期记忆该公式并不容易,所以,建议读者在理解曲率圆、曲率中心的概念基础上,按照例 4.5.6 的思路去求曲率中心.

— 思考题 4.5 —

1. 圆的半径与其曲率半径相等吗?为什么?
2. 是否存在负曲率,为什么?

— 练习 4.5A —

1. 求直线 $y=x$ 上任一点的曲率.
2. 求曲线 $y=x^3$ 在点 $(1,1)$ 处的曲率.
3. 求抛物线 $y=x^2-8x+3$ 在其顶点处的曲率及曲率半径.
4. 求曲线 $\begin{cases} x=3\cos t, \\ y=6\sin t \end{cases}$ $(0 \leqslant t \leqslant 2\pi)$ 在 $t=\dfrac{\pi}{2}$ 的对应点处的曲率.

— 练习 4.5B —

1. 求立方抛物线 $y=ax^3(a>0)$ 上各点处的曲率,并求其在 $x=a$ 处的曲率半径.
2. 曲线 $y=x^3(x \geqslant 0)$ 上哪一点的曲率最大?求出该点处的曲率.
3. 对数曲线 $y=3+\ln x$ 上哪一点处的曲率最大?求出该点处的曲率.
4. 求曲线 $y=\sqrt{x}$ 在 $x=2$ 处的曲率.
5. 求曲线 $y=\ln \sec x$ 在点 (x,y) 处的曲率及曲率半径.
6. 求对数曲线 $y=1+2\ln x$ 上点 $(1,1)$ 处的曲率圆方程.
7. 求曲线 $y=\sqrt{x}$ 上点 $(1,1)$ 处的曲率圆方程.
8. 对数曲线 $y=1+\ln x$ 上哪一点处的曲率半径最小?求出该点处的曲率圆方程.

*4.6 导数在经济上的应用

某企业内部的经营决策效益取决于该企业的成本支出、收入以及二者关于产量的变化率等因素.本节重点介绍成本函数和收入函数等经济函数及边际与弹性的概念.

4.6.1 成本函数与收入函数

成本函数 $C(q)$ 给出了生产数量为 q 的某种产品的总成本.

你能想到 $C(q)$ 是哪类函数吗?众所周知,生产的产品越多,成本越高,因此,$C(q)$ 是单调增加函数,对一些产品来说,如汽车或电视机等,产量 q 只能是整数,所以 $C=C(q)$ 的图像由彼此孤立的点组成(图 4.6.1);对糖、煤等产品来说,产量 q 可以连续变化,所以 $C=C(q)$ 的图像可能是一条连续曲线(图 4.6.2).

通常,为讨论问题的方便,我们总假定成本函数 $C=C(q)$ 对一切非负实数有意义.

微视频

成本函数与收入函数

图 4.6.1

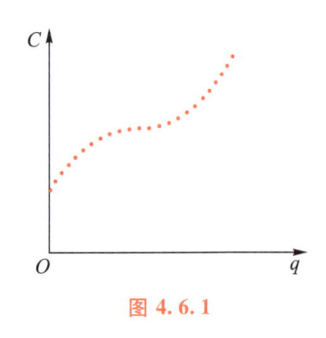

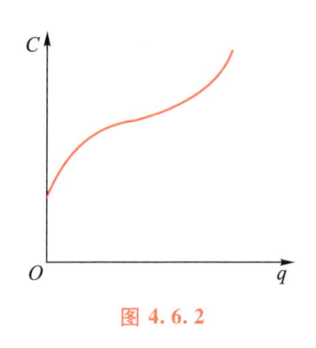

图 4.6.2

由于任何企业在正式生产之前,都要有先期投入,即企业的产量 $q=0$ 时,成本 $C(0)=C_0$ 一般不为零,通常称为固定成本,几何上,固定成本 C_0 就是成本函数曲线在 C 轴上的截距.

一般说来,成本函数最初一段时间增长速度很快,然后逐渐慢下来(即成本函数 $C=C(q)$ 的曲线的斜率由大到小变化,曲线下凹),因为生产产品数量较大时要比生产数量较小时的效率高——这称为规模经济.当产量保持较高水平时,随着资源的逐渐匮乏,成本函数再次开始较快增长,当不得不更新厂房等设备时,成本函数就会急速增长.因此,曲线 $C=C(q)$ 开始时是凸的,后来是凹的(图 4.6.2).

收入函数 $R(q)$ 表示企业售出数量为 q 的某种产品所获得的总收入.由于售出量 q 越多,收入 $R(q)$ 越大,所以 $R(q)$ 为单调增加函数.

如果价格 p 是常数,那么

$$收入 = 价格 \times 数量,$$

即 $R=pq$,且 R 的图像是通过原点的直线(图 4.6.3).实际上,当产量 q 的值增大时,产品可能充斥市场,从而造成价格下降,R 的图像如图 4.6.4 所示.

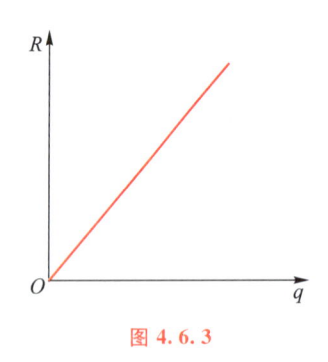

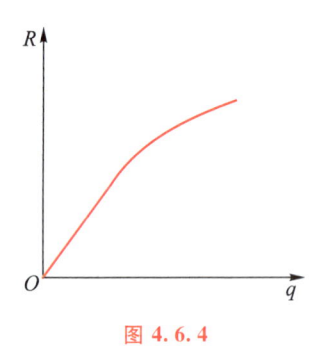

图 4.6.3

图 4.6.4

作出决策通常考虑利润 L,利润 = 收入 - 成本,即 $L=R-C$.

例 4.6.1 如果成本函数 $C(q)$ 及收入函数 $R(q)$ 由图 4.6.5 给出,问 q 的值多大时,企业可获得利润?

解 只有当收入大于成本,即 $R>C$ 时,企业才可以获得利润.由图 4.6.5 可知,当 $100<q<200$ 时,R 的图像位于 C 的图像之上,因此产量介于 100 和 200 之间,可获得利润.

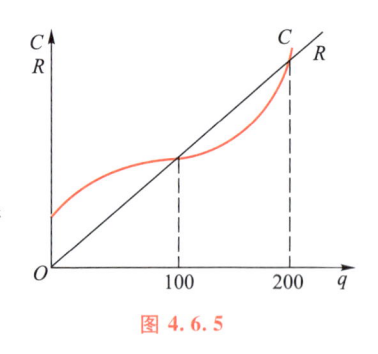

图 4.6.5

4.6.2 边际分析

边际概念是经济学中的重要概念,通常指经济变量的变化率.利用导数研究经济变量的边际变化方法,即边际分析方法,是经济理论中的一个重要方法.

1. 边际成本

定义 4.6.1（边际成本） 设某产品的产量为 q 时,总成本为 $C(q)$,若 $C(q)$ 可导,则当产量 $q=q_0$ 时,边际成本 $MC=C'(q_0)$,或者

$$MC = \lim_{\Delta q \to 0} \frac{C(q_0+\Delta q)-C(q_0)}{\Delta q} = \frac{dC}{dq}\bigg|_{q=q_0}.$$

产量为 q_0 时,边际成本 $MC=C'(q_0)$,即边际成本是总成本函数关于产量的导数,其经济意义是: $C'(q_0)$ 近似等于产量为 q_0 时再增加一个单位产品所需增加的成本,这是因为

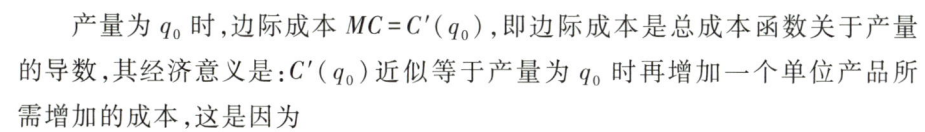

$$C(q_0+1)-C(q_0) = \Delta C(q_0) \approx C'(q_0).$$

2. 边际收益

定义 4.6.2（边际收益） 设某产品的销售量为 q 时,总收入 $R=R(q)$,于是,当 $R(q)$ 可导时,边际收益

$$MR = R'(q) = \lim_{\Delta q \to 0} \frac{R(q+\Delta q)-R(q)}{\Delta q}.$$

其经济意义是: $R'(q)$ 近似等于当销售量为 q 时,再多销售一个单位产品所增加的收入.这是因为

$$R(q+1)-R(q) = \Delta R(q) \approx R'(q).$$

3. 边际利润

定义 4.6.3（边际利润） 设某产品销售量为 q 时的总利润为 $L=L(q)$,称 $L(q)$ 为（总）利润函数. 当 $L(q)$ 可导时,称 $L'(q)$ 为销售量为 q 时的边际利润,它近似等于销售量为 q 时再多销售一个单位产品所增加的利润.

由于总利润为总收入与总成本之差,即有

$$L(q) = R(q) - C(q),$$

上式两边求导,得

$$L'(q) = R'(q) - C'(q),$$

即边际利润等于边际收益与边际成本之差.

类似地,可以定义其他经济函数的边际函数.例如,对于需求函数 $Q=f(p)$（其中 p 为某商品的价格, Q 是该商品的需求量）,把需求函数 $Q=f(p)$ 对价格 p 的导数 $\dfrac{dQ}{dp}$ 称为边际需求,其经济意义是:在商品价格为 p 时,其价格变动（上涨或下降）一个单位时,商品总需求的改变（减少或增加）量.

例 4.6.2 如果总收入函数 $R=R(q)$ 及总成本函数 $C=C(q)$ 分别如图 4.6.6 及图 4.6.7 所示,画出边际收益 $MR=R'(q)$ 及边际成本 $MC=C'(q)$ 的图像.

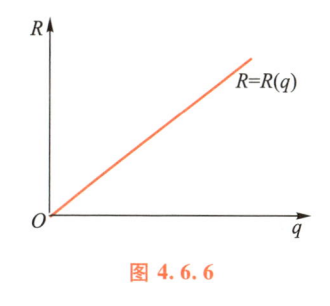

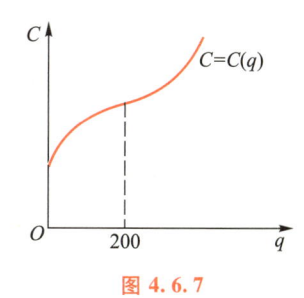

图 4.6.6

图 4.6.7

解 因为收入函数 $R=R(q)$ 的图像是过原点的直线,故其方程为 $R=pq$,其中 p 为常数,所以边际收益 $MR=R'(q)=p$,因此,边际收益的图像是一条与 q 轴平行的直线(图 4.6.8).

由于总成本是单调增加的(为单增函数),所以,边际成本总是正的($C'(q)>0$).在总成本 $C=C(q)$ 的图像(图 4.6.7)中,当 $q<200$ 时,曲线是凸的($C''<0$),故边际成本 MC 是单调减少的($C''=(MC)'<0$,所以,MC 是单调减少的);当 $q>200$ 时,总成本是凹的,于是边际成本是单调增加的.因此边际成本在 $q=200$ 处具有极小值(图 4.6.9).

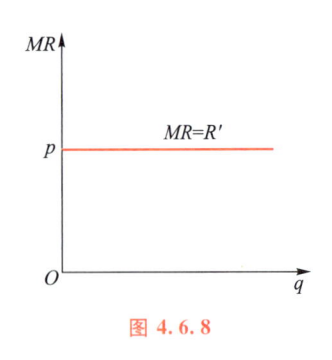

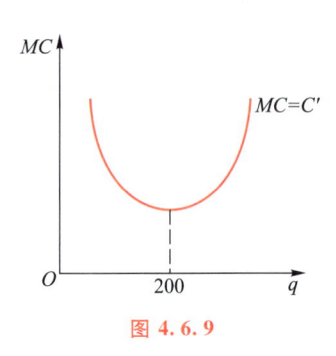

图 4.6.8

图 4.6.9

4. 最大利润

已知总收入函数 $R=R(q)$ 及总成本函数 $C=C(q)$,如何求出最大利润,这对任何产品的制造者来说,显然都是最基本的问题.其实,这一问题的解决并不困难,只需对利润函数 $L=R-C$ 在给定的区间上求最值即可.当然,最大(或最小)利润有可能在区间端点处取得.但是,若事先能断言最大(或最小)利润只能在区间内部取得,且利润函数 L 在区间内部只有唯一的驻点,则可断言,最大(或最小)利润在该点取得.

例 4.6.3 设某厂每月生产的产品固定成本为 1 000 元,生产 x 个单位产品的可变成本为 $0.01x^2+10x$ 元,如果每单位产品的售价为 30 元,试求:总成本函数、总收入函数、总利润函数、边际成本、边际收益及边际利润为零时的产量.

解 总成本为可变成本与固定成本之和,依题设,总成本函数

$$C(x)=0.01x^2+10x+1\,000,$$

总收入函数 $\qquad R(x)=px=30x,$

总利润函数 $\qquad L(x)=R(x)-C(x)=30x-0.01x^2-10x-1\,000$

$$=-0.01x^2+20x-1\,000,$$

边际成本 $\qquad C'(x)=0.02x+10,$

边际收益 $\qquad R'(x)=30,$

边际利润 $\qquad L'(x)=-0.02x+20.$

令 $L'(x)=0$,得 $-0.02x+20=0$,$x=1\,000$.即当月产量为 1 000 个单位时,边际利润为零.这说明,当月产量为 1 000 个单位时,再多生产一个单位产品不会增加利润.

例 4.6.4 设某产品的需求函数为 $x=100-5p$,其中 p 为价格,x 为需求量.求边际收益函数以及 $x=30,50$ 和 80 时的边际收益,并解释所得结果的经济意义.

解 因为 $x=100-5p$,于是 $p=\dfrac{1}{5}(100-x)$,所以,总收入函数

$$R(x)=px=\dfrac{1}{5}(100-x)x.$$

边际收益函数为 $R'(x) = \dfrac{1}{5}(100-2x)$,所以
$$R'(30) = 8, \quad R'(50) = 0, \quad R'(80) = -12.$$

由所得结果可知,当销售量即需求量为 30 个单位时,再增加销售量可使总收入增加,再多销售一个单位的产品,总收入约增加 8 个单位;当销售量为 50 个单位时,总收入达到最大值,再扩大销售总收入不会再增加;当销售量为 80 个单位时,再多销售一个单位的产品,反而使总收入减少约 12 个单位.

例 4.6.5 设总收入和总成本(以元为单位)分别由下列两式给出:
$$R(q) = 5q - 0.003q^2, \quad C(q) = 300 + 1.1q,$$
其中 $0 \leq q \leq 1\,000$.求获得最大利润时 q 的数量,怎样的生产水平将获得最小利润?

解 因为总利润 $L = R(q) - C(q)$,所以
$$L = 5q - 0.003q^2 - (300 + 1.1q),$$
$$= 3.9q - 0.003q^2 - 300,$$

所以
$$L' = 3.9 - 0.006q,$$

令 $L' = 0$,得 $q = \dfrac{3.9}{0.006} = 650.$

因为 $\quad L(0) = -300, \quad L(650) = 967.59, \quad L(1\,000) = 600,$

所以 $q = 650$ 时,有最大利润;$q = 0$ 时,有最小利润.

4.6.3 弹性与弹性分析

弹性概念是经济学中的另一个重要概念,用来定量地描述一个经济变量对另一个经济变量变化的反应程度,或者说,一个经济变量变动百分之一会使另一个经济变量变动百分之几.

定义 4.6.4(弧弹性与点弹性) 设函数 $f(x)$ 在点 x_0 的某邻域内有定义,且 $f(x_0) \neq 0$.称比值
$$\frac{\Delta y / f(x_0)}{\Delta x / x_0} = \frac{[f(x_0 + \Delta x) - f(x_0)] / f(x_0)}{\Delta x / x_0}$$

为函数 $y = f(x)$ 在点 x_0 与点 $x_0 + \Delta x$ 之间的弧弹性.

如果极限
$$\lim_{\Delta x \to 0} \frac{\Delta y / f(x_0)}{\Delta x / x_0} = \lim_{\Delta x \to 0} \frac{[f(x_0 + \Delta x) - f(x_0)] / f(x_0)}{\Delta x / x_0}$$

存在,则称此极限值为函数 $y = f(x)$ 在点 x_0 处的点弹性,记为 $\left.\dfrac{Ey}{Ex}\right|_{x=x_0}$.

由定义可知
$$\left.\frac{Ey}{Ex}\right|_{x=x_0} = \frac{x_0}{f(x_0)} \left.\frac{\mathrm{d}y}{\mathrm{d}x}\right|_{x=x_0},$$

且当 $|\Delta x|$ 很小时,有
$$\left.\frac{Ey}{Ex}\right|_{x=x_0} \approx \frac{\Delta y / f(x_0)}{\Delta x / x_0} = 弧弹性.$$

定义 4.6.5(弹性函数) 如果函数 $y = f(x)$ 在区间 (a,b) 内可导,且 $f(x) \neq 0$,则称 $\dfrac{Ey}{Ex} = \dfrac{x}{f(x)} f'(x)$

为函数 $y=f(x)$ 在区间 (a,b) 内的点弹性函数,简称为弹性函数.

由定义 4.6.4 可知,函数的弹性(点弹性与弧弹性)与量纲无关,即与各有关变量所用的计量单位无关.这使弹性概念在经济学中得到广泛应用,这是因为经济学中各种商品的计量单位是不尽相同的,比较不同的弹性时,可不受计量单位的限制.

定义 4.6.6(需求弹性) 若 Q 表示某商品的市场需求量,价格为 p,且需求函数 $Q=Q(p)$ 可导,则称

$$\frac{EQ}{Ep}=\frac{p}{Q(p)}\frac{dQ}{dp} \tag{4.6.1}$$

为商品的需求价格弹性,简称为需求弹性,常记为 ε_p.

需求弹性 ε_p 表示某商品需求量 Q 对价格 p 的变动的反应程度.由于需求函数为价格的减函数,故需求弹性为负值,因此,在经济学中,比较商品需求弹性大小时,采用弹性的绝对值 $|\varepsilon_p|$.当我们说商品的需求价格弹性大时,是指其绝对值大.

当 $\varepsilon_p=-1$(即 $|\varepsilon_p|=1$)时,称为单位弹性,此时商品需求量变动的百分比与价格变动的百分比相等.

当 $\varepsilon_p<-1$(即 $|\varepsilon_p|>1$)时,称为高弹性,此时商品需求量变动的百分比高于价格变动的百分比,价格的变动对需求量的影响较大.

当 $-1<\varepsilon_p<0$(即 $|\varepsilon_p|<1$)时,称为低弹性,此时商品需求量变动的百分比低于价格变动的百分比,价格的变动对需求量的影响不大.

在商品经济中,商品经营者关心的是提价($\Delta p>0$)或降价($\Delta p<0$)对总收入的影响.设销售收入 $R=Qp$(Q 为销售量,p 为价格),则当价格 p 有微小增量 Δp 时,有

$$\Delta R \approx dR = d(Qp) = Qdp + pdQ = \left(1+\frac{pdQ}{Qdp}\right)Qdp,$$

即
$$\Delta R \approx (1+\varepsilon_p)Qdp.$$

由 $\varepsilon_p<0$ 知,$\varepsilon_p=-|\varepsilon_p|$,于是有

$$\Delta R \approx (1-|\varepsilon_p|)Qdp.$$

由此可知,当 $|\varepsilon_p|>1$(高弹性)时,降价($dp<0$)可使总收入增加($\Delta R>0$),薄利多销多收入;提价($dp>0$)将使总收入减少($\Delta R<0$).当 $|\varepsilon_p|<1$(低弹性)时,降价使总收入减少($\Delta R<0$),提价使总收入增加.当 $|\varepsilon_p|=1$(单位弹性)时,提价或降价总收入的增量都近似为 0($\Delta R \approx 0$),即提价或降价对总收入没有明显的影响.

例 4.6.6 设某商品的需求函数为 $Q=600-50p$,求价格 $p=1,6,8$ 时的需求价格弹性,并给以适当的经济解释.

解 因为 $Q=600-50p$,所以
$$\frac{dQ}{dp}=-50,$$

所以
$$\varepsilon_p=\frac{p}{Q}\frac{dQ}{dp}=\frac{-50p}{600-50p}.$$

当 $p=1$ 时,$|\varepsilon_p|=\frac{1}{11}<1$,为低弹性,此时降价将使总收入减少,提价将使总收入增加.

当 $p=6$ 时,$|\varepsilon_p|=1$,为单位弹性,此时提价或降价将对总收入没有明显影响.

当 $p=8$ 时,$|\varepsilon_p|=2$,为高弹性,此时降价将使总收入增加,提价将使总收入减少.

例 4.6.7 已知某企业某产品的需求弹性的绝对值在 1.5~2.4,如果该企业准备明年将价格降低 10%,问这种商品的销售量预期会增加多少?总收入会增加多少?

解 因为 $\varepsilon_p = \frac{p}{Q}\frac{dQ}{dp}$, $\frac{dQ}{Q} = \frac{dp}{p}\varepsilon_p$, 所以 $\frac{\Delta Q}{Q} \approx \frac{\Delta p}{p}\varepsilon_p$.

当 $\frac{\Delta p}{p} = -0.1$, $\varepsilon_p = -1.5$ 时, $\frac{\Delta Q}{Q} \approx 0.15 = \frac{15}{100}$.

当 $\frac{\Delta p}{p} = -0.1$, $\varepsilon_p = -2.4$ 时, $\frac{\Delta Q}{Q} \approx 0.24 = \frac{24}{100}$.

因为 $\Delta R \approx (1-|\varepsilon_p|)Q\Delta p$, 所以

$$\frac{\Delta R}{R} \approx \frac{(1-|\varepsilon_p|)Q\Delta p}{Qp} = (1-|\varepsilon_p|)\frac{\Delta p}{p} \quad (R = Qp).$$

当 $\frac{\Delta p}{p} = -0.1$, $|\varepsilon_p| = 1.5$ 时, $\frac{\Delta R}{R} \approx \frac{5}{100}$.

当 $\frac{\Delta p}{p} = -0.1$, $|\varepsilon_p| = 2.4$ 时, $\frac{\Delta R}{R} \approx \frac{14}{100}$.

因此,若明年降价 10%,企业这种商品的销售量预期将增加 15%~24%,总收入将增加 5%~14%.

— 思考题 4.6 —

1. 回答下列问题:

(1) 为什么说需求价格弹性一般为负值?

(2) 设生产 x 个单位产品时,总成本为 $C(x)$,问这时每单位产品的平均成本是多少?

(3) 用数学语言解释"某项经济指标的增长速度正在逐步加快"或"某项经济指标的增长速度正在逐步变慢",并画图说明.

2. 一般情况下,对商品的需求量 Q 是消费者之收入 x 的函数,即 $Q = Q(x)$,试写出需求量 Q 对收入 x 的弹性——需求收入弹性数学公式,并分析其经济意义.

— 练习 4.6A —

1. 设某商品的销售量为 x 时,总收入 $R = 100x$,求该商品的边际收益.

2. 某工厂每天生产某产品的固定成本为 2 000 元,生产 x 件该产品的可变成本为 $6x$ 元,求总成本函数与边际成本.

3. 设某商品的需求函数为 $Q = 1 200 - 6p$,求价格 $p = 50$ 的需求价格弹性.

— 练习 4.6B —

1. 某厂商提供的总成本和总收入函数如图 4.6.10 所示,试画出下列经济量关于产品数量 q 的函数图像:

(1) 总利润;(2) 边际收益.

2. 求解下列各题：

（1）设某产品的总成本函数和总收入函数分别为

$$C(x) = 3 + 2\sqrt{x}, \quad R(x) = \frac{5x}{x+1},$$

其中 x 为该产品的销售量，求该产品的边际成本、边际收益和边际利润；

（2）设 p 为某产品的价格，x 为产品的需求量，且有 $p + 0.1x = 80$。问 p 为何值时，需求是高弹性或低弹性？

3. 某工厂生产 q 件某产品的总成本 C 为 q 的函数：$C(q) = 1\,000 + \frac{1}{1\,000}q^2$，单位售价为 300 元，求(1) 平均成本；(2) 边际成本；(3) 边际利润.

4. 某工厂生产 q 件产品的总成本 C（单位：万元）为产量 q 的函数

$$C = 1\,500 + \frac{1}{1\,000}q^2.$$

求：(1) 生产 1 000 件产品时的总成本和平均成本；
(2) 生产 1 000 到 1 300 件产品时的总成本的平均变化率；
(3) 生产 1 000 件产品时的边际成本.

5. 某工厂生产一批产品的固定成本为 1 000 元，每增产 1 t 产品成本增加 20 元，设该产品的市场需求量与价格的关系为 $q = 1\,000 - 10p$（q 为产量，p 为价格）时，产销平衡，试求：(1) 产量为 100 t 时的边际利润；(2) 产量为多少时利润最大？最大利润是多少？

6. 某商品需求函数为 $q = 10 - \frac{2p}{5}$，求：(1) 需求价格弹性函数；(2) 当 $p = 4$ 时的需求价格弹性；(3) 在 $p = 4$ 时，若价格上涨 1%，其总收入是增加、还是减少？它将变化百分之几？

7. 某商品的需求函数为 $Q(p) = 108 - p^2$（Q 为商品的需求量，单位：件；p 为价格，单位：万元），求：

(1) 当价格 $p = 3$ 时的边际需求，并说明其经济意义；
(2) 当价格 $p = 3$ 时的需求弹性，并说明其经济意义；
(3) 当价格 $p = 3$ 时，若价格上涨 1%，总收入将变化百分之几？
(4) 当价格 $p = 7$ 时，若价格上涨 1%，总收入将变化百分之几？
(5) 价格 p 为多少时总收入最大？最大总收入为多少？

4.7 用数学软件求解导数应用问题

4.7.1 用数学软件 Mathematica 求解导数应用问题

大家知道，导数应用指的是用导数的性态来研究函数的性态，主要包括函数的单调性、凹凸性、极值与最值的求法以及一元函数图形的描绘。由于对函数图形的单调性、凹凸性等问题的研究，不但需要进行求导运算而且还需要进行解方程及条件判断等工作，因此，本节在用 Mathematica 做导数应用题的过程中，经常使用 Mathematica 系统中的 Solve, Which, Print 这三个函数。

例 4.7.1 设函数 $f(x) = a\ln x + bx^2 + x$ 在 $x_1 = 1, x_2 = 2$ 处都取得极值，试确定 a, b 的值，并问这时 $f(x)$ 在 $x_1 = 1, x_2 = 2$ 处是取得极大值还是极小值？

解

```
In[1]:= f[x_]:= a*Log[x]+b*x^2+x
```

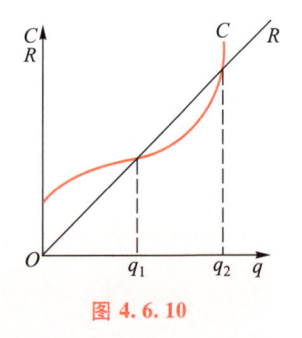

In[2]:=Solve[{f'[1]==0,f'[2]==0},{a,b}]

In[3]:=c=%;(将方程组的解赋给变量c)

In[4]:=a=a/.c[[1,1]];(*等价于a=a/.a→$-\left(\frac{2}{3}\right)$*)

In[5]:=b=b/.c[[1,2]];(*等价于b=b/.b→$-\left(\frac{1}{6}\right)$*)

In[6]:=e1=f"[1];
In[7]:=e2=f"[2];
In[8]:=Which[e1==0,Print["失效"],e1>0,Print["f[1]极小值"],e1<0,Print["f[1]极大值"]](*判断f"[1]的符号,从而决定f[1]是极小值还是极大值*)

In[9]:=Which[e2==0,Print[失效],e2>0,Print["f[2]极小值"],e2<0,Print["f[2]极大值"]](*判断f"[2]的符号,从而决定f[2]是极小值还是极大值*)

Out[2]={{a→$-\left(\frac{2}{3}\right)$,b→$-\left(\frac{1}{6}\right)$}}

Out[8]=f[1]极小值

Out[9]=f[2]极大值

另外,Mathematica系统还提供了用逐步搜索法求函数极值的函数FindMinimum,其使用方法请读者上机练习.

4.7.2 用数学软件 MATLAB 求解导数应用问题

例 4.7.2 设函数 $f(x)=a\ln x+bx^2+x$ 在 $x_1=1, x_2=2$ 处都取得极值,试确定 a,b 的值,并问这时 $f(x)$ 在 $x_1=1, x_2=2$ 处是取得极大值还是极小值?

解 (1) 先在编辑器中定义函数 $f(x)=a\ln x+bx^2+x$,并存为 M 文件:hou3.m,即

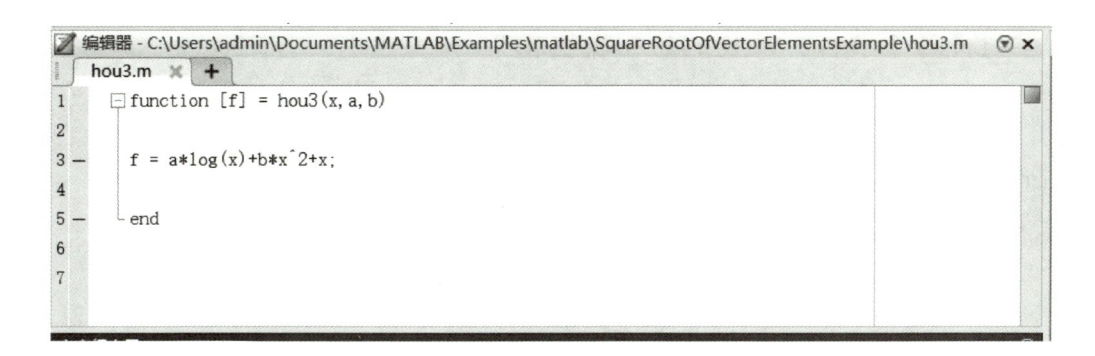

```
function [f] = hou3(x, a, b)

f = a*log(x)+b*x^2+x;

end
```

(2) 在命令窗口中,调用 hou3.m,令极值点处的导数为零,解方程求出 a,b,即

≫clear
syms a b x
df(x,a,b)=diff(hou3(x,a,b),x);
[a,b]=solve(df(1,a,b)==0,df(2,a,b)==0,a,b)
a=-2/3
b=-1/6

(3) 根据极值存在的充分条件,利用 if 语句判定在两个驻点处是取得极大值还是取得极小值.

```
» clear
syms a b x y
dfxx(x)=diff(hou3(x,-2/3,-1/6),x,2);
if(dfxx(1)==0)
disp("失效")
elseif(dfxx(1)>0)
disp("f[1]极小值")
else
disp("f[1]极大值")
end
f[1]极小值
» clear
syms a b x y
dfxx(x)=diff(hou3(x,-2/3,-1/6),x,2);
if(dfxx(2)==0)
disp("失效")
elseif(dfxx(2)>0)
disp("f[2]极小值")
else
disp("f[2]极大值")
end
f[2]极大值
```
其中,disp 为数据显示函数.

4.8 学习任务4解答 粮仓的最小表面积

解

1.（1）设圆柱的高为 h,底面半径为 r,粮仓的体积为 V,粮仓(包含底面)的表面积为 S,则有

$$V = \pi r^2 h + \frac{1}{2} \cdot \frac{4}{3}\pi r^3, \quad ①$$

$$S = \pi r^2 + 2\pi rh + \frac{4\pi r^2}{2}, \quad ②$$

由式①得

$$h = \frac{3V - 2\pi r^3}{3\pi r^2}, \quad ③$$

将式③代入式②得

$$S = 3\pi r^2 + \frac{2(-2\pi r^3 + 3V)}{3r} = \frac{5}{3}\pi r^2 + \frac{2V}{r},$$

令 $S'(r) = 0$,解之得唯一驻点 $r = \left(\frac{3V}{5\pi}\right)^{\frac{1}{3}}$,由于体积一定时,半径过大或过小粮仓表面积都会变大,所以

在这唯一驻点处粮仓表面积达到最小,将 $r=\left(\dfrac{3V}{5\pi}\right)^{\frac{1}{3}}$ 代入式③得 $h=\left(\dfrac{3V}{5\pi}\right)^{\frac{1}{3}}$,所以 $\dfrac{r}{h}=1$.因此,当粮仓圆柱的底面半径与圆柱的高为 1∶1 时,粮仓(包含底面)表面积最小.

(2) 将 $V=1\,000$ 代入 $r=h=\left(\dfrac{3V}{5\pi}\right)^{\frac{1}{3}}$ 中,得 $r=h=5.758\,82$,即若容积为 $1\,000\text{ m}^3$,则圆柱的底面半径和高均为 $5.758\,82$ m 时,粮仓(包含底面)的表面积最小.

2. 扫描二维码,查看学习任务 4 的 Mathematica 程序.

3. 扫描二维码,查看学习任务 4 的 MATLAB 程序.

复习题 4

A 级

1. 设 $f(x)=\dfrac{1-\cos x}{1+\cos x}$,问:

(1) $\lim\limits_{x\to 0}f(x)$ 是否存在?若存在,求出其值;若不存在,请说明理由.

(2) 能否由洛必达法则求上述极限,为什么?

2. 对下列函数写出拉格朗日中值公式 $\dfrac{f(b)-f(a)}{b-a}=f'(\xi)$,并求 ξ:

(1) $f(x)=\sqrt{x}, x\in[1,4]$;

(2) $f(x)=\arctan x, x\in[0,1]$.

3. 证明 $\arctan x+\operatorname{arccot} x=\dfrac{\pi}{2}, \quad x\in(-\infty,+\infty)$.

4. 求下列函数的单调区间:

(1) $y=2+x-x^2$;   (2) $y=3x-x^3$.

5. 证明不等式:

$$\dfrac{x}{1+x}<\ln(1+x) \quad (x>0)$$

(提示:证明函数 $f(x)=\dfrac{x}{1+x}-\ln(1+x)$ 在区间 $[0,+\infty)$ 上是单调减少函数).

6. 求下列极限:

(1) $\lim\limits_{x\to 0}\dfrac{\sin ax}{\sin bx}\quad(b\neq 0)$;

（2）$\lim\limits_{x\to 1}\dfrac{x^2-x}{\ln x-x+1}$；

（3）$\lim\limits_{x\to +\infty} x^n e^{-ax}$ （$a>0$，n 为自然数）.

7. 求下列函数的极值：

（1）$y=x^2+6x-5$；

（2）$y=1-x^{\frac{2}{3}}$.

8. 设函数 $f(x)=a\ln x+bx^2+x$ 在 $x_1=1$，$x_2=2$ 处都取得极值，试求出 a，b 的值，并问这时 $f(x)$ 在 x_1，x_2 处是取得极大值还是极小值？

9. 求下列函数在给定区间上的最大值和最小值：

（1）$f(x)=2^x$，$x\in[1,5]$；

（2）$f(x)=\sqrt{5-4x}$，$x\in[-1,1]$.

B 级

10. 从面积为 A 的一切矩形中，求其周长最小者.

11. 要造一个容积为 V 的圆柱形闭合油罐，问底半径 r 和高 h 等于多少时表面积最小？这时底半径与高的比是多少？

12. 从直径为 d 的圆形树干切出横断面为矩形的梁，此矩形的底等于 b，高等于 h，若梁的强度与 bh^2 成正比，问梁的尺寸为多少时，其强度最大？

13. 要建一个上端为半球形，下端为圆柱形的粮仓，其容积为 V，问当圆柱的高 h 和底半径 r 为何值时，粮仓的表面积（不包括底面积）最小？

14. 在曲线 $y=\ln x$ 上求曲率最大的点.

15. 求下列函数曲线的凹凸区间和拐点：

（1）$y=x+x^{\frac{5}{3}}$； （2）$y=\sqrt{1+x^2}$.

16. 求下列曲线的渐近线：

（1）$y=\dfrac{x^4}{(1+x)^3}$； （2）$y=\left(\dfrac{1+x}{1-x}\right)^4$.

17. 描绘 $y=\dfrac{x^3}{3}-x$ 的图像.

18. 设某产品的成本函数

$$C(x)=\dfrac{x(x+b)}{x+c}+d \quad (x\geqslant 0),$$

其中 b，c，d 为常数，求边际成本.

19. 设某商品的需求函数为 $Q=e^{-\frac{p}{3}}$，求：

（1）需求弹性函数；

（2）$p=2,3,6$ 时的需求弹性，并说明其经济意义.

20. 如果水以常速注入（即单位时间内注水的体积是常数）如图 4.f.1 所示的罐中，画出水面上升的高度 h 关于时间 t 的函数 $h=f(t)$ 的图像，在图像上标出水面上升至罐体拐角处的时刻.

21. 若函数 $f(x)$ 在 (a,b) 内具有二阶导数，且 $f(x_1)=f(x_2)=f(x_3)$，其中 $a<x_1<x_2<x_3<b$. 证明：在 (x_1,x_3) 内至少有一点 ξ，使得 $f''(\xi)=0$.

图 4.f.1

22. 设 $a>b>0$,证明:
$$\frac{a-b}{a}<\ln\frac{a}{b}<\frac{a-b}{b}.$$

23. 证明:当 $x>0$ 时, $\ln(1+x)>x-\frac{x^2}{2}$.

24. 设函数 $f(x)$ 在 $[0,3]$ 上连续,在 $(0,3)$ 内可导,且
$$f(0)+f(1)+f(2)=3,\quad f(3)=1.$$
证明:必存在 $\xi\in(0,3)$ 使 $f'(\xi)=0$.

25. 讨论函数
$$f(x)=\begin{cases}\left[\dfrac{(1+x)^{\frac{1}{x}}}{\mathrm{e}}\right]^{\frac{1}{x}},& x>0,\\ \mathrm{e}^{-\frac{1}{2}},& x\leqslant 0\end{cases}$$
在点 $x=0$ 处的连续性.

26. 试问 a 为何值时,函数 $f(x)=a\sin x+\frac{1}{3}\sin 3x-1$ 在 $x=\frac{\pi}{3}$ 处取得极值？它是极大值还是极小值？并求此极值.

27. 设 $a_1,a_2,\cdots,a_n$ 为常数, $f(x)=\sum\limits_{i=1}^{n}(x-a_i)^2$,问 x 取何值时, $f(x)$ 取得极小值？

28. 求函数 $y=2x^3+x^2-4x+3$ 的单调区间,并确定该函数图形的凹凸区间与拐点.

29. 描绘函数 $y=\dfrac{x}{1+x^2}$ 的图形.

30. 求下列曲线在指定点处的曲率和曲率半径:

(1) $y=\tan x$ 在点 $\left(\dfrac{\pi}{6},\dfrac{1}{\sqrt{3}}\right)$；　　(2) $y^2=16x$ 在点 $(1,4)$.

C 级

31. 为防止冬季取暖时热量的散发所引起的供热费用的提高与夏季冷气的损失所引起的制冷费用的增加,需要考虑在屋顶设置绝热层,问设置多厚的绝热层最经济？

D 级

第 5 章 不定积分

5.0 学习任务5 由斜率求曲线

求满足下列条件的曲线方程：
(1) 曲线在任一点处的切线斜率等于该点横坐标的 2 倍.
(2) 曲线在任一点处的切线斜率等于该点横坐标的 2 倍,且过点 $(0,1)$.

如果 (x,y) 为该曲线上任意点的坐标,则由已知条件得 $\dfrac{dy}{dx}=2x$,问题的关键是如何据此求出曲线方程,也就是已知"导数 $\dfrac{dy}{dx}=2x$"求原来的函数" $y=f(x)$ ".利用不定积分的知识可以解决这类问题.

这一章和下一章我们将讨论一元函数积分学. 积分学中有两个基本概念——不定积分和定积分. 本章讲不定积分的概念、性质和基本积分方法. 不定积分在运算上有一定难度,因为它对方法的灵活运用和解题经验都有较高的要求. 为此,必须多动手计算一些具体的不定积分,才能锻炼出应有的积分技能.

> **引例** 某日小明对老师说:"我感觉到不但对已知函数 $F(x)$ 求出其导数 $f(x)$ 有用,而且对给定的函数 $f(x)$ 求出其是哪个函数(简称'原来的函数')的导数也很有实际意义,但是,依据导数公式只能找到数量极为有限的几个函数的'原来的函数',比如,由 $(x^4)'=4x^3$,可得 x^3 是由 $\dfrac{1}{4}x^4$ 求导而得来的.有没有更一般的方法,对给定的函数求出它是由哪个函数求导而来的?"
>
> 老师说:"你的问题很好,且很及时,从今天开始,我们就要研究,对给定的函数,如何求出它是由哪个函数求导而来的."

5.1 不定积分的概念及性质

本节首先介绍原函数与不定积分的概念,随后给出基本积分公式和不定积分的性质.

5.1.1 原函数与不定积分

1. 原函数的概念

有许多实际问题,要求我们解决导数的逆运算,就是要由某函数的已知导数去求原来的函数.

例如,已知做自由落体运动的物体任意时刻 t 的运动速度为 $v(t)=gt$,求自由落体的运动规律(设运动开始时,物体在原点).这个问题就是要从关系式 $s'(t)=gt$ 还原出函数 $s(t)$.逆用导数公式,易知 $s(t)=\frac{1}{2}gt^2$,这就是所求的运动规律.

一般地,如果已知 $F'(x)=f(x)$,如何求 $F(x)$?为此,引入下述定义.

定义 5.1.1(原函数) 设 $f(x)$ 是定义在某区间的已知函数,若存在函数 $F(x)$,对该区间内任意 x 都有

$$F'(x)=f(x) \text{ 或 } dF(x)=f(x)dx,$$

则称 $F(x)$ 为 $f(x)$ 的一个原函数.

譬如,因为 $(\ln x)'=\frac{1}{x}$,故 $\ln x$ 是 $\frac{1}{x}$ 的一个原函数,但不是唯一的,如 $\ln x+1, \ln x+2, \cdots$ 都是 $\frac{1}{x}$ 的原函数.再如,x^2 是 $2x$ 的一个原函数,但 $(x^2+1)'=(x^2+2)'=(x^2-\sqrt{3})'=\cdots=2x$,所以 $2x$ 的原函数不是唯一的.

定理 5.1.1(原函数存在定理) 如果函数 $f(x)$ 在区间 I 上连续,那么它在区间 I 上一定存在可导函数 $F(x)$,使得对任一 $x \in I$,都有

$$F'(x)=f(x).$$

该定理的证明见第 6 章.

关于原函数,我们还要说明两点:

第一,原函数的存在问题:根据定理 5.1.1 如果 $f(x)$ 在某区间连续,那么它的原函数一定存在.

第二,原函数的一般表达式:前面已指出,若 $f(x)$ 存在原函数,就不是唯一的.那么,这些原函数之间有什么差异?能否写成统一的表达式呢?对此,有如下结论:

定理 5.1.2(全体原函数) 若 $F(x)$ 是 $f(x)$ 的一个原函数,则 $F(x)+C$ 代表了 $f(x)$ 的全部原函数,其中 C 为任意常数.

证 由于 $F'(x)=f(x)$,又 $[F(x)+C]'=F'(x)=f(x)$,所以函数族 $F(x)+C$ 中的每一个都是 $f(x)$ 的原函数.

另一方面,设 $G(x)$ 是 $f(x)$ 的任意一个原函数,即 $G'(x)=f(x)$,则可证 $F(x)$ 与 $G(x)$ 之间只相差一个常数.事实上,因为 $[G(x)-F(x)]'=G'(x)-F'(x)=f(x)-f(x)=0$,所以 $G(x)-F(x)=C$(常数),或者 $G(x)=F(x)+C$,这就是说 $f(x)$ 的任一原函数 $G(x)$ 均可表示成 $F(x)+C$ 的形式.

这样就证明了 $f(x)$ 的全体原函数刚好组成函数族 $F(x)+C$.

例 5.1.1 求函数 $f(x)=x^5$ 的全部原函数.

解 因为 $\left(\frac{x^6}{6}\right)'=x^5$,所以由定理 5.1.2 知 x^5 的全部原函数可表示为 $\frac{x^6}{6}+C$(其中 C 为任意常数).

2. 不定积分的概念

定义 5.1.2(不定积分) 如果在区间 I 上,$F(x)$ 是 $f(x)$ 的一个原函数,则全体原函数 $F(x)+C$ 叫作 $f(x)$(或 $f(x)dx$)在区间 I 上的不定积分,记为 $\int f(x)dx$,即

$$\int f(x)dx = F(x)+C,$$

其中 $F'(x)=f(x)$，上式中的 x 叫作积分变量，$f(x)$ 叫作被积函数，$f(x)dx$ 叫作被积表达式，C 叫作积分常数，"$\int$" 叫作积分号.

注 由定义 5.1.2 及定理 5.1.2 可知，$f(x)$ 的不定积分就是 $f(x)$ 的某一个原函数加上任意常数，所以求 $\int f(x)dx$ 时，切记要"$+C$"，否则求出的只是一个原函数，而不是不定积分.

通常我们把 $f(x)$ 的一个原函数 $F(x)$ 的图像称为 $f(x)$ 的一条积分曲线，其方程为 $y=F(x)$. 因此，不定积分 $\int f(x)dx$ 在几何上就表示全体积分曲线所组成的曲线族，它们是彼此平行的曲线①（图 5.1.1）. 它们的方程是 $y=F(x)+C$.

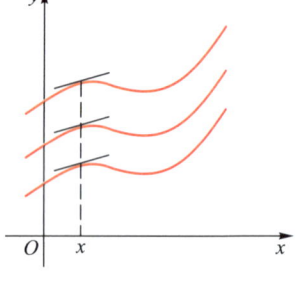

图 5.1.1

例 5.1.2 求下列不定积分：

(1) $\int x^2 dx$； (2) $\int \dfrac{1}{x}dx$.

解 (1) 因为 $\left(\dfrac{1}{3}x^3\right)'=x^2$，所以 $\int x^2 dx = \dfrac{1}{3}x^3 + C$.

(2) 因为 $x>0$ 时，$(\ln x)' = \dfrac{1}{x}$；

又 $x<0$ 时，$[\ln(-x)]' = \dfrac{-1}{-x} = \dfrac{1}{x}$，

所以 $\int \dfrac{1}{x}dx = \ln|x| + C$.

在实际中，往往需要从全体原函数中求出一个满足已给条件的确定解，即要定出常数 C 的具体数值，如下例所示.

例 5.1.3 设曲线过点 $(1,2)$ 且其上任一点的切线斜率为该点横坐标的 2 倍，求曲线方程.

解 设 (x,y) 为所求曲线上任意一点的坐标.

按题意有 $\dfrac{dy}{dx} = 2x$，故 $y = \int 2x dx = x^2 + C$.

又因为曲线过点 $(1,2)$，即 $x=1$ 时 $y=2$，将其坐标代入上式得，$2=1+C$，解之得 $C=1$，于是所求曲线方程为 $y=x^2+1$.

例 5.1.4 设某物体以速度 $v=3t^2$ 做直线运动，且当 $t=0$ 时 $s=2$，求运动规律 $s=s(t)$.

解 按题意有 $s'(t)=3t^2$，即 $s(t) = \int 3t^2 dt = t^3 + C$，再将条件 $t=0$ 时 $s=2$ 代入得 $C=2$，故所求运动规律为 $s=t^3+2$.

由积分定义知，积分运算与微分运算之间有如下的互逆关系：

(1) $\left[\int f(x)dx\right]' = f(x)$ （5.1.1）

$d\left[\int f(x)dx\right] = f(x)dx$ （5.1.2）

(2) $\int F'(x)dx = F(x) + C$ （5.1.3）

---

① 两曲线平行是指在横坐标相同的点处有相同的切线斜率（图 5.1.1）.

$$\int \mathrm{d}F(x) = F(x) + C \qquad (5.1.4)$$

注意：由式(5.1.2)知，在不定积分 $\int f(x)\mathrm{d}x$ 中的被积表达式 $f(x)\mathrm{d}x$ 是某函数的微分表达式，其中 $\mathrm{d}x$ 是自变量 x 的微分.

例 5.1.5 设
$$\int f(x)\mathrm{d}x = \sin x + C,$$
求 $f(x)$.

解 因为
$$\int f(x)\mathrm{d}x = \sin x + C,$$
所以
$$\left(\int f(x)\mathrm{d}x\right)' = (\sin x + C)',$$
所以
$$f(x) = \cos x.$$

5.1.2 不定积分的基本积分公式

由于求不定积分是求导数的逆运算，所以由导数公式可以相应地得出下列积分公式：

(1) $\int k\mathrm{d}x = kx + C$ （k 为常数），

(2) $\int x^{\mu}\mathrm{d}x = \dfrac{1}{\mu+1}x^{\mu+1} + C$ （$\mu \neq -1$），

(3) $\int \dfrac{1}{x}\mathrm{d}x = \ln|x| + C$，

(4) $\int \mathrm{e}^{x}\mathrm{d}x = \mathrm{e}^{x} + C$，

(5) $\int a^{x}\mathrm{d}x = \dfrac{a^{x}}{\ln a} + C$，

(6) $\int \cos x\,\mathrm{d}x = \sin x + C$，

(7) $\int \sin x\,\mathrm{d}x = -\cos x + C$，

(8) $\int \dfrac{1}{\cos^{2}x}\mathrm{d}x = \int \sec^{2}x\,\mathrm{d}x = \tan x + C$，

(9) $\int \dfrac{1}{\sin^{2}x}\mathrm{d}x = \int \csc^{2}x\,\mathrm{d}x = -\cot x + C$，

(10) $\int \sec x\tan x\,\mathrm{d}x = \sec x + C$，

(11) $\int \csc x\cot x\,\mathrm{d}x = -\csc x + C$，

(12) $\int \dfrac{1}{1+x^{2}}\mathrm{d}x = \arctan x + C$，

(13) $\int \dfrac{1}{\sqrt{1-x^{2}}}\mathrm{d}x = \arcsin x + C.$

微视频
不定积分的基本积分公式和性质

以上 13 个公式是积分法的基础，必须熟记，不仅要记住右端结果，还要熟悉左端被积函数的

形式.

例 5.1.6 求不定积分 $\int \sqrt{x^5} \, dx$.

解 $\int \sqrt{x^5} \, dx = \int x^{\frac{5}{2}} \, dx = \dfrac{x^{\frac{5}{2}+1}}{\frac{5}{2}+1} + C = \dfrac{2}{7} x^{\frac{7}{2}} + C.$

5.1.3 不定积分的性质

设 $f(x), g(x)$ 都是可积函数,则有如下不定积分的性质:

性质 1 被积函数中不为零的常数因子可提到积分号外,即

$$\int kf(x) \, dx = k \int f(x) \, dx \quad (k \neq 0).$$

性质 2 两个函数代数和的积分等于各函数积分的代数和,即

$$\int [f(x) \pm g(x)] \, dx = \int f(x) \, dx \pm \int g(x) \, dx.$$

这个性质对有限多个函数的和也是成立的. 它表明:几个函数的和的不定积分等于每个函数的不定积分的和.

这两个公式很容易证明,只需验证右端的导数等于左端的被积函数,并且右端确实含有一个任意常数 C. 顺便指出,以后我们计算不定积分时,就可用这个方法检验积分结果是否正确.

性质 1 的证明 ① $\left(k \int f(x) \, dx \right)' = k \left(\int f(x) \, dx \right)' = kf(x)$,即右端的导数等于左端的被积函数; ② $\int f(x) \, dx$ 中含有任意常数 C,且 $k \neq 0, k \cdot C$ 也为任意常数,所以 $k \int f(x) \, dx$ 也含有任意常数. 所以, $\int kf(x) \, dx = k \int f(x) \, dx (k \neq 0)$ 成立.

性质 2 的证明 ① 因为 $\left(\int f(x) \, dx \pm \int g(x) \, dx \right)' = \left(\int f(x) \, dx \right)' \pm \left(\int g(x) \, dx \right)' = f(x) \pm g(x)$,即右端的导数等于左端的被积函数; ② $\int f(x) \, dx, \int g(x) \, dx$ 中均含有任意常数,而两个任意常数的代数和仍为任意常数,即 $\int f(x) \, dx \pm \int g(x) \, dx$ 中也含有任意常数. 所以, $\int [f(x) \pm g(x)] \, dx = \int f(x) \, dx \pm \int g(x) \, dx$ 成立.

利用不定积分的性质和基本积分公式,就可以求一些简单函数的不定积分.

例 5.1.7 求不定积分 $\int (x^3 + 2x^2 + 1) \, dx$.

解 $\int (x^3 + 2x^2 + 1) \, dx = \int x^3 \, dx + 2 \int x^2 \, dx + \int 1 \, dx$

$= \dfrac{x^4}{4} + \dfrac{2x^3}{3} + x + C.$

例 5.1.8 求不定积分 $\int (e^x + 2^x) \, dx$.

解 $\int (e^x + 2^x) \, dx = \int e^x \, dx + \int 2^x \, dx = e^x + \dfrac{2^x}{\ln 2} + C.$

注 在分项积分后,不必每一个积分结果都"$+C$",只要在总的结果中加一个 C 就行了.

例 5.1.9 求不定积分 $\int (2\sin x + 3\cos x)\,dx$.

解 $\int (2\sin x + 3\cos x)\,dx = 2\int \sin x\,dx + 3\int \cos x\,dx$
$$= -2\cos x + 3\sin x + C.$$

例 5.1.10 求下列不定积分：

(1) $\int (\sqrt{x}+1)\left(x-\dfrac{1}{\sqrt{x}}\right)dx$；　　(2) $\int \dfrac{x^2-1}{x^2+1}dx$.

解 （1）首先把被积函数 $(\sqrt{x}+1)\left(x-\dfrac{1}{\sqrt{x}}\right)$ 化为和式，然后再逐项积分

$$\int (\sqrt{x}+1)\left(x-\dfrac{1}{\sqrt{x}}\right)dx = \int\left(x\sqrt{x}+x-1-\dfrac{1}{\sqrt{x}}\right)dx$$
$$= \int x\sqrt{x}\,dx + \int x\,dx - \int 1\,dx - \int \dfrac{1}{\sqrt{x}}dx$$
$$= \dfrac{2}{5}x^{\frac{5}{2}} + \dfrac{1}{2}x^2 - x - 2x^{\frac{1}{2}} + C.$$

(2) $\int \dfrac{x^2-1}{x^2+1}dx = \int \dfrac{x^2+1-2}{x^2+1}dx = \int\left(1-\dfrac{2}{x^2+1}\right)dx$
$$= \int dx - 2\int \dfrac{dx}{x^2+1} = x - 2\arctan x + C.$$

上述例 5.1.10 的解题思路——设法化被积函数为和式，然后再逐项积分，是一种重要的解题方法，例 5.1.11 仍如此，不过它实现"化和"是利用三角函数的恒等变换.

例 5.1.11 求下列不定积分：

(1) $\int \tan^2 x\,dx$；　　(2) $\int \sin^2\dfrac{x}{2}dx$.

解 （1）$\int \tan^2 x\,dx = \int(\sec^2 x - 1)dx = \int \sec^2 x\,dx - \int dx$
$$= \tan x - x + C.$$

(2) $\int \sin^2\dfrac{x}{2}dx = \int \dfrac{1-\cos x}{2}dx = \dfrac{1}{2}x - \dfrac{1}{2}\sin x + C.$

例 5.1.12 求 $\int \dfrac{x^3+x+1}{x^2+1}dx$.

解 因为 $\dfrac{x^3+x+1}{x^2+1} = x + \dfrac{1}{x^2+1}$，所以，

$$\int \dfrac{x^3+x+1}{x^2+1}dx = \int\left(x+\dfrac{1}{x^2+1}\right)dx$$
$$= \int x\,dx + \int \dfrac{1}{x^2+1}dx$$
$$= \dfrac{1}{2}x^2 + \arctan x + C.$$

— 思考题 5.1 —

1. 在不定积分的性质 $\int kf(x)\,dx = k\int f(x)\,dx$ 中,为何要求 $k \neq 0$?
2. 思考下列问题:

(1) 若 $\int f(x)\,dx = 2^x + \sin x + C$,则 $f(x)$ 是多少?

(2) 若 $f(x)$ 的一个原函数为 $\cos x$,则 $\int f'(x)\,dx$ 是多少?

(3) 若 $f(x)$ 的一个原函数为 x^3,问 $f(x)$ 是多少?

— 练习 5.1A —

1. 已知曲线 $y = f(x)$ 过点 $(0,0)$,且在点 (x,y) 处的切线斜率为 $k = 3x^2 + 1$,求该曲线方程.
2. 计算下列不定积分:

(1) $\int x^5\,dx$;

(2) $\int 2^x\,dx$;

(3) $\int e^{x+1}\,dx$;

(4) $\int (\cos x - \sin x)\,dx$.

3. 计算下列不定积分:

(1) $\int \dfrac{2}{1+x^2}\,dx$;

(2) $\int \dfrac{-2}{\sqrt{1-x^2}}\,dx$;

(3) $\int (e^x + \sqrt[3]{x})\,dx$;

(4) $\int \left(\dfrac{1}{\sin^2 x} + \dfrac{1}{\cos^2 x}\right)dx$.

— 练习 5.1B —

1. 计算下列不定积分:

(1) $\int \sec x(\sec x - \tan x)\,dx$.

(2) $\int \dfrac{\cos 2x}{\cos x - \sin x}\,dx$.

(3) $\int \cot^2 x\,dx$.

(4) $\int \dfrac{x^2}{x^2+1}\,dx$.

(5) $\int \dfrac{3x^4 + 2x^2}{x^2+1}\,dx$.

(6) $\int \dfrac{2 \cdot 3^x - 5 \cdot 2^x}{3^x}\,dx$.

2. 汽车以 20 m/s 的速度行驶,刹车后匀减速行驶了 50 m 停住,求刹车时的加速度,可按下列步骤进行:

(1) 求 $\dfrac{d^2 s}{dt^2} = -k$ 满足条件 $\left.\dfrac{ds}{dt}\right|_{t=0} = 20$ 及 $\left.s\right|_{t=0} = 0$ 的解;

(2) 求使 $\dfrac{ds}{dt} = 0$ 的 t 值;

(3) 求使 $s = 50$ 的 k 值.

5.2 不定积分的换元积分法

利用基本积分公式及性质,只能求出一些简单的积分,对于比较复杂的积分,我们总是设法把它变形为能利用基本积分公式的形式再求出其积分. 下面所介绍的换元法是最常用最有效的一种积分方法.

5.2.1 第一换元积分法(凑微分法)

先分析下面的积分.

例 5.2.1 求 $\int e^{3x} dx$.

解 被积函数 e^{3x} 是复合函数,不能直接套用 $\int e^x dx$ 的公式. 我们可以把原积分作下列变形后计算:

$$\int e^{3x} dx = \frac{1}{3} \int e^{3x} d(3x) \xrightarrow{\text{令 } u=3x} \frac{1}{3} \int e^u du = \frac{1}{3} e^u + C \xrightarrow{\text{回代}} \frac{1}{3} e^{3x} + C.$$

直接验证得知,计算结果正确.

上例解法的特点是引入新变量 $u = \varphi(x)$,从而把原积分化为关于 u 的一个简单的积分,再套用基本积分公式求解,现在的问题是,在公式

$$\int e^x dx = e^x + C$$

中,将 x 换成了 $u = \varphi(x)$,对应得到的公式

$$\int e^u du = e^u + C$$

是否还成立? 回答是肯定的,我们有下述定理:

定理 5.2.1(凑微分法) 设 $u = \varphi(x)$ 是 x 的任何一个可微函数,如果 $\int f(x) dx = F(x) + C$,则

$$\int f(u) du = F(u) + C.$$

证 由于 $\int f(x) dx = F(x) + C$,所以 $dF(x) = f(x) dx$. 根据微分形式不变性,则有 $dF(u) = f(u) du$. 其中 $u = \varphi(x)$ 是 x 的可微函数,由此得

$$\int f(u) du = \int dF(u) = F(u) + C.$$

这个定理非常重要,它表明:在基本积分公式中,自变量 x 换成任一可微函数 $u = \varphi(x)$ 后公式仍成立. 这就大大扩充了基本积分公式的使用范围. 应用这一结论,上述例题引用的方法,可一般化为下列计算程序:

$$\int f[\varphi(x)] \varphi'(x) dx \xrightarrow{\text{凑微分}} \int f[\varphi(x)] d[\varphi(x)]$$

$$\xrightarrow{\text{令 } u=\varphi(x)} \int f(u) du = F(u) + C$$

$$\xrightarrow{\text{回代}} F[\varphi(x)] + C, \tag{5.2.1}$$

这种先"凑"微分式,再作变量置换的方法,叫作第一换元积分法,也称凑微分法.

例 5.2.2 求 $\int \cos^2 x \sin x \, dx$.

解 设 $u = \cos x$, 得 $du = -\sin x \, dx$.

$$\int \cos^2 x \sin x \, dx = -\int u^2 \, du = -\frac{1}{3} u^3 + C = -\frac{1}{3} \cos^3 x + C.$$

方法较熟悉后,可略去中间的换元步骤,直接凑微分成积分公式的形式.

例 5.2.3 求 $\int (2x+1)^{30} \, dx$.

解
$$\int (2x+1)^{30} \, dx = \frac{1}{2} \int (2x+1)^{30} \, d(2x+1)$$
$$= \frac{1}{2} \frac{(2x+1)^{31}}{30+1} + C = \frac{(2x+1)^{31}}{62} + C.$$

例 5.2.4 求 $\int \dfrac{dx}{x\sqrt{1-\ln^2 x}}$.

解
$$\int \frac{dx}{x\sqrt{1-\ln^2 x}} = \int \frac{1}{\sqrt{1-\ln^2 x}} \left(\frac{dx}{x}\right) = \int \frac{1}{\sqrt{1-\ln^2 x}} \, d(\ln x)$$
$$= \arcsin(\ln x) + C.$$

凑微分法运用时的难点在于原题并未指明应该把哪一部分凑成 $d\varphi(x)$,这需要解题经验. 如果记熟下列一些微分式,解题中则会给我们以启示:

$$dx = \frac{1}{a} d(ax+b), \qquad\qquad x \, dx = \frac{1}{2} d(x^2),$$

$$\frac{dx}{\sqrt{x}} = 2d(\sqrt{x}), \qquad\qquad e^x \, dx = d(e^x),$$

$$\frac{1}{x} dx = d(\ln |x|), \qquad\qquad \sin x \, dx = -d(\cos x),$$

$$\cos x \, dx = d(\sin x), \qquad\qquad \sec^2 x \, dx = d(\tan x),$$

$$\csc^2 x \, dx = -d(\cot x), \qquad\qquad \frac{dx}{\sqrt{1-x^2}} = d(\arcsin x),$$

$$\frac{dx}{1+x^2} = d(\arctan x).$$

下面的例子,将继续展示凑微分法的解题技巧.

例 5.2.5 求下列不定积分:

(1) $\int \dfrac{dx}{\sqrt{a^2-x^2}}$ $(a>0)$;　　(2) $\int \dfrac{dx}{a^2+x^2}$;

(3) $\int \tan x \, dx$;　　(4) $\int \cot x \, dx$;

(5) $\int \sec x \, dx$;　　(6) $\int \csc x \, dx$.

解 (1) $\int \dfrac{dx}{\sqrt{a^2-x^2}} = \int \dfrac{1}{a\sqrt{1-\left(\dfrac{x}{a}\right)^2}} \, dx$

$$= \int \frac{1}{\sqrt{1-\left(\frac{x}{a}\right)^2}} d\left(\frac{x}{a}\right) = \arcsin \frac{x}{a} + C.$$

(2) 类似得 $\int \frac{dx}{a^2+x^2} = \frac{1}{a}\arctan \frac{x}{a} + C.$

(3) $\int \tan x \, dx = \int \frac{\sin x}{\cos x} dx = -\int \frac{d(\cos x)}{\cos x} = -\ln|\cos x| + C.$

(4) 类似得 $\int \cot x \, dx = \ln|\sin x| + C.$

(5) $\int \sec x \, dx = \int \frac{\sec x(\sec x + \tan x)}{\tan x + \sec x} dx$

$$= \int \frac{\sec^2 x + \sec x \tan x}{\tan x + \sec x} dx$$

$$= \int \frac{1}{(\tan x + \sec x)} d(\tan x + \sec x)$$

$$= \ln|\sec x + \tan x| + C.$$

(6) 类似得 $\int \csc x \, dx = \ln|\csc x - \cot x| + C.$

本题六个不定积分今后经常用到,可以作为公式使用.

例 5.2.6 求下列不定积分：

(1) $\int \frac{1}{x^2-a^2} dx$；

(2) $\int \frac{3+x}{\sqrt{4-x^2}} dx$；

(3) $\int \frac{1}{1+e^x} dx$；

(4) $\int \sin^2 x \, dx.$

解 本题积分前,需先用代数运算或三角变换对被积函数作适当变形.

(1) $\int \frac{1}{x^2-a^2} dx = \frac{1}{2a} \int \left(\frac{1}{x-a} - \frac{1}{x+a}\right) dx$

$$= \frac{1}{2a} \left[\int \frac{d(x-a)}{x-a} - \int \frac{d(x+a)}{x+a}\right]$$

$$= \frac{1}{2a}(\ln|x-a| - \ln|x+a|) + C$$

$$= \frac{1}{2a}\ln\left|\frac{x-a}{x+a}\right| + C.$$

(2) $\int \frac{3+x}{\sqrt{4-x^2}} dx = 3\int \frac{dx}{\sqrt{4-x^2}} + \int \frac{x}{\sqrt{4-x^2}} dx$

$$= 3\int \frac{d\frac{x}{2}}{\sqrt{1-\left(\frac{x}{2}\right)^2}} + \int \frac{-\frac{1}{2}}{\sqrt{4-x^2}} d(4-x^2)$$

$$= 3\arcsin \frac{x}{2} - \sqrt{4-x^2} + C.$$

(3) $\int \frac{1}{1+e^x} dx = \int \frac{1+e^x-e^x}{1+e^x} dx = \int \left(1 - \frac{e^x}{1+e^x}\right) dx$

$$= \int dx - \int \frac{1}{1+e^x} d(1+e^x)$$

$$= x - \ln(1+e^x) + C.$$

(4) $\int \sin^2 x \, dx = \int \frac{1-\cos 2x}{2} dx = \frac{1}{2}\int dx - \frac{1}{2}\int \cos 2x \, dx$

$$= \frac{1}{2}x - \frac{1}{4}\int \cos 2x \, d(2x)$$

$$= \frac{1}{2}x - \frac{1}{4}\sin 2x + C.$$

例 5.2.7 计算不定积分 $\int \frac{dx}{\sqrt{x-x^2}}$.

解法 1 $\int \frac{dx}{\sqrt{x-x^2}} = \int \frac{dx}{\sqrt{\frac{1}{4}-\left(x-\frac{1}{2}\right)^2}} = \int \frac{2dx}{\sqrt{1-(2x-1)^2}}$

$$= \int \frac{d(2x-1)}{\sqrt{1-(2x-1)^2}} = \arcsin(2x-1) + C.$$

解法 2 因为 $\frac{dx}{\sqrt{x}} = 2d\sqrt{x}$, 所以

$$\int \frac{dx}{\sqrt{x-x^2}} = \int \frac{dx}{\sqrt{x(1-x)}} = 2\int \frac{d\sqrt{x}}{\sqrt{1-(\sqrt{x})^2}} = 2\arcsin\sqrt{x} + C.$$

本题说明,选用不同的积分方法,可能得出不同形式的积分结果,但是,其导数都必须是被积函数.

例 5.2.8 求 $\int \sin 2x \cos 3x \, dx$.

解 因为 $\cos 3x \sin 2x = \frac{1}{2}(\sin(3x+2x) - \sin(3x-2x)) = \frac{1}{2}(\sin 5x - \sin x)$,所以,

$$\int \sin 2x \cos 3x \, dx = \int \frac{1}{2}(\sin 5x - \sin x) dx$$

$$= \frac{1}{10}\int \sin 5x \, d(5x) - \frac{1}{2}\int \sin x \, dx$$

$$= -\frac{1}{10}\cos 5x + \frac{1}{2}\cos x + C.$$

5.2.2 第二换元积分法

第一换元积分法是选择新的积分变量为 $u = \varphi(x)$,但对有些被积函数则需要作相反方式的换元,即令 $x = \varphi(t)$,把 t 作为新积分变量,才能积出结果,即

$$\int f(x) dx \xrightarrow{x=\varphi(t)}_{\text{换元}} \int f[\varphi(t)]\varphi'(t) dt \xrightarrow{\text{积分}} F(t) + C$$

$$\xrightarrow{t=\varphi^{-1}(x)}_{\text{回代}} F[\varphi^{-1}(x)] + C.$$

这种方法叫作第二换元积分法. 关于第二换元积分法有如下定理.

定理 5.2.2 设 $x=\varphi(t)$ 是区间 I 内的单调可导函数,并且 $\varphi'(t) \neq 0$. 又设 $\int f[\varphi(t)]\varphi'(t)\mathrm{d}t = F(t)+C$,则有换元公式

$$\int f(x)\mathrm{d}x = F[\varphi^{-1}(x)]+C. \tag{5.2.2}$$

证 因为 $\int f[\varphi(t)]\varphi'(t)\mathrm{d}t = F(t)+C$,所以 $F'(t) = f[\varphi(t)]\varphi'(t)$;因为 $x=\varphi(t)$ 在区间 I 内单调可导,且 $\varphi'(t) \neq 0$,所以, $x=\varphi(t)$ 在区间 I 内的反函数 $t=\varphi^{-1}(x)$ 也单调可导,且有 $\dfrac{\mathrm{d}t}{\mathrm{d}x} = \dfrac{1}{\varphi'(t)}$. 从而有,

$$(F[\varphi^{-1}(x)]+C)'_x = (F(t))'_x + 0 = F'(t) \cdot \frac{\mathrm{d}t}{\mathrm{d}x} = F'(t) \cdot \frac{1}{\varphi'(t)} = f[\varphi(t)]\varphi'(t) \cdot \frac{1}{\varphi'(t)} = f[\varphi(t)] = f(x),$$

即 $(F[\varphi^{-1}(x)]+C)'_x = f(x)$,所以, $\int f(x)\mathrm{d}x = F[\varphi^{-1}(x)]+C$ 成立.证毕.

使用第二换元积分法的关键是恰当地选择变换函数 $x=\varphi(t)$. 下面通过一些例子来说明其使用方法.

例 5.2.9 求 $\int \dfrac{\sqrt{x}}{1+\sqrt{x}}\mathrm{d}x$.

解 为了消去根式,可令 $\sqrt{x}=t$,即 $x=t^2 (t \geq 0)$,则 $\mathrm{d}x = 2t\mathrm{d}t$. 于是

$$\int \frac{\sqrt{x}}{1+\sqrt{x}}\mathrm{d}x = \int \frac{t}{1+t}2t\mathrm{d}t = 2\int \frac{t^2}{1+t}\mathrm{d}t$$

$$= 2\int \frac{(t^2-1)+1}{1+t}\mathrm{d}t = 2\int \left(t-1+\frac{1}{1+t}\right)\mathrm{d}t$$

$$= t^2 - 2t + 2\ln|1+t| + C$$

$$\xrightarrow{\text{回代}}_{t=\sqrt{x}} x - 2\sqrt{x} + 2\ln(1+\sqrt{x}) + C.$$

从上例可以看出:被积函数中含有被开方因式为一次多项式 $ax+b$ 的根式 $\sqrt[n]{ax+b}$ 时,令 $\sqrt[n]{ax+b}=t$,可以消去根号,从而求得积分.下面重点讨论被积函数含有被开方因式为二次式的根式的情况.

例 5.2.10 求 $\int \sqrt{a^2-x^2}\mathrm{d}x (a>0)$.

解 为了消去被积函数中的根式,使两个量的平方差表示成另外一个量的平方,我们联想到公式 $\sin^2 t + \cos^2 t = 1$,为此,作三角代换,令 $x = a\sin t \left(-\dfrac{\pi}{2} < t < \dfrac{\pi}{2}\right)$,那么

$$\sqrt{a^2-x^2} = a\cos t \text{ 且 } \mathrm{d}x = a\cos t\mathrm{d}t,$$

于是

$$\int \sqrt{a^2-x^2}\mathrm{d}x = \int a^2\cos^2 t\mathrm{d}t = a^2\int \frac{1+\cos 2t}{2}\mathrm{d}t$$

$$= \frac{a^2}{2}t + \frac{a^2}{4}\sin 2t + C.$$

为把 t 回代成 x 的函数,可根据 $\sin t = \dfrac{x}{a}$ 作辅助直角三角形(图 5.2.1),得

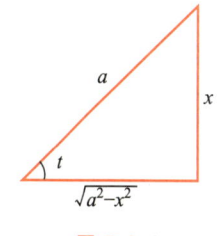

图 5.2.1

$\cos t = \dfrac{\sqrt{a^2-x^2}}{a}$,所以

$$\int \sqrt{a^2-x^2}\,\mathrm{d}x = \dfrac{a^2}{2}\arcsin\dfrac{x}{a} + \dfrac{1}{2}x\sqrt{a^2-x^2} + C.$$

例 5.2.11 求 $\displaystyle\int \dfrac{\mathrm{d}x}{(a^2+x^2)^{\frac{3}{2}}}$ （$a>0$）.

解 与上例类似，这里可以利用三角公式 $1+\tan^2 t = \sec^2 t$ 来化去根式，为此令 $x = a\tan t$ $\left(-\dfrac{\pi}{2}<t<\dfrac{\pi}{2}\right)$，则 $\mathrm{d}x = a\sec^2 t\,\mathrm{d}t$，所以

$$\int \dfrac{\mathrm{d}x}{(a^2+x^2)^{\frac{3}{2}}} = \int \dfrac{a\sec^2 t}{a^3\sec^3 t}\mathrm{d}t = \dfrac{1}{a^2}\int \cos t\,\mathrm{d}t = \dfrac{1}{a^2}\sin t + C.$$

由图 5.2.2 所示的直角三角形，得

$$\sin t = \dfrac{x}{\sqrt{a^2+x^2}},$$

故

$$\int \dfrac{\mathrm{d}x}{(a^2+x^2)^{\frac{3}{2}}} = \dfrac{x}{a^2\sqrt{a^2+x^2}} + C.$$

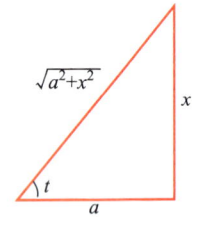

图 5.2.2

例 5.2.12 求 $\displaystyle\int \dfrac{\sqrt{x^2-9}}{x}\mathrm{d}x$.

解 （1）当 $x>3$ 时，令 $x = 3\sec t = \dfrac{3}{\cos t}$ $\left(0\leqslant t<\dfrac{\pi}{2}\right)$，所以有

$$\int \dfrac{\sqrt{x^2-9}}{x}\mathrm{d}x = \int \dfrac{\sqrt{(3\sec t)^2-9}}{3\sec t}\mathrm{d}(3\sec t)$$

$$= 3\int \dfrac{\sqrt{\tan^2 t}}{\sec t}\tan t\sec t\,\mathrm{d}t$$

$$= 3\int \tan t\tan t\,\mathrm{d}t$$

$$= 3\int \tan^2 t\,\mathrm{d}t$$

$$= 3\int (\sec^2 t - 1)\,\mathrm{d}t$$

$$= 3\tan t - 3t + C_1$$

$$= \sqrt{x^2-9} - 3\arctan\dfrac{\sqrt{x^2-9}}{3} + C_1 \quad \left(\text{根据图 5.2.3 知 }\tan t = \dfrac{\sqrt{x^2-9}}{3}\right).$$

图 5.2.3

（2）当 $x<-3$ 时，令 $x = 3\sec t = \dfrac{3}{\cos t}\left(\dfrac{\pi}{2}<t\leqslant \pi\right)$，所以有

$$\int \dfrac{\sqrt{x^2-9}}{x}\mathrm{d}x = \int \dfrac{\sqrt{(3\sec t)^2-9}}{3\sec t}\mathrm{d}(3\sec t)$$

$$= 3\int \dfrac{\sqrt{\tan^2 t}}{\sec t}\tan t\sec t\,\mathrm{d}t$$

$$= -3\int \tan t\tan t\,\mathrm{d}t\left(\dfrac{\pi}{2}<t\leqslant \pi,\tan t<0\right)$$

$$= -3\int \tan^2 t\,dt$$

$$= -3\int (\sec^2 t - 1)\,dt$$

$$= -3\tan t + 3t + C_2 \, (注意:-3\tan t > 0)$$

$$= \sqrt{x^2-9} + 3\arctan \frac{\sqrt{x^2-9}}{3} + C_2.$$

综合(1)(2)得，$\int \dfrac{\sqrt{x^2-9}}{x}\,dx = \begin{cases} \sqrt{x^2-9} - 3\arctan \dfrac{\sqrt{x^2-9}}{3} + C_1, & x>3, \\ \sqrt{x^2-9} + 3\arctan \dfrac{\sqrt{x^2-9}}{3} + C_2, & x<-3. \end{cases}$ 其中 C_1, C_2 为任意常数.

例 5.2.13 求 $\int \dfrac{1}{x\sqrt{x^2-1}}\,dx$.

对于此题我们仍然可以用例 5.1.12 的方法，令 $x = \sec t$，求出结果. 下面，我们换一种方法求解，以体会计算不定积分的灵活性.

解 （1）$x > 1$ 时，

$$\int \frac{1}{x\sqrt{x^2-1}}\,dx \xlongequal{x=\frac{1}{t}} \int \frac{1}{t^{-1}\sqrt{t^{-2}-1}}\,dt^{-1}$$

$$= \int \frac{-t^{-2}}{t^{-1}\sqrt{t^{-2}-1}}\,dt = \int \frac{-1}{t\sqrt{t^{-2}-1}}\,dt$$

$$= \int \frac{-1}{\sqrt{1-t^2}}\,dt = -\arcsin t + C_1 = -\arcsin \frac{1}{x} + C_1.$$

（2）$x < -1$ 时，

$$\int \frac{1}{x\sqrt{x^2-1}}\,dx \xlongequal{x=\frac{1}{t}} \int \frac{1}{t^{-1}\sqrt{t^{-2}-1}}\,dt^{-1} = \int \frac{-t^{-2}}{t^{-1}\sqrt{t^{-2}-1}}\,dt$$

$$= \int \frac{1}{-t\sqrt{t^{-2}-1}}\,dt = \int \frac{1}{\sqrt{1-t^2}}\,dt = \arcsin t + C_1 = \arcsin \frac{1}{x} + C_1.$$

所以，在 $(-\infty, -1) \cup (1, \infty)$ 内，有 $\int \dfrac{1}{x\sqrt{x^2-1}}\,dx = -\arcsin \dfrac{1}{|x|} + C.$

上面例 5.2.13 采用的是倒代换 $x = \dfrac{1}{t}$. 倒代换是很有用的代换，利用它常可消去被积函数的分母中的变量因子 x.

一般地说，当被积函数含有

(1) $\sqrt{a^2-x^2}$，可作代换 $x = a\sin t$，

(2) $\sqrt{x^2+a^2}$，可作代换 $x = a\tan t$，

(3) $\sqrt{x^2-a^2}$，可作代换 $x = a\sec t$.

通常称以上代换为三角代换，它是一种很常见的计算不定积分的手段，但在具体解题时，还要具体分析，例如，$\int x\sqrt{x^2-a^2}\,dx$ 就不必用三角代换，而用凑微分法更为方便.

— 思考题 5.2 —

1. 凑微分法的难点是什么？
2. 使用第二换元积分法的关键是什么？
3. 在用第二换元积分法计算不定积分时，为了消去被积函数中的根式，常用的代换是什么？

— 练习 5.2A —

1. 在下列各式等号右端的空白处填入适当的系数，使等式成立$\left(例如：dx=\frac{1}{4}d(4x+7)\right)$：

(1) $dx = \underline{\quad} d(ax)$;　　(2) $dx = \underline{\quad} d(7x-3)$;

(3) $xdx = \underline{\quad} d(x^2)$;　　(4) $xdx = \underline{\quad} d(5x^2)$;

(5) $xdx = \underline{\quad} d(1-x^2)$;　　(6) $x^3dx = \underline{\quad} d(3x^4-2)$;

(7) $e^{2x}dx = \underline{\quad} d(e^{2x})$;　　(8) $e^{-\frac{1}{2}x}dx = \underline{\quad} d(1+e^{-\frac{1}{2}x})$;

(9) $\sin\frac{3}{2}xdx = \underline{\quad} d\left(\cos\frac{3}{2}x\right)$;　　(10) $\frac{dx}{x} = \underline{\quad} d(5\ln x)$;

(11) $\frac{dx}{x} = \underline{\quad} d(3-5\ln x)$;　　(12) $\frac{dx}{1+9x^2} = \underline{\quad} d(\arctan 3x)$;

(13) $\frac{dx}{\sqrt{1-x^2}} = \underline{\quad} d(1-\arcsin x)$;　　(14) $\frac{xdx}{\sqrt{1-x^2}} = \underline{\quad} d(\sqrt{1-x^2})$.

2. 计算下列不定积分：

(1) $\int \sin^5 x d(\sin x)$;　　(2) $\int \cos^3 x d(\cos x)$;

(3) $\int e^{2x+1} dx$;　　(4) $\int (2x+3)^2 dx$;

(5) $\int \frac{xdx}{\sqrt{1-x^2}}$;　　(6) $\int \frac{\ln 2x}{x} dx$.

3. 计算下列不定积分：

(1) $\int \left(x + \frac{\sin\sqrt{x}}{\sqrt{x}}\right) dx$;　　(2) $\int \frac{xdx}{\sqrt{1-x^4}}$;

(3) $\int \frac{1}{\arcsin x} \cdot \frac{1}{\sqrt{1-x^2}} dx$;　　(4) $\int \frac{1}{(1+x^2)\arctan x} dx$;

(5) $\int \frac{dx}{2+x^2}$;　　(6) $\int \frac{dx}{\sqrt{4-x^2}}$.

— 练习 5.2B —

计算下列不定积分：

1. $\int \frac{\sin x + \cos x}{\sqrt[3]{\sin x - \cos x}} dx$.

2. $\int \frac{dx}{x \ln x \ln \ln x}$.

3. $\int \tan\sqrt{1+x^2} \dfrac{x}{\sqrt{1+x^2}} dx$.

4. $\int \dfrac{\arctan\sqrt{x}}{\sqrt{x}(1+x)} dx$.

5. $\int \dfrac{dx}{\sin x \cos x}$.

6. $\int \dfrac{dx}{e^x + e^{-x}}$.

7. $\int \dfrac{dx}{1+\sqrt{2x}}$.

8. $\int \dfrac{x^2}{\sqrt{a^2-x^2}} dx$.

9. $\int \dfrac{dx}{\sqrt{(x^2+1)^3}}$.

10. $\int \dfrac{dx}{1+\sqrt{1-x^2}}$.

5.3 不定积分的分部积分法

5.3.1 不定积分的分部积分公式

当被积函数是两种不同类型函数的乘积$\left(\text{如}\int x^2 e^x dx, \int e^x \sin x dx \text{ 等}\right)$时，往往需要用下面所讲的分部积分法来解决．

关于分部积分公式有如下定理．

定理 5.3.1（分部积分公式） 设 $u=u(x), v=v(x)$ 在区间 I 内具有连续导数，则有

$$\int u(x) v'(x) dx = u(x) \cdot v(x) - \int v(x) u'(x) dx,$$

即
$$\int u(x) dv(x) = u(x) \cdot v(x) - \int v(x) du(x). \tag{5.3.1}$$

证 因为 $u=u(x), v=v(x)$ 在区间 I 内的导数均存在，所以，
$$[u(x)v(x)]' = u(x)v'(x) + v(x)u'(x), \tag{5.3.2}$$

又因为 $u=u(x), v=v(x)$ 在区间 I 内具有连续导数，所以不定积分 $\int[u(x)v'(x)+v(x)u'(x)] dx$ 存在，对(5.3.2)两边分别积分得

$$\int [u(x)v(x)]' dx = \int u(x)v'(x) dx + \int v(x)u'(x) dx$$

所以，
$$u(x)v(x) = \int u(x)v'(x) dx + \int v(x)u'(x) dx,$$

移项得，
$$\int u(x)v'(x) dx = u(x) \cdot v(x) - \int v(x)u'(x) dx,$$

微视频

不定积分的
分部积分法

即 $\int u(x)\mathrm{d}v(x) = u(x)\cdot v(x) - \int v(x)\mathrm{d}u(x)$. 证毕.

使用分部积分公式(5.3.1)求不定积分 $\int f(x)\mathrm{d}x$,关键是如何把给定的不定积分 $\int f(x)\mathrm{d}x$ 转化成 $\int u(x)\mathrm{d}v(x)$ 的形式,即如何恰当选择 $\mathrm{d}v(x)$ 使所给不定积分 $\int f(x)\mathrm{d}x$ 得到结果.下面举例说明分部积分公式(5.3.1)的使用方法.

5.3.2 不定积分的分部积分举例

例 5.3.1 求 $\int x\cos x\mathrm{d}x$.

解 设 $u=x, v=\sin x$,于是 $\mathrm{d}u=\mathrm{d}x, \mathrm{d}v=\cos x\mathrm{d}x$,代入公式有

$$\int x\cos x\mathrm{d}x = \int x\mathrm{d}\sin x = x\sin x - \int \sin x\mathrm{d}x$$
$$= x\sin x + \cos x + C.$$

注 本题若设 $u=\cos x, v=\frac{1}{2}x^2$,则有 $\mathrm{d}v=x\mathrm{d}x, \mathrm{d}u=-\sin x\mathrm{d}x$,代入公式后,得到

$$\int x\cos x\mathrm{d}x = \int \cos x\mathrm{d}\frac{x^2}{2} = \frac{1}{2}x^2\cos x + \frac{1}{2}\int x^2\sin x\mathrm{d}x,$$

新得到的积分 $\int x^2\sin x\mathrm{d}x$ 反而比原积分更难求,说明这样设 u, v 是不合适的. 由此可见,运用好分部积分法的关键是恰当地选择好 u 和 v,一般要考虑如下两点:

(1) v 要容易求得(可用凑微分法求出);

(2) $\int v\mathrm{d}u$ 要比 $\int u\mathrm{d}v$ 容易求出.

当熟悉分部积分法后, $u, \mathrm{d}v$ 及 $v, \mathrm{d}u$ 可心算完成,不必具体写出.

例 5.3.2 求 $\int x\ln x\mathrm{d}x$.

解

$$\int x\ln x\mathrm{d}x = \int \ln x\mathrm{d}\left(\frac{x^2}{2}\right) = \frac{1}{2}x^2\ln x - \int \frac{x^2}{2}\mathrm{d}(\ln x)$$
$$= \frac{x^2}{2}\ln x - \frac{1}{2}\int x\mathrm{d}x = \frac{x^2}{2}\ln x - \frac{1}{4}x^2 + C.$$

例 5.3.3 求 $\int x^2 \mathrm{e}^x \mathrm{d}x$.

解

$$\int x^2\mathrm{e}^x\mathrm{d}x = \int x^2\mathrm{d}(\mathrm{e}^x) = x^2\mathrm{e}^x - \int \mathrm{e}^x\mathrm{d}(x^2)$$
$$= x^2\mathrm{e}^x - 2\int x\mathrm{e}^x\mathrm{d}x = x^2\mathrm{e}^x - 2\int x\mathrm{d}(\mathrm{e}^x)$$
$$= x^2\mathrm{e}^x - 2\left(x\mathrm{e}^x - \int \mathrm{e}^x\mathrm{d}x\right) = x^2\mathrm{e}^x - 2x\mathrm{e}^x + 2\mathrm{e}^x + C$$
$$= (x^2-2x+2)\mathrm{e}^x + C.$$

例 5.3.3 表明,有时要多次使用分部积分法,才能求出结果.下面例题又是一种情况,经两次分部积分后,出现了"循环现象",这时所求积分实际上是经过解方程而求得的.

例 5.3.4 求 $\int \mathrm{e}^x\sin x\mathrm{d}x$.

解
$$\int e^x \sin x dx = \int \sin x d(e^x) = e^x \sin x - \int e^x \cos x dx$$
$$= e^x \sin x - \int \cos x d(e^x)$$
$$= e^x \sin x - e^x \cos x - \int e^x \sin x dx,$$

将再次出现的 $\int e^x \sin x dx$ 移至左端,合并后除以 2 得所求积分为

$$\int e^x \sin x dx = \frac{1}{2} e^x (\sin x - \cos x) + C.$$

小结 下述几种类型积分,均可用分部积分公式求解,且 u, dv 的设法有规律可循.

(1) $\int x^n e^{ax} dx$, $\int x^n \sin ax dx$, $\int x^n \cos ax dx$, 在被积函数中,可设 $u = x^n$,其余部分为 dv.

(2) $\int x^n \ln x dx$, $\int x^n \arcsin x dx$, $\int x^n \arctan x dx$, 在被积函数中,可设 $u = \ln x, \arcsin x, \arctan x$,其余部分为 dv, 即 $dv = x^n dx$.

(3) $\int e^{ax} \sin bx dx$, $\int e^{ax} \cos bx dx$, 可设 $u = \sin bx, \cos bx$,其余部分为 dv.

注 常数也视为幂函数.

在情况 (1)(2) 中, x^n 也可换为多项式.

情况(3)也可设 $u = e^{ax}$, 但一经选定,再次分部积分时,必须仍按原来的选择.

积分过程中,有时需要同时用换元积分法和分部积分法.

例 5.3.5 求 $\int \arctan \sqrt{x} dx$.

解 先换元,令 $x = t^2 (t > 0)$, 则 $dx = 2t dt$.

$$\text{原式} = \int \arctan t \cdot 2t dt = \int \arctan t d(t^2)$$
$$= t^2 \arctan t - \int t^2 d(\arctan t) = t^2 \arctan t - \int \frac{t^2}{1+t^2} dt$$
$$= t^2 \arctan t - \int \left(1 - \frac{1}{1+t^2}\right) dt$$
$$= t^2 \arctan t - t + \arctan t + C$$
$$= (x+1) \arctan \sqrt{x} - \sqrt{x} + C.$$

例 5.3.6 用多种方法求 $\int \frac{x}{\sqrt{1+x}} dx$.

解法 1 分项,凑微分.

$$\int \frac{x}{\sqrt{1+x}} dx = \int \frac{x+1-1}{\sqrt{1+x}} dx = \int \sqrt{1+x} dx - \int \frac{dx}{\sqrt{1+x}}$$
$$= \frac{2}{3}(1+x)^{\frac{3}{2}} - 2(1+x)^{\frac{1}{2}} + C.$$

解法 2 令 $\sqrt{1+x} = t$, 则 $x = t^2 - 1$,
$$dx = 2t dt.$$

$$\int \frac{x}{\sqrt{1+x}} dx = \int \left(t - \frac{1}{t}\right) \cdot 2t dt$$

$$= \int (2t^2 - 2) dt$$

$$= \frac{2}{3} t^3 - 2t + C$$

$$= \frac{2}{3}(1+x)^{\frac{3}{2}} - 2(1+x)^{\frac{1}{2}} + C.$$

由例 5.3.6 可以看出,求不定积分思路比较开阔,方法多,学习中要注意不断积累经验.

例 5.3.7 求 $\int \ln x dx$.

解
$$\int \ln x dx = x\ln x - \int x d(\ln x) = x\ln x - \int x \cdot \frac{1}{x} dx$$

$$= x\ln x - \int dx = x\ln x - x + C.$$

如上积分过程中,把 $\ln x$ 看成了 u,dx 看成了 dv 后,而直接应用分部积分公式.对于某些反函数作为被积函数的不定积分,也完全仿此方法求解.如 $\int \arctan x dx$.

例 5.3.8 求 $\int \arctan x dx$.

解
$$\int \arctan x dx = x\arctan x - \int x d\arctan x$$

$$= x\arctan x - \int \frac{x}{1+x^2} dx$$

$$= x\arctan x - \frac{1}{2} \int \frac{d(1+x^2)}{1+x^2}$$

$$= x\arctan x - \frac{1}{2} \ln(1+x^2) + C.$$

例 5.3.9 求 $\int \sqrt{1+x^2} dx$.

解 令 $x = \tan t$,则 $dx = d\tan t = \frac{1}{\cos^2 t} dt$,所以,

$$\int \sqrt{1+x^2} dx = \int \sqrt{1+\tan^2 t} \cdot \frac{1}{\cos^2 t} dt$$

$$= \int \sqrt{\frac{1}{\cos^2 t}} \cdot \frac{1}{\cos^2 t} dt = \int \sec^3 t dt$$

$$= \int \sec t d\tan t$$

$$= \sec t \tan t - \int \tan t d\sec t$$

$$= \sec t \tan t - \int \sec t \cdot \tan^2 t dt$$

$$= \sec t \tan t - \int \sec t (\sec^2 t - 1) dt$$

$$= \sec t \tan t - \int \sec^3 t dt + \int \sec t dt$$

$$= \sec t \tan t - \int \sec^3 t \, dt + \ln|\tan t + \sec t|,$$

所以,

$$\int \sec^3 t \, dt = \frac{1}{2}(\sec t \tan t + \ln|\tan t + \sec t|) + C,$$

由 $\tan t = \dfrac{x}{1}$ 作辅助三角形(图 5.3.1)知,$\sec t = \sqrt{x^2+1}$,所以,

$$\int \sqrt{1+x^2} \, dx = \frac{1}{2}(x\sqrt{x^2+1} + \ln|x+\sqrt{x^2+1}|) + C.$$

图 5.3.1

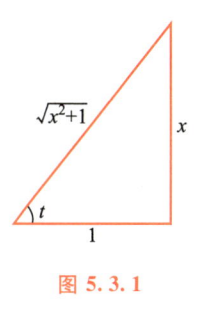

— 思考题 5.3 —

应用分部积分公式 $\int u\,dv = uv - \int v\,du$ 的关键是什么?对于积分 $\int f(x)g(x)\,dx$,一般应按什么样的规律设 u 和 dv?

— 练习 5.3A —

计算下列不定积分:

(1) $\int \ln 2x \, dx$;

(2) $\int \arctan 2x \, dx$;

(3) $\int x e^{4x} \, dx$;

(4) $\int e^{5x} \sin 4x \, dx$.

— 练习 5.3B —

计算下列不定积分:

1. $\int x \sin x \, dx$.

2. $\int x \cos \dfrac{x}{2} \, dx$.

3. $\int x e^{-x} \, dx$.

4. $\int x \tan^2 x \, dx$.

5. $\int \ln^2 x \, dx$.

6. $\int x \ln(x-1) \, dx$.

7. $\int (x^2-1) \sin 2x \, dx$.

8. $\int \cos \ln x \, dx$.

9. $\int e^{\sqrt{3x+9}} \, dx$.

10. $\int \dfrac{\ln^3 x}{x^2} \, dx$.

5.4 有理函数的积分与积分表的使用

5.4.1 有理函数的积分

这里讨论一种常见的函数类型——有理函数的积分方法. 有理函数是指两个多项式函数之比, 即 $R(x) = \dfrac{P(x)}{Q(x)}$, 这里 $P(x)$ 与 $Q(x)$ 不可约. 当分母 $Q(x)$ 的次数高于分子 $P(x)$ 的次数时, $R(x)$ 称为真分式, 否则 $R(x)$ 称为假分式.

利用多项式除法, 总可把假分式化为一多项式与真分式之和, 例如

$$\frac{x^4-3}{x^2+2x-1} = x^2 - 2x + 5 - \frac{12x-2}{x^2+2x-1},$$

多项式部分可以逐项积分, 因此以下只讨论真分式的积分法.

在例 5.2.6(1) 中计算不定积分 $\displaystyle\int \frac{dx}{x^2-a^2}$ 时, 首先是将真分式 $\dfrac{1}{x^2-a^2}$ 按其分母的因式拆成两个简单分式之和, 即

$$\frac{1}{x^2-a^2} = \frac{1}{(x+a)(x-a)} = \frac{1}{2a}\left(\frac{1}{x-a} - \frac{1}{x+a}\right),$$

然后再积分这两个简单分式, 从而得出结果. 一般真分式的积分方法, 就是按照这一解题思路发展而来的. 首先, 将分母 $Q(x)$ 分解为一次因式(可能有重因式)和二次质因式的乘积, 然后就可把该真分式按分母的因式, 分解成若干简单分式(称为部分分式)之和. 下面举例说明如何化真分式为部分分式之和.

(1) 当分母 $Q(x)$ 含有单因式 $x-a$ 时, 这时分解式中对应有一项 $\dfrac{A}{x-a}$, 其中 A 为待定系数.

例如, $R(x) = \dfrac{2x+3}{x^3+x^2-2x} = \dfrac{2x+3}{x(x-1)(x+2)} = \dfrac{A}{x} + \dfrac{B}{x-1} + \dfrac{C}{x+2}.$

为确定系数 A, B, C, 我们用 $x(x-1)(x+2)$ 乘等式两边, 得

$$2x+3 = A(x-1)(x+2) + Bx(x+2) + Cx(x-1).$$

因为这是一个恒等式, 将任何 x 值代入都相等. 故可令 $x=0$, 得 $3 = -2A$, 即 $A = -\dfrac{3}{2}$.

类似地, 令 $x=1$, 得 $5 = 3B$, 即 $B = \dfrac{5}{3}$; 令 $x=-2$, 得 $-1 = 6C$, 即 $C = -\dfrac{1}{6}$. 于是得到

$$R(x) = \frac{2x+3}{x(x-1)(x+2)} = \frac{-\dfrac{3}{2}}{x} + \frac{\dfrac{5}{3}}{x-1} + \frac{-\dfrac{1}{6}}{x+2}.$$

(2) 当分母 $Q(x)$ 含有重因式 $(x-a)^n$ 时, 这时部分分式中相应有 n 个项:

$$\frac{A_n}{(x-a)^n} + \frac{A_{n-1}}{(x-a)^{n-1}} + \cdots + \frac{A_1}{x-a}.$$

例如, $\dfrac{x^2+1}{x^3-2x^2+x} = \dfrac{x^2+1}{x(x-1)^2} = \dfrac{A}{x} + \dfrac{B}{(x-1)^2} + \dfrac{C}{x-1}.$

为确定系数 A, B, C, 将上式两边同乘 $x(x-1)^2$, 得

$$x^2+1=A(x-1)^2+Bx+Cx(x-1).$$

令 $x=0$，得 $A=1$；再令 $x=1$，得 $B=2$；令 $x=2$，得 $5=A+2B+2C$，代入已求得的 A,B 值，得 $C=0$. 所以

$$\frac{x^2+1}{x^3-2x^2+x}=\frac{1}{x}+\frac{2}{(x-1)^2}.$$

（3）当分母 $Q(x)$ 中含有质因式 $x^2+px+q(p^2-4q<0)$ 时，这时部分分式中相应有一项 $\dfrac{Ax+B}{x^2+px+q}$.

例如，$\dfrac{x+4}{x^3+2x-3}=\dfrac{x+4}{(x-1)(x^2+x+3)}=\dfrac{A}{x-1}+\dfrac{Bx+C}{x^2+x+3}$.

为确定待定系数，等式两边同乘 $(x-1)(x^2+x+3)$，得

$$x+4=A(x^2+x+3)+(Bx+C)(x-1).$$

令 $x=1$ 得，$5=5A$，即 $A=1$；再令 $x=0$，得 $4=3A-C$，即 $C=-1$；令 $x=2$，得 $6=9A+2B+C$，即 $B=-1$. 所以

$$\frac{x+4}{x^3+2x-3}=\frac{1}{x-1}+\frac{-x-1}{x^2+x+3}.$$

（4）当分母 $Q(x)$ 含有 $(x^2+px+q)^n(p^2-4q<0)$ 因式时，这时部分分式中相应有如下 n 项

$$\frac{B_1x+C_1}{x^2+px+q}+\frac{B_2x+C_2}{(x^2+px+q)^2}+\cdots+\frac{B_nx+C_n}{(x^2+px+q)^n},$$

例如，可令分式

$$\frac{x^2+1}{(x^2-2x+6)^2}=\frac{B_1x+C_1}{(x^2-2x+6)^2}+\frac{B_2x+C_2}{x^2-2x+6},$$

对上式通分，并比较分子的系数得

$$\frac{x^2+1}{(x^2-2x+6)^2}=\frac{-5+2x}{(x^2-2x+6)^2}+\frac{1}{x^2-2x+6}.$$

常见的有理真分式不定积分大体有下面四种形式：

(1) $\displaystyle\int\frac{A}{x-a}\mathrm{d}x$； (2) $\displaystyle\int\frac{A}{(x-a)^n}\mathrm{d}x$；

(3) $\displaystyle\int\frac{Ax+B}{x^2+px+q}\mathrm{d}x\quad(p^2-4q<0)$； (4) $\dfrac{Bx+C}{(x^2+px+q)^n}(p^2-4q<0,n\geqslant 2)$.

例 5.4.1 求 $\displaystyle\int\frac{x^2+1}{x^3-2x^2+x}\mathrm{d}x$.

解 由前面的情况（2）知，$\dfrac{x^2+1}{x^3-2x^2+x}=\dfrac{1}{x}+\dfrac{2}{(x-1)^2}$. 所以

$$\int\frac{x^2+1}{x^3-2x^2+x}\mathrm{d}x=\int\frac{1}{x}\mathrm{d}x+2\int\frac{1}{(x-1)^2}\mathrm{d}x$$

$$=\ln|x|-\frac{2}{x-1}+C.$$

例 5.4.2 求 $\displaystyle\int\frac{3x-2}{x^2+2x+4}\mathrm{d}x$.

解 改写被积函数分子为 $3x-2=\dfrac{3}{2}(2x+2)-5$（注意：括号内 $2x+2$ 正好是分母的导数，即 $2x+2=(x^2+2x+4)'$）. 于是

$$\int\frac{3x-2}{x^2+2x+4}\mathrm{d}x=\frac{3}{2}\int\frac{2x+2}{x^2+2x+4}\mathrm{d}x-5\int\frac{\mathrm{d}x}{x^2+2x+4}$$

$$= \frac{3}{2}\int \frac{d(x^2+2x+4)}{x^2+2x+4} - 5\int \frac{dx}{(x^2+2x+1)+3}$$

$$= \frac{3}{2}\ln|x^2+2x+4| - 5\int \frac{dx}{(x+1)^2+(\sqrt{3})^2}$$

$$= \frac{3}{2}\ln(x^2+2x+4) - \frac{5}{\sqrt{3}}\arctan\frac{x+1}{\sqrt{3}} + C.$$

例 5.4.3 求 $\int \frac{x^2}{(1+2x)(1+x^2)}dx$.

解 被积函数是真分式，分母中 $1+x^2$ 为二次质因式，所以

$$\frac{x^2}{(1+2x)(1+x^2)} = \frac{A}{1+2x} + \frac{Bx+C}{1+x^2},$$

将等式两边同乘 $(1+2x)(1+x^2)$，得

$$x^2 = A(1+x^2) + (Bx+C)(1+2x),$$

令 $x=-\frac{1}{2}$，得 $A=\frac{1}{5}$；令 $x=0$，得 $0=A+C$，即 $C=-A=-\frac{1}{5}$；令 $x=1$，得 $1=2A+3(B+C)$，求得 $B=\frac{2}{5}$.

所以

$$\frac{x^2}{(1+2x)(1+x^2)} = \frac{\frac{1}{5}}{1+2x} + \frac{\frac{2}{5}x-\frac{1}{5}}{1+x^2},$$

于是

$$\int \frac{x^2}{(1+2x)(1+x^2)}dx$$

$$= \frac{1}{5}\int \frac{dx}{1+2x} + \frac{1}{5}\int \frac{2x-1}{1+x^2}dx$$

$$= \frac{1}{5}\times\frac{1}{2}\int \frac{d(1+2x)}{1+2x} + \frac{1}{5}\int \frac{d(1+x^2)}{1+x^2} - \frac{1}{5}\int \frac{dx}{1+x^2}$$

$$= \frac{1}{10}\ln|1+2x| + \frac{1}{5}\ln(1+x^2) - \frac{1}{5}\arctan x + C.$$

下面，以例 5.4.7 求 $\int \frac{-x^2-2}{(x^2+x+1)^2}dx$ 为例介绍分母中含有因式 $(x^2+px+q)^n (p^2-4q<0)$ 的积分计算方法，由于该种类型的积分比较复杂，所以，在介绍例 5.4.7 之前，先通过例 5.4.4，例 5.4.5，例 5.4.6 分别介绍其所涉及的有关积分.

例 5.4.4 求 $\int \frac{1}{x^2+x+1}dx$.

解

$$\int \frac{1}{x^2+x+1}dx = \int \frac{1}{\left(x+\frac{1}{2}\right)^2+\frac{3}{4}}dx$$

$$= \frac{2\sqrt{3}}{3}\int \frac{1}{\left(\frac{2x+1}{\sqrt{3}}\right)^2+1}d\frac{2x+1}{\sqrt{3}} = \frac{2}{\sqrt{3}}\arctan\frac{2x+1}{\sqrt{3}} + C.$$

例 5.4.5 求 $\int \frac{1}{(u^2+a^2)^2}du$.

解
$$\int \frac{1}{(u^2+a^2)^2} du$$
$$= \frac{1}{a^2} \int \frac{-u^2+a^2+u^2}{(u^2+a^2)^2} du$$
$$= \frac{1}{a^2} \left[-\int \frac{u^2}{(u^2+a^2)^2} du + \int \frac{u^2+a^2}{(u^2+a^2)^2} du \right]$$
$$= \frac{1}{a^2} \left[\int \frac{1}{2} u \, d \frac{1}{u^2+a^2} + \int \frac{1}{u^2+a^2} du \right]$$
$$= \frac{1}{a^2} \left[\frac{1}{2} \left(\frac{u}{u^2+a^2} - \int \frac{1}{u^2+a^2} du \right) + \int \frac{1}{u^2+a^2} du \right]$$
$$= \frac{1}{a^2} \left[\frac{1}{2} \cdot \frac{u}{u^2+a^2} + \frac{1}{2} \cdot \int \frac{1}{u^2+a^2} du \right]$$
$$= \frac{1}{2a^2} \left[\frac{u}{u^2+a^2} + \frac{1}{a} \cdot \arctan \frac{u}{a} \right] + C.$$

例 5.4.6 求 $\int \frac{1}{(x^2+x+1)^2} dx$.

解
$$\int \frac{1}{(x^2+x+1)^2} dx = \int \frac{1}{\left[\left(x+\frac{1}{2}\right)^2 + \frac{3}{4} \right]^2} d\left(x+\frac{1}{2}\right)$$

（令 $a = \sqrt{\frac{3}{4}}, u = x + \frac{1}{2}$，利用例 5.4.5 结论有）

$$= \frac{2}{3} \left[\frac{x+\frac{1}{2}}{\left(x+\frac{1}{2}\right)^2 + \frac{3}{4}} + \frac{2}{\sqrt{3}} \cdot \arctan \frac{2\left(x+\frac{1}{2}\right)}{\sqrt{3}} \right] + C$$
$$= \frac{2x+1}{3(x^2+x+1)} + \frac{4}{3\sqrt{3}} \arctan \frac{2x+1}{\sqrt{3}} + C.$$

例 5.4.7 求 $\int \frac{-x^2-2}{(x^2+x+1)^2} dx$.

解法 1 令 $\dfrac{-x^2-2}{(x^2+x+1)^2} = \dfrac{B_1 x + C_1}{(x^2+x+1)^2} + \dfrac{B_2 x + C_2}{x^2+x+1}$

$$= \frac{(B_1 x + C_1) + (B_2 x + C_2)(x^2+x+1)}{(x^2+x+1)^2}$$
$$= \frac{(B_1 x + C_1) + B_2 x(x^2+x+1) + C_2(x^2+x+1)}{(x^2+x+1)^2}$$
$$= \frac{B_1 x + C_1 + B_2 x^3 + B_2 x^2 + B_2 x + C_2 x^2 + C_2 x + C_2}{(x^2+x+1)^2}$$
$$= \frac{B_2 x^3 + (B_2 + C_2) x^2 + (B_1 + B_2 + C_2) x + (C_1 + C_2)}{(x^2+x+1)^2},$$

比较系数得

$$\begin{cases} B_2 = 0, \\ C_2 = -1, \\ B_1 = 1, \\ C_1 = -1. \end{cases}$$

于是,有

$$\int \frac{-x^2-2}{(x^2+x+1)^2} dx = \int \left(\frac{x-1}{(x^2+x+1)^2} + \frac{-1}{x^2+x+1} \right) dx$$

$$= \int \left(\frac{x}{(x^2+x+1)^2} - \frac{1}{(x^2+x+1)^2} - \frac{1}{x^2+x+1} \right) dx$$

$$= \int \left(\frac{2x+1-1}{2(x^2+x+1)^2} - \frac{1}{(x^2+x+1)^2} - \frac{1}{x^2+x+1} \right) dx$$

$$= \int \frac{2x+1}{2(x^2+x+1)^2} dx - \int \frac{3}{2(x^2+x+1)^2} dx - \int \frac{1}{x^2+x+1} dx,$$

(利用例 5.4.6,例 5.4.4 的结论得)

$$= -\frac{1}{2(x^2+x+1)} - \frac{3}{2}\left[\frac{2x+1}{3(x^2+x+1)} + \frac{4}{3\sqrt{3}}\arctan\frac{2x+1}{\sqrt{3}} \right] - \frac{2}{\sqrt{3}}\arctan\frac{2x+1}{\sqrt{3}} + C$$

$$= -\frac{1}{2(x^2+x+1)} - \frac{2x+1}{2(x^2+x+1)} - \frac{2}{\sqrt{3}}\arctan\frac{2x+1}{\sqrt{3}} - \frac{2}{\sqrt{3}}\arctan\frac{2x+1}{\sqrt{3}} + C$$

$$= -\frac{x+1}{x^2+x+1} - \frac{4}{\sqrt{3}}\arctan\frac{2x+1}{\sqrt{3}} + C.$$

解法 2

$$\int \frac{-x^2-2}{(x^2+x+1)^2} dx$$

$$= -\int \left(\frac{x^2+x+1}{(x^2+x+1)^2} + \frac{1-x}{(x^2+x+1)^2} \right) dx$$

$$= -\int \frac{1}{x^2+x+1} dx - \int \frac{1}{(x^2+x+1)^2} dx + \int \frac{x}{(x^2+x+1)^2} dx$$

$$= -\int \frac{1}{x^2+x+1} dx - \int \frac{1}{(x^2+x+1)^2} dx + \int \frac{2x+1-1}{2(x^2+x+1)^2} dx$$

$$= -\int \frac{1}{x^2+x+1} dx - \int \frac{1}{(x^2+x+1)^2} dx + \int \frac{2x+1}{2(x^2+x+1)^2} dx + \int \frac{-1}{2(x^2+x+1)^2} dx$$

$$= -\int \frac{1}{x^2+x+1} dx - \int \frac{3}{2(x^2+x+1)^2} dx + \frac{1}{2}\int \frac{d(x^2+x+1)}{(x^2+x+1)^2} dx$$

(利用例 5.4.4,例 5.4.6 的结论得)

$$= -\left(\frac{2}{\sqrt{3}}\arctan\frac{2x+1}{\sqrt{3}} \right) - \frac{3}{2}\left(\frac{2x+1}{3(x^2+x+1)} + \frac{4}{3\sqrt{3}}\arctan\frac{2x+1}{\sqrt{3}} \right) - \frac{1}{2(x^2+x+1)} + C$$

$$= -\frac{4}{\sqrt{3}}\arctan\frac{2x+1}{\sqrt{3}} - \frac{x+1}{(x^2+x+1)} + C.$$

可以证明,有理函数的原函数都是初等函数,因此,有理函数的积分都是可以积得出来的.

最后,还需指出,上面所讲的是有理分式积分的一般方法. 实际计算较繁琐,因此解题时我们总是首先考虑有无别的更简便的方法.

例如,积分 $\int \dfrac{x^2}{x^3+1}\mathrm{d}x$,直接用凑微分法更为简便

$$\int \dfrac{x^2}{x^3+1}\mathrm{d}x = \dfrac{1}{3}\int \dfrac{\mathrm{d}(x^3+1)}{x^3+1} = \dfrac{1}{3}\ln |x^3+1| + C.$$

5.4.2 简单无理函数的积分举例

如果被积函数中含有简单根式 $\sqrt[n]{ax+b}$ 或 $\sqrt[n]{\dfrac{ax+b}{cx+d}}$,通常可以令这个简单根式为变量 u,即令 $u = \sqrt[n]{ax+b}$ 或 $u = \sqrt[n]{\dfrac{ax+b}{cx+d}}$,则原积分可以化为有理函数的积分. 下面举例说明.

例 5.4.8 求 $\int \dfrac{\sqrt{x+1}-1}{\sqrt{x+1}+1}\mathrm{d}x$.

解 令 $\sqrt{x+1} = u$,则 $x = u^2-1$, $\mathrm{d}x = 2u\mathrm{d}u$,所以,

$$\begin{aligned}
\int \dfrac{\sqrt{x+1}-1}{\sqrt{x+1}+1}\mathrm{d}x &= \int \dfrac{u-1}{u+1} \cdot 2u\mathrm{d}u \\
&= 2\int \left(u-2+\dfrac{2}{u+1}\right)\mathrm{d}u \\
&= u^2 - 4u + 4\ln |u+1| + C_1 \\
&= (x+1) - 4\sqrt{x+1} + 4\ln |\sqrt{x+1}+1| + C_1 \\
&= x - 4\sqrt{x+1} + 4\ln |\sqrt{x+1}+1| + C \quad (C = C_1+1).
\end{aligned}$$

例 5.4.9 求 $\int \dfrac{\mathrm{d}x}{\sqrt{x}+\sqrt[4]{x}}$.

解 为了能同时消去被积函数中出现的根式 $\sqrt[4]{x}$ 和 $\sqrt{x}$,令 $u = \sqrt[4]{x}$,则 $x = u^4$, $\mathrm{d}x = 4u^3\mathrm{d}u$,所以,

$$\begin{aligned}
\int \dfrac{\mathrm{d}x}{\sqrt{x}+\sqrt[4]{x}} &= \int \dfrac{4u^3\mathrm{d}u}{u^2+u} = 4\int \left(u-1+\dfrac{1}{u+1}\right)\mathrm{d}u \\
&= 2u^2 - 4u + 4\ln |u+1| + C = 2\sqrt{x} - 4\sqrt[4]{x} + 4\ln |\sqrt[4]{x}+1| + C.
\end{aligned}$$

例 5.4.10 求 $\int \dfrac{\mathrm{d}x}{\sqrt[3]{x}+\sqrt{x}}$.

解 为了能同时消去被积函数中出现的两个次数不一致的根式 $\sqrt[3]{x}$ 和 $\sqrt{x}$,令 $u = \sqrt[6]{x}$,则 $x = u^6$, $\mathrm{d}x = 6u^5\mathrm{d}u$,所以,

$$\begin{aligned}
\int \dfrac{\mathrm{d}x}{\sqrt[3]{x}+\sqrt{x}} &= \int \dfrac{6u^5\mathrm{d}u}{u^2+u^3} = \int \dfrac{6u^3\mathrm{d}u}{1+u} \\
&= 6\int \left(1-u+u^2-\dfrac{1}{1+u}\right)\mathrm{d}u \\
&= 6u - 3u^2 + 2u^3 - 6\ln |1+u| + C \\
&= 6\sqrt[6]{x} - 3\sqrt[3]{x} + 2\sqrt{x} - 6\ln |1+\sqrt[6]{x}| + C.
\end{aligned}$$

5.4.3 三角函数有理式的积分举例

由三角函数经过加减乘除及乘方组成的式子称为三角函数有理式,而把以三角函数有理式为被积函数的积分称为三角函数有理式的积分.对于三角函数有理式的积分可以用万能代换将其转化为有理函数的积分,下面举例说明.

例 5.4.11 求 $\int \dfrac{1}{1+\sin x+\cos x}\mathrm{d}x$.

解 令 $u=\tan\dfrac{x}{2}$,即 $x=2\arctan u$,则有

$$\mathrm{d}x=\mathrm{d}(2\arctan u)=\dfrac{2}{1+u^2}\mathrm{d}u,$$

利用 $\cos^2\dfrac{x}{2}+\sin^2\dfrac{x}{2}=1$ 可得,$1+\tan^2\dfrac{x}{2}=\dfrac{1}{\cos^2\dfrac{x}{2}}$,即 $\cos^2\dfrac{x}{2}=\dfrac{1}{1+\tan^2\dfrac{x}{2}}$.于是有,

$$\sin x = 2\sin\dfrac{x}{2}\cos\dfrac{x}{2}=2\tan\dfrac{x}{2}\cos^2\dfrac{x}{2}=\dfrac{2\tan\dfrac{x}{2}}{1+\tan^2\dfrac{x}{2}}=\dfrac{2u}{1+u^2},$$

$$\cos x=\cos^2\dfrac{x}{2}-\sin^2\dfrac{x}{2}=\dfrac{1-\tan^2\dfrac{x}{2}}{1/\cos^2\dfrac{x}{2}}=\dfrac{1-\tan^2\dfrac{x}{2}}{1+\tan^2\dfrac{x}{2}}=\dfrac{1-u^2}{1+u^2},$$

所以, $\int\dfrac{1}{1+\sin x+\cos x}\mathrm{d}x=\int\dfrac{1}{1+\dfrac{2u}{1+u^2}+\dfrac{1-u^2}{1+u^2}}\cdot\dfrac{2}{1+u^2}\mathrm{d}u$

$$=\int\dfrac{1}{1+u}\mathrm{d}u=\ln|1+u|=\ln\left|1+\tan\dfrac{x}{2}\right|+C.$$

从上例中,我们看到,若令 $u=\tan\dfrac{x}{2}$,则有 $\mathrm{d}x=\dfrac{2}{1+u^2}\mathrm{d}u,\sin x=\dfrac{2u}{1+u^2},\cos x=\dfrac{1-u^2}{1+u^2}$,这样,以三角函数有理式为被积函数的积分即可转化为有理函数的积分.通常把 $u=\tan\dfrac{x}{2}$ 称为万能代换.

注意: 有些不定积分,如 $\int\mathrm{e}^{-x^2}\mathrm{d}x,\int\dfrac{\mathrm{e}^x}{x}\mathrm{d}x,\int\dfrac{\mathrm{d}x}{\ln x},\int\dfrac{\mathrm{d}x}{\sqrt{1+x^4}}$ 等,虽然存在,却不能用初等函数表达所求的原函数,这时称"积不出".

在工程技术问题中,我们还可以借助查积分表来求一些较复杂的不定积分,也可以利用数学软件包在计算机上求原函数.

5.4.4 积分表的使用

利用第 3 章中所学的基本初等函数的求导公式和求导法则,对给定的初等函数总能求出其导数.但是由于不定积分的计算要比导数的计算更加灵活、复杂,所以,为了快速、方便地计算积分,人们把常用的积分公式汇集成表,称之为积分表.积分表是按被积函数的类型来排列的.求积分时,可根据被积函数的类型直接地或经过变形后,在表内查得所需的积分结果.本书末附录 E 有一个简单的积分表,以供查阅.下面举几个通过查积分表求积分的例子.

例 5.4.12 求 $\int x^2\sqrt{3+2x}\,dx$.

解 查常用积分公式表(二)含有 $\sqrt{ax+b}$ 的积分 12. 有

$$\int x^2\sqrt{ax+b}\,dx=\frac{2}{105a^3}(15a^2x^2-12abx+8b^2)\sqrt{(ax+b)^3}+C. 令 a=2,b=3 得,$$

$$\int x^2\sqrt{2x+3}\,dx=\frac{2}{105\times 2^3}(15\times 2^2x^2-12\times 2\times 3x+8\times 3^2)\sqrt{(2x+3)^3}+C$$

$$=\frac{1}{420}(60x^2-72x+72)\sqrt{(2x+3)^3}+C$$

$$=\frac{1}{35}(5x^2-6x+6)\sqrt{(2x+3)^3}+C.$$

对于有些积分在积分公式表中没有直接对应的积分公式,需要先做变换,再查表.

例 5.4.13 求 $\int\dfrac{dx}{x^2\sqrt{4x^2-25}}$.

解 因为 $\int\dfrac{dx}{x^2\sqrt{4x^2-25}}=\dfrac{1}{2}\int\dfrac{dx}{x^2\sqrt{x^2-\left(\dfrac{5}{2}\right)^2}}$,查常用积分公式表(七)含有 $\sqrt{x^2-a^2}\,(a>0)$ 的积分

52. 有 $\int\dfrac{dx}{x^2\sqrt{x^2-a^2}}=\dfrac{\sqrt{x^2-a^2}}{a^2x}+C.$ 令 $a=\dfrac{5}{2}$,得

$$\int\dfrac{dx}{x^2\sqrt{x^2-\left(\dfrac{5}{2}\right)^2}}=\dfrac{\sqrt{x^2-\left(\dfrac{5}{2}\right)^2}}{\left(\dfrac{5}{2}\right)^2 x}=\dfrac{2\sqrt{4x^2-25}}{25x}+2C,$$

因此,$\int\dfrac{dx}{x^2\sqrt{4x^2-25}}=\dfrac{1}{2}\dfrac{2\sqrt{4x^2-25}}{25x}+C=\dfrac{\sqrt{4x^2-25}}{25x}+C.$

最后,举一个用递推公式求积分的例子.

例 5.4.14 $\int\cos^6 x\,dx$.

解 在积分公式表(十一)中查到公式

$$96. \int\cos^n x\,dx=\dfrac{1}{n}\cos^{n-1}x\sin x+\dfrac{n-1}{n}\int\cos^{n-2}x\,dx.$$

使用该公式一次,可以使被积函数 $\cos^n x$ 的幂次降为 $n-2$,只要重复使用这个公式,可以使 $\cos^n x$ 的幂次继续减少,直到求出最后结果为止,通常把上面的公式 96 称为**递推公式**.

$$\int\cos^6 x\,dx=\dfrac{1}{6}\cos^{6-1}x\sin x+\dfrac{6-1}{6}\int\cos^{6-2}x\,dx$$

$$=\dfrac{1}{6}\cos^5 x\sin x+\dfrac{5}{6}\int\cos^4 x\,dx$$

$$=\dfrac{1}{6}\cos^5 x\sin x+\dfrac{5}{6}\left[\dfrac{1}{4}\cos^3 x\sin x+\dfrac{3}{4}\int\cos^2 x\,dx\right]$$

$$=\dfrac{1}{6}\cos^5 x\sin x+\dfrac{5}{6}\left[\dfrac{1}{4}\cos^3 x\sin x+\dfrac{3}{4}\left(\dfrac{x}{2}+\dfrac{1}{4}\sin 2x\right)\right]+C$$

$$= \frac{1}{6}\cos^5 x\sin x + \frac{5}{24}\cos^3 x\sin x + \frac{15x}{48} + \frac{15}{96}\sin 2x + C$$

$$= \frac{5x}{16} + \frac{1}{6}\cos^5 x\sin x + \frac{5}{24}\cos^3 x\sin x + \frac{5}{32}\sin 2x + C.$$

对于上面计算过程中出现的积分 $\int \cos^2 x \mathrm{d}x$，查公式 94 可得 $\int \cos^2 x \mathrm{d}x = \frac{x}{2} + \frac{1}{4}\sin 2x + C.$

注意：虽然查积分表可以节省计算不定积分的时间,但是只有掌握了基本积分方法才能灵活地使用积分表.另外,不提倡正在学习高等数学的学生用查常用积分表的方法来计算不定积分,但是提倡利用数学软件在计算机上计算不定积分.这里设置常用积分表的目的是为学习其他课程时或职场工作者快速计算所遇到的不定积分提供便利.

— 思考题 5.4 —

1. 有理函数的积分有几种类型,如何计算?
2. 通过查不定积分表计算不定积分,与利用数学软件计算不定积分哪种更有效?

— 练习 5.4A —

计算下列不定积分：

1. $\int \frac{x^3}{x+3} \mathrm{d}x.$

2. $\int \frac{2x+7}{x^2+7x-5} \mathrm{d}x.$

3. $\int \frac{x+1}{x^2-2x+5} \mathrm{d}x.$

4. $\int \frac{1}{x(x^2+1)} \mathrm{d}x.$

— 练习 5.4B —

计算下列不定积分：

1. $\int \frac{x^2+1}{(x+1)^2(x-1)} \mathrm{d}x.$

2. $\int \frac{1}{x^4-1} \mathrm{d}x.$

3. $\int \frac{1}{3+\sin^2 x} \mathrm{d}x.$

4. $\int \frac{1}{\sqrt{x}+2\sqrt[4]{x}} \mathrm{d}x.$

5. $\int \frac{3}{x^3+1} \mathrm{d}x.$

6. $\int \frac{\mathrm{d}x}{(x^2+1)(x^2+x+1)}.$

5.5 用数学软件进行不定积分运算

5.5.1 用数学软件 Mathematica 进行不定积分运算

在 Mathematica 系统中,用 Integrate 计算不定积分,其格式如下:
$$\text{Integrate}[f,x]$$

例 5.5.1 求不定积分 $\int x^5 dx$.

解

```
In[1]:= Integrate[x^5,x]    (* 计算不定积分 ∫x⁵dx *)
Out[1]= x^6/6
```

例 5.5.2 求不定积分 $\int xe^x dx$.

解

```
In[1]:= Integrate[x*E^x , x]    (* 计算不定积分 ∫xeˣdx *)
Out[1]= E^x(-1+x)
```

5.5.2 用数学软件 MATLAB 进行不定积分运算

在 MATLAB 系统中,用 int 计算不定积分,其格式如下:
$$\text{int}(f(x),x)$$

其中,第 2 个参数自变量 x 可以省略.

例 5.5.3 求不定积分 $\int x^5 dx$.

解

```
≫ clear
syms x
≫ int(x^5)
ans = x^6/6
```

例 5.5.4 求不定积分 $\int xe^x dx$.

解

```
≫ clear
syms x
int(x*exp(x))
ans = exp(x)*(x - 1)
```

5.6 学习任务 5 解答　由斜率求曲线

解

1.(1) 设 (x,y) 为所求曲线上任意点的坐标,因为曲线在任一点处的切线斜率等于该点横坐标的

2 倍,所以,$\dfrac{dy}{dx}=2x$,即 $dy=2xdx$,两边积分,$\int dy=\int 2xdx$,得,$y=2\cdot\dfrac{x^2}{2}+C=x^2+C$.

（2）又因为曲线过点 $(0,1)$,即 $x=0$ 时,$y=1$,代入 $y=x^2+C$,得 $C=1$,所以,$y=x^2+1$ 为所求.

2. 扫描二维码,查看学习任务 5 的 Mathematica 程序.

3. 扫描二维码,查看学习任务 5 的 MATLAB 程序.

复习题 5

A 级

1. 验证下列等式是否成立：

（1）$\int\dfrac{x}{\sqrt{1+x^2}}dx=\sqrt{1+x^2}+C$；

（2）$\int 3x^2 e^{x^3}dx=e^{x^3}+C$.

2. 求下列不定积分：

（1）$\int\left(\dfrac{2}{x}+\dfrac{x}{3}\right)^2 dx$；

（2）$\int\dfrac{dx}{x^2\sqrt{x}}$；

（3）$\int(2\cos x-3\sin x+4e^x+\pi)dx$；

（4）$\int\cot^2 x\,dx\left(\text{提示}:\cot^2 x=\dfrac{1}{\sin^2 x}-1\right)$；

（5）$\int e^{x-3}dx$；

（6）$\int\dfrac{x^2}{1+x^2}dx$.

3. 某曲线在任一点处的切线斜率等于该点横坐标的倒数,且通过点 $(e^2,3)$,求该曲线方程.

4. 一物体由静止开始作直线运动,在 t s 时的速度为 $3t^2$ m/s,问：

（1）3 s 后物体离开出发点的距离是多少？

（2）需要多长时间走完 1 000 m？

5. 求下列不定积分：

（1）$\int\dfrac{dx}{\sqrt[3]{3-2x}}$；

（2）$\int\tan 5x\,dx$；

（3）$\int xe^{-x^2}dx$；

（4）$\int x\sqrt{1-x^2}\,dx$；

（5）$\int\dfrac{dx}{x\ln x}$；

（6）$\int\dfrac{dx}{\cos^2 x\sqrt{\tan x}}$；

（7）$\int\dfrac{1}{x^2}\cos\dfrac{1}{x}dx$；

（8）$\int\cos^3 x\,dx$；

(9) $\int \dfrac{\mathrm{d}x}{\sqrt{4-9x^2}}$.

6. 求下列不定积分：

(1) $\int \dfrac{\arctan\sqrt{x}}{\sqrt{x}(1+x)}\mathrm{d}x$；

(2) $\int \dfrac{f'(x)}{1+f^2(x)}\mathrm{d}x$.

B 级

7. 以下两题中给出了四个结论，从中选出一个正确的结论.

(1) 已知 $f'(x) = \dfrac{1}{x(1+2\ln x)}$，且 $f(1) = 1$，则 $f(x) = (\quad)$.

A. $\ln|1+2\ln x|+1$
B. $\dfrac{1}{2}\ln|1+2\ln x|+1$
C. $\dfrac{1}{2}\ln|1+2\ln x|+\dfrac{1}{2}$
D. $2\ln|1+2\ln x|+1$

(2) 在下列等式中，正确的结果是（ ）.

A. $\int f'(x)\mathrm{d}x = f(x)$
B. $\int \mathrm{d}f(x) = f(x)$
C. $\dfrac{\mathrm{d}}{\mathrm{d}x}\int f(x)\mathrm{d}x = f(x)$
D. $\mathrm{d}\int f(x)\mathrm{d}x = f(x)$

8. 已知 $\dfrac{\sin x}{x}$ 是 $f(x)$ 的一个原函数，求 $\int x^3 f'(x)\mathrm{d}x$.

9. 求下列不定积分：

(1) $\int \dfrac{\mathrm{d}x}{x(x^6+4)}$.

(2) $\int \dfrac{\mathrm{d}x}{\sqrt{1+\mathrm{e}^x}}$.

(3) $\int \sqrt{x}\sin\sqrt{x}\,\mathrm{d}x$.

(4) $\int \dfrac{\sin x}{1+\sin x}\mathrm{d}x$.

(5) $\int x\cos^2 x\,\mathrm{d}x$.

(6) $\int \dfrac{\sqrt[3]{x}}{x(\sqrt{x}+\sqrt[3]{x})}\mathrm{d}x$.

10. 求下列不定积分：

(1) $\int \dfrac{x^2}{\sqrt{2-x}}\mathrm{d}x$；

(2) $\int \dfrac{\sqrt{x+1}-1}{\sqrt{x+1}+1}\mathrm{d}x$.

11. 求下列不定积分：

(1) $\int \arctan x\,\mathrm{d}x$；

(2) $\int \mathrm{e}^{\sqrt{x}}\mathrm{d}x$；

(3) $\int x\mathrm{e}^{10x}\mathrm{d}x$；

(4) $\int xf''(x)\mathrm{d}x$.

12. 在平面上有一运动着的质点，如果它在 x 轴方向和 y 轴方向的分速度分别为 $v_x = 5\sin t$ 和 $v_y = 2\cos t$，且 $x\big|_{t=0} = 5$，$y\big|_{t=0} = 0$，求：

（1）时间为 t 时，质点所在的位置；

（2）质点运动的轨迹方程．

13. 设某函数当 $x=1$ 时有极小值，当 $x=-1$ 时有极大值为 4，又知道这个函数的导数具有 $y'=3x^2+bx+c$ 的形式，求此函数．

C 级

14. 地球上能跳 1.5 m 的人在月球上能跳多高？

D 级

第 6 章 定积分

6.0 学习任务 6 速度函数的平均值

一质点从高空由静止自由落下,已知速度 v 与时间 t 的关系为 $v=gt$,请计算:
(1) 该质点从 $t=1\,\text{s}$ 到 $t=4\,\text{s}$ 所下落的距离.
(2) 该质点从 $t=1\,\text{s}$ 到 $t=4\,\text{s}$ 这段时间内的平均速度.

该问题不但要根据速度求出路程,而且还需要求出速度函数的平均值,利用定积分的有关知识可解决该问题.

本章讨论积分学的第二个问题——定积分.定积分不论在理论上还是实际应用中,都有着十分重要的意义,它是整个高等数学最重要的内容之一.

这一章内容安排较多,在分析典型实例的基础上,引出定积分的概念,进而讨论定积分的性质,重点是研究微积分基本定理,建立关于定积分的换元法和分部积分法.

上一章关于积分法的全面训练,为这一章解决定积分的计算,提供了必要的基础.

> **引例** 小明在预习定积分的定义后,有如下两点感受:(1) 定积分有用,因为用定积分可以计算曲边梯形的面积、变速直线运动的路程;(2) 作为"和式的极限"的定积分不但公式长而且计算复杂.因此,小明问了老师如下两个问题:(1) 定积分有简便计算方法吗?(2) 定积分与不定积分有关系吗?
>
> 老师说:"小明的问题很好,抓住了问题的关键,这两个问题可由一个公式(牛顿-莱布尼茨公式)予以回答."

6.1 定积分的概念与性质

本节首先通过讨论曲边梯形的面积和变速直线运动的路程这两个典型的实际问题引出定积分的概念,随后讨论定积分的几何意义及定积分的性质,最后,由定积分的中值定理给出求连续函数平均值的公式.

6.1.1 定积分的实际背景

1. 曲边梯形的面积

所谓曲边梯形是指如图 6.1.1 所示图形,它的三条边是直线段,其中有两条边垂直于第三条底边,而其第四条边是曲线.如果我们会计算曲边梯形面积,那么我们也就会求平面上任意曲线所围成的图形面积 A 了,这一点可以从

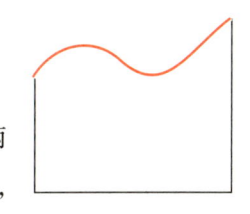

图 6.1.1

图 6.1.2 中清楚地看出，$A = A_1 - A_2$，其中 A_1 是曲边 $\overset{\frown}{MPN}$ 在底边 CB 上所围曲边梯形的面积，A_2 是曲边 $\overset{\frown}{MQN}$ 在 CB 上所围曲边梯形的面积.

如图 6.1.3 所示的曲边梯形由曲线 $y=f(x)$ ($f(x) \geqslant 0$)，直线 $x=a$，$x=b$ 与 x 轴所围成，其面积怎样求呢？我们设想：把该曲边梯形沿着 y 轴方向切割成许多窄窄的长条，把每个长条近似看作一个矩形，用长乘宽求得小矩形面积，加起来就是曲边梯形面积的近似值.分割越细，误差越小，分割得无限细，误差就无限小，于是当所有的长条宽度趋于零时，这个阶梯形面积的极限就成为曲边梯形面积的精确值了.

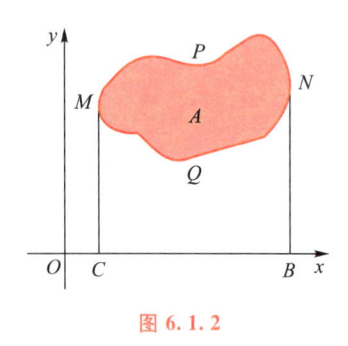

图 6.1.2

图 6.1.3

上述思路具体实施分为下述四步：

(1) 分割　任取分点 $a = x_0 < x_1 < x_2 < \cdots < x_{n-1} < x_n = b$，把底边 $[a, b]$ 分成 n 个小区间 $[x_{i-1}, x_i]$ ($i=1, 2, \cdots, n$).小区间长度记为

$$\Delta x_i = x_i - x_{i-1} \quad (i = 1, 2, \cdots, n).$$

(2) 取近似　把每个小区间 $[x_{i-1}, x_i]$ 上的小曲边梯形近似视为小矩形，在每个小区间 $[x_{i-1}, x_i]$ 上任取一点 ξ_i，则得以 Δx_i 为底的小曲边梯形面积 ΔA_i 的近似值为

$$\Delta A_i \approx f(\xi_i) \Delta x_i \quad (i = 1, 2, \cdots, n).$$

(3) 求和　把 n 个小矩形面积相加就得到曲边梯形面积 A 的近似值

$$A \approx f(\xi_1) \Delta x_1 + f(\xi_2) \Delta x_2 + \cdots + f(\xi_n) \Delta x_n$$

$$= \sum_{i=1}^{n} f(\xi_i) \Delta x_i.$$

(4) 取极限　为了保证全部 Δx_i 都无限缩小，我们要求小区间长度中的最大值 $\lambda = \max\limits_{1 \leqslant i \leqslant n} \{\Delta x_i\}$ 趋于零，这时和式 $\sum\limits_{i=1}^{n} f(\xi_i) \Delta x_i$ 的极限就是曲边梯形面积 A 的精确值，即

$$A = \lim_{\lambda \to 0} \sum_{i=1}^{n} f(\xi_i) \Delta x_i.$$

2. 变速直线运动的路程

设某物体做直线运动，已知速度 $v = v(t)$ 是时间间隔 $[T_1, T_2]$ 上的连续函数，且 $v(t) \geqslant 0$，要计算这段时间内所走的路程.

如果是匀速运动（速度 $v =$ 常数），则路程 $s = v(T_2 - T_1)$；若 $v(t)$ 不是常数，路程就不能用初等方法求得了.

解决这个问题的思路和步骤与求曲边梯形面积相类似：

(1) 分割　任取分点 $T_1 = t_0 < t_1 < t_2 < \cdots < t_{n-1} < t_n = T_2$，把 $[T_1, T_2]$ 分成 n 个小段，每小段长为

$$\Delta t_i = t_i - t_{i-1} \quad (i = 1, 2, \cdots, n).$$

(2) 取近似　把每小段 $[t_{i-1}, t_i]$ 上的运动视为匀速,任取时刻 $\xi_i \in [t_{i-1}, t_i]$,作乘积 $v(\xi_i)\Delta t_i$,显然这小段时间所走路程 Δs_i 可近似表示为

$$\Delta s_i \approx v(\xi_i)\Delta t_i \quad (i=1,2,\cdots,n).$$

(3) 求和　把 n 个小段时间上的路程相加,就得到总路程 s 的近似值,即

$$s \approx \sum_{i=1}^{n} v(\xi_i)\Delta t_i.$$

(4) 取极限　当 $\lambda = \max\limits_{1\leqslant i\leqslant n}\{\Delta t_i\} \to 0$ 时,上述总和的极限就是 s 的精确值,即

$$s = \lim_{\lambda\to 0}\sum_{i=1}^{n} v(\xi_i)\Delta t_i.$$

6.1.2　定积分的定义

从上述两个具体问题我们看到,它们的实际意义虽然不同,但它们归结成的数学模型却是一致的. 就是说,处理这些问题所遇到的矛盾性质,解决问题的思想方法以及最后所要计算的数学表达式的结构都是相同的. 在科学技术上还有许多问题也都归结为这种特定和式的极限. 为此,我们概括出如下定义.

定义 6.1.1(定积分)　设函数 $y=f(x)$ 在闭区间 $[a,b]$ 上有定义,任取分点 $a = x_0 < x_1 < x_2 < \cdots < x_{n-1} < x_n = b$,将区间 $[a,b]$ 分为 n 个小区间 $[x_{i-1}, x_i]$ $(i=1,2,\cdots,n)$. 记

$$\Delta x_i = x_i - x_{i-1} \quad (i=1,2,\cdots,n), \quad \lambda = \max_{1\leqslant i\leqslant n}\{\Delta x_i\},$$

再在每个小区间 $[x_{i-1}, x_i]$ 上任取一点 ξ_i,作乘积 $f(\xi_i)\Delta x_i$ 的和式

$$\sum_{i=1}^{n} f(\xi_i)\Delta x_i,$$

如果 $\lambda \to 0$ 时上述和式的极限存在(这个极限值应该与区间 $[a,b]$ 的分割方式及点 ξ_i 的取法均无关),则称 $f(x)$ 在区间 $[a,b]$ 上可积,并称此极限值为函数 $f(x)$ 在区间 $[a,b]$ 上的定积分,记为 $\int_a^b f(x)\mathrm{d}x$,即

$$\int_a^b f(x)\mathrm{d}x = \lim_{\lambda\to 0}\sum_{i=1}^{n} f(\xi_i)\Delta x_i,$$

其中称 $f(x)$ 为被积函数,$f(x)\mathrm{d}x$ 为被积表达式,x 为积分变量,$[a,b]$ 为积分区间,a 为积分下限,b 为积分上限.

有了这个定义,前面两个实际问题都可用定积分表示为

由曲线 $y = f(x)\,(f(x)\geqslant 0)$,$x$ 轴,$x=a$,$x=b$ 所围成的曲边梯形的面积　$A = \int_a^b f(x)\mathrm{d}x$,

以变速 $v = v(t)\,(v(t)\geqslant 0)$ 做直线运动的物体,从时刻 T_1 到时刻 T_2 所经过的路程　$s = \int_{T_1}^{T_2} v(t)\mathrm{d}t$.

关于定积分定义的说明:

(1) 定积分是一个数,它只取决于被积函数与积分上、下限,而与积分变量采用什么字母无关,例如:$\int_0^1 x^2\mathrm{d}x = \int_0^1 t^2\mathrm{d}t$. 一般地,

$$\int_a^b f(x)\mathrm{d}x = \int_a^b f(t)\mathrm{d}t.$$

(2) 定义中要求积分限 $a < b$,我们补充如下规定:

当 $a = b$ 时,$\int_a^b f(x)\mathrm{d}x = 0$,

当 $a>b$ 时, $\int_a^b f(x)\,dx = -\int_b^a f(x)\,dx$.

关于定积分的存在性(或函数的可积性),通过如下三个定理分别给出可积的三个充分条件:

定理 6.1.1 若函数 $f(x)$ 在 $[a,b]$ 上连续,则 $f(x)$ 在 $[a,b]$ 上可积,即 $\int_a^b f(x)\,dx$ 存在.

定理 6.1.2 若 $f(x)$ 是区间 $[a,b]$ 上只有有限个间断点的有界函数,则 $f(x)$ 在 $[a,b]$ 上可积,即 $\int_a^b f(x)\,dx$ 存在.

定理 6.1.3 若 $f(x)$ 是闭区间 $[a,b]$ 上的单调函数,则 $f(x)$ 在 $[a,b]$ 上可积,即 $\int_a^b f(x)\,dx$ 存在.

由定理 6.1.1 可知,初等函数在其有定义的闭区间上都是可积的.

定积分定义叙述较长,我们把它概括为如下便于记忆的四步:"整化零,常代变,近似和,取极限".

例 6.1.1 用定积分定义计算 $\int_a^b c\,dx$,其中 c 为常数.

解 用分点 $x_i(i=0,1,\cdots,n)$ 将区间 $[a,b]$ 分成 n 个小区间,第 i 个小区间 $[x_{i-1},x_i]$ 的长度记为 Δx_i, $\lambda = \max\limits_{1 \leqslant i \leqslant n}\{\Delta x_i\}$,任取点 $\xi_i \in [x_{i-1},x_i](i=1,2,\cdots,n)$,由于被积函数为常数 c,所以,被积函数在 ξ_i 处的值为常数 c,于是,

$$\int_a^b c\,dx = \lim_{\lambda \to 0}\sum_{i=1}^n c\Delta x_i = c\lim_{\lambda \to 0}\sum_{i=1}^n \Delta x_i$$
$$= c\lim_{\lambda \to 0}(b-a) = c(b-a).$$

6.1.3 定积分的几何意义

在前面的曲边梯形面积问题中,我们看到如果 $f(x) \geqslant 0$,图形在 x 轴之上,积分值为正,有 $\int_a^b f(x)\,dx = A$(图 6.1.4),A 表示该图形的面积.

如果 $f(x) \leqslant 0$,那么图形位于 x 轴下方,积分值为负,即 $\int_a^b f(x)\,dx = -B$(图 6.1.5),B 表示该图形的面积.

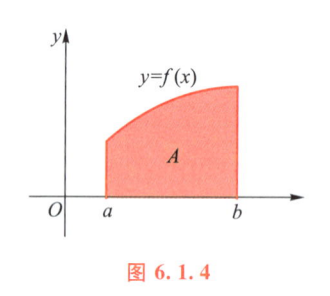

图 6.1.4

图 6.1.5

如果 $f(x)$ 在 $[a,b]$ 上有正有负,则积分值就等于曲线 $y=f(x)$ 在 x 轴上方部分图形的"带号面积"(规定位于 x 轴上方的图形的"带号面积"带正号,其绝对值等于该图形的面积)与在 x 轴下方部分图形的"带号面积"(规定位于 x 轴下方图形的"带号面积"带负号,其绝对值等于该图形的面积)的代数和. 如图 6.1.6 所示(A_1,A_2,A_3 分别表示相应阴影部分的面积),有

$$\int_a^b f(x)\,dx = A_1 - A_2 + A_3.$$

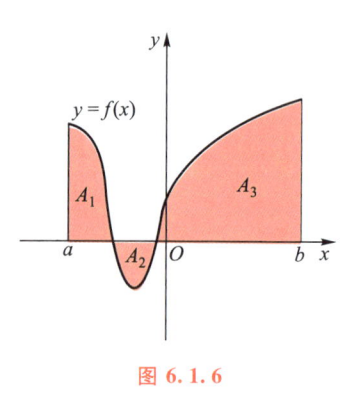

图 6.1.6

例 6.1.2 根据定积分几何意义计算 $\int_{-1}^{2} x \mathrm{d}x$.

解 $\int_{-1}^{2} x \mathrm{d}x$ 等于由 $x=-1, x=2, y=x$ 及 x 轴所围成的平面图形在 x 轴上方部分图形的面积减去位于 x 轴下方部分图形的面积(图 6.1.7). 于是

$$\int_{-1}^{2} x \mathrm{d}x = \frac{1}{2} \times 2 \times 2 - \frac{1}{2} \times 1 \times 1 = 2 - \frac{1}{2} = \frac{3}{2}.$$

6.1.4 定积分的性质

为了理论与计算的需要,我们介绍定积分的基本性质,在下面论述中,假定有关函数都是可积的.

性质 1 函数的代数和可逐项积分,即

$$\int_{a}^{b} [f(x) \pm g(x)] \mathrm{d}x = \int_{a}^{b} f(x) \mathrm{d}x \pm \int_{a}^{b} g(x) \mathrm{d}x.$$

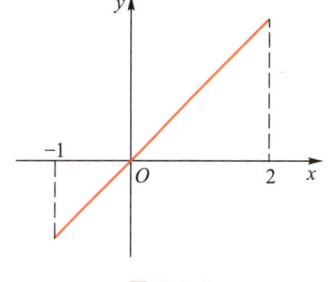

图 6.1.7

证 在闭区间 $[a,b]$ 中,任取分点 $a=x_0<x_1<x_2<\cdots<x_{n-1}<x_n=b$,将区间 $[a,b]$ 分为 n 个小区间 $[x_{i-1},x_i](i=1,2,\cdots,n)$,并记 $\Delta x_i = x_i - x_{i-1}(i=1,2,\cdots,n)$,$\lambda = \max_{1 \le i \le n} \{\Delta x_i\}$,再在每个小区间 $[x_{i-1},x_i]$ 上任取一点 ξ_i,因为 $f(x), g(x)$ 在闭区间 $[a,b]$ 上可积,所以 $\lim_{\lambda \to 0} \sum_{i=1}^{n} f(\xi_i) \Delta x_i$ 和 $\lim_{\lambda \to 0} \sum_{i=1}^{n} g(\xi_i) \Delta x_i$ 均存在,因此有

$$\int_{a}^{b} [f(x) \pm g(x)] \mathrm{d}x = \lim_{\lambda \to 0} \sum_{i=1}^{n} [f(\xi_i) \pm g(\xi_i)] \Delta x_i$$

$$= \lim_{\lambda \to 0} \sum_{i=1}^{n} f(\xi_i) \Delta x_i \pm \lim_{\lambda \to 0} \sum_{i=1}^{n} g(\xi_i) \Delta x_i = \int_{a}^{b} f(x) \mathrm{d}x \pm \int_{a}^{b} g(x) \mathrm{d}x.$$

证毕.

微视频

定积分的性质

性质 2 被积函数的常数因子可提到积分号外面,即

$$\int_{a}^{b} kf(x) \mathrm{d}x = k \int_{a}^{b} f(x) \mathrm{d}x \quad (k \text{ 为常数}).$$

证 在闭区间 $[a,b]$ 中,任取分点 $a=x_0<x_1<x_2<\cdots<x_{n-1}<x_n=b$,将区间 $[a,b]$ 分为 n 个小区间 $[x_{i-1},x_i](i=1,2,\cdots,n)$,并记 $\Delta x_i = x_i - x_{i-1}(i=1,2,\cdots,n)$,$\lambda = \max_{1 \le i \le n} \{\Delta x_i\}$,再在每个小区间 $[x_{i-1},x_i]$ 上任取一点 ξ_i,因为 k 为常数,且 $f(x)$ 在闭区间 $[a,b]$ 上可积,所以 $\lim_{\lambda \to 0} \sum_{i=1}^{n} f(\xi_i) \Delta x_i$ 存在,因此有

$$\int_{a}^{b} kf(x) \mathrm{d}x = \lim_{\lambda \to 0} \sum_{i=1}^{n} [kf(\xi_i)] \Delta x_i = k \lim_{\lambda \to 0} \sum_{i=1}^{n} f(\xi_i) \Delta x_i = k \int_{a}^{b} f(x) \mathrm{d}x.$$

证毕.

性质 3(积分区间的分割性质) 若 $a<c<b$,则

$$\int_{a}^{b} f(x) \mathrm{d}x = \int_{a}^{c} f(x) \mathrm{d}x + \int_{c}^{b} f(x) \mathrm{d}x \text{ (图 6.1.8)}.$$

证 因为 $f(x)$ 在闭区间 $[a,b]$ 上可积,所以不论用怎样的分点对区间 $[a,b]$ 进行分割,其积分和的极限 $\lim_{\lambda \to 0} \sum_{i=1}^{n} f(\xi_i) \Delta x_i$ 总是不变的.因此,在分割区间时,取 c 为一个分点.则 $[a,b]$ 上的积分和就等于 $[a,c]$ 上的积分和加 $[c,b]$ 上的积分和,即

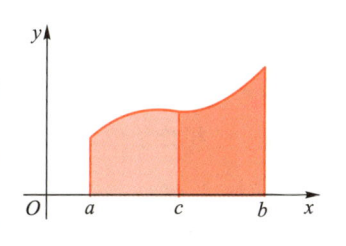

图 6.1.8

$$\sum_{[a,b]} f(\xi_i)\Delta x_i = \sum_{[a,c]} f(\xi_i)\Delta x_i = \sum_{[c,b]} f(\xi_i)\Delta x_i,$$

所以，
$$\lim_{\lambda\to 0}\sum_{[a,b]} f(\xi_i)\Delta x_i = \lim_{\lambda\to 0}\sum_{[a,c]} f(\xi_i)\Delta x_i + \lim_{\lambda\to 0}\sum_{[c,b]} f(\xi_i)\Delta x_i,$$

即
$$\int_a^b f(x)\,\mathrm{d}x = \int_a^c f(x)\,\mathrm{d}x + \int_c^b f(x)\,\mathrm{d}x.$$

证毕.

该性质表明定积分对于积分区间具有可加性.

注 对于 a,b,c 三点的任何其他相对位置，上述性质仍成立，譬如：$a<b<c$，则
$$\int_a^c f(x)\,\mathrm{d}x = \int_a^b f(x)\,\mathrm{d}x + \int_b^c f(x)\,\mathrm{d}x = \int_a^b f(x)\,\mathrm{d}x - \int_c^b f(x)\,\mathrm{d}x,$$

仍有
$$\int_a^b f(x)\,\mathrm{d}x = \int_a^c f(x)\,\mathrm{d}x + \int_c^b f(x)\,\mathrm{d}x.$$

性质 4 如果 $f(x)$ 在闭区间 $[a,b]$ 上可积，且 $f(x)\geq 0$，则 $\int_a^b f(x)\,\mathrm{d}x \geq 0$（注意：这里 $a<b$）.

证 在闭区间 $[a,b]$ 中，任取分点 $a=x_0<x_1<x_2<\cdots<x_{n-1}<x_n=b$，将区间 $[a,b]$ 分为 n 个小区间 $[x_{i-1},x_i]$ $(i=1,2,\cdots,n)$，并记
$$\Delta x_i = x_i - x_{i-1}(i=1,2,\cdots,n),\quad \lambda = \max_{1\leq i\leq n}\{\Delta x_i\},$$

再在每个小区间 $[x_{i-1},x_i]$ 上任取一点 ξ_i，因为 $f(x)\geq 0$，所以 $f(\xi_i)\geq 0$（$i=1,2,\cdots,n$），从而有
$$\sum_{i=1}^n f(\xi_i)\Delta x_i \geq 0.$$

又因为 $f(x)$ 在闭区间 $[a,b]$ 上可积，所以上述和式的极限存在，故 $\int_a^b f(x)\,\mathrm{d}x = \lim_{\lambda\to 0}\sum_{i=1}^n f(\xi_i)\Delta x_i \geq 0$.

证毕.

性质 5（积分的比较性质） 在 $[a,b]$ 上若 $f(x)\geq g(x)$（图 6.1.9），则
$$\int_a^b f(x)\,\mathrm{d}x \geq \int_a^b g(x)\,\mathrm{d}x.$$

证 因为 $f(x),g(x)$ 在闭区间 $[a,b]$ 上可积，由性质 1 得
$$\int_a^b [f(x)-g(x)]\,\mathrm{d}x = \int_a^b f(x)\,\mathrm{d}x - \int_a^b g(x)\,\mathrm{d}x,$$

又因为 $f(x)\geq g(x)$，即 $f(x)-g(x)\geq 0$，

由性质 4 得 $\int_a^b [f(x)-g(x)]\,\mathrm{d}x \geq 0$，即 $\int_a^b f(x)\,\mathrm{d}x - \int_a^b g(x)\,\mathrm{d}x \geq 0$，

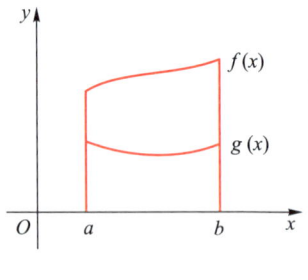

图 6.1.9

因此有，
$$\int_a^b f(x)\,\mathrm{d}x \geq \int_a^b g(x)\,\mathrm{d}x.$$

证毕.

性质 6（积分估值性质） 设 M 与 m 分别是 $f(x)$ 在 $[a,b]$ 上的最大值与最小值，则
$$m(b-a) \leq \int_a^b f(x)\,\mathrm{d}x \leq M(b-a).$$

证 因为 $m\leq f(x)\leq M$（图 6.1.10），由性质 5 得

$$\int_a^b m\,\mathrm{d}x \leqslant \int_a^b f(x)\,\mathrm{d}x \leqslant \int_a^b M\,\mathrm{d}x,$$

再利用例 6.1.1 的结论即可得证.

积分估值性质的几何意义是明显的,即曲线 $y=f(x)$ 与底边区间 $[a,b]$ 所围曲边梯形的面积大于同一底边而高为 $f(x)$ 的最小值 m 的矩形面积,小于同一底边而高为 $f(x)$ 的最大值 M 的矩形面积(图 6.1.10).

例 6.1.3 估计定积分 $\int_{-1}^{1} \mathrm{e}^{-x^2}\,\mathrm{d}x$ 的值.

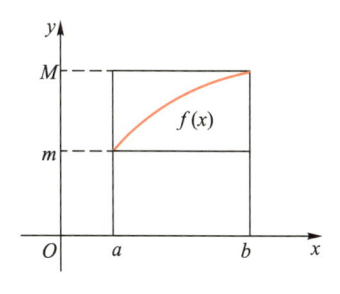

图 6.1.10

解 先求 $f(x)=\mathrm{e}^{-x^2}$ 在 $[-1,1]$ 上的最大值和最小值. 因为 $f'(x)=-2x\mathrm{e}^{-x^2}$,令 $f'(x)=0$,得驻点 $x=0$,比较 $f(x)$ 在驻点及区间端点处的函数值

$$f(0)=\mathrm{e}^0=1,\quad f(-1)=f(1)=\mathrm{e}^{-1}=\frac{1}{\mathrm{e}},$$

故最大值 $M=1$,最小值 $m=\dfrac{1}{\mathrm{e}}$. 由估值性质得

$$\frac{2}{\mathrm{e}} \leqslant \int_{-1}^{1} \mathrm{e}^{-x^2}\,\mathrm{d}x \leqslant 2.$$

性质 7(积分中值定理) 如果 $f(x)$ 在 $[a,b]$ 上连续,则至少存在一点 $\xi \in [a,b]$,使得

$$\int_a^b f(x)\,\mathrm{d}x = f(\xi)(b-a).$$

证 将性质 6 中不等式除以 $b-a$,得

$$m \leqslant \frac{1}{b-a}\int_a^b f(x)\,\mathrm{d}x \leqslant M.$$

设 $\dfrac{1}{b-a}\int_a^b f(x)\,\mathrm{d}x = \mu$,即

$$m \leqslant \mu \leqslant M.$$

由于 $f(x)$ 为区间 $[a,b]$ 上的连续函数,所以,它能取到介于其最小值与最大值之间的任何一个数值(即连续函数的介值定理). 因此,在 $[a,b]$ 上至少有一点 ξ,使得 $f(\xi)=\mu$,即

$$\frac{1}{b-a}\int_a^b f(x)\,\mathrm{d}x = f(\xi),$$

亦即
$$\int_a^b f(x)\,\mathrm{d}x = f(\xi)(b-a) \quad (a \leqslant \xi \leqslant b). \tag{6.1.1}$$

证毕.

称式(6.1.1)为积分中值公式.

积分中值定理有明显的几何意义:曲线 $y=f(x)$($f(x) \geqslant 0$)在区间 $[a,b]$ 上所围成的曲边梯形面积,等于同一底边而高为 $f(\xi)$ 的一个矩形面积(图 6.1.11).

从几何角度容易看出,数值 $\mu = \dfrac{1}{b-a}\int_a^b f(x)\,\mathrm{d}x$ 表示连续曲线 $y=f(x)$ 在 $[a,b]$ 上的平均高度,也就是函数 $f(x)$ 在 $[a,b]$ 上的平均

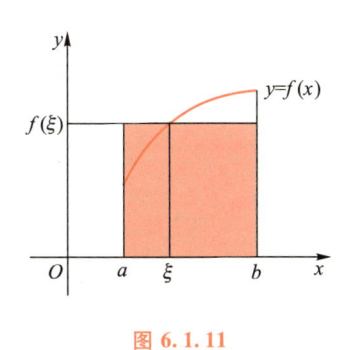

图 6.1.11

值,这是有限个数的平均值概念的拓广.

如果以变速 $v(t)$ 做直线运动的物体,从时刻 T_1 到时刻 T_2 所经过的路程为 $\int_{T_1}^{T_2}v(t)\mathrm{d}x$,那么 $v(\xi)=\dfrac{\int_{T_1}^{T_2}v(t)\mathrm{d}t}{T_2-T_1}$ 便是该运动物体在 $[T_1,T_2]$ 这段时间内的平均速度.

一般地,对连续函数的平均值有如下定义:

定义 6.1.2 如果函数 $f(x)$ 在闭区间 $[a,b]$ 上连续,称

$$f(\xi)=\frac{\int_a^b f(x)\mathrm{d}x}{b-a} \quad (a\leqslant\xi\leqslant b)$$

为连续函数 $f(x)$ 在闭区间 $[a,b]$ 上的平均值.

例 6.1.4 求连续函数 $f(x)=x$ 在闭区间 $[-1,2]$ 上的平均值.

解 由连续函数 $f(x)$ 在 $[a,b]$ 上的平均值公式 $\mu=\dfrac{1}{b-a}\int_a^b f(x)\mathrm{d}x$ 得知,连续函数 $f(x)=x$ 在闭区间 $[-1,2]$ 上的平均值为

$$\mu=\frac{1}{2-(-1)}\int_{-1}^2 x\mathrm{d}x=\frac{1}{3}\int_{-1}^2 x\mathrm{d}x,$$

又由本节例 6.1.2 知,$\int_{-1}^2 x\mathrm{d}x=\dfrac{3}{2}$,于是,所求平均值

$$\mu=\frac{1}{3}\times\frac{3}{2}=\frac{1}{2}.$$

— 思考题 6.1 —

1. 定积分的几何意义是什么? 根据定积分的几何意义求下列积分的值:

   (1) $\int_{-1}^1 x\mathrm{d}x$; (2) $\int_{-R}^R \sqrt{R^2-x^2}\mathrm{d}x$;

   (3) $\int_0^{2\pi}\cos x\mathrm{d}x$; (4) $\int_{-1}^1 |x|\mathrm{d}x$.

2. 若当 $a\leqslant x\leqslant b$ 时,有 $f(x)\leqslant g(x)$,问下面两个式子是否均成立,为什么?

   (1) $\int_a^b f(x)\mathrm{d}x\leqslant\int_a^b g(x)\mathrm{d}x$; (2) $\int f(x)\mathrm{d}x\leqslant\int g(x)\mathrm{d}x$.

3. n 个数的算术平均值与连续函数在闭区间上的平均值有何区别与联系?

— 练习 6.1A —

1. 用定积分的定义计算定积分 $\int_a^b \mathrm{d}x$.

*2. 利用定义计算定积分 $\int_a^b x\mathrm{d}x\,(a<b)$(提示:定积分的存在与区间的分割方法及 ξ_i 的取法无关).

3. 利用定积分的几何意义,证明下列等式:

   (1) $\int_0^1 2x\mathrm{d}x=1$; (2) $\int_0^1 \sqrt{1-x^2}\mathrm{d}x=\dfrac{\pi}{4}$.

— 练习 6.1B —

1. 利用定积分的估值公式,估计定积分 $\int_{-1}^{1}(4x^4-2x^3+5)\mathrm{d}x$ 的值.

2. 求函数 $f(x)=\sqrt{1-x^2}$ 在闭区间 $[-1,1]$ 上的平均值.

3. 利用定积分的几何意义,求下列积分:

    (1) $\int_{0}^{t}x\mathrm{d}x(t>0)$;　　(2) $\int_{-2}^{4}\left(\dfrac{x}{2}+3\right)\mathrm{d}x$;　　(3) $\int_{-3}^{3}\sqrt{9-x^2}\mathrm{d}x$.

4. 设 $a<b$,问 a,b 取什么值时, $\int_{a}^{b}(x-x^2)\mathrm{d}x$ 取得最大值?

5. 根据定积分的性质,说明下列各对积分哪一个的值较大:

    (1) $\int_{0}^{1}x^2\mathrm{d}x,\int_{0}^{1}x^3\mathrm{d}x$?

    (2) $\int_{1}^{2}x^2\mathrm{d}x,\int_{1}^{2}x^3\mathrm{d}x$?

    (3) $\int_{1}^{2}\ln x\mathrm{d}x,\int_{1}^{2}(\ln x)^2\mathrm{d}x$?

    (4) $\int_{0}^{1}x\mathrm{d}x,\int_{0}^{1}\ln(1+x)\mathrm{d}x$?

6.2 微积分基本定理

定积分作为一种特定和式的极限,直接按定义来计算是一件十分繁杂的事,本节将通过对定积分与原函数关系的讨论,导出一种计算定积分的简便有效的方法.

下面我们以用不同方法计算直线运动的路程为例,来探讨定积分与原函数的关系.设物体以速度 $v=v(t)$ 做直线运动,求 $[T_1,T_2]$ 时间段内物体经过的路程 s.

一方面,从定积分概念出发,由前面已讨论的结果知道物体在时间段 $[T_1,T_2]$ 所经过的路程为 $\int_{T_1}^{T_2}v(t)\mathrm{d}t$.

另一方面,若从不定积分概念出发,则有

$$\int v(t)\mathrm{d}t=s(t)+C,$$

其中 $v(t)=s'(t)$,于是物体在 $[T_1,T_2]$ 时间段内所走路程就是 $s(T_2)-s(T_1)$.

综合上述两个方面,得到

$$\int_{T_1}^{T_2}v(t)\mathrm{d}t=s(T_2)-s(T_1).$$

这个等式表明速度函数 $v(t)$ 在 $[T_1,T_2]$ 上的定积分等于其原函数 $s(t)$ 在区间 $[T_1,T_2]$ 上的增量. 那么,这一结论有没有普遍的意义呢?下面的论述给出了肯定的回答.

6.2.1 变上限积分函数及其导数

我们先来介绍一类函数——变上限积分函数.

设函数 $f(x)$ 在 $[a,b]$ 上连续，$x\in[a,b]$，于是积分 $\int_a^x f(x)\mathrm{d}x$ 是一个定数，这种写法有一个不妥之处，就是 x 既表示积分上限，又表示积分变量. 为避免混淆，我们把积分变量改写成 t，于是这个积分就写成了 $\int_a^x f(t)\mathrm{d}t$.

显然，当 x 在 $[a,b]$ 上变动时，对应于每一个 x 值，积分 $\int_a^x f(t)\mathrm{d}t$ 就有一个确定的值，因此 $\int_a^x f(t)\mathrm{d}t$ 是上限 x 的一个函数，记作 $\Phi(x)$，

$$\Phi(x)=\int_a^x f(t)\mathrm{d}t \quad (a\leqslant x\leqslant b).$$

通常称函数 $\Phi(x)$ 为变上限积分函数或变上限积分，其几何意义如图 6.2.1 所示. 如 $\int_0^x \cos^2 t\mathrm{d}t$，$\int_0^x \dfrac{2t-1}{t^2-t+1}\mathrm{d}t$ 均属变上限积分函数.

定理 6.2.1（变上限积分函数的导数） 如果函数 $f(x)$ 在区间 $[a,b]$ 上连续，则变上限积分 $\Phi(x)=\int_a^x f(t)\mathrm{d}t$ 在 $[a,b]$ 上可导，且其导数是

$$\Phi'(x)=\frac{\mathrm{d}}{\mathrm{d}x}\int_a^x f(t)\mathrm{d}t=f(x) \quad (a\leqslant x\leqslant b).$$

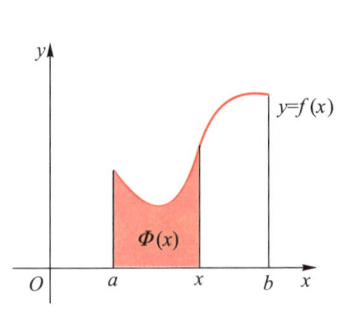

图 6.2.1

证 设 $\Phi(x)=\int_a^x f(t)\mathrm{d}t$.

（1）当 $x\in(a,b)$ 时，给 x 以增量 Δx，使 $x+\Delta x\in(a,b)$，所以，

$$\frac{\Delta \Phi(x)}{\Delta x}=\frac{\Phi(x+\Delta x)-\Phi(x)}{\Delta x}=\frac{\int_a^{x+\Delta x}f(t)\mathrm{d}t-\int_a^x f(t)\mathrm{d}t}{\Delta x}=\frac{\int_x^{x+\Delta x}f(t)\mathrm{d}t}{\Delta x}\text{（图 6.2.2）},$$

又因为函数 $f(t)$ 在闭区间 $[a,b]$ 上连续，所以其也在子区间 $[x,x+\Delta x]$ 上连续，所以，由积分中值公式得 $\int_x^{x+\Delta x}f(t)\mathrm{d}t=f(\xi)\Delta x$，其中 ξ 在 x 与 $x+\Delta x$ 之间，所以 $\lim\limits_{\Delta x\to 0}\xi=x$. 所以 $\Phi(x)$ 在点 x 处的导数

$$\Phi'(x)=\lim_{\Delta x\to 0}\frac{\Phi(x+\Delta x)-\Phi(x)}{\Delta x}=\lim_{\Delta x\to 0}\frac{f(\xi)\Delta x}{\Delta x}=\lim_{\xi\to x}f(\xi)=f(x).$$

图 6.2.2

（2）当 $x=a$ 时，取 $\Delta x>0$.

$$\frac{\Phi(a+\Delta x)-\Phi(a)}{\Delta x}=\frac{\int_a^{a+\Delta x}f(t)\mathrm{d}t-\int_a^a f(t)\mathrm{d}t}{\Delta x}=\frac{\int_a^{a+\Delta x}f(t)\mathrm{d}t}{\Delta x},$$

则由积分中值定理得，$\int_a^{a+\Delta x}f(t)\mathrm{d}t=f(\xi)\Delta x$，其中 ξ 在 a 与 $a+\Delta x$ 之间，所以 $\lim\limits_{\Delta x\to 0^+}\xi=a$，$\Phi(x)$ 在 $x=a$ 处的右导数

$$\Phi'_+(a) = \lim_{\Delta x \to 0^+} \frac{\Phi(a+\Delta x) - \Phi(a)}{\Delta x} = \lim_{\Delta x \to 0^+} \frac{f(\xi)\Delta x}{\Delta x} = \lim_{\xi \to a^+} f(\xi) = f(a).$$

(3) 当 $x = b$ 时,取 $\Delta x < 0$.

$$\frac{\Phi(b+\Delta x) - \Phi(b)}{\Delta x} = \frac{\int_a^{b+\Delta x} f(t)\,dt - \int_a^b f(t)\,dt}{\Delta x} = \frac{\int_a^b f(t)\,dt + \int_b^{b+\Delta x} f(t)\,dt - \int_a^b f(t)\,dt}{\Delta x} = \frac{\int_b^{b+\Delta x} f(t)\,dt}{\Delta x},$$

则由积分中值定理得,$\int_b^{b+\Delta x} f(t)\,dt = f(\xi)\Delta x$,其中 ξ 在 b 与 $b+\Delta x$ 之间,所以 $\lim\limits_{\Delta x \to 0^-} \xi = b$,所以 $\Phi(x)$ 在 $x = b$ 处的左导数

$$\Phi'_-(b) = \lim_{\Delta x \to 0^-} \frac{\Phi(b+\Delta x) - \Phi(b)}{\Delta x} = \lim_{\xi \to b^-} f(\xi) = f(b).$$

因此,当 $x \in [a,b]$ 时,有 $\Phi'(x) = \left(\int_a^x f(t)\,dt\right)' = f(x)$.

证毕.

例 6.2.1 计算 $\Phi(x) = \int_0^x \sin t^2\,dt$ 在 $x = 0, \dfrac{\sqrt{\pi}}{2}$ 处的导数.

解 因为 $\Phi'(x) = \dfrac{d}{dx}\int_0^x \sin t^2\,dt = \sin x^2$,故

$$\Phi'(0) = \sin 0^2 = 0,$$

$$\Phi'\left(\frac{\sqrt{\pi}}{2}\right) = \sin \frac{\pi}{4} = \frac{\sqrt{2}}{2}.$$

例 6.2.2 求下列函数的导数:

(1) $\Phi(x) = \int_a^{e^x} \dfrac{\ln t}{t}\,dt \quad (a > 0)$;

(2) $\Phi(x) = \int_{x^2}^1 \dfrac{\sin\sqrt{\theta}}{\theta}\,d\theta \quad (x > 0)$.

解 (1) 这里 $\Phi(x)$ 是 x 的复合函数,其中中间变量 $u = e^x$,所以按复合函数求导法则,有

$$\frac{d\Phi}{dx} = \frac{d}{du}\left(\int_a^u \frac{\ln t}{t}\,dt\right)\frac{d(e^x)}{dx} = \frac{\ln e^x}{e^x}e^x = x.$$

(2) $\dfrac{d\Phi}{dx} = -\dfrac{d}{dx}\int_1^{x^2} \dfrac{\sin\sqrt{\theta}}{\theta}\,d\theta = -\dfrac{\sin\sqrt{\theta}}{\theta}\bigg|_{\theta=x^2}(x^2)'$

$= -\dfrac{\sin x}{x^2}2x = -\dfrac{2\sin x}{x}$.

根据定理 6.2.1,我们立即得到如下原函数的存在定理.

定理 6.2.2 如果函数 $f(x)$ 在闭区间 $[a,b]$ 上连续,那么变上限积分函数 $\Phi(x) = \int_a^x f(t)\,dt$ 就是 $f(x)$ 在闭区间 $[a,b]$ 上的一个原函数. 也就是说,连续函数的原函数一定存在.

上述定理指出了变上限积分函数 $\Phi(x) = \int_a^x f(t)\,dt$ 是 $f(x)$ 的一个原函数,而 $\int_a^x f(t)\,dt$ 又是函数 $f(t)$ 在闭区间 $[a,x]$ 上的定积分. 这也提示我们定积分与原函数有联系. 下面的定理就揭示了这种关系.

6.2.2 牛顿-莱布尼茨(Newton-Leibniz)公式

定理 6.2.3(微积分基本定理) 设函数 $f(x)$ 在闭区间 $[a,b]$ 上连续,又 $F(x)$ 是 $f(x)$ 的任意一个原函数,则有

$$\int_a^b f(x)\mathrm{d}x = F(b) - F(a).$$

证 由定理 6.2.1 知,变上限积分 $\Phi(x) = \int_a^x f(t)\mathrm{d}t$ 也是 $f(x)$ 的一个原函数,于是知

$$\Phi(x) - F(x) = C_0,$$

C_0 为一常数,即

$$\int_a^x f(t)\mathrm{d}t = F(x) + C_0.$$

我们来确定常数 C_0 的值,为此,令 $x = a$,有 $\int_a^a f(t)\mathrm{d}t = F(a) + C_0$,得 $C_0 = -F(a)$. 因此有 $\int_a^x f(t)\mathrm{d}t = F(x) - F(a)$.

再令 $x = b$,得所求积分为

$$\int_a^b f(t)\mathrm{d}t = F(b) - F(a).$$

因为积分值与积分变量的记号无关,仍用 x 表示积分变量,即得

$$\int_a^b f(x)\mathrm{d}x = F(b) - F(a),$$

其中 $F'(x) = f(x)$. 上式称为牛顿-莱布尼茨公式,也称为微积分基本公式. 该公式可叙述为:定积分的值等于其原函数在上、下限处值的差. 该公式在定积分与原函数这两个本来似乎并不相干的概念之间,建立起了定量关系,从而为定积分计算找到了一条简捷的途径. 它是整个积分学中最重要的公式之一.

为计算方便,上述公式常采用下面的格式:

$$\int_a^b f(x)\mathrm{d}x = F(x)\Big|_a^b = F(b) - F(a).$$

例 6.2.3 计算 $\lim\limits_{x \to 0} \dfrac{\int_1^{\cos x} \mathrm{e}^{-t^2}\mathrm{d}t}{x^2}$.

解 因为 $x \to 0$ 时,$\cos x \to 1$,故本题属 "$\dfrac{0}{0}$" 型不定式,可以用洛必达法则来求.

这里 $\int_1^{\cos x} \mathrm{e}^{-t^2}\mathrm{d}t$ 是 x 的复合函数,其中 $u = \cos x$,所以

$$\frac{\mathrm{d}}{\mathrm{d}x}\int_1^{\cos x} \mathrm{e}^{-t^2}\mathrm{d}t = \mathrm{e}^{-\cos^2 x}(\cos x)' = -\sin x \cdot \mathrm{e}^{-\cos^2 x},$$

于是

$$\lim_{x \to 0} \frac{\int_1^{\cos x} \mathrm{e}^{-t^2}\mathrm{d}t}{x^2} = \lim_{x \to 0} \frac{-\sin x \mathrm{e}^{-\cos^2 x}}{2x} = \lim_{x \to 0} \frac{-\sin x}{2x}\mathrm{e}^{-\cos^2 x}$$

$$= -\frac{1}{2}\mathrm{e}^{-1} = -\frac{1}{2\mathrm{e}}.$$

例 6.2.4 计算定积分 $\int_0^1 (2x + 3x^2 + 4x^3) \mathrm{d}x$.

解
$$\int_0^1 (2x + 3x^2 + 4x^3) \mathrm{d}x = 2\int_0^1 x \mathrm{d}x + 3\int_0^1 x^2 \mathrm{d}x + 4\int_0^1 x^3 \mathrm{d}x$$
$$= 2 \cdot \frac{x^2}{2}\Big|_0^1 + 3 \cdot \frac{x^3}{3}\Big|_0^1 + 4 \cdot \frac{x^4}{4}\Big|_0^1 = 3.$$

例 6.2.5 计算定积分：

(1) $\int_1^2 \left(x + \frac{1}{x}\right)^2 \mathrm{d}x$;   (2) $\int_{\frac{1}{2}}^{\frac{2}{3}} \frac{\mathrm{d}x}{\sqrt{x(1-x)}}$;

(3) $\int_{-1}^1 \sqrt{x^2} \mathrm{d}x$.

解 (1) $\int_1^2 \left(x + \frac{1}{x}\right)^2 \mathrm{d}x = \int_1^2 \left(x^2 + 2 + \frac{1}{x^2}\right) \mathrm{d}x$
$$= \left(\frac{x^3}{3} + 2x - \frac{1}{x}\right)\Big|_1^2 = \frac{29}{6}.$$

(2) $\int_{\frac{1}{2}}^{\frac{2}{3}} \frac{\mathrm{d}x}{\sqrt{x(1-x)}} = \int_{\frac{1}{2}}^{\frac{2}{3}} \frac{1}{\sqrt{1-x}} \cdot \frac{1}{\sqrt{x}} \mathrm{d}x$
$$= 2\int_{\frac{1}{2}}^{\frac{2}{3}} \frac{1}{\sqrt{1-(\sqrt{x})^2}} \mathrm{d}(\sqrt{x}) = 2\arcsin\sqrt{x}\Big|_{\frac{1}{2}}^{\frac{2}{3}}$$
$$= 2\left(\arcsin\sqrt{\frac{2}{3}} - \arcsin\sqrt{\frac{1}{2}}\right) \approx 0.339\ 8.$$

在本题的求解过程中，由于在凑微分后，积分中没有出现新的变量，所以，无需改变积分限.

(3) $\sqrt{x^2} = |x|$ 在 $[-1, 1]$ 上写成分段函数的形式

$$f(x) = \begin{cases} -x, & -1 \leq x < 0, \\ x, & 0 \leq x \leq 1, \end{cases}$$

于是 $\int_{-1}^1 \sqrt{x^2} \mathrm{d}x = \int_{-1}^0 (-x) \mathrm{d}x + \int_0^1 x \mathrm{d}x$
$$= -\frac{x^2}{2}\Big|_{-1}^0 + \frac{x^2}{2}\Big|_0^1 = 1.$$

注 本题如果不分段积分，则得错误结果：

$$\int_{-1}^1 \sqrt{x^2} \mathrm{d}x = \int_{-1}^1 x \mathrm{d}x = \frac{x^2}{2}\Big|_{-1}^1 = 0,$$

事实上，因为 $\sqrt{x^2} \geq 0$，所以积分应为正数，而不应是 0.

例 6.2.6 一辆以 72 km/h 速度在直道上行驶的汽车，突然以加速度 $a = -8$ m/s² 刹车. 问从开始刹车到停车，该汽车驶过了多长距离？

解 首先要算出从开始刹车到停车经过的时间. 设开始刹车的时刻为 $t = 0$，此时汽车速度
$$v_0 = 72 \text{ km/h} = \frac{72 \times 1\ 000}{3\ 600} \text{ m/s} = 20 \text{ m/s}.$$

刹车后汽车减速行驶，其速度为
$$v(t) = v_0 + at = 20 - 8t.$$

当汽车停住时，速度 $v(t) = 0$，故从 $v(t) = 20 - 8t = 0$，解得 $t = \frac{20}{8} = 2.5(\text{s})$. 于是在这段时间内，汽车所驶

过的距离为
$$s = \int_0^{2.5} v(t)\,dt = \int_0^{2.5}(20-8t)\,dt = \left[20t - 8\times\frac{t^2}{2}\right]_0^{2.5} = 25\,(\text{m}).$$

因此,汽车刹车后驶过了 25 m 才停住.

— 思考题 6.2 —

1. 当 $f(x)$ 为积分区间 $[a,b]$ 上的分段函数时,问如何计算定积分 $\int_a^b f(x)\,dx$？试举例说明.

2. 对于定积分,凑微分法还能用吗？

— 练习 6.2A —

1. 计算下列各题：

(1) $\dfrac{d}{dx}\int_1^x \sin t\,dt$；

(2) $\left(\int_1^2 f(x)\,dx\right)'$；

(3) $\dfrac{d}{dx}\int_a^b f(x)\,dx$；

(4) $\dfrac{d}{dx}\int_a^x \cos t^2\,dt$；

(5) $\dfrac{d}{dx}\int_x^1 e^{t^2}\,dt$.

2. 计算下列各题：

(1) $\int_0^1 x^{100}\,dx$；

(2) $\int_1^4 \sqrt{x}\,dx$；

(3) $\int_0^1 e^x\,dx$；

(4) $\int_0^1 100^x\,dx$；

(5) $\int_0^{\frac{\pi}{2}} \sin x\,dx$；

(6) $\int_0^1 xe^{x^2}\,dx$；

(7) $\int_0^\pi \cos\left(\dfrac{x}{4}+\dfrac{\pi}{4}\right)dx$；

(8) $\int_1^e \dfrac{\ln x}{2x}\,dx$；

(9) $\int_0^1 \dfrac{dx}{100+x^2}$；

(10) $\int_0^{\frac{\pi}{4}} \dfrac{\tan x}{\cos^2 x}\,dx$；

(11) $\int_0^1 (1+4x)^{10}\,dx$；

(12) $\int_0^1 e^{2x}\,dx$.

— 练习 6.2B —

1. 已知 $\Phi(x) = \int_1^x (1+t)^2\,dt$,求 $\Phi'(x)$.

2. 计算下列定积分：

(1) $\int_0^2 |1-x|\,dx$；

(2) $\int_{-2}^1 x^2|x|\,dx$；

(3) $\int_0^{2\pi} |\sin x|\,dx$.

3. 若 $f(x) = \int_x^{x^2} \sin t^2\,dt$,计算 $f'(x)$.

4. 求极限 $\lim\limits_{x\to 1}\dfrac{\int_1^x \sin \pi t\, dt}{1+\cos \pi x}$.

5. 求由参数方程 $x=\int_0^t \sin u\, du$,$y=\int_0^t \cos 2u\, du$ 所确定的函数 $y=y(x)$ 的导数 $\dfrac{dy}{dx}$.

6. 当 x 为何值时,函数 $I(x)=\int_0^x t e^{-t^2}\, dt$ 取极值?

7. 计算 $\dfrac{d}{dx}\int_0^{x^2}\sqrt{1+t^2}\, dt$.

8. 证明 $f(x)=\int_1^x \sqrt{1+t^3}\, dt$ 在 $[-1,+\infty)$ 内是单调增加函数,并求 $(f^{-1})'(0)$.

9. 设 $f(x)$ 具有三阶连续导数,$y=f(x)$ 的图形如图 6.2.3 所示.问下列积分中哪一个是负数? ( )

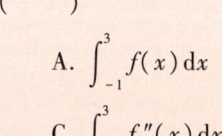

A. $\int_{-1}^{3} f(x)\, dx$ 　　B. $\int_{-1}^{3} f'(x)\, dx$

C. $\int_{-1}^{3} f''(x)\, dx$ 　　D. $\int_{-1}^{3} f'''(x)\, dx$

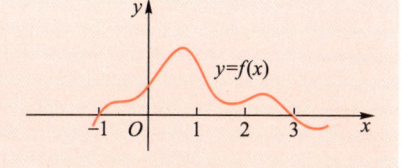

10. 计算下列定积分:

(1) $\int_0^a (3x^2 - x + 1)\, dx$;　　(2) $\int_{-\frac{1}{2}}^{\frac{1}{2}} \dfrac{dx}{\sqrt{1-x^2}}$;

(3) $\int_{-1}^{0} \dfrac{3x^4+3x^2+1}{x^2+1}\, dx$;　　(4) $\int_0^2 f(x)\, dx$,其中 $f(x)=\begin{cases} x+1, & x\leqslant 1, \\ \dfrac{1}{2}x^2, & x>1. \end{cases}$

图 6.2.3

6.3 定积分的积分方法

与不定积分的基本积分方法相对应,定积分也有换元法和分部积分法.重提两个方法,目的在于简化定积分的计算,最终的计算总是离不开牛顿-莱布尼茨公式的.

6.3.1 定积分的换元法

例 6.3.1 求 $\int_0^4 \dfrac{dx}{1+\sqrt{x}}$.

解法 1 $\int \dfrac{dx}{1+\sqrt{x}} \xrightarrow{令 \sqrt{x}=t} \int \dfrac{2t\, dt}{1+t} = 2\int \left(1-\dfrac{1}{1+t}\right) dt$

$= 2(t - \ln|1+t|) + C$

$\xrightarrow{回代} 2(\sqrt{x} - \ln|1+\sqrt{x}|) + C$,

于是　$\int_0^4 \dfrac{dx}{1+\sqrt{x}} = 2[\sqrt{x} - \ln(1+\sqrt{x})]\Big|_0^4 = 4 - 2\ln 3$.

微视频

定积分的积分法

上述方法,要求求得的不定积分中的变量必须还原,但是,在计算定积分时,这一步实际上可以省去,这只要将原来变量 x 的上、下限按照所用的代换式 $x=\varphi(t)$ 换成新变量 t 的相应上、下限即可.本题可用下面方法来解.

解法 2 设 $\sqrt{x} = t$,即 $x = t^2$ $(t \geq 0)$.当 $x = 0$ 时,$t = 0$;当 $x = 4$ 时,$t = 2$.于是

$$\int_0^4 \frac{\mathrm{d}x}{1+\sqrt{x}} = \int_0^2 \frac{2t\mathrm{d}t}{1+t} = 2\int_0^2 \left(1 - \frac{1}{1+t}\right)\mathrm{d}t = 2(t - \ln|1+t|)\Big|_0^2$$
$$= 2(2 - \ln 3).$$

解法 2 要比解法 1 简单一些,因为它省掉了变量回代的一步,而这一步在计算中往往也不是十分简单的.

以后在使用换元法求定积分时,就按照这种换元同时变换上、下限的方法来做.

一般地,定积分换元法可叙述如下:

定理 6.3.1 设 $f(x)$ 在 $[a,b]$ 上连续,而 $x = \varphi(t)$ 满足下列条件:

(1) $x = \varphi(t)$ 在 $[\alpha, \beta]$ 上单调且有连续导数;

(2) $\varphi(\alpha) = a$,$\varphi(\beta) = b$,且当 t 在 $[\alpha, \beta]$ 上变化时,$x = \varphi(t)$ 的值在 $[a,b]$ 上变化(即 $x = \varphi(t)$ 的值域为区间 $[a,b]$),则有换元公式

$$\int_a^b f(x)\mathrm{d}x = \int_\alpha^\beta f[\varphi(t)]\varphi'(t)\mathrm{d}t.$$

证 因为 $f(x)$ 在 $[a,b]$ 上连续,所以,由定理 6.1.1 知,$\int_a^b f(x)\mathrm{d}x$ 存在,由定理 6.2.2 知,其被积函数 $f(x)$ 的原函数也存在,并设 $f(x)$ 的原函数为 $F(x)$.所以,由牛顿-莱布尼茨公式得

$$\int_a^b f(x)\mathrm{d}x = F(b) - F(a). \tag{1}$$

又因为函数 $x = \varphi(t)$ 的值域和函数 $F(x)$ 的定义域均为区间 $[a,b]$,所以,可由 $F(x)$ 及 $x = \varphi(t)$ 构成复合函数 $F[\varphi(t)]$,由于 $F(x)$,$\varphi(t)$ 均可导,所以根据复合函数求导法则有,

$$\frac{\mathrm{d}F}{\mathrm{d}t} = \frac{\mathrm{d}F}{\mathrm{d}x} \cdot \frac{\mathrm{d}x}{\mathrm{d}t} = f(x)\varphi'(t) = f[\varphi(t)]\varphi'(t),$$

即 $F[\varphi(t)]$ 为函数 $f[\varphi(t)]\varphi'(t)$ 的原函数.因为 $f[\varphi(t)]\varphi'(t)$ 在 $[\alpha, \beta]$ 上连续,从而可积,所以,$\int_\alpha^\beta f[\varphi(t)]\varphi'(t)\mathrm{d}t = F[\varphi(\beta)] - F[\varphi(\alpha)]$,又因为 $\varphi(\alpha) = a$,$\varphi(\beta) = b$,所以,

$$\int_\alpha^\beta f[\varphi(t)]\varphi'(t)\mathrm{d}t = F(b) - F(a). \tag{2}$$

由式(1)和(2)得,

$$\int_a^b f(x)\mathrm{d}x = F(b) - F(a) = \int_\alpha^\beta f[\varphi(t)]\varphi'(t)\mathrm{d}t,$$

即 $\int_a^b f(x)\mathrm{d}x = \int_\alpha^\beta f[\varphi(t)]\varphi'(t)\mathrm{d}t$.证毕.

由定理 6.3.1 给出的方法称为定积分的换元法.在使用该方法计算定积分时,我们强调指出:换元必换限,(原)上限对(新)上限,(原)下限对(新)下限.

例 6.3.2 求 $\int_0^{\ln 2} \sqrt{\mathrm{e}^x - 1}\,\mathrm{d}x$.

解 设 $\sqrt{\mathrm{e}^x - 1} = t$,即 $x = \ln(t^2 + 1)$,$\mathrm{d}x = \frac{2t}{t^2 + 1}\mathrm{d}t$.

换积分限:当 $x = 0$ 时,$t = 0$;当 $x = \ln 2$ 时,$t = 1$,于是

$$\int_0^{\ln 2} \sqrt{\mathrm{e}^x - 1}\,\mathrm{d}x = \int_0^1 t \cdot \frac{2t}{t^2 + 1}\mathrm{d}t = 2\int_0^1 \left(1 - \frac{1}{t^2 + 1}\right)\mathrm{d}t$$
$$= 2(t - \arctan t)\Big|_0^1 = 2 - \frac{\pi}{2}.$$

例 6.3.3 求 $\int_a^{2a} \dfrac{\sqrt{x^2-a^2}}{x^4}\mathrm{d}x$ $(a>0)$.

解 设 $x=a\sec t$,则 $\mathrm{d}x=a\sec t\tan t\mathrm{d}t$.

换积分限:当 $x=a$ 时,$t=0$;当 $x=2a$ 时,$t=\dfrac{\pi}{3}$,于是

$$\int_a^{2a}\dfrac{\sqrt{x^2-a^2}}{x^4}\mathrm{d}x=\int_0^{\frac{\pi}{3}}\dfrac{a\tan t}{a^4\sec^4 t}a\sec t\tan t\mathrm{d}t$$

$$=\int_0^{\frac{\pi}{3}}\dfrac{1}{a^2}\sin^2 t\cos t\mathrm{d}t$$

$$=\dfrac{1}{a^2}\int_0^{\frac{\pi}{3}}\sin^2 t\mathrm{d}(\sin t)$$

$$=\dfrac{1}{a^2}\cdot\dfrac{\sin^3 t}{3}\Big|_0^{\frac{\pi}{3}}=\dfrac{\sqrt{3}}{8a^2}.$$

上面计算 $\int_0^{\frac{\pi}{3}}\sin^2 t\cos t\mathrm{d}t$ 中使用了凑微分法,因为这里没有引入新变量,所以定积分的上、下限就没有变更.

下面利用定积分的换元法,来推证一些有用的结论.

例 6.3.4 设 $f(x)$ 在对称区间 $[-a,a]$ 上连续,试证明

$$\int_{-a}^a f(x)\mathrm{d}x=\begin{cases}2\int_0^a f(x)\mathrm{d}x, & \text{当}f(x)\text{为偶函数时},\\ 0, & \text{当}f(x)\text{为奇函数时}.\end{cases}$$

证 因为 $\int_{-a}^a f(x)\mathrm{d}x=\int_{-a}^0 f(x)\mathrm{d}x+\int_0^a f(x)\mathrm{d}x$,对积分 $\int_{-a}^0 f(x)\mathrm{d}x$ 作变量代换 $x=-t$,由定积分换元法,得

$$\int_{-a}^0 f(x)\mathrm{d}x=-\int_a^0 f(-t)\mathrm{d}t=\int_0^a f(-t)\mathrm{d}t=\int_0^a f(-x)\mathrm{d}x,$$

于是

$$\int_{-a}^a f(x)\mathrm{d}x=\int_0^a f(-x)\mathrm{d}x+\int_0^a f(x)\mathrm{d}x=\int_0^a[f(-x)+f(x)]\mathrm{d}x.$$

（1）若 $f(x)$ 为偶函数,即 $f(-x)=f(x)$,由上式得

$$\int_{-a}^a f(x)\mathrm{d}x=2\int_0^a f(x)\mathrm{d}x.$$

（2）若 $f(x)$ 为奇函数,即 $f(-x)=-f(x)$,有

$$f(-x)+f(x)=0,$$

则

$$\int_{-a}^a f(x)\mathrm{d}x=0.$$

该题几何意义是很明显的,如图 6.3.1 及图 6.3.2 所示.

利用这个结果,奇、偶函数在对称区间上的积分计算可以得到简化,甚至不经计算即可得出结果,如 $\int_{-1}^1 x^3\cos x\mathrm{d}x=0$.

图 6.3.1

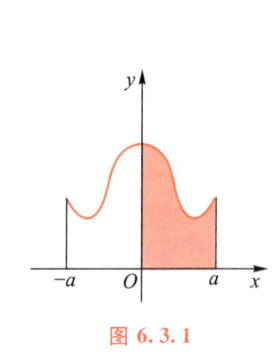

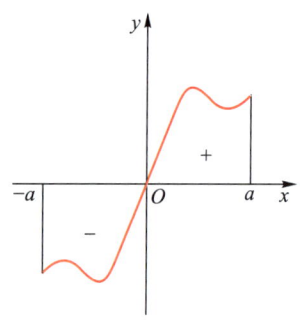

图 6.3.2

例 6.3.5 证明 $\int_0^{\frac{\pi}{2}} f(\sin x) \, dx = \int_0^{\frac{\pi}{2}} f(\cos x) \, dx$.

证 比较两边被积函数,可以看出,令 $x = \frac{\pi}{2} - t$. 换积分限:当 $x = 0$ 时, $t = \frac{\pi}{2}$;当 $x = \frac{\pi}{2}$ 时, $t = 0$,于是

$$\int_0^{\frac{\pi}{2}} f(\sin x) \, dx = -\int_{\frac{\pi}{2}}^0 f\left[\sin\left(\frac{\pi}{2} - t\right)\right] dt = \int_0^{\frac{\pi}{2}} f(\cos t) \, dt$$

$$= \int_0^{\frac{\pi}{2}} f(\cos x) \, dx.$$

例 6.3.6 设 $f(x)$ 是连续的周期函数,周期为 T,求证 $\int_a^{a+T} f(x) \, dx = \int_0^T f(x) \, dx$.

证 因为

$$\int_a^{a+T} f(x) \, dx = \int_a^0 f(x) \, dx + \int_0^T f(x) \, dx + \int_T^{a+T} f(x) \, dx, \tag{1}$$

若令 $x = u + T$,则 $dx = du$,且 $x = T$ 时, $u = 0$;$x = a+T$ 时, $u = a$. 于是,

$$\int_T^{a+T} f(x) \, dx = \int_0^a f(u+T) \, du = \int_0^a f(u) \, du = \int_0^a f(x) \, dx = -\int_a^0 f(x) \, dx,$$

将其代入式(1)得,

$$\int_a^{a+T} f(x) \, dx = \int_a^0 f(x) \, dx + \int_0^T f(x) \, dx - \int_a^0 f(x) \, dx,$$

即 $\int_a^{a+T} f(x) \, dx = \int_0^T f(x) \, dx$. 证毕.

例 6.3.7 设 $f(x)$ 是连续的周期函数,周期为 T,求证 $\int_a^{a+nT} f(x) \, dx = n \int_0^T f(x) \, dx$,并由此计算 $\int_0^{n\pi} \sqrt{1 + \sin 2x} \, dx$.

解 (1) 因为由积分对区间的可加性得,

$$\int_a^{a+nT} f(x) \, dx = \int_a^{a+T} f(x) \, dx + \int_{a+T}^{a+2T} f(x) \, dx + \int_{a+2T}^{a+3T} f(x) \, dx + \cdots + \int_{a+(n-1)T}^{a+nT} f(x) \, dx$$

$$= \sum_{K=0}^{n-1} \int_{a+KT}^{a+KT+T} f(x) \, dx.$$

由例 6.3.6 的结论得, $\int_{a+KT}^{a+KT+T} f(x) \, dx = \int_0^T f(x) \, dx$.

因此,

$$\int_a^{a+nT} f(x) \, dx = \sum_{K=0}^{n-1} \int_{a+KT}^{a+KT+T} f(x) \, dx = \int_0^T f(x) \, dx \cdot \sum_{K=0}^{n-1} 1 = n \int_0^T f(x) \, dx,$$

即 $\int_a^{a+nT} f(x)\mathrm{d}x = n\int_0^T f(x)\mathrm{d}x$. 证毕.

（2）利用（1）的结论有，

$$\int_0^{n\pi}\sqrt{1+\sin 2x}\,\mathrm{d}x = n\int_0^{\pi}\sqrt{1+\sin 2x}\,\mathrm{d}x = n\int_0^{\pi}\sqrt{\sin^2 x + \cos^2 x + 2\sin x\cos x}\,\mathrm{d}x$$

$$= n\int_0^{\pi}\sqrt{(\sin x + \cos x)^2}\,\mathrm{d}x$$

$$= n\int_0^{\pi}|\sin x + \cos x|\,\mathrm{d}x$$

$$= n\int_0^{\pi}\sqrt{2}\left|\sin\left(x+\frac{\pi}{4}\right)\right|\mathrm{d}x$$

$$\left(\text{令 } u = x + \frac{\pi}{4}\right)$$

$$= n\sqrt{2}\int_{\frac{\pi}{4}}^{\frac{\pi}{4}+\pi}|\sin u|\,\mathrm{d}u$$

（注意到 $|\sin u|$ 的周期是 π，利用例 6.3.6 的结论得）

$$= n\sqrt{2}\int_0^{\pi}\sin u\,\mathrm{d}u$$

$$= \sqrt{2}n(-\cos u)\Big|_0^{\pi} = 2\sqrt{2}n.$$

例 6.3.8 计算 $\int_0^{\pi}\sqrt{\sin^2 x - \sin^4 x}\,\mathrm{d}x$.

解 $\int_0^{\pi}\sqrt{\sin^2 x - \sin^4 x}\,\mathrm{d}x$

$$= \int_0^{\pi}\sqrt{\sin^2 x}\cdot\sqrt{1-\sin^2 x}\,\mathrm{d}x$$

$$= \int_0^{\pi}\sin x|\cos x|\,\mathrm{d}x$$

$$= \int_0^{\frac{\pi}{2}}\sin x\cos x\,\mathrm{d}x - \int_{\frac{\pi}{2}}^{\pi}\sin x\cos x\,\mathrm{d}x$$

$$= \int_0^{\frac{\pi}{2}}\sin x\,\mathrm{d}(\sin x) - \int_{\frac{\pi}{2}}^{\pi}\sin x\,\mathrm{d}(\sin x)$$

$$= \frac{\sin^2 x}{2}\bigg|_0^{\frac{\pi}{2}} - \frac{\sin^2 x}{2}\bigg|_{\frac{\pi}{2}}^{\pi}$$

$$= \frac{1}{2} - 0 - \left(0 - \frac{1}{2}\right) = 1.$$

注意：如果忽略 $\cos x$ 在区间 $[0,\pi]$ 上的符号变化，而按

$$\int_0^{\pi}\sqrt{\sin^2 x}\cdot\sqrt{1-\sin^2 x}\,\mathrm{d}x = \int_0^{\pi}\sin x\cos x\,\mathrm{d}x = \int_0^{\pi}\sin x\,\mathrm{d}\sin x = \frac{\sin^2 x}{2}\bigg|_0^{\pi} = 0$$

计算，就会得到错误结果.

6.3.2 定积分的分部积分法

定理 6.3.2（定积分的分部积分公式） 设 $u(x), v(x)$ 在 $[a,b]$ 上有连续导数，则有

$$\int_a^b u\,\mathrm{d}v = uv\bigg|_a^b - \int_a^b v\,\mathrm{d}u. \tag{6.3.1}$$

即把先积出来的那一部分代上、下限求值，余下的部分继续积分.

通常把公式(6.3.1)称为定积分的分部积分公式.

证 因为 $u=u(x),v=v(x)$ 在区间 $[a,b]$ 上具有连续导数,所以,函数 $[u(x)v(x)]'$,$u(x)v'(x)$ 和 $v(x)u'(x)$ 在区间 $[a,b]$ 上的定积分及原函数均存在.又因为

$$[u(x)v(x)]'=u(x)v'(x)+v(x)u'(x),$$

所以,上式两边分别从 a 到 b 积分得

$$\int_a^b [u(x)v(x)]'dx=\int_a^b u(x)v'(x)dx+\int_a^b v(x)u'(x)dx,$$

所以 $[u(x)v(x)]_a^b=\int_a^b u(x)v'(x)dx+\int_a^b v(x)u'(x)dx$(左端利用牛顿-莱布尼茨公式而得),

移项得 $\int_a^b u(x)v'(x)dx=[u(x)v(x)]_a^b-\int_a^b v(x)u'(x)dx,$

即 $\int_a^b u(x)dv(x)=[u(x)v(x)]_a^b-\int_a^b v(x)du(x),$

简记为 $\int_a^b udv=[uv]_a^b-\int_a^b vdu.$

证毕.

当求 $\int_a^b vdu$ 比求 $\int_a^b udv$ 容易时,常用定积分的分部积分公式计算定积分.通常把利用定积分分部积分公式(6.3.1)计算定积分的方法简称为分部积分法.

例 6.3.9 求 $\int_0^{\frac{\pi}{2}} x^2\cos x dx.$

解
$$\int_0^{\frac{\pi}{2}} x^2\cos x dx = \int_0^{\frac{\pi}{2}} x^2 d(\sin x) = x^2\sin x\Big|_0^{\frac{\pi}{2}} - \int_0^{\frac{\pi}{2}} 2x\sin x dx$$

$$=\frac{\pi^2}{4}+2\int_0^{\frac{\pi}{2}} xd(\cos x)$$

$$=\frac{\pi^2}{4}+2x\cos x\Big|_0^{\frac{\pi}{2}}-2\int_0^{\frac{\pi}{2}}\cos x dx$$

$$=\frac{\pi^2}{4}-2\sin x\Big|_0^{\frac{\pi}{2}}=\frac{\pi^2}{4}-2.$$

例 6.3.10 求 $\int_{\frac{1}{e}}^e |\ln x|dx.$

解 $\int_{\frac{1}{e}}^e |\ln x|dx=\int_{\frac{1}{e}}^1 |\ln x|dx+\int_1^e |\ln x|dx.$

因为当 $\frac{1}{e}<x<1$ 时,$\ln x<0$,这时 $|\ln x|=-\ln x$;当 $x\geq 1$ 时,$\ln x\geq 0$,这时 $|\ln x|=\ln x$. 于是

$$\int_{\frac{1}{e}}^e |\ln x|dx=-\int_{\frac{1}{e}}^1 \ln xdx+\int_1^e \ln xdx,$$

分别用分部积分法求右端两个积分.

$$-\int_{\frac{1}{e}}^1 \ln xdx=-x\ln x\Big|_{\frac{1}{e}}^1+\int_{\frac{1}{e}}^1 x\frac{1}{x}dx=\frac{1}{e}\ln\frac{1}{e}+x\Big|_{\frac{1}{e}}^1=1-\frac{2}{e}, \qquad ①$$

$$\int_1^e \ln xdx=x\ln x\Big|_1^e-x\Big|_1^e=1, \qquad ②$$

①+②得

$$\int_{\frac{1}{e}}^e |\ln x|dx=2-\frac{2}{e}.$$

例 6.3.11 设 $I_n = \int_0^{\frac{\pi}{2}} \sin^n x \mathrm{d}x$，求证：

(1) $I_n = \dfrac{n-1}{n} I_{n-2}$（称为递推公式）；

(2) $I_n = \dfrac{n-1}{n} \cdot \dfrac{n-3}{n-2} \cdot \cdots \cdot \dfrac{4}{5} \cdot \dfrac{2}{3}$（$n$ 为大于 1 的奇数），$I_1 = 1$；

(3) $I_n = \dfrac{n-1}{n} \cdot \dfrac{n-3}{n-2} \cdot \cdots \cdot \dfrac{3}{4} \cdot \dfrac{1}{2} \cdot \dfrac{\pi}{2}$（$n$ 为正偶数），$I_0 = \dfrac{\pi}{2}$.

证 (1) $I_n = \int_0^{\frac{\pi}{2}} \sin^n x \mathrm{d}x = -\int_0^{\frac{\pi}{2}} \sin^{n-1} x \mathrm{d}(\cos x)$

$= \left[-\cos x \sin^{n-1} x\right]_0^{\frac{\pi}{2}} + \int_0^{\frac{\pi}{2}} \cos x \ \mathrm{d}(\sin^{n-1} x)$

$= 0 + \int_0^{\frac{\pi}{2}} (n-1) \sin^{n-2} x \cos^2 x \mathrm{d}x$

$= (n-1) \int_0^{\frac{\pi}{2}} \sin^{n-2} x (1-\sin^2 x) \mathrm{d}x$

$= (n-1) \int_0^{\frac{\pi}{2}} \sin^{n-2} x \mathrm{d}x - (n-1) \int_0^{\frac{\pi}{2}} \sin^n x \mathrm{d}x$

$= (n-1) I_{n-2} - (n-1) I_n$,

从而有

$$I_n = \dfrac{n-1}{n} I_{n-2}. \tag{6.3.2}$$

(2) 当 n 为正奇数时，

$I_1 = \int_0^{\frac{\pi}{2}} \sin x \mathrm{d}x = -\cos x \Big|_0^{\frac{\pi}{2}} = 1.$

由递推公式 (6.3.2) $I_n = \dfrac{n-1}{n} I_{n-2}$ 得，

$I_3 = \dfrac{3-1}{3} I_{3-2} = \dfrac{2}{3}$,

$I_5 = \dfrac{5-1}{5} I_{5-2} = \dfrac{4}{5} I_3 = \dfrac{4}{5} \cdot \dfrac{2}{3}$,

$I_7 = \dfrac{7-1}{7} I_{7-2} = \dfrac{6}{7} I_5 = \dfrac{6}{7} \cdot \dfrac{4}{5} \cdot \dfrac{2}{3}$,

$I_9 = \dfrac{9-1}{9} I_{9-2} = \dfrac{8}{9} I_7 = \dfrac{8}{9} \cdot \dfrac{6}{7} \cdot \dfrac{4}{5} \cdot \dfrac{2}{3}$,

…………

$I_n = \dfrac{n-1}{n} I_{n-2} = \dfrac{n-1}{n} \cdot \dfrac{n-3}{n-2} I_{n-4} = \dfrac{n-1}{n} \cdot \dfrac{n-3}{n-2} \cdot \cdots \cdot \dfrac{8}{9} \cdot \dfrac{6}{7} \cdot \dfrac{4}{5} \cdot \dfrac{2}{3}.$

(3) 当 n 为正偶数时，由递推公式 (6.3.2) $I_n = \dfrac{n-1}{n} I_{n-2}$ 及 $I_0 = \int_0^{\frac{\pi}{2}} \sin^0 x \mathrm{d}x = \int_0^{\frac{\pi}{2}} 1 \mathrm{d}x = \dfrac{\pi}{2}$ 得，

$I_2 = \dfrac{2-1}{2} I_{2-2} = \dfrac{1}{2} I_0 = \dfrac{1}{2} \cdot \dfrac{\pi}{2}$,

$I_4 = \dfrac{4-1}{4} I_{4-2} = \dfrac{3}{4} I_2 = \dfrac{3}{4} \cdot \dfrac{1}{2} I_0 = \dfrac{3}{4} \cdot \dfrac{1}{2} \cdot \dfrac{\pi}{2}$,

$$I_6 = \frac{6-1}{6}I_{6-2} = \frac{5}{6}I_4 = \frac{5}{6} \cdot \frac{3}{4} \cdot \frac{1}{2} \cdot \frac{\pi}{2},$$

$$I_8 = \frac{8-1}{8}I_{8-2} = \frac{7}{8}I_6 = \frac{7}{8} \cdot \frac{5}{6} \cdot \frac{3}{4} \cdot \frac{1}{2} \cdot \frac{\pi}{2},$$

$$I_{10} = \frac{10-1}{10}I_{10-2} = \frac{9}{10}I_8 = \frac{9}{10} \cdot \frac{7}{8} \cdot \frac{5}{6} \cdot \frac{3}{4} \cdot \frac{1}{2} \cdot \frac{\pi}{2},$$

…………

$$I_n = \frac{n-1}{n}I_{n-2} = \frac{n-1}{n} \cdot \frac{n-3}{n-2}I_{n-4} = \cdots = \frac{n-1}{n} \cdot \frac{n-3}{n-2} \cdots \frac{9}{10} \cdot \frac{7}{8} \cdot \frac{5}{6} \cdot \frac{3}{4} \cdot \frac{1}{2} \cdot \frac{\pi}{2}.$$

证毕.

— 思考题 6.3 —

1. 下面的计算是否正确？请对所给积分写出正确结果：

$$\int_{-\frac{\pi}{2}}^{\frac{\pi}{2}} \sqrt{\cos x - \cos^3 x}\,\mathrm{d}x = \int_{-\frac{\pi}{2}}^{\frac{\pi}{2}} (\cos x)^{\frac{1}{2}} \sin x\,\mathrm{d}x$$

$$= -\int_{-\frac{\pi}{2}}^{\frac{\pi}{2}} (\cos x)^{\frac{1}{2}}\,\mathrm{d}(\cos x)$$

$$= \left. -\frac{2}{3}\cos^{\frac{3}{2}}x \right|_{-\frac{\pi}{2}}^{\frac{\pi}{2}} = 0.$$

2. 定积分与不定积分的换元法有何区别与联系？

3. 利用定积分的几何意义，解释偶函数在对称区间上的积分所具有的规律.

— 练习 6.3A —

计算下列定积分：

(1) $\int_0^1 \frac{1}{1+\sqrt{x}}\,\mathrm{d}x$；

(2) $\int_0^4 \sqrt{16-x^2}\,\mathrm{d}x$；

(3) $\int_0^1 \frac{1}{4+x^2}\,\mathrm{d}x$.

— 练习 6.3B —

1. 计算下列定积分：

(1) $\int_0^1 (5x+1)\mathrm{e}^{5x}\,\mathrm{d}x$；

(2) $\int_0^{2\mathrm{e}} \ln(2x+1)\,\mathrm{d}x$；

(3) $\int_0^1 \mathrm{e}^{\pi x}\cos \pi x\,\mathrm{d}x$；

(4) $\int_0^1 (x^3 + \mathrm{e}^{3x})x\,\mathrm{d}x$.

2. 计算 $\int_0^1 \mathrm{e}^{\sqrt{x}}\,\mathrm{d}x$.

3. 计算下列定积分：

(1) $\int_{-2}^1 \frac{\mathrm{d}x}{(11+5x)^3}$；

(2) $\int_{-\pi}^{\pi} x^4 \sin x\,\mathrm{d}x$；

(3) $\int_{\frac{1}{\sqrt{2}}}^1 \frac{\sqrt{1-x^2}}{x^2}\,\mathrm{d}x$；

(4) $\int_1^{\mathrm{e}^2} \frac{\mathrm{d}x}{x\sqrt{1+\ln x}}$.

4. 证明：$\int_x^1 \dfrac{\mathrm{d}t}{1+t^2} = \int_1^{\frac{1}{x}} \dfrac{\mathrm{d}t}{1+t^2} (x>0)$.

5. 计算下列定积分：

(1) $\int_{\frac{\pi}{4}}^{\frac{\pi}{3}} \dfrac{x}{\sin^2 x} \mathrm{d}x$;   (2) $\int_1^e \sin(\ln x) \mathrm{d}x$.

*6.4 反常积分与 Γ 函数

以前我们讨论定积分时，是以有限积分区间与有界函数（特别是连续函数）为前提的，但在实际问题中，往往需要突破这两个限制，这就要我们把定积分概念从这两个方面加以推广，形成反常积分，相应地，前面讨论的定积分也叫作常义积分.

本节依次介绍无穷区间上的反常积分及其审敛法、无界函数的反常积分及其审敛法，以及 Γ 函数的定义和性质.

6.4.1 无穷区间上的反常积分及其审敛法

1. 无穷区间上反常积分的定义

定义 6.4.1（无穷区间上的反常积分） 设函数 $f(x)$ 在 $[a, +\infty)$ 上连续，取 $b > a$，称极限 $\lim\limits_{b \to +\infty} \int_a^b f(x) \mathrm{d}x$ 为 $f(x)$ 在 $[a, +\infty)$ 上的反常积分①，记为

$$\int_a^{+\infty} f(x) \mathrm{d}x = \lim_{b \to +\infty} \int_a^b f(x) \mathrm{d}x,$$

若该极限存在，则称反常积分 $\int_a^{+\infty} f(x) \mathrm{d}x$ 收敛；若极限不存在，则称反常积分 $\int_a^{+\infty} f(x) \mathrm{d}x$ 发散.

> 微视频
> 无穷区间上的反常积分

类似地，可定义 $f(x)$ 在 $(-\infty, b]$ 上的反常积分为

$$\int_{-\infty}^b f(x) \mathrm{d}x = \lim_{a \to -\infty} \int_a^b f(x) \mathrm{d}x,$$

$f(x)$ 在 $(-\infty, +\infty)$ 上的反常积分定义为

$$\int_{-\infty}^{+\infty} f(x) \mathrm{d}x = \int_{-\infty}^c f(x) \mathrm{d}x + \int_c^{+\infty} f(x) \mathrm{d}x,$$

其中 c 为任意实数（譬如取 $c=0$），当右端两个反常积分都收敛时，反常积分 $\int_{-\infty}^{+\infty} f(x) \mathrm{d}x$ 才是收敛的，否则是发散的.

例 6.4.1 求 $\int_0^{+\infty} \mathrm{e}^{-x} \mathrm{d}x$.

解 $\int_0^{+\infty} \mathrm{e}^{-x} \mathrm{d}x = \lim\limits_{b \to +\infty} \int_0^b \mathrm{e}^{-x} \mathrm{d}x = \lim\limits_{b \to +\infty} \left(-\mathrm{e}^{-x} \Big|_0^b \right)$

$= \lim\limits_{b \to +\infty} (-\mathrm{e}^{-b} + 1) = 1.$

为了书写简便，实际运算过程中常常省去极限记号，而形式地把 ∞ 当成一个"数"，直接利用牛顿-

---

① 反常积分也称为"广义积分".

莱布尼茨公式计算.

$$\int_a^{+\infty} f(x)\mathrm{d}x = F(x)\Big|_a^{+\infty} = F(+\infty) - F(a),$$

$$\int_{-\infty}^b f(x)\mathrm{d}x = F(x)\Big|_{-\infty}^b = F(b) - F(-\infty),$$

$$\int_{-\infty}^{+\infty} f(x)\mathrm{d}x = F(x)\Big|_{-\infty}^{+\infty} = F(+\infty) - F(-\infty),$$

其中 $F(x)$ 为 $f(x)$ 的原函数,记号 $F(\pm\infty)$ 应理解为极限运算

$$F(\pm\infty) = \lim_{x\to\pm\infty} F(x).$$

2. 无穷区间上的反常积分的计算

例 6.4.2 讨论 $\int_2^{+\infty} \dfrac{\mathrm{d}x}{x\ln x}$ 的敛散性.

解 $\int_2^{+\infty} \dfrac{\mathrm{d}x}{x\ln x} = \int_2^{+\infty} \dfrac{\mathrm{d}(\ln x)}{\ln x} = \ln|\ln x|\Big|_2^{+\infty}$
$= \ln[\ln(+\infty)] - \ln\ln 2 = +\infty,$

所以 $\int_2^{+\infty} \dfrac{\mathrm{d}x}{x\ln x}$ 发散.

例 6.4.3 计算 (1) $\int_{-\infty}^{+\infty} \dfrac{\mathrm{d}x}{1+x^2}$; (2) $\int_0^{+\infty} te^{-t}\mathrm{d}t$.

解 (1) $\int_{-\infty}^{+\infty} \dfrac{\mathrm{d}x}{1+x^2} = \arctan x\Big|_{-\infty}^{+\infty} = \dfrac{\pi}{2} - \left(-\dfrac{\pi}{2}\right) = \pi.$

(2) $\int_0^{+\infty} te^{-t}\mathrm{d}t = -\int_0^{+\infty} t\mathrm{d}(e^{-t}) = -te^{-t}\Big|_0^{+\infty} + \int_0^{+\infty} e^{-t}\mathrm{d}t$ (*)
$= \int_0^{+\infty} e^{-t}\mathrm{d}t = -e^{-t}\Big|_0^{+\infty} = 1,$

(*)式这一步中 te^{-t} 用 $+\infty$ 代入,实际是计算极限

$$\lim_{t\to+\infty} te^{-t} = \lim_{t\to+\infty}\dfrac{t}{e^t} = \lim_{t\to+\infty}\dfrac{1}{e^t} = 0.$$

例 6.4.4 讨论 $\int_a^{+\infty} \dfrac{1}{x^p}\mathrm{d}x$ 的敛散性 $(a>0)$.

解 (1) 当 $p>1$ 时,

$$\int_a^{+\infty} \dfrac{\mathrm{d}x}{x^p} = \dfrac{1}{1-p}\cdot x^{1-p}\Big|_a^{+\infty} = \dfrac{1}{(p-1)a^{p-1}} \quad \text{(收敛)};$$

(2) 当 $p=1$ 时,

$$\int_a^{+\infty} \dfrac{\mathrm{d}x}{x^p} = \int_a^{+\infty} \dfrac{\mathrm{d}x}{x} = \ln x\Big|_a^{+\infty} = +\infty \quad \text{(发散)};$$

(3) 当 $p<1$ 时,

$$\int_a^{+\infty} \dfrac{\mathrm{d}x}{x^p} = \dfrac{1}{1-p}x^{1-p}\Big|_a^{+\infty} = +\infty \quad \text{(发散)}.$$

综上,

$$\int_a^{+\infty} \dfrac{1}{x^p}\mathrm{d}x = \begin{cases} \dfrac{1}{(p-1)a^{p-1}}, & p>1 \quad \text{(收敛)}, \\ +\infty, & p\leqslant 1 \quad \text{(发散)}. \end{cases}$$

上面从例 6.4.1 到例 6.4.4 都是直接利用定义来判定无穷区间上的反常积分的敛散性,为了快

捷判定其敛散性,下面再介绍几个判定无穷区间上反常积分的审敛定理.

定理 6.4.1 设函数 $f(x)$ 在区间 $[a,+\infty)$ 上连续,且 $f(x) \geq 0$.若函数 $F(x) = \int_a^x f(t)dt$ 在 $[a,+\infty)$ 上有上界,则反常积分 $\int_a^{+\infty} f(x)dx$ 收敛.

证 因为 $f(x) \geq 0$,所以 $F(x) = \int_a^x f(t)dt$ 在 $[a,+\infty)$ 上单调增加,又因为 $F(x)$ 在 $[a,+\infty)$ 上有上界,故 $F(x)$ 是 $[a,+\infty)$ 上的单调有界函数.因为单调有界函数必有极限,所以 $\lim\limits_{x \to +\infty} F(x) = \lim\limits_{x \to +\infty} \int_a^x f(t)dt$ 存在,即反常积分 $\int_a^{+\infty} f(x)dx$ 收敛.

根据定理 6.4.1,对于非负函数的无穷区间上的反常积分,有以下的比较审敛原理.

定理 6.4.2(比较审敛法 1) 设函数 $f(x),g(x)$ 在区间 $[a,+\infty)$ 上连续,并且 $0 \leq f(x) \leq g(x)$ $(a \leq x < +\infty)$,则反常积分 $\int_a^{+\infty} f(x)dx$ 和 $\int_a^{+\infty} g(x)dx$ 有如下关系:

(1) 若 $\int_a^{+\infty} g(x)dx$ 收敛,则 $\int_a^{+\infty} f(x)dx$ 也收敛;

(2) 若 $\int_a^{+\infty} f(x)dx$ 发散,则 $\int_a^{+\infty} g(x)dx$ 也发散.

证 (1) 设 $a \leq t < +\infty$,由 $0 \leq f(x) \leq g(x)$ $(a \leq x < +\infty)$ 及 $\int_a^{+\infty} g(x)dx$ 收敛,得 $\int_a^t f(x)dx \leq \int_a^t g(x)dx \leq \int_a^{+\infty} g(x)dx$,所以变上限积分函数 $F(t) = \int_a^t f(x)dx$ 有界.根据定理 6.4.1 可知,反常积分 $\int_a^{+\infty} f(x)dx$ 收敛.

(2) 反证法:假设当 $f(x) \leq g(x)$,且 $\int_a^{+\infty} f(x)dx$ 发散时,$\int_a^{+\infty} g(x)dx$ 收敛,那么,根据(1)之结论知 $\int_a^{+\infty} f(x)dx$ 也收敛,这与 $\int_a^{+\infty} f(x)dx$ 发散矛盾,因此,当 $f(x) \leq g(x)$,且 $\int_a^{+\infty} f(x)dx$ 发散时,必有 $\int_a^{+\infty} g(x)dx$ 发散.证毕.

例 6.4.5 判定反常积分 $\int_1^{+\infty} \frac{1}{\sqrt[3]{x^5+1}}dx$ 的敛散性.

解 由于 $0 < \frac{1}{\sqrt[3]{x^5+1}} < \frac{1}{\sqrt[3]{x^5}} = \frac{1}{x^{\frac{5}{3}}}$,且由例 6.4.4 知反常积分 $\int_1^{+\infty} \frac{1}{x^{\frac{5}{3}}}dx$ 收敛,所以,由定理 6.4.2 知,$\int_a^{+\infty} \frac{1}{\sqrt[3]{x^5+1}}dx$ 也收敛.

假定反常积分的被积函数在所讨论的区间上可取正值也可取负值,对于这类反常积分的收敛性,有如下的结论:

定义 6.4.2(绝对收敛的反常积分) 若反常积分 $\int_a^{+\infty} |f(x)|dx$ 收敛,则称反常积分 $\int_a^{+\infty} f(x)dx$ 绝对收敛.

定理 6.4.3(绝对收敛的反常积分必收敛) 设函数 $f(x)$ 在区间 $[a,+\infty)$ 上连续,如果反常积分 $\int_a^{+\infty} |f(x)|dx$ 收敛,那么反常积分 $\int_a^{+\infty} f(x)dx$ 也收敛.即绝对收敛的反常积分必收敛.

令 $\varphi(x) = \frac{1}{2}(f(x) + |f(x)|)$,由比较审敛法定理 6.4.2 很容易证明定理 6.4.3,即绝对收敛的无

穷区间上的反常积分必收敛.

例 6.4.6 判定反常积分 $\int_0^{+\infty} e^{-ax}\sin bx\, dx$（$a,b$ 是常数，且 $a>0$）的收敛性.

解 因为 $|e^{-ax}\sin bx| \leq e^{-ax}$，而 $\int_0^{+\infty} e^{-ax}dx$ 收敛，根据比较审敛法 1，反常积分 $\int_0^{+\infty}|e^{-ax}\sin bx|dx$ 也收敛. 由定理 6.4.3 可知所给反常积分 $\int_0^{+\infty} e^{-ax}\cdot\sin bx\, dx$ 收敛.

由定理 6.4.2，我们还可以得到如下反常积分的极限审敛法.

定理 6.4.4（极限审敛法 1） 设函数 $f(x)$ 在区间 $[a,+\infty)$ 上连续，且 $f(x) \geq 0$. 如果存在常数 $p>1$，使得 $\lim\limits_{x\to+\infty} x^p f(x) = c < +\infty$，那么，反常积分 $\int_a^{+\infty} f(x)dx$ 收敛；如果 $\lim\limits_{x\to+\infty} x f(x) = d > 0$（或 $\lim\limits_{x\to+\infty} x f(x) = +\infty$），那么反常积分 $\int_a^{+\infty} f(x)dx$ 发散.

例 6.4.7 判定反常积分 $\int_1^{+\infty}\dfrac{2}{x^2\sqrt{1+x^4}}dx$ 的敛散性.

解 由于 $\lim\limits_{x\to+\infty} x^4 \dfrac{2}{x^2\sqrt{1+x^4}} = \lim\limits_{x\to+\infty}\dfrac{2}{x^{-2}\sqrt{1+x^4}} = \lim\limits_{x\to+\infty}\dfrac{2}{\sqrt{x^{-4}+1}} = 2$，根据极限审敛法 1，可知反常积分 $\int_1^{+\infty}\dfrac{2}{x^2\sqrt{1+x^4}}dx$ 收敛.

例 6.4.8 判定反常积分 $\int_1^{+\infty}\dfrac{x}{1+x^2}dx$ 的敛散性.

解 因为 $\lim\limits_{x\to+\infty} x\cdot\dfrac{x}{1+x^2} = \lim\limits_{x\to+\infty}\dfrac{x^2}{1+x^2} = 1$，所以，根据极限审敛法 1，可知所给反常积分 $\int_1^{+\infty}\dfrac{x}{1+x^2}dx$ 发散.

例 6.4.9 判定反常积分 $\int_1^{+\infty}\dfrac{\arctan x}{x}dx$ 的敛散性.

解 因为 $\lim\limits_{x\to+\infty} x\cdot\dfrac{\arctan x}{x} = \lim\limits_{x\to+\infty}\arctan x = \dfrac{\pi}{2}$，所以，根据极限审敛法 1，可知所给反常积分 $\int_1^{+\infty}\dfrac{\arctan x}{x}dx$ 发散.

6.4.2 无界函数的反常积分及其审敛法

1. 无界函数的反常积分定义

定义 6.4.3（无界函数的反常积分） 设 $f(x)$ 在 $(a,b]$ 上有定义，且 $\lim\limits_{x\to a^+} f(x) = \infty$，若对任意的 $\xi > 0$，$f(x)$ 在 $[a+\xi, b]$ 上可积，则称极限 $\lim\limits_{\xi\to 0^+}\int_{a+\xi}^b f(x)dx$ 为 $f(x)$ 在 $(a,b]$ 上的反常积分，记为

$$\int_a^b f(x)dx = \lim_{\xi\to 0^+}\int_{a+\xi}^b f(x)dx,$$

若该极限存在，则称反常积分 $\int_a^b f(x)dx$ 收敛；若极限不存在，则称 $\int_a^b f(x)dx$ 发散.

类似地,当 $\lim\limits_{x \to b^-} f(x) = \infty$ 且对任意的 $\xi > 0$, $f(x)$ 在 $[a, b-\xi]$ 上可积时,则 $f(x)$ 在 $[a,b]$ 上的反常积分定义为

$$\int_a^b f(x)\,dx = \lim_{\xi \to 0^+} \int_a^{b-\xi} f(x)\,dx.$$

当无穷间断点 $x = c$ 位于区间 $[a,b]$ 内部时,则定义反常积分 $\int_a^b f(x)\,dx$ 为

$$\int_a^b f(x)\,dx = \int_a^c f(x)\,dx + \int_c^b f(x)\,dx.$$

上式右端两个积分均为反常积分,当且仅当这两个反常积分都收敛时,才称 $\int_a^b f(x)\,dx$ 是收敛的,否则,称 $\int_a^b f(x)\,dx$ 是发散的.

注 若 $x \to a$(或 $x \to a^+$,或 $x \to a^-$)时,$f(x) \to \infty$,则称 $x = a$ 为 $f(x)$ 的瑕点.
上述无界函数的反常积分也称为瑕积分.

2. 无界函数的反常积分的计算

例 6.4.10 求积分 (1) $\int_0^a \dfrac{dx}{\sqrt{a^2 - x^2}}$ $(a > 0)$; (2) $\int_0^1 \ln x\,dx$.

解 (1) $x = a$ 为被积函数的瑕点,于是

$$\int_0^a \frac{dx}{\sqrt{a^2 - x^2}} = \lim_{\xi \to 0^+} \int_0^{a-\xi} \frac{dx}{\sqrt{a^2 - x^2}} = \lim_{\xi \to 0^+} \arcsin\frac{x}{a} \bigg|_0^{a-\xi}$$

$$= \lim_{\xi \to 0^+} \arcsin\frac{a-\xi}{a} = \frac{\pi}{2}.$$

(2) $\int_0^1 \ln x\,dx$,这里下限 $x = 0$ 是被积函数的瑕点,于是

$$\int_0^1 \ln x\,dx = \lim_{\xi \to 0^+} \int_\xi^1 \ln x\,dx = \lim_{\xi \to 0^+} \left(x\ln x \bigg|_\xi^1 - \int_\xi^1 dx \right)$$

$$= \lim_{\xi \to 0^+} (-\xi\ln\xi - 1 + \xi) = -1.$$

注 $\lim\limits_{\xi \to 0^+} \xi\ln\xi = \lim\limits_{\xi \to 0^+} \dfrac{\ln\xi}{\dfrac{1}{\xi}} = \lim\limits_{\xi \to 0^+} \dfrac{\dfrac{1}{\xi}}{-\dfrac{1}{\xi^2}} = 0$ (洛必达法则).

例 6.4.11 讨论 $\int_0^2 \dfrac{dx}{(x-1)^2}$ 的敛散性.

解 在 $[0,2]$ 内部有被积函数的瑕点 $x = 1$,所以有

$$\int_0^2 \frac{dx}{(x-1)^2} = \int_0^1 \frac{dx}{(x-1)^2} + \int_1^2 \frac{dx}{(x-1)^2}$$

(让瑕点在小区间的端点处)

$$= \lim_{\xi_1 \to 0^+} \int_0^{1-\xi_1} \frac{dx}{(x-1)^2} + \lim_{\xi_2 \to 0^+} \int_{1+\xi_2}^2 \frac{dx}{(x-1)^2}$$

$$= \lim_{\xi_1 \to 0^+} \left(-\frac{1}{x-1}\right)\bigg|_0^{1-\xi_1} + \lim_{\xi_2 \to 0^+} \left(-\frac{1}{x-1}\right)\bigg|_{1+\xi_2}^2,$$

因为这两个极限均不存在,所以 $\int_0^2 \dfrac{dx}{(x-1)^2}$ 发散.(事实上,上面两个极限中,只要有一个不存在就可

以断言所讨论的反常积分发散.想想为什么?)

注 下述解法,导致了错误结果:

$$\int_0^2 \frac{dx}{(x-1)^2} = -\frac{1}{x-1}\Big|_0^2 = -2,$$

出错的原因是未发现 $x=1$ 是瑕点!它不是常义积分,不能用常义积分的牛顿-莱布尼茨公式处理.由于常义积分与瑕积分外表上没什么区别（譬如 $\int_2^3 \frac{dx}{(x-1)^2}$ 就是常义积分,而换一下积分限 $\int_0^2 \frac{dx}{(x-1)^2}$ 就成了反常积分）,所以在应用牛顿-莱布尼茨公式计算积分 $\int_a^b f(x)dx$ 时要特别小心,一定要首先检查一下 $f(x)$ 在 $[a,b]$ 上有无瑕点（注意:开区间 (a,b) 内的瑕点更容易被忽视）,有瑕点时,要按反常积分来对待,不然就会出错.

例 6.4.12 讨论 $\int_0^1 \frac{dx}{x^q}$ 的敛散性.

解 $x=0$ 是被积函数的瑕点.

(1) 当 $q<1$ 时,

$$\int_0^1 \frac{dx}{x^q} = \frac{1}{1-q} \lim_{\xi \to 0^+} \left(x^{1-q}\Big|_\xi^1\right) = \frac{1}{1-q} \lim_{\xi \to 0^+} (1-\xi^{1-q})$$

$$= \frac{1}{1-q} \quad （收敛）;$$

(2) 当 $q>1$ 时,

$$\int_0^1 \frac{dx}{x^q} = \frac{1}{1-q} - \lim_{\xi \to 0^+} \frac{\xi^{1-q}}{1-q} = \infty \quad （发散）;$$

(3) 当 $q=1$ 时,

$$\int_0^1 \frac{dx}{x} = \lim_{\xi \to 0^+} \int_\xi^1 \frac{dx}{x} = \lim_{\xi \to 0^+} (\ln|x|)\Big|_\xi^1 = \infty \quad （发散）.$$

故 $\int_0^1 \frac{dx}{x^q}$ 当 $q<1$ 时收敛于 $\frac{1}{1-q}$,当 $q \geq 1$ 时发散.

例 6.4.13 讨论反常积分 $\int_a^b \frac{1}{(x-a)^q} dx \ (q>0)$ 的敛散性.

解 当 $q=1$ 时,

$$\int_a^b \frac{1}{(x-a)^q} dx = \int_a^b \frac{1}{x-a} dx = [\ln|x-a|]_a^b = \ln|b-a| - \lim_{x \to a^+} \ln|x-a| = +\infty,$$

当 $q \neq 1$ 时,

$$\int_a^b \frac{1}{(x-a)^q} dx = \frac{1}{1-q} \cdot \frac{1}{(x-a)^{q-1}}\Big|_a^b = \frac{1}{1-q}\left[\frac{1}{(b-a)^{q-1}} - \lim_{x \to a^+} \frac{1}{(x-a)^{q-1}}\right] = \begin{cases} \frac{(b-a)^{1-q}}{1-q}, & 0<q<1, \\ +\infty, & q>1. \end{cases}$$

因此,当 $0<q<1$ 时,反常积分 $\int_a^b \frac{1}{(x-a)^q} dx$ 收敛于 $\frac{(b-a)^{1-q}}{1-q}$;当 $q \geq 1$ 时,该反常积分发散.

我们看到,从例 6.4.10 到例 6.4.13 都是直接利用定义来判定无界函数的反常积分敛散性,为了快捷判定其敛散性,下面再介绍几个判定无界函数的反常积分的审敛定理.

与无穷区间上反常积分的比较审敛法和极限审敛法类似,无界函数的反常积分也有相应的比较审敛法和极限审敛法.

定理 6.4.5(比较审敛法 2) 设函数 $f(x)$ 在区间 $(a,b]$ 上连续,且 $f(x) \geq 0$,$x=a$ 为 $f(x)$ 的瑕点.如果存在常数 $M>0$ 及 $q<1$,使得 $f(x) \leq \dfrac{M}{(x-a)^q}$ $(a<x \leq b)$.那么反常积分 $\int_a^b f(x) \mathrm{d}x$ 收敛;如果存在常数 $N>0$,使得 $f(x) \geq \dfrac{N}{x-a}$ $(a<x \leq b)$,那么反常积分 $\int_a^b f(x) \mathrm{d}x$ 发散.

对于无界函数的反常积分,当被积函数在所讨论的区间上可取正值也可取负值时,也有类似于判别无穷区间上反常积分收敛性的定理 6.4.3 的结论.

定义 6.4.4(绝对收敛的反常积分) 若反常积分 $\int_a^b |f(x)| \mathrm{d}x$ 收敛,则称反常积分 $\int_a^b f(x) \mathrm{d}x$ 绝对收敛.

定理 6.4.6(绝对收敛的反常积分必收敛) 设函数 $f(x)$ 在区间 $[a,+\infty)$ 上连续,如果反常积分 $\int_a^b |f(x)| \mathrm{d}x$ 收敛,那么反常积分 $\int_a^b f(x) \mathrm{d}x$ 也收敛.即绝对收敛的反常积分必收敛.

例 6.4.14 判定反常积分 $\int_0^1 \dfrac{2}{\sqrt{x}} \sin \dfrac{1}{x} \mathrm{d}x$ 的敛散性.

解 $\left| \dfrac{1}{\sqrt{x}} \sin \dfrac{1}{x} \right| \leq \dfrac{1}{\sqrt{x}}$,而 $\int_0^1 \dfrac{\mathrm{d}x}{\sqrt{x}}$ 收敛,根据比较审敛法 2,反常积分 $\int_0^1 \left| \dfrac{1}{\sqrt{x}} \sin \dfrac{1}{x} \right| \mathrm{d}x$ 收敛,根据定理 6.4.6,所给反常积分 $\int_0^1 \dfrac{2}{\sqrt{x}} \sin \dfrac{1}{x} \mathrm{d}x$ 收敛.

定理 6.4.7(极限审敛法 2) 设函数 $f(x)$ 在区间 $(a,b]$ 上连续,且 $f(x) \geq 0$,$x=a$ 为 $f(x)$ 的瑕点.如果存在常数 $q(0<q<1)$,使得 $\lim\limits_{x \to a^+}(x-a)^q f(x)$ 存在,那么反常积分 $\int_a^b f(x) \mathrm{d}x$ 收敛;如果 $\lim\limits_{x \to a^+}(x-a)f(x)=d>0$ (或 $\lim\limits_{x \to a^+}(x-a)f(x)=+\infty$),那么反常积分 $\int_a^b f(x) \mathrm{d}x$ 发散.

例 6.4.15 判定反常积分 $\int_1^3 \dfrac{2}{\ln x} \mathrm{d}x$ 的敛散性.

解 这里 $x=1$ 是被积函数的瑕点.由洛必达法则知 $\lim\limits_{x \to 1^+}(x-1) \dfrac{2}{\ln x}=2>0$,根据定理 6.4.7(极限审敛法 2),所给反常积分发散.

例 6.4.16 判定椭圆积分 $\int_0^1 \dfrac{\mathrm{d}x}{\sqrt{(1-x^2)(1-k^2 x^2)}}$ $(k^2<1)$ 的敛散性.

解 这里 $x=1$ 是被积函数的瑕点.由于

$$\lim_{x \to 1^-}(1-x)^{\frac{1}{2}} \dfrac{1}{\sqrt{(1-x^2)(1-k^2 x^2)}}$$
$$= \lim_{x \to 1^-} \dfrac{1}{\sqrt{(1+x)(1-k^2 x^2)}}$$
$$= \dfrac{1}{\sqrt{2(1-k^2)}},$$

根据极限审敛法 2,所给反常积分收敛.

6.4.3 Γ 函数

为了引入 Γ 函数，我们先看下面的例子.

例 6.4.17 讨论反常积分 $\int_0^{+\infty} e^{-x} x^{s-1} dx (s>0)$ 的敛散性.

解 首先注意到：① 因为反常积分 $\int_0^{+\infty} e^{-x} x^{s-1} dx (s>0)$ 的积分区间为 $[0,+\infty)$，所以，该积分是无穷区间上的反常积分；② 因为当 $0<s<1$ 时，$x=0$ 为被积函数 $e^{-x} x^{s-1} = \dfrac{e^{-x}}{x^{1-s}}$ 的瑕点，所以，该积分又是无界函数的反常积分.为了讨论问题方便，我们先将该积分化成两个积分.

为此，我们令 $\int_0^{+\infty} e^{-x} x^{s-1} dx = \int_0^1 e^{-x} x^{s-1} dx + \int_1^{+\infty} e^{-x} x^{s-1} dx = I_1 + I_2$.

(1) 对于 $I_1 = \int_0^1 e^{-x} x^{s-1} dx (s>0)$，当 $0<s<1$ 时，因为 $e^{-x} x^{s-1} = \dfrac{1}{e^x x^{1-s}} < \dfrac{1}{x^{1-s}}$，而 $1-s<1$ 时，由例 6.4.12 知，反常积分 $\int_0^1 \dfrac{1}{x^{1-s}} dx$ 收敛，根据定理 6.4.5(比较审敛法 2)，反常积分 $I_1 = \int_0^1 e^{-x} x^{s-1} dx$ 也收敛；当 $s\geq 1$ 时，由于被积函数 $e^{-x} x^{s-1}$ 在积分区间 $[0,1]$ 上连续，所以定积分 I_1 是常义积分.因此，当 $s>0$ 时，I_1 是收敛的.

(2) 对于反常积分 $I_2 = \int_1^{+\infty} e^{-x} x^{s-1} dx (s>0)$，因为 $\lim\limits_{x\to +\infty} x^2 \cdot (e^{-x} x^{s-1}) = \lim\limits_{x\to +\infty} \dfrac{x^{s+1}}{e^x} = 0$，根据定理 6.4.4 (极限审敛法 1)，反常积分 I_2 也收敛.

由以上讨论即得反常积分 $\int_0^{+\infty} e^{-x} x^{s-1} dx$ 对 $s>0$ 均收敛.所以，给定一个实数 $s\in (0,+\infty)$，反常积分 $\int_0^{+\infty} e^{-x} x^{s-1} dx$ 都有确定的值与之对应，所以，$\int_0^{+\infty} e^{-x} x^{s-1} dx$ 是 s 的函数，通常将其称为 Γ 函数.

定义 6.4.5 称反常积分 $\int_0^{+\infty} e^{-x} x^{s-1} dx (s>0)$ 为 Γ 函数，记为 $\Gamma(s)$，即

$$\Gamma(s) = \int_0^{+\infty} e^{-x} x^{s-1} dx \ (s>0). \tag{6.4.1}$$

下面讨论 Γ 函数的性质.

首先，我们不加证明地给出 Γ 函数在 $(0,+\infty)$ 内是连续的.

(1) 对正实数 s，有递推公式 $\Gamma(s+1) = s\Gamma(s) \ (s>0)$ 成立.

证 因为 $\Gamma(s+1) = \int_0^{+\infty} e^{-x} x^s dx = -\int_0^{+\infty} x^s de^{-x} = -x^s e^{-x} \Big|_0^{+\infty} + \int_0^{+\infty} e^{-x} dx^s$

$= -[\lim\limits_{x\to\infty} x^s e^{-x} - 0^s e^{-0}] + s\int_0^{+\infty} e^{-x} x^{s-1} dx = s\Gamma(s).$

(注：由洛必达法则得 $\lim\limits_{x\to +\infty} x^s e^{-x} = \lim\limits_{x\to +\infty} \dfrac{x^s}{e^x} = \lim\limits_{x\to +\infty} \dfrac{sx^{s-1}}{e^x} = \cdots = 0.$)

(2) $\Gamma(1) = 1$.

证 $\Gamma(1) = \int_0^{+\infty} e^{-x} x^{1-1} dx = \int_0^{+\infty} e^{-x} dx = -e^{-x} \Big|_0^{+\infty} = 1$，即 $\Gamma(1) = 1$.

(3) 对正整数 n，$\Gamma(n) = (n-1)!$.

证 由于 n 为正整数，所以对 $\Gamma(n)$ 反复运用递推公式 $\Gamma(s+1)=s\Gamma(s)$ 得，

$$\Gamma(n)=\Gamma[(n-1)+1]=(n-1)\Gamma(n-1)=(n-1)(n-2)\Gamma(n-2)=\cdots$$
$$=(n-1)(n-2)\cdots\Gamma(1)=(n-1)!,\text{证毕.}$$

由于当 n 为正整数时，$\Gamma(n)=(n-1)!$，所以，我们可以把 Γ 函数视为阶乘的推广.

(4) 当 $s\to 0^+$ 时，$\Gamma(s)\to +\infty$.

证 因为 $\Gamma(s)=\dfrac{\Gamma(s+1)}{s}$，$\Gamma(1)=1$，又因为 Γ 函数在 $s>0$ 时连续，所以，$\lim\limits_{s\to 0^+}\Gamma(s+1)=\Gamma(\lim\limits_{s\to 0^+}s+1)=\Gamma(1)=1$，所以

$$\lim_{s\to 0^+}\Gamma(s)=\lim_{s\to 0^+}\frac{\Gamma(s+1)}{s}=+\infty\text{，即当}s\to 0^+\text{时，}\Gamma(s)\to +\infty\text{（图 6.4.1）.}$$

(5) 当 $0<s<1$ 时，$\Gamma(s)\Gamma(1-s)=\dfrac{\pi}{\sin \pi s}$.

该公式称为**余元公式**.

扫描右侧二维码，查看余元公式的证明.

例 6.4.18 证明 $\Gamma\left(\dfrac{1}{2}\right)=\sqrt{\pi}$.

证 在余元公式 $\Gamma(s)\Gamma(1-s)=\dfrac{\pi}{\sin \pi s}$ 中，令 $s=\dfrac{1}{2}$，得

$$\Gamma\left(\frac{1}{2}\right)\Gamma\left(1-\frac{1}{2}\right)=\frac{1}{\sin\dfrac{\pi}{2}}=\pi,\text{即}\left[\Gamma\left(\frac{1}{2}\right)\right]^2=\pi,$$

所以，$\Gamma\left(\dfrac{1}{2}\right)=\sqrt{\pi}$.

(6) $\Gamma(s)=2\displaystyle\int_0^{+\infty}\mathrm{e}^{-u^2}u^{2s-1}\mathrm{d}u$，且有 $\displaystyle\int_0^{+\infty}\mathrm{e}^{-u^2}u^t\mathrm{d}u=\dfrac{1}{2}\Gamma\left(\dfrac{1+t}{2}\right)$ $(t>-1)$.

证 令 $u=\sqrt{x}$，则 $x=u^2$，且 $x\to +\infty$ 时，$u\to +\infty$，所以，

$$\Gamma(s)=\int_0^{+\infty}\mathrm{e}^{-x}x^{s-1}\mathrm{d}x=2\int_0^{+\infty}\mathrm{e}^{-u^2}u^{2s-2}u\mathrm{d}u=2\int_0^{+\infty}\mathrm{e}^{-u^2}u^{2s-1}\mathrm{d}u.$$

即

$$\Gamma(s)=2\int_0^{+\infty}\mathrm{e}^{-u^2}u^{2s-1}\mathrm{d}u. \tag{6.4.2}$$

再令 $2s-1=t$ 或 $s=\dfrac{1+t}{2}$，即有

$$\int_0^{+\infty}\mathrm{e}^{-u^2}u^t\mathrm{d}u=\frac{1}{2}\Gamma\left(\frac{1+t}{2}\right)\quad(t>-1).$$

证毕.

例 6.4.19 证明 $\displaystyle\int_0^{+\infty}\mathrm{e}^{-u^2}\mathrm{d}u=\dfrac{\sqrt{\pi}}{2}$.

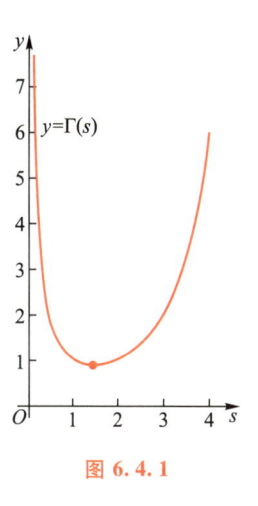

证 在公式 (6.4.2) 中，令 $s=\dfrac{1}{2}$，得

$$2\int_0^{+\infty}\mathrm{e}^{-u^2}\mathrm{d}u=\Gamma\left(\frac{1}{2}\right)=\sqrt{\pi}.$$

从而有，$\displaystyle\int_0^{+\infty}\mathrm{e}^{-u^2}\mathrm{d}u=\dfrac{\sqrt{\pi}}{2}$. 证毕.

— 思考题 6.4 —

1. 下列解法是否正确？为什么？

$$\int_{-1}^{2} \frac{1}{x} dx = \ln |x| \Big|_{-1}^{2} = \ln 2 - \ln 1 = \ln 2.$$

2. 下列解法是否正确？

$$\int_{0}^{+\infty} e^{-x} dx = \lim_{b \to +\infty} \int_{0}^{b} e^{-x} dx = \lim_{b \to +\infty} e^{-x} \Big|_{b}^{0} = \lim_{b \to +\infty} (1 - e^{-b}) = 1 - 0 = 1.$$

— 练习 6.4A —

1. 计算反常积分 $\int_{1}^{+\infty} \frac{1}{x^2} dx$.

2. 计算反常积分 $\int_{5}^{+\infty} e^{-10x} dx$.

— 练习 6.4B —

1. 讨论反常积分 $\int_{0}^{+\infty} \frac{1}{x^2} dx$ 的敛散性.

2. 讨论反常积分 $\int_{0}^{6} (x-4)^{-\frac{2}{3}} dx$ 的敛散性.

3. 计算反常积分 $\int_{0}^{+\infty} \frac{dx}{100 + x^2}$.

4. 判定下列反常积分的敛散性，如果收敛，计算反常积分的值：

(1) $\int_{0}^{+\infty} \frac{dx}{(1+x)(1+x^2)}$;   (2) $\int_{-\infty}^{+\infty} \frac{dx}{x^2 + 2x + 2}$;

(3) $\int_{1}^{+\infty} \frac{dx}{\sqrt{x}}$;   (4) $\int_{1}^{+\infty} e^{-ax} dx$;

(5) $\int_{0}^{1} \frac{x dx}{\sqrt{1-x^2}}$;   (6) $\int_{1}^{2} \frac{x dx}{\sqrt{x-1}}$.

5. 判定下列反常积分的敛散性：

(1) $\int_{0}^{+\infty} \frac{x^2}{x^4 + x^2 + 1} dx$;   (2) $\int_{0}^{+\infty} \frac{dx}{1 + x |\sin x|}$;

(3) $\int_{0}^{1} \frac{x^4 dx}{\sqrt{1-x^4}}$;   (4) $\int_{1}^{2} \frac{dx}{\sqrt[3]{x^2 - 3x + 2}}$.

6. 用 Γ 函数表示 $\int_{0}^{+\infty} e^{-x^n} dx$ (n 为正整数)，并指出其收敛范围.

6.5 用数学软件进行定积分运算

6.5.1 用数学软件 Mathematica 进行定积分运算

在 Mathematica 系统中，用 Integrate[f,{x,a,b}] 计算定积分 $\int_{a}^{b} f(x) dx$，其中，f 是 x 的函数.

例 6.5.1 计算定积分 $\int_1^2 x^5 \mathrm{d}x$.

解

In[1]:= Integrate[x^5,{x,1,2}]　（* 计算定积分 $\int_1^2 x^5 \mathrm{d}x$ *）

Out[1]= $\dfrac{21}{2}$

例 6.5.2 计算定积分 $\int_0^1 x \mathrm{e}^x \mathrm{d}x$.

解

In[1]:= Integrate[x*E^x,{x,0,1}]　（* 计算定积分 $\int_0^1 x\mathrm{e}^x \mathrm{d}x$ *）

Out[1]= 1

微视频

Mathematica 求积分

6.5.2　用数学软件 MATLAB 进行定积分运算

在 MATLAB 系统中,用 int(f,x,a,b) 计算定积分 $\int_a^b f\,\mathrm{d}x$,其中,f 是 x 的函数.

例 6.5.3 计算定积分 $\int_1^2 x^5 \mathrm{d}x$.

解

```
>> clear
syms x;
int(x^5,1,2)
ans = 21/2
```

例 6.5.4 计算定积分 $\int_0^1 x\mathrm{e}^x \mathrm{d}x$.

解

```
>> clear
syms x;
int(x*exp(x),0,1)
ans = 1
```

6.6　学习任务 6 解答　速度函数的平均值

解

1. （1）该质点从 $t=1$ s 到 $t=4$ s 所下落的距离

$$s = \int_1^4 gt\,\mathrm{d}t = \left.\frac{1}{2}gt^2\right|_1^4 = \frac{1}{2}g(16-1) = \frac{15g}{2};$$

（2）该质点从 $t=1$ s 到 $t=4$ s 这段时间内的平均速度

$$\bar{v} = \frac{1}{4-1}\int_1^4 gt\,\mathrm{d}t = \frac{1}{3}\cdot\left.\frac{1}{2}gt^2\right|_1^4 = \frac{1}{6}g(16-1) = \frac{15g}{6} = \frac{5g}{2}.$$

2. 扫描二维码,查看学习任务 6 的 Mathematica 程序.
3. 扫描二维码,查看学习任务 6 的 MATLAB 程序.

复习题 6

A 级

1. 设放射性物质分解速度 v 是时间 t 的函数 $v(t)$,试用定积分表示放射性物质由时间 t_0 到 t_1 所分解的质量 m_0.

2. 设 $f(x)$ 是闭区间 $[a,b]$ 上的单调增加的连续函数,证明

$$f(a)(b-a) \leqslant \int_a^b f(x)\,\mathrm{d}x \leqslant f(b)(b-a).$$

3. 求函数 $\varphi(x) = \int_1^x t\cos^2 t\,\mathrm{d}t$ 在 $x = 1, \dfrac{\pi}{2}, \pi$ 处的导数.

4. 利用牛顿-莱布尼茨公式计算下列积分:

(1) $\int_0^1 (x^6 + 1)\,\mathrm{d}x$;

(2) $\int_0^1 (\mathrm{e}^x + \pi)\,\mathrm{d}x$;

(3) $\int_0^\pi \sin x\,\mathrm{d}x$;

(4) $\int_{-1}^1 (x-1)^3\,\mathrm{d}x$;

(5) $\int_0^5 |1 - x|\,\mathrm{d}x$;

(6) $\int_{-2}^2 x\sqrt{x^2}\,\mathrm{d}x$;

(7) $\int_1^{\sqrt{3}} \dfrac{1 + 2x^2}{x^2(1 + x^2)}\,\mathrm{d}x$;

(8) $\int_0^\pi \sqrt{\sin x - \sin^3 x}\,\mathrm{d}x$;

(9) $\int_0^{\sqrt{\ln 2}} x\mathrm{e}^{x^2}\,\mathrm{d}x$;

(10) $\int_e^{\mathrm{e}^2} \dfrac{\ln^2 x}{x}\,\mathrm{d}x$;

(11) $\int_{\pi^2}^{\frac{\pi^2}{4}} \dfrac{\cos\sqrt{x}}{\sqrt{x}}\,\mathrm{d}x$;

(12) $f(x) = \begin{cases} x + 1, & -1 \leqslant x < 0, \\ x^2 + 1, & 0 \leqslant x \leqslant 1, \end{cases}$ 求 $\int_{-1}^1 f(x)\,\mathrm{d}x$.

5. 一质点由静止自由落下,

(1) 已知路程 $s = \dfrac{1}{2}gt^2$,求从 $s = 0$ 到 $s = 8g$ 这段路程的平均速度;

(2) 已知速度 $v = gt$,求从 $t = 0$ 到 $t = 4$ 这段时间的平均速度.

6. 求由 $\int_2^y \mathrm{e}^t\,\mathrm{d}t + \int_0^x \cos t\,\mathrm{d}t = 0$ 所确定的隐函数 y 对 x 的导数 $\dfrac{\mathrm{d}y}{\mathrm{d}x}$.

B 级

7. 计算下列定积分:

(1) $\int_{-1}^{1} \dfrac{x}{\sqrt{5-4x}} dx$;

(2) $\int_{1}^{2} \dfrac{\sqrt{x^2-1}}{x} dx$;

(3) $\int_{0}^{1} \sqrt{(1-x^2)^3} dx$;

(4) $\int_{0}^{1} e^{x+e^x} dx$;

(5) $\int_{1}^{\sqrt{3}} \dfrac{1}{x\sqrt{x^2+1}} dx$;

(6) $\int_{4}^{9} \dfrac{\sqrt{x}}{\sqrt{x}-1} dx$;

(7) $\int_{-1}^{1} \dfrac{dx}{(1+x^2)^2}$;

(8) $f(x) = \begin{cases} 1+x, & 0 \leqslant x \leqslant 2, \\ x^2-1, & 2 < x \leqslant 4, \end{cases}$ 求 $\int_{3}^{5} f(x-2) dx$.

8. 设 $f(x)$ 在 $[a,b]$ 上连续，证明
$$\int_{a}^{b} f(a+b-x) dx = \int_{a}^{b} f(x) dx.$$

9. 设函数 $f(x)$ 是以 T 为周期的连续函数，试证明
$$\int_{a}^{a+2T} f(x) dx = 2\int_{0}^{T} f(x) dx \quad (a \text{ 为常数}).$$

10. 用分部积分法计算下列定积分：

(1) $\int_{0}^{1} x^3 e^{x^2} dx$;

(2) $\int_{1}^{3} \ln x \, dx$;

(3) $\int_{0}^{\frac{\pi}{2}} e^x \cos x \, dx$.

11. 试证明 $\int_{a}^{b} x f''(x) dx = [bf'(b) - f(b)] - [af'(a) - f(a)]$.

12. 计算下列积分：

(1) $\int_{0}^{+\infty} x e^{-x} dx$;

(2) $\int_{\frac{2}{\pi}}^{+\infty} \dfrac{1}{x^2} \sin \dfrac{1}{x} dx$;

(3) $\int_{1}^{e} \dfrac{dx}{x\sqrt{1-\ln^2 x}}$;

(4) $\int_{2}^{+\infty} \dfrac{1-\ln x}{x^2} dx$.

13. 计算下列积分：

(1) $\int_{0}^{2} \dfrac{dx}{(1-x)^2}$;

(2) $\int_{0}^{1} \dfrac{\arcsin x}{\sqrt{1-x^2}} dx$.

14. 讨论反常积分 $\int_{1}^{2} \dfrac{dx}{(x-1)^p}$ $(p > 0)$ 的敛散性.

15. 当 k 为何值时，$\int_{2}^{+\infty} \dfrac{dx}{x(\ln x)^k}$ 收敛？

16. 利用奇、偶函数在对称区间上积分的性质，计算下列定积分：

(1) $\int_{-1}^{1} (1-x^2)^5 \sin^7 x \, dx$;

(2) $\int_{-6}^{6} \dfrac{x \, dx}{\sqrt{1+e^{x^2}}}$;

(3) $\int_{-\pi}^{\pi} \sin 10x \, dx$;

(4) $\int_{-\sqrt{2}}^{\sqrt{2}} x e^{x^2} dx$.

17. 求 $\int_{0}^{\frac{\pi}{2}} \dfrac{x+\sin x}{1+\cos x} dx$.

18. 求 $\int_0^{\frac{\pi}{4}} \ln(1+\tan x)\,dx$.

19. 求 $\int_0^a \dfrac{1}{x+\sqrt{a^2-x^2}}\,dx$.

20. 求 $\int_0^{\pi} x^2 |\cos x|\,dx$.

21. 求 $\int_0^x \max\{t^3, t^2, 1\}\,dt$.

22. 设 $f(x)$ 为连续函数，证明：$\int_0^x f(t)(x-t)\,dt = \int_0^x \left(\int_0^t f(u)\,du \right) dt$.

C 级

23. 在交通管理中，定期亮一段时间黄灯是为了让那些正行驶在交叉路口上，或距离停车线太近而无法在停车线前停下的车辆通过路口，问交叉路口黄色信号灯应亮多长时间？

D 级

第 7 章 定积分的应用

7.0 学习任务 7 抽水做功

有一直径 10 m、深 10 m 的圆柱形水池装满了水(水的密度 $\rho = 1\,000$ kg/m³),请计算把池中的水抽干需做多少功?

该问题的关键是把变力所做的功表示成定积分,这也是用定积分解决实际问题的关键.微元法就是把实际问题表示成定积分的简捷方法.

上一章我们讨论了定积分的概念及计算方法,在这个基础上,本章进一步来研究它的应用.定积分是一种实用性很强的数学方法,在科学技术问题中有着广泛的应用.本章主要介绍它在几何及物理方面的一些应用,重点是掌握用微元法将实际问题表示成定积分的分析方法.

> **引例** 小明通过对定积分一章的学习,感觉到定积分太有用了,他觉得对于非匀速变化的物理量的求和问题,似乎都可以归结为定积分,因此,他向老师请教了如下问题:把一个不均匀分布在一个区间上的物理量表示成定积分,必须经过"分割、取近似、求和、取极限"四个步骤吗?有无简捷方法?
>
> 老师说:"有啊!'微元法'就是把一个不是均匀分布在一个区间上的量表示成定积分的简捷方法."

7.1 微元法及其在几何上的应用

本节首先介绍把一个量表示成定积分的简便方法——微元法,然后再分别用微元法讨论平面图形的面积、平行截面面积已知的立体体积以及平面曲线弧长表示成定积分的方法,其关键是写出定积分的表达式.

7.1.1 定积分应用的微元法

上一章开始时,我们曾用定积分方法解决了曲边梯形面积及变速直线运动路程的计算问题,综合这两个问题可以看出,用定积分计算的量一般有如下两个特点:

(1)所求量(设为 Q)分布在给定区间 $[a,b]$ 上,且在该区间上具有可加性.就是说,如果把 $[a,b]$ 分成许多小区间 $[x_{i-1}, x_i]$($i = 1, 2, \cdots, n$),并把 Q 分布在第 i 个小区间 $[x_{i-1}, x_i]$ 上的部分量记为 Δq_i,则有整体量等于各部分量之和,即

微视频

定积分应用的微元法

$$Q = \sum_{i=1}^{n} \Delta q_i;$$

(2) 所求量 Q 在区间 $[a,b]$ 上的分布是不均匀的,也就是说,Q 的值与区间 $[a,b]$ 的长不成正比(否则的话,Q 使用初等方法即可求得,而勿需用积分方法了).

在我们讨论定积分更多的几何及物理应用之前,先来介绍如何将所求量表示为定积分的一般思路和方法,这就是所谓的"微元法".

为此,先回顾一下应用定积分概念解决实际问题的四个步骤:

第一步:将所求量 Q 分为部分量之和,$Q = \sum_{i=1}^{n} \Delta q_i$;

第二步:求出每个部分量的近似值,$\Delta q_i \approx f(\xi_i) \Delta x_i \quad (i = 1, 2, \cdots, n)$;

第三步:写出整体量 Q 的近似值,$Q = \sum_{i=1}^{n} \Delta q_i \approx \sum_{i=1}^{n} f(\xi_i) \Delta x_i$;

第四步:取 $\lambda = \max\{\Delta x_i\} \to 0$ 时的极限,得

$$Q = \lim_{\lambda \to 0} \sum_{i=1}^{n} f(\xi_i) \Delta x_i = \int_a^b f(x) dx.$$

观察上述四步我们发现,第二步最关键,因为最后的被积表达式的形式就是在这一步被确定的,这只要把近似式 $f(\xi_i)\Delta x_i$ 中的变量记号改变一下即可(ξ_i 换为 x;Δx_i 换为 dx).而第三、第四两步可以合并成一步:在区间 $[a,b]$ 上无限累加,即在 $[a,b]$ 上积分.至于第一步,它只是指明所求量具有可加性,这是 Q 能用定积分计算的前提,于是,上述四步就简化成了实用的两步:

(1) 在区间 $[a,b]$ 上任取一个微小区间 $[x, x+dx]$,然后写出在这个小区间上的部分量 Δq 的近似值,记为 $dq = f(x)dx$ (称为 Q 的微元);

(2) 将微元 dq 在 $[a,b]$ 上积分(无限累加),即得

$$Q = \int_a^b f(x) dx.$$

利用上述两步解决问题的方法称为微元法.

关于微元 $dq = f(x)dx$,我们再说明两点:

(1) $f(x)dx$ 作为 Δq 的近似表达式,应该足够准确.确切地说,就是二者之差必须是关于 Δx 的高阶无穷小.即 $\Delta q - f(x)dx = o(\Delta x)$.

(2) 具体怎样求微元呢?这是问题的关键,这要分析问题的实际意义及数量关系,一般按照在局部 $[x, x+dx]$ 上,以"常代变""匀代不匀""直代曲"的思路(局部线性化),写出局部上所求量的近似值,即为微元 $dq = f(x)dx$.

下面我们就用微元法来讨论定积分在几何方面的一些应用.

7.1.2 用定积分求平面图形的面积

1. 直角坐标系下的面积计算

用微元法不难将下列图形面积表示为定积分.

(1) 由曲线 $y = f(x)$ ($f(x) \geq 0$),$x = a, x = b$ 及 Ox 轴所围图形(图 7.1.1)的面积微元 $d\sigma = f(x)dx$,面积 $A = \int_a^b f(x) dx$.

(2) 由上、下两条曲线 $y = f(x), y = g(x)$ ($f(x) \geq g(x)$) 及 $x = a, x = b$ 所围图形(图 7.1.2)的面积微元 $d\sigma = [f(x) - g(x)]dx$,面积 $A = \int_a^b [f(x) - g(x)] dx.$

微视频

在直角坐标系下用定积分求平面图形的面积

(3) 由左右两条曲线 $x=\psi(y),x=\varphi(y)$ 及 $y=c,y=d$ 所围图形(图 7.1.3)的面积微元(注意,这时应取横条矩形为 $\mathrm{d}\sigma$,即取 y 为积分变量),$\mathrm{d}\sigma=[\varphi(y)-\psi(y)]\mathrm{d}y$,面积 $A=\int_c^d[\varphi(y)-\psi(y)]\mathrm{d}y$.

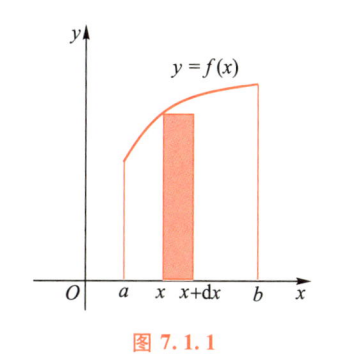

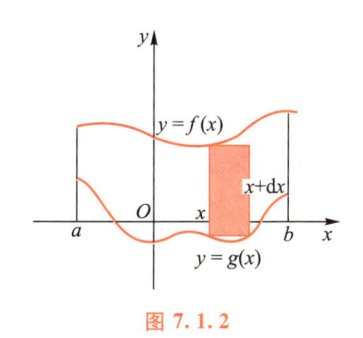

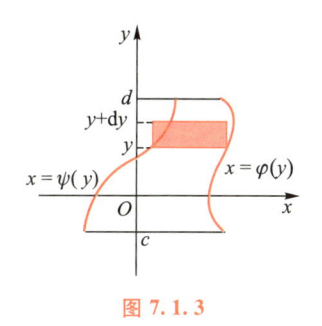

图 7.1.1　　　　图 7.1.2　　　　图 7.1.3

例 7.1.1　求两条抛物线 $y^2=x,y=x^2$ 所围成的图形的面积.

解　(1) 画出图形简图(图 7.1.4)并求曲线交点以确定积分区间:

解方程组 $\begin{cases} y=x^2, \\ y^2=x, \end{cases}$ 得交点 $(0,0)$ 及 $(1,1)$.

(2) 选择积分变量,写出面积微元,本题取竖条或横条作 $\mathrm{d}\sigma$ 均可,习惯上取竖条,即取 x 为积分变量,x 的变化范围为 $[0,1]$.于是

$$\mathrm{d}\sigma=(\sqrt{x}-x^2)\mathrm{d}x.$$

(3) 将 A 表示成定积分,并计算

$$A=\int_0^1(\sqrt{x}-x^2)\mathrm{d}x=\left(\frac{2}{3}x^{\frac{3}{2}}-\frac{1}{3}x^3\right)\Big|_0^1=\frac{1}{3}.$$

图 7.1.4

例 7.1.2　求 $y^2=2x$ 及 $y=x-4$ 所围成的图形的面积.

解　作图(图 7.1.5).

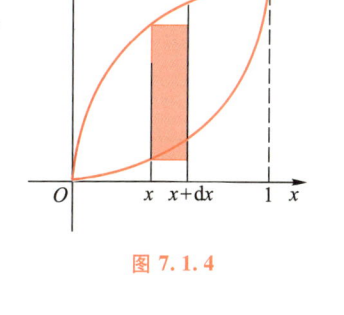

求出交点坐标为 $A(2,-2),B(8,4)$.观察图得知,宜取 y 为积分变量,y 的变化范围为 $[-2,4]$(读者可以考虑一下,若取 x 为积分变量,即竖条切割,有什么不方便之处),于是得

$$\mathrm{d}\sigma=\left[(y+4)-\frac{1}{2}y^2\right]\mathrm{d}y,$$

$$A=\int_{-2}^4\left[(y+4)-\frac{1}{2}y^2\right]\mathrm{d}y=\left(\frac{1}{2}y^2+4y-\frac{1}{6}y^3\right)\Big|_{-2}^4=18.$$

例 7.1.3　求椭圆 $\begin{cases} x=a\cos t, \\ y=b\sin t \end{cases}$ $(a>b>0)(0\leqslant t\leqslant 2\pi)$ 的面积.

解　椭圆 $\begin{cases} x=a\cos t, \\ y=b\sin t, \end{cases}$ 如图 7.1.6 所示.

由于椭圆关于坐标轴及坐标原点均对称,故其面积是其第一象限部分的 4 倍.取 x 为积分变量.x 的变化范围为 $[0,a]$,面积微元 $\mathrm{d}\sigma=y\mathrm{d}x$,于是,椭圆面积 $A=4\int_0^a y\mathrm{d}x.$

图 7.1.5

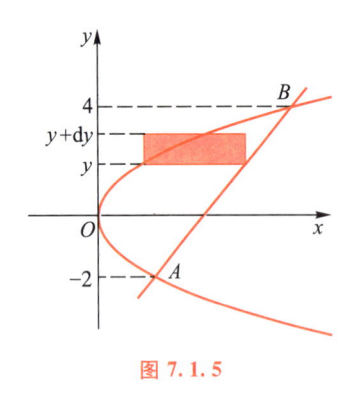

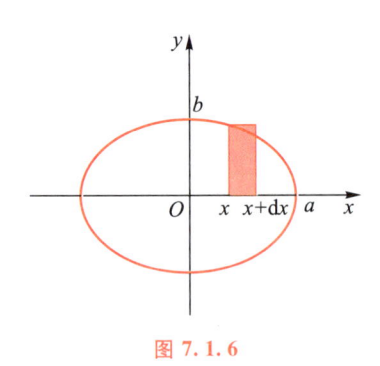

图 7.1.6

将 $x=a\cos t, y=b\sin t$ 代入,并注意到 x 由 0 到 a 对应于 t 由 $\frac{\pi}{2}$ 到 0.所以

$$A = 4\int_{\frac{\pi}{2}}^{0} b\sin t\,\mathrm{d}(a\cos t) = -4ab\int_{\frac{\pi}{2}}^{0}\sin^2 t\,\mathrm{d}t = 4ab\int_{0}^{\frac{\pi}{2}}\frac{1-\cos 2t}{2}\mathrm{d}t$$

$$= 4ab\left[\int_{0}^{\frac{\pi}{2}}\frac{1}{2}\mathrm{d}t - \frac{1}{2}\int_{0}^{\frac{\pi}{2}}\cos 2t\,\mathrm{d}t\right] = 4ab\left(\frac{\pi}{4}-0\right) = \pi ab.$$

2. 极坐标系下的面积计算

有些图形,用极坐标计算面积比较方便.

下面用微元法推导在极坐标系下"曲边扇形"的面积公式.

所谓"曲边扇形"是指由曲线 $r=r(\theta)$ 及两条射线 $\theta=\alpha, \theta=\beta$ 所围成的图形(图 7.1.7).

取 θ 为积分变量,其变化范围为 $[\alpha,\beta]$,在微小区间 $[\theta,\theta+\mathrm{d}\theta]$ 上"以常代变",即以小扇形面积 $\mathrm{d}\sigma$ 作为小曲边扇形面积的近似值,于是得面积微元为

$$\mathrm{d}\sigma = \frac{1}{2}r^2(\theta)\mathrm{d}\theta,$$

将 $\mathrm{d}\sigma$ 在 $[\alpha,\beta]$ 上积分,便得所求的曲边扇形面积为

$$A = \frac{1}{2}\int_{\alpha}^{\beta}r^2(\theta)\mathrm{d}\theta.$$

例 7.1.4 计算双纽线 $r^2=a^2\cos 2\theta (a>0)$ 所围成的图形的面积(图 7.1.8).

解 由于图形的对称性,只需求其在第一象限中的面积,再 4 倍即可,在第一象限 θ 的变化范围为 $\left[0,\frac{\pi}{4}\right]$,取 θ 为积分变量,其变化范围

微视频

在极坐标系下用定积分求平面图形的面积

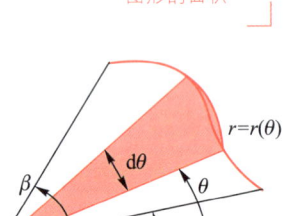

图 7.1.7

为 $\left[0,\frac{\pi}{4}\right]$,在微小区间 $[\theta,\theta+\mathrm{d}\theta]$ 上"以常代变",即以小扇形面积 $\mathrm{d}\sigma$ 作为小曲边扇形面积的近似值,于是得面积微元为 $\mathrm{d}\sigma = \frac{1}{2}a^2\cos 2\theta\mathrm{d}\theta$,因此,所求平面图形的面积

$$A = 4\times\frac{1}{2}\int_{0}^{\frac{\pi}{4}}a^2\cos 2\theta\,\mathrm{d}\theta = a^2\sin 2\theta\bigg|_{0}^{\frac{\pi}{4}} = a^2.$$

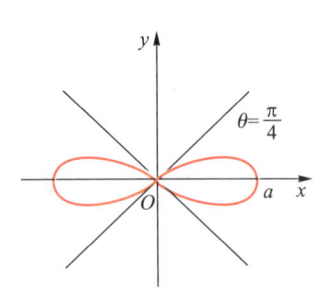

图 7.1.8

例 7.1.5 计算心形线 $r(\theta)=a(1+\cos\theta)(a>0)$ 所围成的图形的面积.

解 心形线所围成的图形如图 7.1.9 所示.这个图形对称于极轴,因此所求图形的面积 A 是极轴以上部分图形面积的 2 倍.

对于极轴以上部分的图形,θ 的变化区间为 $[0,\pi]$.相应于 $[0,\pi]$ 上任一小区间 $[\theta,\theta+\mathrm{d}\theta]$ 的窄曲边扇形的面积近似于半径为 $r=a(1+\cos\theta)$、中心角为 $\mathrm{d}\theta$ 的扇形的面积.从而得到面积元素 $\mathrm{d}\sigma=\dfrac{1}{2}r^2\mathrm{d}\theta=\dfrac{1}{2}a^2(1+\cos\theta)^2\mathrm{d}\theta$.

$$\begin{aligned} A &= 2\int_0^\pi \frac{1}{2}a^2(1+\cos\theta)^2\mathrm{d}\theta \\ &= a^2\int_0^\pi(1+2\cos\theta+\cos^2\theta)\mathrm{d}\theta \\ &= a^2\int_0^\pi\left(\frac{3}{2}+2\cos\theta+\frac{1}{2}\cos 2\theta\right)\mathrm{d}\theta \\ &= a^2\left(\frac{3}{2}\theta+2\sin\theta+\frac{1}{4}\sin 2\theta\right)\bigg|_0^\pi = \frac{3}{2}\pi a^2. \end{aligned}$$

图 7.1.9

因此,心形线所围成的图形的面积 $A=\dfrac{3}{2}\pi a^2$.

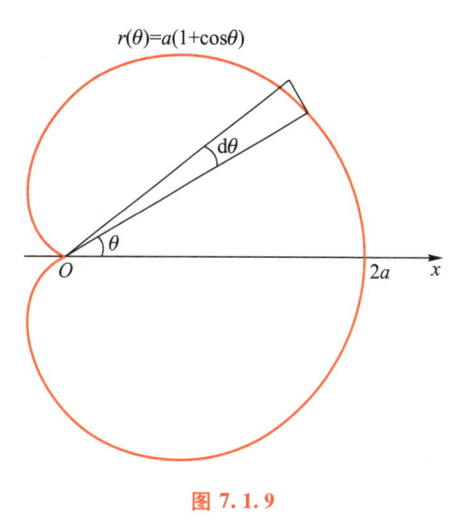

7.1.3 用定积分求体积

1. 平行截面面积已知的立体体积

设一物体被垂直于某直线的平面所截的截面的面积可求,则该物体可用定积分求其体积.

不妨设上述直线为 x 轴,则在 x 处的截面面积 $A(x)$ 是 x 的已知连续函数,求该物体介于 $x=a$ 和 $x=b(a<b)$ 之间的体积 V(图 7.1.10).

为求体积微元,在微小区间 $[x,x+\mathrm{d}x]$ 上视 $A(x)$ 不变,即把 $[x,x+\mathrm{d}x]$ 上的立体薄片近似看作 $A(x)$ 为底,$\mathrm{d}x$ 为高的小柱体,于是得体积微元为
$$\mathrm{d}v=A(x)\mathrm{d}x,$$
再在 x 的变化区间 $[a,b]$ 上积分,则得平行截面面积为 $A(x)$ 的立体体积
$$V=\int_a^b A(x)\mathrm{d}x.$$

微视频

平行截面面积已知的立体体积

例 7.1.6 设有底圆半径为 R 的圆柱,被一与圆柱面交成 α 角且过底圆直径的平面所截,求截下的楔形体积.

解 取坐标系如图 7.1.11 所示,则底圆方程为
$$x^2+y^2=R^2.$$

在 x 处垂直于 x 轴作立体的截面,得一直角三角形,两条直角边分别为 y 及 $y\tan\alpha$,即 $\sqrt{R^2-x^2}$ 及 $\sqrt{R^2-x^2}\tan\alpha$,其面积为 $A(x)=\dfrac{1}{2}(R^2-x^2)\tan\alpha$,从而得楔形体积为

$$\begin{aligned} V &= \int_{-R}^R \frac{1}{2}(R^2-x^2)\tan\alpha\mathrm{d}x = \tan\alpha\int_0^R(R^2-x^2)\mathrm{d}x \\ &= \tan\alpha\left(R^2x-\frac{x^3}{3}\right)\bigg|_0^R = \frac{2}{3}R^3\tan\alpha. \end{aligned}$$

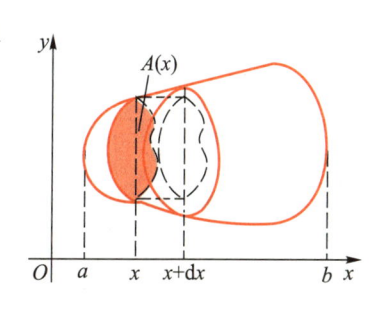

图 7.1.10

例 7.1.7 计算底面是半径为 R 的圆,而垂直于底面上一条固定直径的所有截面都是等边三角形的立体体积(图 7.1.12).

图 7.1.11

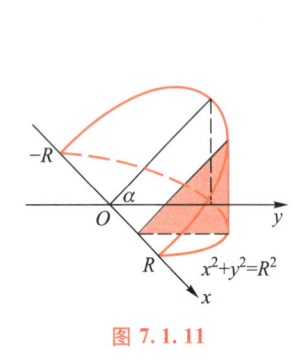

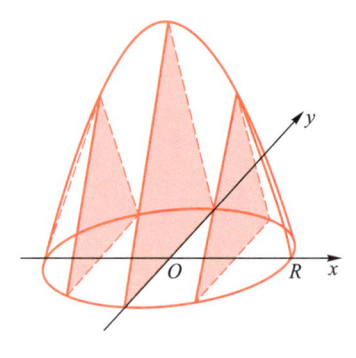

图 7.1.12

解 取坐标系如图 7.1.12 所示,以 x 为积分变量,则 x 的变化范围为 $[-R, R]$,相应的截面等边三角形边长为 $a = 2\sqrt{R^2 - x^2}$,高 $h = a\sin 60°$,其面积为 $\frac{\sqrt{3}}{4}(2\sqrt{R^2-x^2})^2 = \sqrt{3}(R^2 - x^2)$,因此体积为

$$V = \int_{-R}^{R} \sqrt{3}(R^2 - x^2) \, dx = \frac{4\sqrt{3}}{3} R^3.$$

2. 旋转体体积

设旋转体是由连续曲线 $y = f(x)$ 和直线 $x = a, x = b (a < b)$ 及 x 轴所围成的曲边梯形绕 x 轴旋转而成(图 7.1.13),我们来求它的体积 V.

这是已知平行截面面积求立体体积的特殊情况,这时截面面积 $A(x)$ 是半径为 $|f(x)|$ 的圆的面积.

在区间 $[a, b]$ 上点 x 处垂直 x 轴的截面面积为

$$A(x) = \pi f^2(x),$$

在 x 的变化区间 $[a, b]$ 内积分,得旋转体体积为

$$V = \pi \int_a^b f^2(x) \, dx.$$

类似地,由曲线 $x = \varphi(y)$,直线 $y = c, y = d$ 及 y 轴所围成的曲边梯形绕 y 轴旋转,所得旋转体体积(图 7.1.14)为

$$V = \pi \int_c^d \varphi^2(y) \, dy.$$

微视频
旋转体的体积

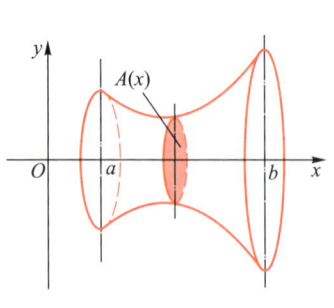

图 7.1.13

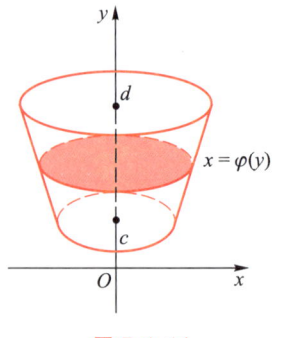

图 7.1.14

例 7.1.8 求由星形线

$$x^{\frac{2}{3}}+y^{\frac{2}{3}}=a^{\frac{2}{3}} \quad (a>0)$$

绕 x 轴旋转所成旋转体的体积(图 7.1.15).

解 由方程 $x^{\frac{2}{3}}+y^{\frac{2}{3}}=a^{\frac{2}{3}}$
解出 $y^2=(a^{\frac{2}{3}}-x^{\frac{2}{3}})^3$,于是所求体积为

$$V=\pi\int_{-a}^{a}y^2\mathrm{d}x=2\pi\int_{0}^{a}(a^{\frac{2}{3}}-x^{\frac{2}{3}})^3\mathrm{d}x$$
$$=2\pi\int_{0}^{a}(a^2-3a^{\frac{4}{3}}x^{\frac{2}{3}}+3a^{\frac{2}{3}}x^{\frac{4}{3}}-x^2)\mathrm{d}x=\frac{32}{105}\pi a^3.$$

如上两例,均是用直接代入公式的方法求旋转体的体积,下面的例题利用微元法求旋转体的体积.

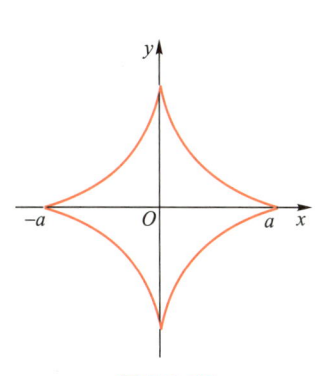

图 7.1.15

例 7.1.9 由 $y=x^3, x=2, y=0$ 所围成的图形,分别绕 x 轴及 y 轴旋转,计算所得两个旋转体的体积.

解 (1) 由 $y=x^3, x=2, y=0$ 所围成的图形绕 x 轴旋转,所形成的旋转体不均匀分布在区间 $[0,2]$ 上.将 $[0,2]$ 任意分成若干个小区间,其代表性小区间 $[x,x+\mathrm{d}x]$ 所对应的一窄条图形绕 x 轴旋转一周,所形成的小旋转体的体积的近似值,即体积微元 $\mathrm{d}v=\pi(x^3)^2\mathrm{d}x$ (图 7.1.16),因此,所求旋转体的体积为

$$V=\int_{0}^{2}\pi(x^3)^2\mathrm{d}x=\frac{128}{7}\pi.$$

即所给平面图形绕 x 轴旋转所得旋转体的体积为 $\frac{128}{7}\pi$.

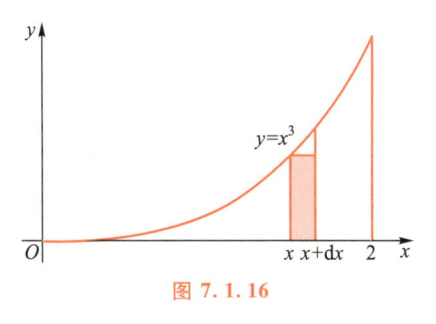

图 7.1.16

(2) 由 $y=x^3, x=2, y=0$ 所围成的图形绕 y 轴旋转,所形成的旋转体不均匀分布在区间 $[0,8]$ 上.则该立体可看作圆柱体(即由 $x=2, y=8, x=0, y=0$ 所围成的矩形绕 y 轴旋转所得的立体)减去由曲线 $x=\sqrt[3]{y}$, $y=8, x=0$ 所围成的图形绕 y 轴旋转所得的立体,将 $[0,8]$ 任意分成若干个小区间,其代表性小区间 $[y,y+\mathrm{d}y]$ 所对应的一窄条图形(图 7.1.17)绕 y 轴旋转一周,所形成的小旋转体的体积的近似值,即体积微元

$$\mathrm{d}v=\pi\cdot 2^2\mathrm{d}y-\pi(\sqrt[3]{y})^2\mathrm{d}y=[\pi\cdot 2^2-\pi(\sqrt[3]{y})^2]\mathrm{d}y,$$

因此,所求旋转体的体积为

$$V=\int_{0}^{8}[\pi\cdot 2^2-\pi(\sqrt[3]{y})^2]\mathrm{d}y=\pi\cdot 2^2\cdot 8-\int_{0}^{8}\pi(\sqrt[3]{y})^2\mathrm{d}y=\frac{64}{5}\pi.$$

即所给平面图形绕 y 轴旋转所得旋转体的体积为 $\frac{64}{5}\pi$.

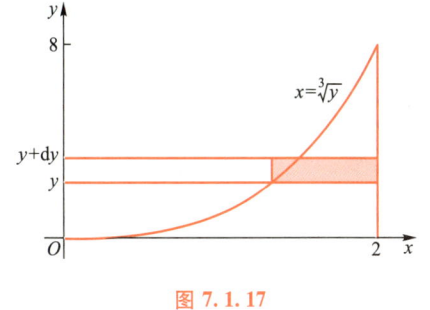

图 7.1.17

7.1.4 平面曲线的弧长

在平面直角坐标系中,由点 $M_1(x_1,y_1), M_2(x_2,y_2)$ 所确定的直线段 M_1M_2 的长度的计算公式为 $|M_1M_2|=\sqrt{(x_2-x_1)^2+(y_2-y_1)^2}$.在第 2 章学习任务 2 中,通过圆内接正多边形的周长推导圆的周长过程中,先求出圆内接正多边形的周长,再令圆内接正多边形的边数无限增多,取圆内接正多边形周

长的极限来确定圆的周长.对于一般平面曲线段的长度,我们有如下定义.

定义 7.1.1 设 A,B 是曲线弧的两个端点.在弧 $\overset{\frown}{AB}$ 上依次任取分点 $A=M_0,M_1,M_2,\cdots,M_{n-1},M_n=B$,并依次连接相邻的分点得一折线(图 7.1.18),记 $|M_{i-1}M_i|(i=1,2,\cdots,n)$ 为第 i 个折线段的长度.当分点的数目无限增加且每个小弧段 $\overset{\frown}{M_{i-1}M_i}(i=1,2,\cdots,n)$ 的长度都趋于 0 时,如果此折线的长度 $\sum_{i=1}^{n}|M_{i-1}M_i|$ 的极限存在,则称此曲线弧 $\overset{\frown}{AB}$ 是可求长的,并称此极限值为曲线弧 $\overset{\frown}{AB}$ 的长.

定理 7.1.1 光滑曲线弧是可求长的.

设有曲线 $y=f(x)$(假定其导数 $f'(x)$ 连续),我们来计算从 $x=a$ 到 $x=b$ 的一段光滑曲线弧的长度 L(图 7.1.19).

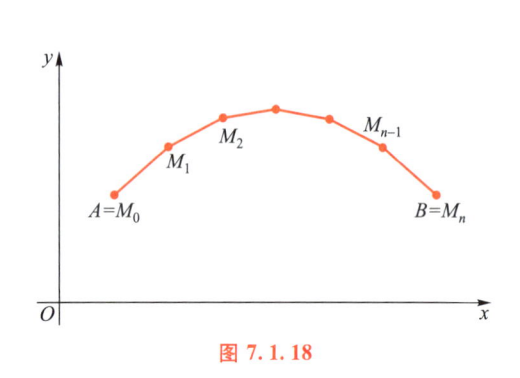

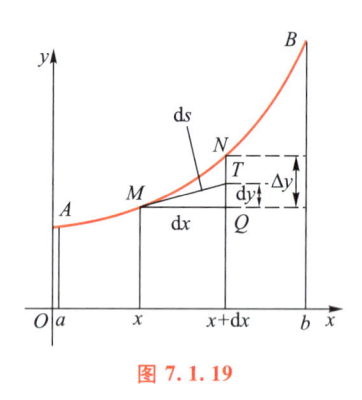

图 7.1.18

图 7.1.19

我们仍用微元法,取 x 为积分变量,$x\in[a,b]$,在微小区间 $[x,x+dx]$ 内,用切线段 MT 来近似代替小弧段 $\overset{\frown}{MN}$("常代变"),得弧长微元为

$$ds=MT=\sqrt{MQ^2+QT^2}=\sqrt{(dx)^2+(dy)^2}=\sqrt{1+y'^2}\,dx,$$

称 $ds=\sqrt{1+y'^2}\,dx$ 为直角坐标系下曲线 $y=f(x)$ 的弧长微元,也称为弧微分公式.

有了平面曲线 $y=f(x)$ 的弧长微元,我们就可以通过积分计算曲线段的弧长.

(1) 若曲线由 $y=f(x)(a\leqslant x\leqslant b)$ 给出,则对弧长微元在 x 的变化区间 $[a,b]$ 上积分,就得所求弧长

$$L=\int_a^b\sqrt{1+y'^2}\,dx=\int_a^b\sqrt{1+[f'(x)]^2}\,dx.$$

(2) 若曲线由参数方程 $\begin{cases}x=\varphi(t),\\ y=\psi(t)\end{cases}(\alpha\leqslant t\leqslant\beta)$ 给出,这时弧长微元为

$$ds=\sqrt{(dx)^2+(dy)^2}=\sqrt{[\varphi'(t)]^2+[\psi'(t)]^2}\,dt,$$

于是所求弧长为

$$L=\int_\alpha^\beta\sqrt{[\varphi'(t)]^2+[\psi'(t)]^2}\,dt.$$

微视频

用定积分求平面曲线的弧长

(3) 若曲线弧由极坐标方程 $r=r(\theta)(\alpha\leqslant\theta\leqslant\beta)$ 给出,其中 $r(\theta)$ 在 $[\alpha,\beta]$ 上具有连续导数,则由直角坐标与极坐标的关系可得该曲线弧的参数方程

$$\begin{cases}x=x(\theta)=r(\theta)\cos\theta,\\ y=y(\theta)=r(\theta)\sin\theta\end{cases}(\alpha\leqslant\theta\leqslant\beta),$$

于是,得弧长微元为

$$ds = \sqrt{(dx)^2+(dy)^2} = \sqrt{[r(\theta)]^2+[r'(\theta)]^2}d\theta,$$

则该曲线弧的弧长为

$$L = \int_\alpha^\beta \sqrt{[r(\theta)]^2+[r'(\theta)]^2}d\theta.$$

注 计算弧长时，由于被积函数都是正的，因此，为使弧长为正，确定积分限时要求下限小于上限.

例 7.1.10 两根电线杆之间的电线由于自身重量而下垂成曲线，这一曲线称为悬链线. 已知悬链线方程为

$$y = \frac{a}{2}(e^{\frac{x}{a}}+e^{-\frac{x}{a}}) \quad (a>0),$$

求从 $x=-a$ 到 $x=a$ 这一段的弧长(图 7.1.20).

解 由于弧长公式中被积函数比较复杂，所以代公式前，要将 ds 部分充分化简，然后再求积分. 这里，$y' = \frac{1}{2}(e^{\frac{x}{a}}-e^{-\frac{x}{a}})$，于是

$$ds = \sqrt{1+y'^2}dx = \sqrt{1+\frac{1}{4}(e^{\frac{x}{a}}-e^{-\frac{x}{a}})^2}dx$$

$$= \frac{1}{2}(e^{\frac{x}{a}}+e^{-\frac{x}{a}})dx,$$

故悬链线这段长为

$$L = \int_{-a}^a \sqrt{1+y'^2}dx = \int_0^a (e^{\frac{x}{a}}+e^{-\frac{x}{a}})dx$$

$$= a(e^{\frac{x}{a}}-e^{-\frac{x}{a}})\Big|_0^a = a(e-e^{-1}).$$

例 7.1.11 计算摆线(图 7.1.21) $\begin{cases} x=a(\theta-\sin\theta), \\ y=a(1-\cos\theta) \end{cases}$ $(a>0)$ 的一拱 $(0 \leq \theta \leq 2\pi)$ 的长度.

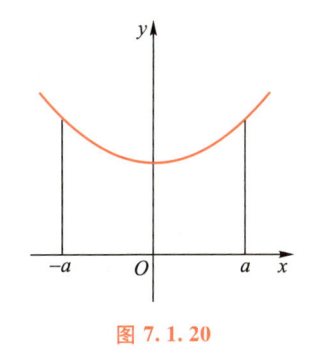

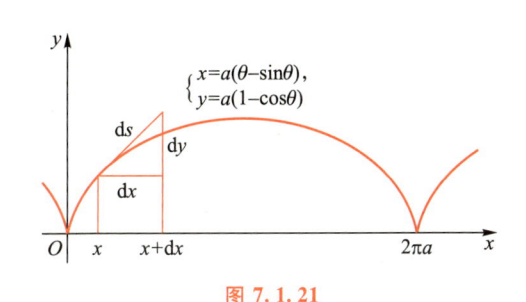

图 7.1.20

图 7.1.21

解 弧长微元(图 7.1.21)为

$$ds = \sqrt{a^2(1-\cos\theta)^2+a^2\sin^2\theta}d\theta, \theta \in [0,2\pi].$$ 所以，一拱摆线 $(0 \leq \theta \leq 2\pi)$ 的长度

$$S = \int_0^{2\pi} \sqrt{a^2(1-\cos\theta)^2+a^2\sin^2\theta}d\theta$$

$$= a\int_0^{2\pi} \sqrt{2-2\cos\theta}d\theta$$

$$= a\int_0^{2\pi} \sqrt{4\sin^2\frac{\theta}{2}}d\theta$$

$$= 4a \int_0^{2\pi} \sin\frac{\theta}{2} d\frac{\theta}{2}$$

$$= -4a\cos\frac{\theta}{2}\Big|_0^{2\pi} = 8a.$$

例 7.1.12 求阿基米德螺线 $r=b\theta(b>0)$ 相应于 $0\leq\theta\leq 2\pi$ 一段(图 7.1.22)的弧长.

解 因为极坐标系下阿基米德螺线 $r=b\theta$ 上的弧长微元

$$ds = \sqrt{[(b\theta)']^2 + [b\theta]^2}\, d\theta = b\sqrt{1+\theta^2}\, d\theta\,(b>0),$$

所以,阿基米德螺线 $r=b\theta$ 上相应于 $0\leq\theta\leq 2\pi$ 一段(图 7.1.22)的弧长为

$$S = \int_0^{2\pi} b\sqrt{1+\theta^2}\, d\theta = b\pi\sqrt{1+4\pi^2} + \frac{1}{2}b\ln[2\pi+\sqrt{1+4\pi^2}]\,①.$$

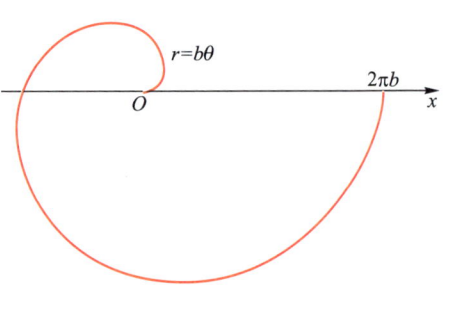

图 7.1.22

— 思考题 7.1 —

1. 什么叫微元法? 用微元法解决实际问题的思路及步骤是什么?
2. 求平面图形的面积一般分为几步?

— 练习 7.1A —

1. 求由曲线 $y=1-x^2$ 和 x 轴所围成的平面图形的面积.
2. 求由直线 $y=1$ 和曲线 $y=x^2$ 所围成的平面图形的面积.
3. 求由曲线 $y=x$ 与 $y=\sqrt{x}$ 所围成的平面图形的面积.
4. 求由曲线 $y=e^x$, $y=e^{-x}$ 和直线 $y=e$ 所围成的平面图形的面积.
5. 求由曲线 $y=2x+3$ 与 $y=x^2$ 所围成的平面图形的面积.

— 练习 7.1B —

1. 求曲线 $y=x^2$, $y=(x-2)^2$ 与 x 轴所围成的平面图形的面积.
2. 用定积分求底圆半径为 r, 高为 h 的圆锥体的体积.
3. 用定积分求由 $y=x^2+1$, $y=0$, $x=0$, $x=1$ 绕 x 轴旋转一周所得旋转体的体积.
4. 求由曲线 $y=2x$ 与 $y=3-x^2$ 所围成的图形的面积.
5. 求由曲线 $y=\dfrac{1}{x}$ 与直线 $y=x$ 及 $x=2$ 所围成的图形的面积.
6. 求由曲线 $y=\ln x$, y 轴与直线 $y=\ln a$, $y=\ln b(b>a>0)$ 所围成的图形的面积.
7. 求抛物线 $y^2=4x$ 及其在点 $(1,2)$ 处的法线所围成的图形的面积.
8. 求由摆线 $\begin{cases} x=r(t-\sin t) \\ y=r(1-\cos t) \end{cases}$ 的一拱 $(0\leq t\leq 2\pi, r>0)$ 与 x 轴所围成的图形的面积.
9. 求由曲线 $r=3\cos\theta$ 与 $r=1+\cos\theta$ 所围成的图形的面积.
10. 求对数螺线 $r=2e^\theta(0\leq\theta\leq\pi)$ 及射线 $\theta=\pi$ 所围成的图形的面积.

---

① 根据积分表(六)含有 $\sqrt{x^2+a^2}\,(a>0)$ 的积分中,公式 39. $\int \sqrt{x^2+a^2}\, dx = \dfrac{x}{2}\sqrt{x^2+a^2} + \dfrac{a^2}{2}\ln(x+\sqrt{x^2+a^2}) + C.$

11. 求抛物线 $y=2x^2$ 及其在点 $\left(\dfrac{1}{\sqrt{2}},1\right)$ 处的法线所围成的图形的面积.

12. 曲线 $y=\sin x(0\leqslant x\leqslant\pi)$ 与 x 轴围成一平面图形,求:

(1) 该平面图形的面积;

(2) 该平面图形绕 x 轴旋转所得旋转体的体积;

(3) 该平面图形绕 y 轴所得旋转体的体积.

13. 计算曲线 $y=\mathrm{e}^{-x}$ 与直线 $y=0$ 之间位于第一象限内的平面图形绕 x 轴旋转一周所得的旋转体的体积.

14. 求圆盘 $x^2+y^2\leqslant 1$ 绕 $x=-2$ 旋转所得旋转体的体积.

15. 求连续曲线 $y=\displaystyle\int_{-\frac{\pi}{2}}^{x}\sqrt{\cos t}\,\mathrm{d}t$ 的弧长.

16. 计算抛物线 $y^2=2x$ 从顶点到该曲线上的点 $(2,2)$ 的弧长.

17. 计算星形线 $x=a\cos^3 t,y=a\sin^3 t$ 的全长.

18. 求对数螺线 $r=\mathrm{e}^\theta$ 相应于 $0\leqslant\theta\leqslant\pi$ 的一段弧长.

7.2 定积分的物理应用举例

定积分的应用非常广泛,自然科学、工程技术中许多问题都可以运用定积分这种数学工具来解决. 下面我们列举一些物理方面的实例,不求全面,旨在加强读者运用微元法解决问题的能力.

7.2.1 定积分的物理应用

1. 功

(1) 变力做功

如果物体受恒力作用沿力的方向移动一段距离 s,则力 F 所做的功是 $W=F\cdot s$. 如果物体在变力 $F(x)$ 作用下沿 x 轴由 a 处移动到 b 处,如何求变力 $F(x)$ 所做的功?

由于力 $F(x)$ 是变力(图 7.2.1),所求功在区间 $[a,b]$ 上具有可加性,故可以用定积分来解决.

利用微元法,由于变力 $F(x)$ 是连续变化的,故可以设想在微小区间 $[x,x+\mathrm{d}x]$ 上作用力 $F(x)$ 保持不变("常代变"求微元的思想),用力 F 在小区间 $[x,x+\mathrm{d}x]$ 左端点 x 处的力 $F(x)$ 代替整个小区间上各点的力,按恒力做功公式得这一段上变力做功近似值,也就是功的微元为

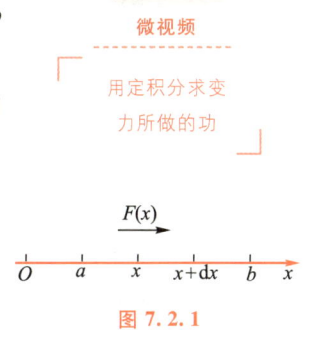

$$\mathrm{d}w=F(x)\mathrm{d}x,$$

将微元 $\mathrm{d}w$ 从 a 到 b 求定积分,就得到整个区间上所做的功为

$$W=\int_a^b F(x)\mathrm{d}x.$$

例 7.2.1 在原点 O 有一个带电荷量为 $+q$ 的点电荷,它所产生的电场对周围电荷有作用力. 现有一单位正电荷从到原点距离为 a 的点 A 沿射线 OA 方向移至到原点距离为 $b(a<b)$ 的点 B,求电场力做的功. 如果把该单位电荷移至无穷远处,电场力做了多少功?

解 取电荷移动的射线方向为 x 轴正向，那么电场力为 $F=k\dfrac{q}{x^2}$（k 为常数），这是一个变力. 在 $[x,x+\mathrm{d}x]$ 上，"以常代变"得功微元为

$$\mathrm{d}w=\dfrac{kq}{x^2}\mathrm{d}x,$$

于是电场力 F 使点电荷由 $x=a$ 移动到 $x=b$ 所做的功为

$$W=\int_a^b\dfrac{kq}{x^2}\mathrm{d}x=kq\left(-\dfrac{1}{x}\right)\bigg|_a^b=kq\left(\dfrac{1}{a}-\dfrac{1}{b}\right).$$

若移至无穷远处，则电场力 F 做功为

$$\int_a^{+\infty}\dfrac{kq}{x^2}\mathrm{d}x=-kq\dfrac{1}{x}\bigg|_a^{+\infty}=\dfrac{kq}{a}.$$

物理学中，将把单位正电荷移至无穷远处所做的功叫作电场在 A 处的电位，于是知电场在 A 处的电位为 $V=\dfrac{kq}{a}$.

例 7.2.2 设汽缸内活塞一侧存有一定量气体，气体做等温膨胀时推动活塞向右移动一段距离，若气体体积由 V_1 变至 V_2，求气体压力所做的功（图 7.2.2）.

解 气体膨胀为等温过程，所以气体压强为 $p=\dfrac{C}{V}$（V 为气体体积，C 为常数），而活塞上的总压力为

$$F=pQ=\dfrac{CQ}{V}=\dfrac{C}{s},$$

其中，Q 为活塞的截面积，s 为活塞移动的距离，$V=sQ$，以 s_1 与 s_2 表示活塞的初始与终止位置，于是得功为

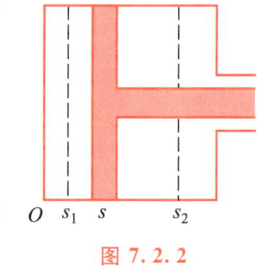

$$W=\int_{s_1}^{s_2}F\mathrm{d}s=C\int_{s_1}^{s_2}\dfrac{1}{s}\mathrm{d}s$$
$$=C\int_{V_1}^{V_2}\dfrac{1}{V}\mathrm{d}V \quad（这里，用变量 V 置换变量 s, V_2=Qs_2, V_1=Qs_1）.$$
$$=C\ln V\bigg|_{V_1}^{V_2}=C\ln\dfrac{V_2}{V_1}.$$

图 7.2.2

（2）抽水做功

例 7.2.3 一个底半径为 4 m，高为 8 m 的倒立圆锥形容器，内装 6 m 深的水，现要把容器内的水全部抽完，需做多少功？

解 我们设想水是一层一层被抽出来的，由于每层水的重量不一样，所以这是一个"变力"做功问题；又由于水位不断下降，使得水层的提升高度不断增加，这是一个"变距离"做功问题，下面用定积分来解决.

选择图示坐标系（图 7.2.3），于是直线 AB 方程为 $y=-\dfrac{1}{2}x+4$.

在 x 的变化区间 $[2,8]$ 内取微小区间 $[x,x+\mathrm{d}x]$，则抽出这厚为 $\mathrm{d}x$ 的一薄层水所需做功的近似值为

$$\mathrm{d}w=\rho gx\pi y^2\mathrm{d}x\text{（}\rho\text{ 为水的密度）},$$

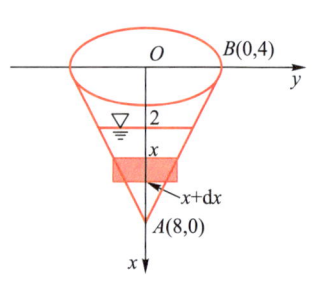

图 7.2.3

于是功为

$$W = \pi\rho g \int_2^8 xy^2 \,dx$$
$$= \pi\rho g \int_2^8 x\left(4 - \frac{x}{2}\right)^2 dx$$
$$= \pi\rho g \int_2^8 \left(16x - 4x^2 + \frac{x^3}{4}\right) dx$$
$$= \pi\rho g \left(8x^2 - \frac{4}{3}x^3 + \frac{x^4}{16}\right)\Big|_2^8$$
$$= 9.8 \times 63\pi \times 10^3 (\text{J}) \quad (\rho = 10^3 \text{ kg/m}^3, g = 9.8 \text{ m/s}^2).$$

如果将本题中的容器改为盛满水的半球形容器，把容器内的水全部抽完，怎样求所做的功？如果将水抽到高为 H 的水塔上去又怎样求？请读者继续思考、解答．

2. 液体对平面薄板的压力

设有一薄板，垂直放在密度为 ρ 的液体中，求液体对薄板的压力．

由物理学知道，在液面下深度为 h 处，由液体重量所产生的压强为 $\psi = \rho g h$，若有面积为 A 的薄板水平放置在液深为 h 处，这时薄板各处受力均匀，所受压力为 $p = \psi A = \rho g h A$．如果薄板是垂直置于液体中，薄板上在不同的深度处压强是不同的，但因为压力具有可加性，所以可用定积分解决压力计算问题．下面结合具体例子来说明如何用定积分来计算．

例 7.2.4 一个横放的半径为 R 的圆柱形油桶，里面盛有半桶油，计算桶的一个端面所受的压力（设油密度为 ρ）．

解 桶的一端面是圆板，现在要计算当油面过圆心时，垂直放置的一个半圆板的一侧所受的压力．

选取图示坐标系（图 7.2.4）．圆方程为 $x^2 + y^2 = R^2$．取 x 为积分变量，在 x 的变化区间 $[0, R]$ 内取微小区间 $[x, x + dx]$，视这细条上压强不变，所受的压力的近似值，即压力微元为

$$df = 2\rho g x \sqrt{R^2 - x^2}\, dx,$$

于是，端面所受的压力为

$$F = \int_0^R 2\rho g x \sqrt{R^2 - x^2}\, dx$$
$$= -\rho g \int_0^R (R^2 - x^2)^{\frac{1}{2}} \cdot d(R^2 - x^2)$$
$$= -\rho g \left[\frac{2}{3}(R^2 - x^2)^{\frac{3}{2}}\right]\Big|_0^R = \frac{2}{3}\rho g R^3.$$

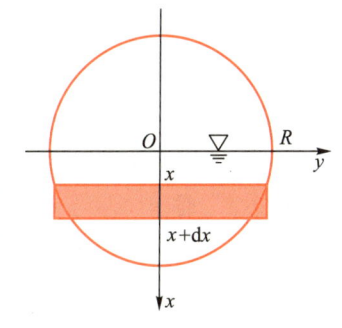

图 7.2.4

请读者继续解答：当本题的圆柱形油桶盛满油时，如何计算端面所受的压力？

3. 转动惯量

在刚体力学中，转动惯量是一个重要的物理量，若质点质量为 m，到一轴距离为 r，则该质点绕轴的转动惯量为

$$I = mr^2.$$

对于质量连续分布的物体绕轴的转动惯量问题，一般地，可以用定积分来解决．

例 7.2.5　一均匀细杆长为 l, 质量为 m, 试计算细杆绕过它的中点且垂直于杆的轴的转动惯量.

解　选择图示坐标系(图 7.2.5).

先求转动惯量微元 $\mathrm{d}i$, 为此考虑细杆上 $[x, x+\mathrm{d}x]$ 一段, 它的质量为 $\dfrac{m}{l}\mathrm{d}x$, 把这一小段杆设想为位于 x 处的一个质点, 它到转动轴距离为 $|x|$, 于是得微元为

$$\mathrm{d}i = \frac{m}{l}x^2 \mathrm{d}x,$$

沿细杆从 $-\dfrac{l}{2}$ 到 $\dfrac{l}{2}$ 积分, 得整个细杆转动惯量为

$$I = \int_{-\frac{l}{2}}^{\frac{l}{2}} \frac{m}{l} x^2 \mathrm{d}x = \frac{m}{l} \cdot \frac{x^3}{3}\bigg|_{-\frac{l}{2}}^{\frac{l}{2}} = \frac{1}{12}ml^2.$$

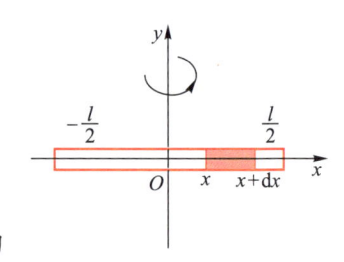

图 7.2.5

4. 引力

根据万有引力定律知道, 质量分别为 m_1, m_2, 相距为 r 的两质点间的引力的大小为 $F = G\dfrac{m_1 m_2}{r^2}$, 其中 G 为引力系数, 引力的方向沿着两质点的连线方向.

如要计算一根细棒对一个质点的引力, 那么, 由于细棒上各点与该质点的距离是变化的, 且各点对该质点的引力的方向也是变化的, 因此就不能用上述公式来计算. 下面举例说明它的计算方法.

例 7.2.6　设有一长度为 l, 线密度为 μ 的均匀细直棒, 在其中垂线上距棒 a 单位处有一质量为 m 的质点 M. 试计算该细棒对质点 M 的引力.

解　取坐标系如图 7.2.6 所示, 使该细棒位于 y 轴上, 质点 M 位于 x 轴上, 棒的一端点为原点 O. 取 y 为积分变量, 其变化区间为 $[0, l]$, 将区间 $[0, l]$ 任意分成若干个小区间, 其代表性小区间为 $[y, y+\mathrm{d}y]$, 把小区间 $[y, y+\mathrm{d}y]$ 所对应的一小段直棒近似看作质量集中于点 $B(0, y)$ 处的质点, 其质量微元为 $\mu\mathrm{d}y$, 它与质点 M 相距 $r = \sqrt{a^2 + y^2}$. 因此可以按照两质点间的引力计算公式求出这小段细直棒对质点 M 的引力的大小为 $\Delta f \approx \dfrac{Gm\mu\mathrm{d}y}{(\sqrt{a^2+y^2})^2} = \dfrac{Gm\mu\mathrm{d}y}{a^2+y^2}$, 即细直棒对质点 M 的引力微元 $\mathrm{d}f = \dfrac{Gm\mu\mathrm{d}y}{a^2+y^2}$, 其方向由点 M 指向点 $B(0, y)$.

设 $\angle BMO = \alpha$, 则 $\cos\alpha = \dfrac{a}{r} = \dfrac{a}{\sqrt{a^2+y^2}}$, $\sin\alpha = \dfrac{y}{r} = \dfrac{y}{\sqrt{a^2+y^2}}$.

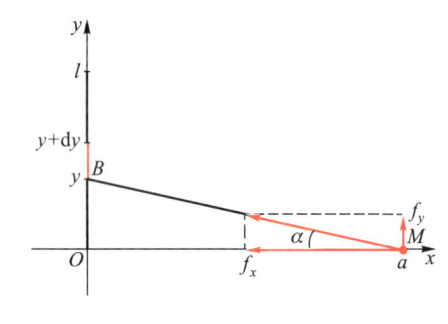

图 7.2.6

于是, 得细直棒对质点 M 的引力在水平方向分力 F_x 的微元为

$$\mathrm{d}f_x = -\frac{Gm\mu\mathrm{d}y}{a^2+y^2}\cos\alpha = -\frac{Gm\mu\mathrm{d}y}{a^2+y^2}\cdot\frac{a}{\sqrt{a^2+y^2}} = -\frac{Gam\mu\mathrm{d}y}{(a^2+y^2)^{\frac{3}{2}}}\quad(\mathrm{d}f_x \text{ 与 } x \text{ 轴正向相反});$$

细直棒对质点 M 的引力在铅直方向分力 F_y 的微元为

$$df_y = \frac{Gm\mu dy}{a^2+y^2}\sin\alpha = \frac{Gm\mu dy}{a^2+y^2} \cdot \frac{y}{\sqrt{a^2+y^2}} = \frac{Gm\mu y dy}{(a^2+y^2)^{\frac{3}{2}}}.$$

因此，细直棒对质点 M 的引力在水平方向分力

$$F_x = \int_0^l -\frac{Gam\mu}{(a^2+y^2)^{\frac{3}{2}}}dy.$$

令 $y = a\tan t$，当 $y=0$ 时，$t=0$；当 $y=l$ 时，$t=\arctan\dfrac{l}{a}$。于是，

$$F_x = -G\frac{am\mu}{a^3}\int_0^{\arctan\frac{l}{a}} \frac{1}{(1+\tan^2 t)^{\frac{3}{2}}} d(a\tan t)$$

$$= -G\frac{m\mu}{a}\int_0^{\arctan\frac{l}{a}} \frac{1}{\frac{1}{\cos^3 t}} \cdot \frac{1}{\cos^2 t} dt$$

$$= -G\frac{m\mu}{a}\int_0^{\arctan\frac{l}{a}} \cos t \, dt$$

$$= -G\frac{m\mu}{a}\sin t \Big|_0^{\arctan\frac{l}{a}}$$

$$= -\frac{Gm\mu l}{a\sqrt{a^2+l^2}}.$$

细直棒对质点 M 的引力在铅直方向分力

$$F_y = \int_0^l \frac{Gm\mu y}{(a^2+y^2)^{\frac{3}{2}}}dy$$

$$= \frac{Gm\mu}{2}\int_0^l \frac{1}{(a^2+y^2)^{\frac{3}{2}}}d(a^2+y^2)$$

$$= -Gm\mu(a^2+y^2)^{-\frac{1}{2}}\Big|_0^l$$

$$= Gm\mu \frac{1}{\sqrt{a^2+y^2}}\Big|_l^0$$

$$= Gm\mu\left(\frac{1}{a} - \frac{1}{\sqrt{a^2+l^2}}\right).$$

— 思考题 7.2 —

设一物体受连续的变力 $F(x)$ 作用沿力的方向作直线运动，则物体从 $x=a$ 运动到 $x=b$，变力所做的功为 $W=$ _____，其中 _____ 为变力 $F(x)$ 使物体由 $[a,b]$ 内的任一闭区间 $[x,x+dx]$ 的左端点 x 移动到右端点 $x+dx$ 所做功的近似值，也称其为 _____。

— 练习 7.2A —

变力 $f(x) = x^2 - x$ 使质点沿 x 轴的正方向由 $x=1$ 移动到了 $x=3$ 处，求变力 $f(x)$ 所做的功。

— 练习 7.2B —

1. 一个底半径为 R m,高为 H m 的圆柱形水桶装满了水,要把桶内的水全部吸到高为 $H+2$ m 的平台上,需要做多少功(水的密度为 10^3 kg/m³,g 取 10 m/s²)?

2. 一边长为 a m 的正方形薄板垂直放入水中,使该板的上边距水面 1 m,试求该薄板的一侧所受的水的压力(水的密度为 10^3 kg/m³).

3. 在本节例 7.2.4 中,当半径 $R=1$ m,密度 $\gamma=850$ kg/m³(变压器油)时,计算桶的一个侧面所受的侧压力.

4. 一个高 6 m、下底长 10 m、上底为 8 m 的等腰梯形闸门,铅直地浸入水中,其上底恰位于水表面(水的密度为 10^3 kg/m³,$g=9.8$ m/s²),求闸门一侧受到水的压力.

5. 设有一半径为 1 m,中心角为 $\dfrac{\pi}{3}$ 的圆弧形细棒,其线密度为常数 μ.在圆心处有一质量为 2 kg 的质点 M,试求该细棒对质点 M 的引力.

7.3 定积分的经济应用举例

1. 已知总产量的变化率求总产量

例 7.3.1 设某产品在时刻 t 总产量的变化率为
$$f(t)=100+12t-0.6t^2 \quad (\text{单位}/\text{h}),$$
求从 $t=2$ 到 $t=4$ 的总产量(t 的单位为 h).

解 设总产量为 $Q(t)$,由已知条件 $Q'(t)=f(t)$,则知总产量 $Q(t)$ 是 $f(t)$ 的一个原函数.所以有
$$\int_2^4 f(t)\mathrm{d}t = \int_2^4 (100+12t-0.6t^2)\mathrm{d}t$$
$$=(100t+6t^2-0.2t^3)\Big|_2^4 = 260.8,$$

即所求的总产量为 260.8 单位.

2. 已知边际函数求总量函数

边际变量(边际成本、边际收益、边际利润)是指对应经济变量的变化率,如果已知边际成本求总成本,已知边际收益求总收入,已知边际利润求总利润,就要用到定积分.

例 7.3.2 已知生产某产品 x 单位(百台)的边际成本和边际收益分别为
$$C'(x)=3+\dfrac{1}{3}x \quad (\text{万元}/\text{百台}),$$
$$R'(x)=7-x \quad (\text{万元}/\text{百台}),$$
其中 $C(x)$ 和 $R(x)$ 分别是总成本函数和总收入函数.

(1) 若固定成本 $C(0)=1$ 万元,求总成本函数、总收入函数和总利润函数;

(2) 产量为多少时,总利润最大? 最大总利润是多少?

解 (1) 总成本等于固定成本与可变成本之和,即
$$C(x)=C(0)+\int_0^x \left(3+\dfrac{x}{3}\right)\mathrm{d}x,$$

这里，x 既是积分限，又是积分变量，容易混淆，故改写为

$$C(x) = C(0) + \int_0^x \left(3 + \frac{t}{3}\right) dt$$

$$= 1 + 3x + \frac{1}{6}x^2.$$

总收入函数为

$$R(x) = R(0) + \int_0^x (7-t) dt = 7x - \frac{1}{2}x^2$$

（因为产量为零时，没有收入，所以 $R(0)=0$）．

总利润等于总收入与总成本之差，故总利润 L 为

$$L(x) = R(x) - C(x) = \left(7x - \frac{1}{2}x^2\right) - \left(1 + 3x + \frac{1}{6}x^2\right)$$

$$= -1 + 4x - \frac{2}{3}x^2.$$

（2）由于 $L'(x) = 4 - \frac{4}{3}x$，令 $4 - \frac{4}{3}x = 0$，得唯一驻点 $x = 3$，根据该题实际意义知，当 $x = 3$ 百台时，$L(x)$ 有最大值，即最大利润为

$$L(3) = -1 + 4 \times 3 - \frac{2}{3} \times 3^2 = 5 \text{（万元）}.$$

— 思考题 7.3 —

1. 已知某产品的边际成本函数及固定成本，如何求总成本函数？
2. 已知某产品的固定成本、边际成本、边际收益，如何求总利润？
3. 已知某产品的固定成本、边际成本函数、边际收益函数，如何求使总利润最大的产量？
4. 某产品产量为 x 时的总成本函数为 $C(x)$，请解释定积分 $\int_{x_0}^{x_0+\Delta x} C'(x) dx$ 的经济意义.

— 练习 7.3A —

1. 已知某产品的边际成本函数为 $C'(x) = 2x$（元/件），固定成本为 500 元，求总成本函数．
2. 已知某商品的边际收益为 $R = 6$，求总收入函数．

— 练习 7.3B —

1. 已知某产品生产 x 个单位时，总收入 R（单位：万元）的变化率（边际收益）为

$$R'(x) = 250 - \frac{x}{150} (x \geq 0).$$

（1）求生产了 150 个单位时的总收入；
（2）如果已经生产了 150 个单位，求再生产 50 个单位时的总收入．

2. 设某工厂每月的固定成本为 10 千元，生产 x 吨该种产品时的边际成本 $C'(x) = 10 + \frac{x}{400}$（千元/吨），边际收益 $R'(x) = 20$（千元/吨），求：

(1) 每月生产 x 吨该种产品时的总成本；

(2) 每月生产 x 吨该种产品时的总利润；

(3) 每月生产多少吨该种产品时，利润最大？最大利润是多少.

7.4　用数学软件求解定积分应用问题

7.4.1　用数学软件 Mathematica 求解定积分应用问题

例 7.4.1　求两条抛物线 $y^2=x, y=x^2$ 所围成的平面图形（图 7.4.1）的面积.

解　(1) 先求两条抛物线 $y^2=x, y=x^2$ 的交点坐标：

```
In[1]:=Clear[x]
Solve[{y==x^2,x==y^2},{x,y},Reals]
Out[2]={{x→0,y→0},{x→1,y→1}}
```

(2) 将所求面积表示成定积分 $A=\int_0^1(\sqrt{x}-x^2)\mathrm{d}x$，并计算.

```
In[1]:=Clear[x]
Integrate[Sqrt[x]-x^2,{x,0,1}]
Out[2]=1/3
```

因此，所求平面图形的面积为 $\dfrac{1}{3}$.

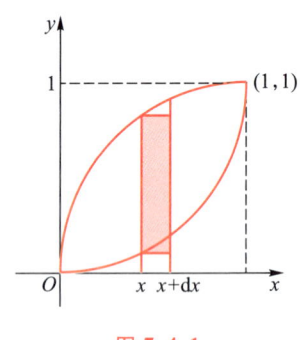

图 7.4.1

7.4.2　用数学软件 MATLAB 求解定积分应用问题

例 7.4.2　求两条抛物线 $y^2=x, y=x^2$ 所围成的平面图形的面积.

解　(1) 先求两条抛物线 $y^2=x, y=x^2$ 的交点坐标：

```
≫ clear
syms x y real
s=solve(y==x^2,x==y^2,x,y);s=[s.x s.y]
s =
[ 0, 0]
[ 1, 1]
```

(2) 将所求面积表示成定积分 $A=\int_0^1(\sqrt{x}-x^2)\mathrm{d}x$，并计算.

```
≫ clear
syms x y
≫ int(sqrt(x)-x^2,x,0,1)
ans =1/3
```

因此，所求平面图形的面积为 $\dfrac{1}{3}$.

7.5　学习任务7解答　抽水做功

解

1. 如图7.5.1所示建立直角坐标系,将区间[0,10]分成若干个小区间,其中代表性小区间 $[y,y+\mathrm{d}y]$ 所对应的一小层水的体积为 $\pi\times 5^2\mathrm{d}y=25\pi\mathrm{d}y$,质量为 $25\pi\rho\mathrm{d}y$,重量为 $25\pi\rho g\mathrm{d}y(g=9.8\ \mathrm{m/s^2})$,将小区间 $[y,y+\mathrm{d}y]$ 所对应的一小层水抽到地面,克服重力所做的功微元 $\mathrm{d}W=(25\pi\rho g\mathrm{d}y)(10-y)=25\pi\rho g(10-y)\mathrm{d}y$,将功微元 $\mathrm{d}W$ 在区间[0,10]上进行无限累加,得把池中的水抽干所做的功 $W=\int_0^{10}25\pi\rho g(10-y)\mathrm{d}y=-\dfrac{25\pi\rho g}{2}(10-y)^2\Big|_0^{10}=\dfrac{25\pi\times 1\ 000\times 9.8}{2}(10^2-0^2)=122.5\times 10^5\pi(\mathrm{J})=3.848\ 45\times 10^7(\mathrm{J})$.

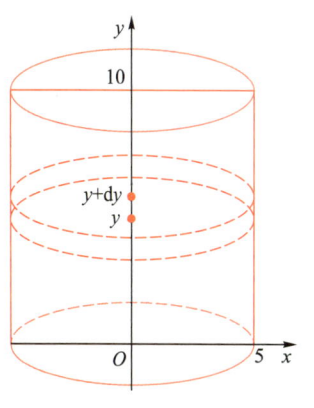

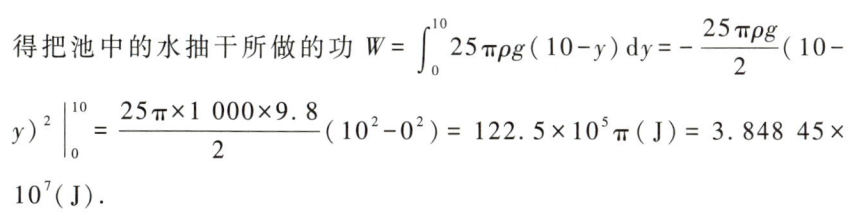

2. 扫描二维码,查看学习任务7的Malthematica程序.
3. 扫描二维码,查看学习任务7的MATLAB程序.

图 7.5.1

扫一扫,看代码　Mathematica 程序

扫一扫,看代码　MATLAB 程序

复习题7

A 级

1. 求由下列曲线所围成的平面图形的面积:
(1) $y=x^2+1, x=0, x=1$ 与 x 轴;
(2) $y=2x^2, y=x^2$ 与 $y=1$;
(3) $y=\sin x, y=\cos x$ 与 $x=0, x=\dfrac{\pi}{2}$.

2. 计算由曲线 $xy=2, y-2x=0, 2y-x=0$ 所围成的图形的面积.
3. 求心形线 $r=a(1+\cos\theta)$ 所围成的图形的面积.
4. 有一立体,以半长轴 $a=10$,半短轴 $b=5$ 的椭圆为底,垂直于长轴的截面都是等边三角形,求其体积.
5. 求由曲线 $y=\mathrm{e}^x(x\leqslant 0), x=0, y=0$ 所围成的图形绕 x 轴及 y 轴旋转所得的立体体积.
6. 求由抛物线 $y=x^2$ 及直线 $y=1$ 所围平面图形绕 y 轴旋转一周所得立体的体积.
7. 计算曲线 $y^2=x^3$ 上相应于 $x=0$ 到 $x=1$ 的一段弧的弧长.

B 级

8. 有一质点按规律 $x=t^3$ 作直线运动,介质阻力与速度成正比,求质点从 $x=0$ 移到 $x=1$ 时,克服介质阻

力所做的功.

9. 弹簧压缩所受的力 F 与压缩距离成正比,现在弹簧由原长压缩了 6 cm,问需做多少功?

10. 半径为 3 m 的半球形水池盛满了水,若把其中的水全部抽尽需要做多少功?

11. 有一形如圆台的水桶盛满了水,如果桶高 3 m,上下底的半径分别为 1 m 和 2 m,试计算将桶中水吸尽所做的功.

12. 有一闸门,它的形状和尺寸如图 7.f.1 所示,水面距闸门上沿 2 m,求闸门一侧所受水的压力.

13. 一底为 8 m,高为 6 m 的等腰三角形薄片,铅直沉在水中,顶在上,底在下且与水面平行,而顶离水面 3 m,试求它侧面所受的压力.

14. 如图 7.f.2 所示圆锥体充满液体,设液体密度 ρ 随高度 Z 变化公式为

$$\rho = \rho_0\left(1 - \frac{Z}{2H}\right) \quad (\rho_0 \text{ 为常数}),$$

试用微元法求液体的总质量.

15. 求函数 $y = 2xe^{-x^2}$ 在 $[0,2]$ 上的平均值.

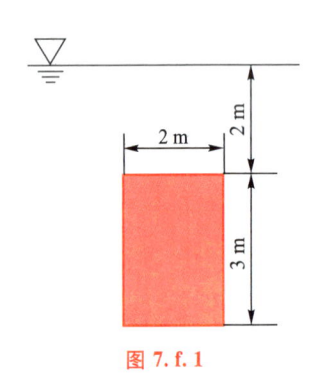

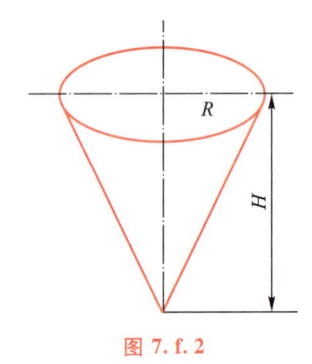

图 7.f.1

图 7.f.2

16. 求由曲线 $y = x^3 - 5x^2 + 6x$ 与 x 轴所围成的图形的面积.

17. 求由曲线 $r = a\sin\theta$ 及 $r = a(\cos\theta + \sin\theta)(a>0)$ 所围图形公共部分的面积.

18. 设从下到上依次有三条曲线:$y = x^2, y = 2x^2$ 及 C,假设对曲线上的任一点,所对应的面积 A 和 B 恒相等,求曲线 C 的方程.

19. 设抛物线 $y = ax^2 + bx + c$ 通过点 $(0,0)$,且当 $x \in [0,1]$ 时,$y \geq 0$.试确定 a, b, c 的值,使抛物线 $y = ax^2 + bx + c$ 与直线 $x = 1, y = 0$ 所围成图形的面积为 $\frac{4}{9}$,且使该图形绕 x 轴旋转而成的旋转体的体积最小.

20. 过坐标原点作曲线 $y = \ln x$ 的切线,该切线与曲线 $y = \ln x$ 及 x 轴围成平面图形 D,求(1)D 的面积 A;(2)D 绕直线 $x = e$ 旋转一周所得旋转体的体积 V.

21. 求由曲线 $y = x^{\frac{1}{2}}$,直线 $x = 4$ 及 x 轴所围图形绕 y 轴旋转而成的旋转体的体积.

22. 求圆盘 $(x-2)^2 + y^2 \leq 1$ 绕 y 轴旋转而成的旋转体的体积.

23. 求抛物线 $y = \frac{1}{2}x^2$ 在圆 $x^2 + y^2 = 3$ 内的部分的弧长.

24. 求曲线 $y = \frac{1}{3}\sqrt{x}(3-x)$ 上相应于 $1 \leq x \leq 3$ 的一段弧的弧长.

25. 半径为 r 的球沉入水中,球的上部与水面相切,球的密度与水相同,现将球从水中取出,需做多少功?

26. 边长为 a 和 b 的矩形薄板,与液面成 α 角斜沉于液体内,长边平行于液面而位于深 h 处,设 $a > b$,液体的密度为 ρ,试求薄板每面所受的压力.

27. 一直径为 6 m 的半圆形闸门,铅直地浸入水中,其直径恰位于水表面(重力加速度 $g=9.8$ m/s^2,水的密度为 10^3 kg/m^3),求闸门一侧受到水的压力.

28. 已知生产 x 个单位产品的边际成本 $C'(x)=0.3x^2+2x$(万元/单位),固定成本 $C_0=2\,000$(万元),求该产品的总成本函数.

29. 已知某一商品每周的固定成本为 50 元,生产 x 单位时边际成本是 $f(x)=0.4x-12$ 元/单位,求总成本函数 $C(x)$.如果这种产品的销售单价是 20 元,求总利润函数 $L(x)$.并问每周生产多少单位时,才能获得最大利润?

30. 某产品的总成本 C(万元)的变化率(边际成本)$C'=1$,总收入 R(万元)的变化率(边际收益)为生产量 x(百台)的函数 $R'(x)=5-x$,求:

(1) 生产量为多少时,总利润 $L=R-C$ 为最大?

(2) 从利润最大的生产量开始,又生产了 100 台,总利润减少了多少?

31. 有一个投资项目投资成本为 1 000 万元,年均收益率为 200 万元,年利率为 10%,试求:(1) 该笔投资 10 年内总收入的贴现值;(2) 该笔投资无限期时纯收入的贴现值;(3) 收回该笔投资需多长时间?

32. 已知某产品总产量的变化率是时间 t(单位:年)的函数 $f(t)=2t+5$($t\geq 0$),求第一个五年和第二个五年的总产量各为多少.

33. 已知某产品总产量变化率为

$$Q'(t)=\frac{90}{t^2}\mathrm{e}^{-\frac{3}{t}}\quad (\mathrm{kt/a}),$$

问:投产后多少年可使平均年产量达到最大值?此最大值为多少?

34. 已知某产品的边际成本和边际收益分别为

$$C'(Q)=Q^2-4Q+6,\quad R'(Q)=105-2Q,$$

且固定成本为 100,其中 Q 为销售量,$C(Q)$ 和 $R(Q)$ 为总成本函数和总收入函数,求最大利润.

C 级

35. 2022 年 10 月 9 日,我国综合性太阳探测卫星"夸父一号"在酒泉卫星发射中心搭乘长征二号丁型运载火箭发射升空,并顺利进入预定轨道,发射任务取得圆满成功. 请搜集相关数据,求把"夸父一号"送到预定轨道需要做多少功?

D 级

文档

第 7 章 定积分的应用
考研试题及其解答

第8章 常微分方程

8.0 学习任务8 物体散热规律

将 100 ℃ 的物体置于 20 ℃ 的环境中散热，10 min 后测得该物体的温度为 80 ℃. 设散热 t min 后，物体的温度为 $y(t)$ ℃，于是有 $y(0)=100$，$y(10)=80$. 又因为物体散热速度 $\dfrac{dy}{dt}\left(\dfrac{dy}{dt}<0\right)$ 和它与周围环境温度之差 $y-20$（$y-20>0$）成正比，从而有方程 $\dfrac{dy}{dt}=-k(y-20)$（$k>0$ 为比例系数），请回答下列问题：

(1) 该物体温度随时间 t 变化的函数 $y(t)$；

(2) 20 min 后该物体的温度；

(3) 何时该物体的温度为 28 ℃？

该问题的关键是从方程 $\dfrac{dy}{dt}=-k(y-20)$ 中解出温度函数 $y(t)$. 该方程中不但含有未知函数，而且含有未知函数的导数 $\dfrac{dy}{dt}$，解决该问题需要常微分方程的有关知识.

在科学研究和生产实际中，经常要寻求表示客观事物的变量之间的函数关系，但在大量实际问题中，往往不能直接得到所求的函数关系，却可以得到含有未知函数导数或微分的关系式，即通常所说的微分方程. 因此，微分方程是描述客观事物的数量关系的一种重要数学工具. 本章重点研究常见的微分方程的解法，并结合实际问题探讨用微分方程建立数学模型的方法.

> **引例** 某日，小明在宿舍和同学们聊天，有个同学问小明："你知道哪个函数与其导数之差为零吗？"小明稍加思考回答说："指数函数 e^x 呀！因为 $(e^x)'=e^x$，所以，该函数与其导数差等于零."同学们的聊天话题很快被转移了，小明却陷入了沉思，他想，未知函数及未知函数的导数之差等于零，这不是含有未知函数及其导数的方程吗？次日，小明问老师："含有未知函数及其导数的方程有一般求解方法吗？"
>
> 老师回答说："你说的这种含有未知函数和其导数的方程叫作微分方程. 对于简单的微分方程是有一般求解方法的."

8.1 微分方程的基本概念与分离变量法

本节先介绍微分方程的基本概念，然后介绍微分方程的分离变量法.

8.1.1 微分方程的基本概念

我们已经学过代数方程,它是含有未知元的等式.在工程技术及现实生活中,还经常碰到含有未知函数及其导数(或微分)的方程,这类方程就是微分方程.如果微分方程中所含的未知函数是一元函数时,微分方程就称为常微分方程.由于本章只涉及常微分方程,所以以后把常微分方程简称为微分方程或方程.在微分方程中,所含未知函数的导数的最高阶数定义为该微分方程的阶数.当形如 $a_0 y^{(n)}+a_1 y^{(n-1)}+\cdots+a_{n-1} y'+a_n y=f(x)$(其中系数 $a_0,a_1,\cdots,a_{n-1},a_n$ 与未知函数 y 及其各阶导数无关)的微分方程中所含的未知函数及其各阶导数全是一次幂时,把这样的微分方程称为线性微分方程.在线性微分方程中,若未知函数及其各阶导数的系数全是常数,则称这样的微分方程为常系数线性微分方程.如 $3y''+2y'+y=\sin x$ 为二阶常系数线性微分方程.

如果将函数 $y=y(x)$ 代入微分方程后能使方程成为恒等式,这个函数就称为该微分方程的解.

微分方程的解有两种形式:一种不含任意常数,一种含有任意常数.如果解中包含任意常数,且独立的任意常数的个数与方程的阶数相同,则称这样的解为微分方程的通解,不含有任意常数的解,称为微分方程的特解.在微分方程的通解中,依据特定条件确定出其任意常数,就能得到满足该条件的特解.

什么是独立的任意常数?函数 $y=C_1 e^x+3C_2 e^x$ 显然为方程 $y''-3y'+2y=0$ 的解.这时的 C_1,C_2 就不是两个独立的任意常数,因为该函数能写成 $y=(C_1+3C_2)e^x=Ce^x$,这种能合并成一个的任意常数,只能算一个独立的任意常数.为了准确地描述这一问题,我们引入下面的概念.

定义 8.1.1(线性相关,线性无关) 设函数 $y_1(x),y_2(x)$ 是定义在区间 (a,b) 内的函数,若存在两个不全为零的数 k_1,k_2,使得对于 (a,b) 内的任一 x 恒有
$$k_1 y_1+k_2 y_2=0$$
成立,则称函数 y_1,y_2 在 (a,b) 内线性相关,否则称为线性无关.

可见 y_1,y_2 线性相关的充分必要条件是 $\dfrac{y_1}{y_2}$ 在 (a,b) 区间内恒为常数.若 $\dfrac{y_1}{y_2}$ 不恒为常数,则 y_1,y_2 线性无关.例如:e^x 与 e^{2x} 线性无关,e^x 与 $2e^x$ 线性相关.

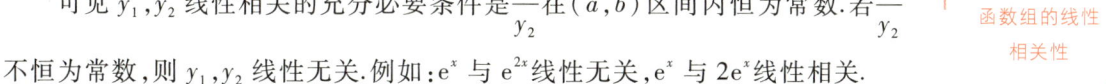

于是,当 y_1 与 y_2 线性无关时,函数 $y=C_1 y_1+C_2 y_2$ 中含有两个独立的任意常数 C_1 和 C_2.

通常,我们用未知函数及其各阶导数在某个特定点的值作为确定通解中任意常数的条件,称为初值条件.因此,一阶微分方程的初值条件为
$$y(x_0)=y_0,$$
其中 x_0,y_0 是两个已知数.二阶微分方程的初值条件为
$$\begin{cases} y(x_0)=y_0, \\ y'(x_0)=y_0', \end{cases}$$
其中 x_0,y_0,y_0' 是三个已知数.求微分方程满足初值条件的解的问题,称为初值问题.

例 8.1.1 验证函数 $y=C_1 e^x+C_2 e^{2x}$(C_1,C_2 为任意常数)为二阶微分方程 $y''-3y'+2y=0$ 的通解,并求方程满足初值条件 $y(0)=0,y'(0)=1$ 的特解.

解
$$y=C_1 e^x+C_2 e^{2x},$$
$$y'=C_1 e^x+2C_2 e^{2x},$$
$$y''=C_1 e^x+4C_2 e^{2x},$$

将 y,y',y'' 代入方程 $y''-3y'+2y=0$ 左端,得

$$C_1 e^x + 4C_2 e^{2x} - 3(C_1 e^x + 2C_2 e^{2x}) + 2(C_1 e^x + C_2 e^{2x})$$
$$= (C_1 - 3C_1 + 2C_1) e^x + (4C_2 - 6C_2 + 2C_2) e^{2x} = 0,$$

所以,函数 $y = C_1 e^x + C_2 e^{2x}$ 是所给微分方程的解.又因为,这个解中有两个独立的任意常数,与方程的阶数相同,所以它是方程的通解.由初值条件 $y(0) = 0$,我们得 $C_1 + C_2 = 0$,由初值条件 $y'(0) = 1$,得 $C_1 + 2C_2 = 1$,所以 $C_2 = 1, C_1 = -1$.于是,满足所给初值条件的特解为 $y = -e^x + e^{2x}$.

8.1.2 分离变量法

定义 8.1.2(可分离变量的微分方程) 形如

$$\frac{dy}{dx} = f(x) g(y) \tag{8.1.1}$$

的方程,称为可分离变量的微分方程.

该方程的特点是:等式右边可以分解成两个函数之积,其中一个只是 x 的函数,另一个只是 y 的函数.因此,可将该方程化为等式一边只含变量 y,而另一边只含变量 x 的形式,即

$$\frac{dy}{g(y)} = f(x) dx,$$

其中 $g(y) \neq 0$,对上式两边积分得

$$\int \frac{dy}{g(y)} = \int f(x) dx$$

（式中左端为对 y 积分,右端为对 x 积分.这是因为 $\int \frac{dy}{g(y)} = \int \frac{1}{g(y)} \frac{dy}{dx} \cdot dx = \int \frac{1}{g(y)} f(x) g(y) dx = \int f(x) dx$）,不定积分算出后就得到式(8.1.1)的解.此外,若 $g(y_0) = 0$,则 $y = y_0$ 也是式(8.1.1)的解,我们把这种求解过程叫作分离变量法,求解步骤是:第一步分离变量,第二步两边分别积分.

例 8.1.2 求 $y' + xy = 0$ 的通解.

解 方程变形为

$$\frac{dy}{dx} = -xy,$$

分离变量得

$$\frac{dy}{y} = -x dx \quad (y \neq 0),$$

两边积分得

$$\int \frac{dy}{y} = -\int x dx,$$

求积分得

$$\ln |y| = -\frac{1}{2} x^2 + C_1,$$

所以

$$|y| = e^{-\frac{1}{2}x^2 + C_1} = e^{C_1} e^{-\frac{1}{2}x^2},$$

即

$$y = \pm e^{C_1} e^{-\frac{1}{2}x^2} = C_2 e^{-\frac{1}{2}x^2} \quad (C_2 = \pm e^{C_1} \text{为非零任意常数}),$$

又因为 $y = 0$ 也是所给微分方程的解,所以方程通解为 $y = Ce^{-\frac{1}{2}x^2}$(C 为任意常数).

例 8.1.3 设降落伞从跳伞塔下落,所受空气阻力与速度成正比,降落伞离开塔顶($t = 0$)时的速度为零.求降落伞下落速度与时间 t 的函数关系(图 8.1.1).

解 设降落伞下落速度为 $v(t)$ 时伞所受空气阻力为 $-kv$(负号表示阻力与运动方向相反,$k > 0$ 为常数).另外,伞在下降过程中还受重力 $P = mg$ 作用,故由牛顿第二定律得 $m \frac{dv}{dt} = mg - kv$ 且有初值条件 $v|_{t=0} = 0$.于是,所给问题归结为求解初值问题

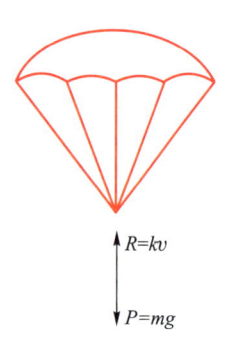

图 8.1.1

$$\begin{cases} m\dfrac{\mathrm{d}v}{\mathrm{d}t}=mg-kv,\\ v\mid_{t=0}=0, \end{cases}$$

对上述方程分离变量得
$$\dfrac{\mathrm{d}v}{mg-kv}=\dfrac{\mathrm{d}t}{m},$$

两边积分
$$\int\dfrac{\mathrm{d}v}{mg-kv}=\int\dfrac{\mathrm{d}t}{m},$$

可得
$$-\dfrac{1}{k}\ln\mid mg-kv\mid=\dfrac{t}{m}+C_1,$$

整理得
$$v=\dfrac{mg}{k}-C\mathrm{e}^{-\frac{k}{m}t}\quad\left(C=\pm\dfrac{1}{k}\mathrm{e}^{-kC_1}\right).$$

由初值条件得 $0=\dfrac{mg}{k}-C\mathrm{e}^0$,即 $C=\dfrac{mg}{k}$,故所求特解为
$$v=\dfrac{mg}{k}(1-\mathrm{e}^{-\frac{k}{m}t}).$$

由此可见,随着 t 的增大,速度 v 逐渐趋于常数 $\dfrac{mg}{k}$,但不会超过 $\dfrac{mg}{k}$,这说明跳伞后,开始阶段是加速运动,以后逐渐趋于匀速运动.

例 8.1.4 放射性元素铀由于不断地有原子放射出微粒子而变成其他元素,铀的含量就不断减少,这种现象叫作衰变.由原子物理学知道,铀的衰变速度与当时未衰变的铀原子的含量成正比.假设铀的含量在时间 $t=0$ 时为 M_0,求在衰变过程中铀含量随时间 t 变化的规律.

解 设时刻 t 铀含量为 $M(t)$,由于铀的衰变速度与其含量成正比,所以其衰变速度就是 $M(t)$ 对时间 t 的导数.故得微分方程
$$\dfrac{\mathrm{d}M}{\mathrm{d}t}=-\lambda M, \qquad ①$$

其中 $\lambda(\lambda>0)$ 是常数,称其为衰变系数,λ 前的负号是因为当 t 增加时 $M(t)$ 单调减少.

由题意得初值条件为
$$M\mid_{t=0}=M_0. \qquad ②$$

对方程①分离变量后得
$$\dfrac{\mathrm{d}M}{M}=-\lambda\mathrm{d}t.$$

两端积分 $\int\dfrac{\mathrm{d}M}{M}=\int(-\lambda)\mathrm{d}t$,

得
$$\ln M=-\lambda t+\ln C(M(t)>0,\text{用 }\ln C\text{ 表示任意常数},C>0),$$

所以 $M=\mathrm{e}^{-\lambda t+\ln C}=C\mathrm{e}^{-\lambda t}.$

即 $M=C\mathrm{e}^{-\lambda t}$ ③

为方程①的通解.将初值条件②代入式③,得 $M_0=C\mathrm{e}^0=C$,所以
$$M=M_0\mathrm{e}^{-\lambda t},$$

即为所求铀的衰变规律.由此可见,铀的含量随时间的增加而按指数规律衰减(图 8.1.2).

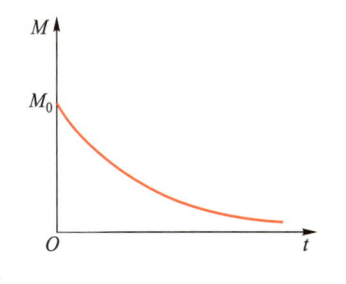

图 8.1.2

8.1.3 可用分离变量法求解的齐次微分方程

1. 齐次微分方程

定义 8.1.3(齐次方程)

称形如

$$\frac{dy}{dx} = \varphi\left(\frac{y}{x}\right) \tag{8.1.2}$$

的一阶微分方程为齐次方程.

例如,$\dfrac{dy}{dx} = \dfrac{y}{x}\ln\dfrac{y}{x}$,$(1+2e^{\frac{x}{y}})dx + 2e^{\frac{x}{y}}\left(1-\dfrac{y}{x}\right)dy = 0$ 都是齐次方程.

下面讨论齐次方程(8.1.2)的求解方法:

$$令\ u = \frac{y}{x}, \tag{8.1.3}$$

则 $y = x \cdot u$,$\dfrac{dy}{dx} = u + x\dfrac{du}{dx}$,将其代入方程(8.1.2),得

$$u + x\frac{du}{dx} = \varphi(u),$$

即

$$x\frac{du}{dx} = \varphi(u) - u.$$

分离变量,得

$$\frac{du}{\varphi(u) - u} = \frac{dx}{x}.$$

两端积分,得

$$\int \frac{du}{\varphi(u) - u} = \int \frac{dx}{x}.$$

求出积分后,再以 $\dfrac{y}{x}$ 代替 u,便得所给齐次方程的通解.

例 8.1.5 求微分方程 $x\dfrac{dy}{dx} = y\ln\dfrac{y}{x}$ 的通解.

解 方程 $x\dfrac{dy}{dx} = y\ln\dfrac{y}{x}$ 两边同除以 x,得齐次方程

$$\frac{dy}{dx} = \frac{y}{x}\ln\frac{y}{x},$$

令 $u = \dfrac{y}{x}$,则 $y = xu$,$\dfrac{dy}{dx} = u + x\dfrac{du}{dx}$,将其代入上式,得

$$u + x\frac{du}{dx} = u\ln u, x\frac{du}{dx} = u\ln u - u,$$

当 $u\ln u - u \neq 0$ 时,分离变量,得

$$\frac{du}{u(\ln u - 1)} = \frac{dx}{x}.$$

两端积分,$\displaystyle\int \frac{du}{u(\ln u - 1)} = \int \frac{dx}{x}$,即

$$\int \frac{\mathrm{d}\ln u}{\ln u - 1} = \int \frac{\mathrm{d}x}{x},$$

$$\ln |\ln u - 1| = \ln |x| + \ln C_1 (C_1 > 0),$$

即
$$\ln u - 1 = \pm C_1 x.$$

将 $u = \dfrac{y}{x}$ 代入上式,得

$$\ln \frac{y}{x} = \pm C_1 x + 1.$$

即 $y = x\mathrm{e}^{Cx+1}$ ($C = \pm C_1, C \neq 0$). 当 $C = 0$ 时, $y = x\mathrm{e}$, 也是方程的解.
故通解为

$$y = x\mathrm{e}^{Cx+1} \quad (C \text{ 为任意常数})$$

例 8.1.6 探照灯的聚光镜的镜面是一张旋转曲面,它的形状由 xOy 坐标面上的一条曲线 L 绕 x 轴旋转而成.按聚光镜性能的要求,在其旋转轴(x 轴)上一点 O 处发出的一切光线,经它反射后都与旋转轴平行.求曲线 L 的方程.

解 将光源所在的 O 点取作坐标原点(图 8.1.3),且曲线 L 位于 $y \geq 0$ 范围内.设点 $M(x,y)$ 为 L 上的任一点,点 O 发出的某条光线经点 M 反射后是一条与 x 轴平行的直线 MS.又设过点 M 的切线 AT 与 x 轴的夹角为 α. 根据题意, $\angle SMT = \alpha$. 另一方面, $\angle OMA$ 是入射角的余角, $\angle SMT$ 是反射角的余角,于是由光学中的反射定律有 $\angle OMA = \angle SMT = \alpha = \angle OAM$. 从而 $AO = OM$. 但

$$AO = AP - OP = PM\cot\alpha - OP = \frac{y}{y'} - x,$$

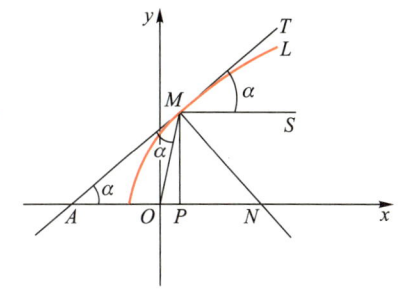

图 8.1.3

而 $OM = \sqrt{x^2 + y^2}$,于是得微分方程

$$\frac{y}{y'} - x = \sqrt{x^2 + y^2}.$$

把 x 看作因变量, y 看作自变量,当 $y > 0$ 时,上式即为

$$\frac{\mathrm{d}x}{\mathrm{d}y} = \frac{x}{y} + \sqrt{\left(\frac{x}{y}\right)^2 + 1},$$

这是齐次方程,令 $\dfrac{x}{y} = v$,则 $x = yv, \dfrac{\mathrm{d}x}{\mathrm{d}y} = v + y\dfrac{\mathrm{d}v}{\mathrm{d}y}$,代入上式,得

$$v + y\frac{\mathrm{d}v}{\mathrm{d}y} = v + \sqrt{v^2 + 1},$$

即

$$y\frac{\mathrm{d}v}{\mathrm{d}y} = \sqrt{v^2 + 1},$$

分离变量,得

$$\frac{\mathrm{d}v}{\sqrt{v^2 + 1}} = \frac{\mathrm{d}y}{y},$$

两边积分,得

$$\ln(v + \sqrt{v^2 + 1}) = \ln y - \ln C,$$

或

$$v+\sqrt{v^2+1}=\frac{y}{C},$$

由

$$\left(\frac{y}{C}-v\right)^2=v^2+1.$$

得

$$\frac{y^2}{C^2}-\frac{2yv}{C}=1,$$

以 $yv=x$ 代入上式,得

$$y^2=2C\left(x+\frac{C}{2}\right).$$

这是以 x 轴为轴、焦点在原点的抛物线.

2. 可化为齐次微分方程的方程

形如

$$\frac{\mathrm{d}y}{\mathrm{d}x}=\frac{a_1x+b_1y+c_1}{a_2x+b_2y+c_2} \tag{8.1.4}$$

的微分方程可化为齐次微分方程.

事实上,若方程(8.1.4)中的 $c_1=c_2=0$,则 $\frac{\mathrm{d}y}{\mathrm{d}x}=\frac{a_1x+b_1y}{a_2x+b_2y}=\frac{a_1+b_1\left(\frac{y}{x}\right)}{a_2+b_2\left(\frac{y}{x}\right)}$ 就是齐次微分方程.

若 c_1,c_2 不全为零,方程(8.1.4)不是齐次微分方程.但可用下列变换把它化为齐次方程:令

$$x=X+h,\quad y=Y+k,$$

其中 h 和 k 是待定的常数.于是

$$\mathrm{d}x=\mathrm{d}X,\quad \mathrm{d}y=\mathrm{d}Y,$$

从而方程(8.1.4)成为

$$\frac{\mathrm{d}Y}{\mathrm{d}X}=\frac{a_1(X+h)+b_1(Y+k)+c_1}{a_2(X+h)+b_2(Y+k)+c_2}=\frac{a_1X+b_1Y+a_1h+b_1k+c_1}{a_2X+b_2Y+a_2h+b_2k+c_2}.$$

(1) 当 $\frac{a_2}{a_1}\neq\frac{b_2}{b_1}$ 时,由二元一次方程组

$$\begin{cases}a_1h+b_1k+c_1=0,\\ a_2h+b_2k+c_2=0\end{cases} \tag{8.1.5}$$

可以解出 h 和 k,这样,方程(8.1.4)便化为

$$\frac{\mathrm{d}Y}{\mathrm{d}X}=\frac{a_1X+b_1Y}{a_2X+b_2Y},$$

这是变量可分离的齐次方程.求出该齐次方程的通解后,在通解中以 $X=x-h$,$Y=y-k$ 代入,便得方程(8.1.4)的通解.

(2) 当 $\frac{a_2}{a_1}=\frac{b_2}{b_1}$ 时,无法由方程组(8.1.5)确定 h 和 k,因此上述方法不能应用.但这时令 $\frac{a_2}{a_1}=\frac{b_2}{b_1}=\lambda$,从而方程(8.1.4)可写成

$$\frac{\mathrm{d}y}{\mathrm{d}x}=\frac{a_1x+b_1y+c_1}{a_2x+b_2y+c_2}=\frac{a_1x+b_1y+c_1}{\lambda(a_1x+b_1y)+c_2}. \tag{8.1.6}$$

令 $v=a_1x+b_1y$，则 $\dfrac{\mathrm{d}v}{\mathrm{d}x}=a_1+b_1\dfrac{\mathrm{d}y}{\mathrm{d}x}$，即 $\dfrac{\mathrm{d}y}{\mathrm{d}x}=\dfrac{1}{b_1}\left(\dfrac{\mathrm{d}v}{\mathrm{d}x}-a_1\right)$. 将其代入 (8.1.6)，得 $\dfrac{1}{b_1}\left(\dfrac{\mathrm{d}v}{\mathrm{d}x}-a_1\right)=\dfrac{v+c_1}{\lambda v+c_2}$，或

$$\dfrac{\mathrm{d}v}{\mathrm{d}x}=\dfrac{b_1(v+c_1)}{\lambda v+c_2}+a_1.$$ 这就将方程 (8.1.4) 化为了可分离变量的方程.

如上求解思想方法还可以应用于更一般的方程

$$\dfrac{\mathrm{d}y}{\mathrm{d}x}=f\left(\dfrac{ax+by+c}{a_1x+b_1y+c_1}\right).$$

例 8.1.7 求微分方程 $(2x+y-4)\mathrm{d}x+(x+y-1)\mathrm{d}y=0$ 的通解.

解 因为 $(2x+y-4)\mathrm{d}x+(x+y-1)\mathrm{d}y=0$，所以，$\dfrac{\mathrm{d}y}{\mathrm{d}x}=-\dfrac{2x+y-4}{x+y-1}$.

因为 $\dfrac{1}{2}\neq\dfrac{1}{1}$，所以令 $x=X+h, y=Y+k$，则 $\mathrm{d}x=\mathrm{d}X, \mathrm{d}y=\mathrm{d}Y$，代入原方程，得

$$[2(X+h)+(Y+k)-4]\mathrm{d}X+[(X+h)+(Y+k)-1]\mathrm{d}Y=0,$$

整理得，

$$(2X+Y+2h+k-4)\mathrm{d}X+(X+Y+h+k-1)\mathrm{d}Y=0.$$

令 $\begin{cases}2h+k-4=0,\\ h+k-1=0,\end{cases}$ 解之得，$h=3, k=-2$. 所以 $x=X+3, y=Y-2$，原方程成为

$$(2X+Y)\mathrm{d}X+(X+Y)\mathrm{d}Y=0, \text{或} \dfrac{\mathrm{d}Y}{\mathrm{d}X}=-\dfrac{2X+Y}{X+Y}=-\dfrac{2+\dfrac{Y}{X}}{1+\dfrac{Y}{X}}.$$

这是齐次方程. 令 $\dfrac{Y}{X}=u$，则 $Y=Xu, \dfrac{\mathrm{d}Y}{\mathrm{d}X}=u+X\dfrac{\mathrm{d}u}{\mathrm{d}X}$，于是，方程变为

$$u+X\dfrac{\mathrm{d}u}{\mathrm{d}X}=-\dfrac{2+u}{1+u}, \text{或} X\dfrac{\mathrm{d}u}{\mathrm{d}X}=-\dfrac{2+2u+u^2}{1+u}.$$

分离变量，得

$$-\dfrac{u+1}{u^2+2u+2}\mathrm{d}u=\dfrac{\mathrm{d}X}{X},$$

两边积分，得

$$-\int\dfrac{u+1}{u^2+2u+2}\mathrm{d}u=\int\dfrac{\mathrm{d}X}{X},$$

$$-\int\dfrac{1}{2}\cdot\dfrac{\mathrm{d}(u^2+2u+2)}{u^2+2u+2}=\int\dfrac{\mathrm{d}X}{X},$$

$$\ln|C_1|-\dfrac{1}{2}\ln(u^2+2u+2)=\ln|X|\ (C_1\neq 0),$$

于是

$$\dfrac{|C_1|}{\sqrt{u^2+2u+2}}=|X|$$

或

$$C_2=X^2(u^2+2u+2)\ (C_2=C_1^2\neq 0),$$

将 $Y=Xu$ 代入得

$$Y^2+2XY+2X^2=C_2(C_2\neq 0).$$

将 $X=x-3, Y=y+2$ 代入上式并化简,得

$$-8x+2x^2-2y+2xy+y^2=C(C=C_2-10\neq -10)$$

为所给微分方程的通解.

— 思考题 8.1 —

1. 微分方程通解中的任意常数 C 最终可表示为 e^{C_1}, $\sin C_2$ (C_1, C_2 为任意实数), $\ln C_3$ (C_3 为大于零的实数)等形式吗?

2. 微分方程的特解的图形是一条曲线(积分曲线),通解的图形是一族积分曲线.问通解中的积分曲线是否相互平行(提示:两曲线平行是指两曲线在横坐标相等的点处切线斜率相同).

— 练习 8.1A —

1. 求微分方程
$$y'=2xy$$
的通解.

2. 求初值问题
$$\begin{cases} 2x\mathrm{d}x+2y\mathrm{d}y=0, \\ y(0)=1 \end{cases}$$
的解.

3. 一曲线过点 $(1,1)$,且其上任一点的斜率等于该点横坐标的 3 倍,求该曲线方程.

4. 验证函数 $y=xe^x$ 是否为微分方程 $y''-2y'+y=0$ 的解.

— 练习 8.1B —

1. 验证 $y_C=C_1xe^{-x}+C_2e^{-x}$ 为微分方程 $y''+2y'+y=0$ 的解,并说明 y_C 是该方程的通解.

2. 用分离变量法求解下列微分方程:

(1) $\dfrac{\mathrm{d}y}{\mathrm{d}x}=x^2y^2$;　　　　(2) $\dfrac{\mathrm{d}y}{\mathrm{d}x}=\dfrac{y}{\sqrt{1-x^2}}$;

(3) $\dfrac{\mathrm{d}y}{\mathrm{d}x}=(1+x+x^2)y$,且 $y(0)=e$.

3. 求下列微分方程的通解:

(1) $xy'-y\ln y=0$;　　　　(2) $y'-xy'=a(y^2+y')$;

(3) $\dfrac{\mathrm{d}y}{\mathrm{d}x}=10^{x+y}$;　　　　(4) $y\mathrm{d}x+(x^2-4x)\mathrm{d}y=0$.

4. 求下列微分方程满足所给初值条件的特解:

(1) $y'=e^{2x-y}$, $y\big|_{x=0}=0$;

(2) $y'\sin x=y\ln y$, $y\big|_{x=\frac{\pi}{2}}=e$;

(3) $x\mathrm{d}y+2y\mathrm{d}x=0$, $y\big|_{x=2}=1$.

5. 镭的衰变有如下的规律:镭的衰变速度与它的现存量 R 成正比.已知镭经过 1 600 年后,只余原始量 R_0 的一半.试求镭的存量 R 与时间 t 的函数关系.

8.2 一阶线性微分方程与可降阶的高阶微分方程

本节研究一阶线性微分方程的解法及可降阶的高阶微分方程的解法.

8.2.1 一阶线性微分方程

定义 8.2.1(一阶线性微分方程) 形如

$$\frac{dy}{dx}+P(x)y=Q(x) \tag{8.2.1}$$

的方程,称为一阶线性微分方程,其中 $P(x),Q(x)$ 为已知函数.

当 $Q(x)\equiv 0$ 时,式(8.2.1)变为

$$\frac{dy}{dx}+P(x)y=0, \tag{8.2.2}$$

称其为一阶齐次线性微分方程;当 $Q(x)\neq 0$ 时,称式(8.2.1)为一阶非齐次线性微分方程.

我们先求一阶齐次线性方程(8.2.2)的通解. $y\neq 0$ 时,将式(8.2.2)分离变量得 $\frac{dy}{y}=-P(x)dx$,两边积分得

$$\ln|y|=-\int P(x)dx+C_1,$$

$$y=C_2 e^{-\int P(x)dx} \quad (C_2=\pm e^{C_1}).$$

注意到 $y=0$ 也是式(8.2.2)的解.所以

$$y=Ce^{-\int P(x)dx}(C\text{ 为任意常数}) \tag{8.2.3}$$

这就是方程(8.2.2)的通解.显然,当 C 为常数时,它不是方程(8.2.1)的解.由于非齐次线性方程(8.2.1)右端是 x 的函数 $Q(x)$,因此,可设想将式(8.2.3)中常数 C 换成待定函数 $u(x)$ 后,式(8.2.3)有可能是方程(8.2.1)的解.

令 $y=u(x)e^{-\int P(x)dx}$ 为非齐次线性方程(8.2.1)的解,并将其代入方程(8.2.1)后得

$$u'(x)e^{-\int P(x)dx}=Q(x),$$

即 $u'(x)=Q(x)e^{\int P(x)dx}$,两边积分,得

$$u(x)=\int Q(x)e^{\int P(x)dx}dx+C.$$

将 $u(x)$ 代入 $y=u(x)e^{-\int P(x)dx}$,得方程(8.2.1)的通解为

$$y=\left[\int Q(x)e^{\int P(x)dx}dx+C\right]e^{-\int P(x)dx}, \tag{8.2.4}$$

式(8.2.4)称为一阶线性非齐次方程(8.2.1)的通解公式.

上述求解方法称为常数变易法.用常数变易法求一阶非齐次线性方程的通解的步骤为

(1) 先求出非齐次线性方程所对应的齐次方程的通解.

(2) 根据所求出的齐次方程的通解设出非齐次线性方程的解(将所求出的齐次方程的通解中的任意常数 C 改为待定函数 $u(x)$ 即可).

(3) 将所设解代入非齐次线性方程,解出 $u(x)$,并写出非齐次线性方程的通解.

例 8.2.1 求方程 $y'=\dfrac{y+x\ln x}{x}$ 的通解.

解 原方程变形为
$$y'-\frac{1}{x}y=\ln x, \quad ①$$

此方程为一阶线性非齐次方程.

首先对式①所对应的齐次方程
$$y'-\frac{1}{x}y=0 \quad ②$$

求解. 方程②分离变量,得
$$\frac{\mathrm{d}y}{y}=\frac{\mathrm{d}x}{x},$$

两边积分,得
$$\ln|y|=\ln|x|+\ln C_1\,(C_1>0),$$
即
$$\ln|y|=\ln C_1|x|.$$

所以,齐次方程②的通解为
$$y=Cx\,(C=\pm C_1,C\neq 0). \quad ③$$

将通解中的任意常数 C 换成待定函数 $u(x)$,
即令
$$y=u(x)x \quad ④$$

为方程①的通解,将其代入方程①得 $xu'(x)=\ln x$. 于是
$$u'(x)=\frac{1}{x}\ln x,$$

所以
$$u(x)=\int\frac{\ln x}{x}\mathrm{d}x=\int\ln x\,\mathrm{d}(\ln x)=\frac{1}{2}(\ln x)^2+C.$$

将所求的 $u(x)$ 代入式④,得原方程的通解为
$$y=\frac{x}{2}(\ln x)^2+Cx \quad (C\text{ 为任意常数}).$$

例 8.2.2 在串联电路中,设有电阻 R,电感 L 和交流电动势 $E=E_0\sin\omega t$(图 8.2.1),在时刻 $t=0$ 时接通电路,求电流 i 与时间 t 的关系(E_0,ω 为常数).

解 设任一时刻 t 的电流为 i. 我们知道,电流在电阻 R 上产生一个电压降 $u_R=Ri$,在电感 L 上产生的电压降是 $u_L=L\dfrac{\mathrm{d}i}{\mathrm{d}t}$,由回路电压定律知道,闭合电路中电动势等于电压降之和,即
$$u_R+u_L=E,$$
也即
$$Ri+L\frac{\mathrm{d}i}{\mathrm{d}t}=E_0\sin\omega t,$$
整理为
$$\frac{\mathrm{d}i}{\mathrm{d}t}+\frac{R}{L}i=\frac{E_0}{L}\sin\omega t. \quad ①$$

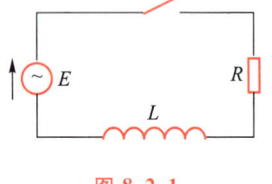

图 8.2.1

式①为一阶非齐次线性方程,此时
$$P(t)=\frac{R}{L}, \quad Q(t)=\frac{E_0}{L}\sin\omega t,$$

直接利用一阶非齐次线性方程之通解公式得

$$i(t) = e^{-\int \frac{R}{L}dt}\left(\int \frac{E_0}{L}e^{\int \frac{R}{L}dt}\sin \omega t\, dt + C\right)$$

$$= e^{-\frac{R}{L}t}\left(\int \frac{E_0}{L}e^{\frac{R}{L}t}\sin \omega t\, dt + C\right)$$

$$= Ce^{-\frac{R}{L}t} + \frac{E_0}{R^2 + \omega^2 L^2}(R\sin \omega t - \omega L\cos \omega t),$$

这就是方程①的通解. 由初值条件 $i\big|_{t=0} = 0$ 得 $C = \frac{\omega L E_0}{R^2 + \omega^2 L^2}$. 于是

$$i(t) = \frac{E_0}{R^2 + \omega^2 L^2}(\omega L e^{-\frac{R}{L}t} + R\sin \omega t - \omega L\cos \omega t),$$

即为所求电流 i 与时间 t 的关系.

8.2.2 可降阶的高阶微分方程

1. $y^{(n)} = f(x)$ 型的微分方程

对这类方程只需通过 n 次积分就可得到方程的通解.

例 8.2.3 求方程 $y^{(3)} = \cos x$ 的通解.

解 因为 $y^{(3)} = \cos x$,所以

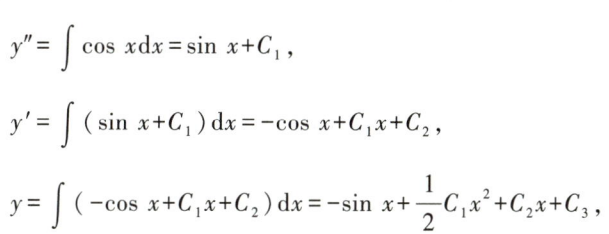

$$y'' = \int \cos x\, dx = \sin x + C_1,$$

$$y' = \int (\sin x + C_1)\, dx = -\cos x + C_1 x + C_2,$$

$$y = \int (-\cos x + C_1 x + C_2)\, dx = -\sin x + \frac{1}{2}C_1 x^2 + C_2 x + C_3,$$

上式为所给方程的通解.

2. $y'' = f(x, y')$ 型的微分方程

此类方程的特点是:方程右端不显含未知函数 y,令 $y' = p(x)$,则 $y'' = p'(x)$,代入方程得 $p'(x) = f(x, p(x))$. 这是一个关于自变量 x 和未知函数 $p(x)$ 的一阶微分方程,若可以求出其通解 $p = \varphi(x, C_1)$,则对 $y' = \varphi(x, C_1)$ 再积分一次就能得原方程的通解.

例 8.2.4 求方程 $y'' - \frac{1}{x}y' = 0$ 的通解.

解 因为方程 $y'' - \frac{1}{x}y' = 0$ 不显含未知函数 y,所以令 $y' = p(x)$,则 $y''(x) = p'(x)$,将其代入所给方程,得

$$\frac{dp}{dx} - \frac{1}{x}p = 0, \quad 即 \frac{dp}{dx} = \frac{1}{x}p,$$

分离变量得

$$\frac{dp}{p} = \frac{dx}{x},$$

两边积分

$$\int \frac{dp}{p} = \int \frac{dx}{x},$$

得 $\ln|p| = \ln|x| + \ln|C_1|\ (C_1 > 0),$

即 $\ln|p| = \ln|C_1 x|\ (C_1 > 0),$

亦即 $p = C_2 x\ (C_2 = \pm C_1 \neq 0),$

所以
$$\frac{\mathrm{d}y}{\mathrm{d}x} = C_2 x (C_2 \neq 0),$$

$$y = \frac{1}{2} C_2 x^2 + C_3 (C_2 \neq 0, C_3 \text{ 为任意常数}),$$

当 $C_2 = 0$ 时, $y = C_3$ 为所给方程的解. 因此,

$$y = \frac{1}{2} C_2 x^2 + C_3 (C_2, C_3 \text{ 为任意常数})$$

为所求的通解.

例 8.2.5 如图 8.2.2 所示,位于坐标原点的我舰向位于 x 轴上 $A(1,0)$ 点处的敌舰发射制导鱼雷,鱼雷始终对准敌舰. 设敌舰以常速率 v_0 沿平行于 y 轴的直线行驶,又设鱼雷的速率为 $2v_0$,求鱼雷的航行曲线方程.

解 设在时刻 t,鱼雷的坐标为 $P(x,y)$,敌舰的坐标为 $Q(1,v_0 t)$ (图 8.2.2).

因鱼雷始终对准敌舰,所以 $y' = \dfrac{v_0 t - y}{1 - x}$. 又 $\overparen{OP}$ 的长度为

$$\int_0^x \sqrt{1 + {y'}^2} \, \mathrm{d}x = 2 v_0 t.$$

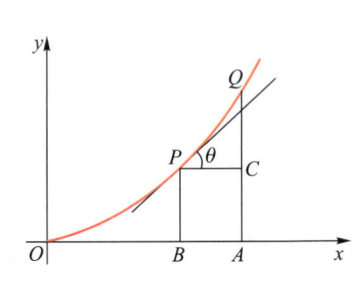

图 8.2.2

从上面两式消去 $v_0 t$,得

$$(1-x) y'' - y' + y' = \frac{1}{2} \sqrt{1 + {y'}^2},$$

即

$$(1-x) y'' = \frac{1}{2} \sqrt{1 + {y'}^2},$$

这是不显含 y 的可降阶微分方程.

根据题意,初值条件为 $y(0) = 0, y'(0) = 0$. 令 $y' = p$,方程可化为

$$(1-x) p' = \frac{1}{2} \sqrt{1 + p^2}.$$

分离变量后可得

$$\frac{\mathrm{d}p}{\sqrt{1+p^2}} = \frac{\mathrm{d}x}{2(1-x)}, \qquad ①$$

查附录 E 不定积分表及其使用方法(六)31 知,$\int \dfrac{\mathrm{d}p}{\sqrt{1+p^2}} = \ln(p + \sqrt{p^2 + 1}) + C$,对①式两边积分得,

$$p + \sqrt{1+p^2} = C_1 (1-x)^{-\frac{1}{2}},$$

即

$$y' + \sqrt{1 + {y'}^2} = C_1 (1-x)^{-\frac{1}{2}}.$$

以 $y'(0) = 0$ 代入,得 $C_1 = 1$,所以

$$y' + \sqrt{1 + {y'}^2} = (1-x)^{-\frac{1}{2}}, \qquad ②$$

而

$$\frac{1}{y' + \sqrt{1+{y'}^2}} = \sqrt{1+{y'}^2} - y' = (1-x)^{\frac{1}{2}}, \qquad ③$$

所以,②+③得

$$y' = \frac{1}{2} (1-x)^{-\frac{1}{2}} - \frac{1}{2} (1-x)^{\frac{1}{2}},$$

积分得 $y = -(1-x)^{\frac{1}{2}} + \dfrac{1}{3}(1-x)^{\frac{3}{2}} + C_2$. 以 $y(0) = 0$ 代入,得 $C_2 = \dfrac{2}{3}$,

所以鱼雷的航行曲线方程为

$$y = -(1-x)^{\frac{1}{2}} + \frac{1}{3}(1-x)^{\frac{3}{2}} + \frac{2}{3}.$$

3. $y''=f(y,y')$型的微分方程

方程
$$y''=f(y,y') \tag{8.2.5}$$

中不明显地含自变量 x.

令 $y'=p$,则
$$y''=\frac{\mathrm{d}p}{\mathrm{d}x}=\frac{\mathrm{d}p}{\mathrm{d}y}\cdot\frac{\mathrm{d}y}{\mathrm{d}x}=p\frac{\mathrm{d}p}{\mathrm{d}y}.$$

这样,方程(8.2.5)就成为
$$p\frac{\mathrm{d}p}{\mathrm{d}y}=f(y,p).$$

这是一个关于变量 y,p 的一阶微分方程. 设它的通解为
$$y'=p=\varphi(y,C_1),$$

分离变量并积分,便得方程(8.2.5)的通解为
$$\int\frac{\mathrm{d}y}{\varphi(y,C_1)}=x+C_2.$$

例 8.2.6 求微分方程 $yy''-y'^2=0$ 的通解.

解 方程 $yy''-y'^2=0$ 不显含自变量 x,设 $y'=p$,则 $y''=p\dfrac{\mathrm{d}p}{\mathrm{d}y}$,于是,所给方程化为
$$yp\frac{\mathrm{d}p}{\mathrm{d}y}-p^2=0,$$

当 $y\neq 0,p\neq 0$ 时,约去 p 并分离变量,得
$$\frac{\mathrm{d}p}{p}=\frac{\mathrm{d}y}{y},$$

两端积分,得
$$\ln|p|=\ln|y|+\ln|C_1|,$$

整理,得 $p=C_2 y(C_2=\pm C_1\neq 0)$,即 $\dfrac{\mathrm{d}y}{\mathrm{d}x}=C_2 y$,再对其分离变量,得
$$\frac{\mathrm{d}y}{y}=C_2\mathrm{d}x,$$

两端积分,得所给微分方程的通解为
$$\ln|y|=C_2 x+C_3$$

或
$$y=C\mathrm{e}^{C_2 x}(C=\pm\mathrm{e}^{C_3}\neq 0,C_2\neq 0).$$

容易验证,$C=0$ 或 $C_2=0$ 时,$y=C\mathrm{e}^{C_2 x}$ 也是 $yy''-y'^2=0$ 的解.

因此,所给微分方程的通解为 $y=A\mathrm{e}^{Bx}$(A,B 为任意常数).

例 8.2.7 一物体在距离地面 100 m 处,在地球引力的作用下由静止开始落向地面. 求它落到地面时的速度(不计空气阻力).

解 设物体的质量为 m,地球的质量为 M,G 为引力常数. 取联结地球中心与该物体的直线为 y 轴,其方向铅直向上,取地球的中心为原点 O 建立坐标轴(图 8.2.3).

设物体在 t 时刻的位置坐标为 $y=y(t)$,速度为 $v(t)$,于是有,$v(t)=\dfrac{\mathrm{d}y}{\mathrm{d}t}$,根据万有

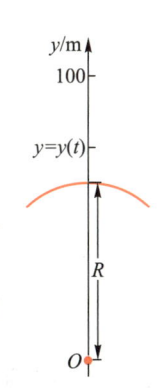

图 8.2.3

引力定律,即得微分方程

$$m\frac{\mathrm{d}^2 y}{\mathrm{d}t^2} = -\frac{GmM}{y^2},$$

其中负号表示物体运动加速度的方向与 y 轴的正向相反,即

$$\frac{\mathrm{d}^2 y}{\mathrm{d}t^2} = -\frac{GM}{y^2}. \qquad ①$$

由于 $\frac{\mathrm{d}y}{\mathrm{d}t} = v$,所以,$\frac{\mathrm{d}^2 y}{\mathrm{d}t^2} = \frac{\mathrm{d}v}{\mathrm{d}t} = \frac{\mathrm{d}v}{\mathrm{d}y} \cdot \frac{\mathrm{d}y}{\mathrm{d}t} = v\frac{\mathrm{d}v}{\mathrm{d}y}$.

代入方程①,得 $v\frac{\mathrm{d}v}{\mathrm{d}y} = -\frac{GM}{y^2}$,分离变量得,$v\mathrm{d}v = -\frac{GM}{y^2}\mathrm{d}y$.

两端积分,得

$$\int v\mathrm{d}v = \int -\frac{GM}{y^2}\mathrm{d}y,$$

$$\frac{1}{2}v^2 = \frac{GM}{y} + C_1,$$

即

$$v^2 = \frac{2GM}{y} + C \; (C = 2C_1). \qquad ②$$

又因为物体由静止开始$(t=0)$下落,所以有 $v(0)=0$;在零时刻,物体位于距地球中心 $100+R(\mathrm{m})$ 处,所以有 $y|_{t=0} = 100+R$. 将初值条件 $v(0)=0$,$y|_{t=0}=100+R$ 代入②,得 $C = -\frac{2GM}{100+R}$,于是,$v^2 = 2GM\left(\frac{1}{y} - \frac{1}{100+R}\right)$,即 $v = \sqrt{2GM\left(\frac{1}{y} - \frac{1}{100+R}\right)}$. 当物体落到地球表面时,其位置坐标 $y=R$,于是,物体到达地面时的速度 $v = \sqrt{2GM\left(\frac{1}{R} - \frac{1}{100+R}\right)}$.

*8.2.3 伯努利方程

形如

$$\frac{\mathrm{d}y}{\mathrm{d}x} + P(x)y = Q(x)y^n \; (n \neq 0, 1) \qquad (8.2.6)$$

的微分方程叫作伯努利(Bernoulli)方程.

当 $n=0$ 或 $n=1$ 时,伯努利方程是线性微分方程. 当 $n \neq 0,1$ 时,伯努利方程是非线性微分方程.

伯努利方程(8.2.6)的两端同除以 y^n,得

$$y^{-n}\frac{\mathrm{d}y}{\mathrm{d}x} + P(x)y^{1-n} = Q(x). \qquad (8.2.7)$$

令 $z = y^{1-n}$,则 $\frac{\mathrm{d}z}{\mathrm{d}x} = (1-n)y^{-n}\frac{\mathrm{d}y}{\mathrm{d}x}$,$y^{-n}\frac{\mathrm{d}y}{\mathrm{d}x} = \frac{1}{(1-n)} \cdot \frac{\mathrm{d}z}{\mathrm{d}x}$,代入方程(8.2.6),得

$$\frac{1}{(1-n)} \cdot \frac{\mathrm{d}z}{\mathrm{d}x} + P(x)z = Q(x). \qquad (8.2.8)$$

用 $(1-n)$ 乘方程(8.2.8)的两端,便得线性方程

$$\frac{\mathrm{d}z}{\mathrm{d}x} + (1-n)P(x)z = (1-n)Q(x).$$

求出这方程的通解后,以 y^{1-n} 代换 z 便得到伯努利方程的通解.

例 8.2.8 求方程

$$\frac{dy}{dx} + \frac{y}{x} = (\ln x) y^2$$

的通解.

解 方程 $\frac{dy}{dx} + \frac{y}{x} = (\ln x) y^2$ 的两端同除以 y^2，得

$$y^{-2} \frac{dy}{dx} + \frac{1}{x} y^{-1} = \ln x,$$

即

$$-\frac{d(y^{-1})}{dx} + \frac{1}{x} y^{-1} = \ln x,$$

令 $z = y^{-1}$，则 $\frac{dz}{dx} = \frac{dy^{-1}}{dx}$，代入上述方程，得

$$\frac{dz}{dx} - \frac{1}{x} z = -\ln x.$$

这是一个线性方程，它的通解为

$$z = x \left[C - \frac{1}{2} (\ln x)^2 \right].$$

因为 $z = y^{-1}$，所以

$$y^{-1} = x \left[C - \frac{1}{2} (\ln x)^2 \right].$$

即 $yx \left[C - \frac{1}{2} (\ln x)^2 \right] = 1$ 为所求方程的通解.

— 思考题 8.2 —

1. 是否可以通过给一阶线性微分方程的通解中的任意常数指定一个适当的值而得到该方程的某个特解？

2. 本节介绍的可降阶的高阶微分方程有哪几种类型？各自的求解方法怎样？

— 练习 8.2A —

1. 求微分方程 $y' + y - 1 = 0$ 的通解.

2. 求微分方程 $\frac{dy}{dx} - y + 1 = 0$ 的通解.

3. 求下列微分方程的通解：

(1) $\frac{dy}{dx} + 3y = 2$；

(2) $\frac{dy}{dx} + y = e^{-x}$；

(3) $y' + y \tan x = \sin 2x$；

(4) $(x-2) \frac{dy}{dx} = y + 2(x-2)^3$.

— 练习 8.2B —

1. 求解下列一阶线性微分方程：

(1) $y' + ay = b \sin x$（其中 a, b 为常数）；

(2) $\dfrac{\mathrm{d}y}{\mathrm{d}x} = \dfrac{1}{x+y^2}$ （提示：将 x 看作 y 的函数，将方程变为 $\dfrac{\mathrm{d}x}{\mathrm{d}y} = x+y^2$）.

2. 求 $y''=x(y')^2$ 的通解.

3. 求下列微分方程满足所给初值条件的特解：

(1) $\dfrac{\mathrm{d}y}{\mathrm{d}x} - y\tan x = \sec x, y|_{x=0} = 0$；

(2) $\dfrac{\mathrm{d}y}{\mathrm{d}x} + 3y = 8, y|_{x=0} = 2$；

(3) $\dfrac{\mathrm{d}y}{\mathrm{d}x} + \dfrac{y}{x} = \dfrac{\sin x}{x}, y|_{x=\pi} = 1$.

4. 求下列微分方程的通解：

(1) $y'' = x + \sin x$； (2) $y'' = 1 + y'^2$；

(3) $y'' = y' + x$； (4) $y^3 y'' - 1 = 0$.

5. 求下列伯努利方程的通解：

(1) $\dfrac{\mathrm{d}y}{\mathrm{d}x} + y = y^2(\cos x - \sin x)$； (2) $\dfrac{\mathrm{d}y}{\mathrm{d}x} - 3xy = xy^2$.

6. 求一曲线的方程，使该曲线通过原点，并且它在点 (x,y) 处的切线斜率等于 $2x+y$.

7. 试求 $y'' = x$ 的经过点 $M(0,1)$ 且在此点与直线 $y = \dfrac{1}{2}x + 1$ 相切的积分曲线.

8.3 二阶常系数线性微分方程

本节先讨论二阶常系数线性微分方程解的性质，然后再讨论二阶常系数齐次线性微分方程的求解方法.最后研究一类特殊的二阶常系数非齐次线性微分方程的求解方法.

8.3.1 二阶常系数线性微分方程解的性质

定义 8.3.1（二阶常系数齐次线性微分方程） 形如

$$y'' + py' + qy = 0 \tag{8.3.1}$$

的方程（其中 p,q 为常数），称为二阶常系数齐次线性微分方程.

对于该类方程，我们有下述定理.

定理 8.3.1（齐次线性方程解的叠加原理） 若 y_1, y_2 是齐次线性方程 (8.3.1) 的两个解，则 $y = C_1 y_1 + C_2 y_2$ 也是方程 (8.3.1) 的解，且当 y_1 与 y_2 线性无关时，$y = C_1 y_1 + C_2 y_2$ 就是方程 (8.3.1) 的通解.

证 将 $y = C_1 y_1 + C_2 y_2$ 直接代入方程 (8.3.1) 的左端，得

$$(C_1 y_1'' + C_2 y_2'') + p(C_1 y_1' + C_2 y_2') + q(C_1 y_1 + C_2 y_2)$$
$$= C_1(y_1'' + py_1' + qy_1) + C_2(y_2'' + py_2' + qy_2)$$
$$= C_1 \cdot 0 + C_2 \cdot 0 = 0,$$

所以，$y = C_1 y_1 + C_2 y_2$ 是方程 (8.3.1) 的解.

由于 y_1 与 y_2 线性无关，所以，任意常数 C_1 和 C_2 是两个独立的任意常数，即解 $y = C_1 y_1 + C_2 y_2$ 中所含独立的任意常数的个数与方程 (8.3.1) 的阶数相同，所以，它又是方程 (8.3.1) 的通解.证毕.

定义 8.3.2(二阶常系数非齐次线性微分方程) 形如
$$y''+py'+qy=f(x) \tag{8.3.2}$$
的方程(其中 p,q 为常数),当 $f(x)\neq 0$ 时,称为二阶常系数非齐次线性微分方程.称
$$y''+py'+qy=0 \tag{8.3.3}$$
为方程(8.3.2)所对应的齐次方程.

关于非齐次线性方程(8.3.2),我们有如下定理.

定理 8.3.2(非齐次线性方程解的结构) 若 y_p 为非齐次线性方程(8.3.2)的某个特解, y_c 为齐次线性方程(8.3.3)的通解,则 $y=y_p+y_c$ 为非齐次线性方程(8.3.2)的通解.

证 因为将 $y=y_p+y_c$ 代入方程(8.3.2)的左端有
$$(y_p+y_c)''+p(y_p+y_c)'+q(y_p+y_c)$$
$$=(y_p''+py_p'+qy_p)+(y_c''+py_c'+qy_c)$$
$$=f(x)+0=f(x),$$
这就是说, y_p+y_c 确为方程(8.3.2)的解.

又因为 y_c 中含有两个独立的任意常数,所以 $y=y_p+y_c$ 中也含有两个独立的任意常数,故 $y=y_p+y_c$ 为方程(8.3.2)的通解.

8.3.2 二阶常系数齐次线性微分方程的求解方法

齐次线性方程解的叠加原理告诉我们,欲求齐次线性方程(8.3.1)的通解,只需求出它的两个线性无关的特解即可.为此,我们先分析齐次线性方程具有什么特点.齐次线性方程(8.3.1)左端是未知函数与未知函数的一阶导数、二阶导数的某种组合,且它们分别乘"适当"的常数后,可合并成零.这就是说,适合于方程(8.3.1)的函数 y 必须与其一阶导数、二阶导数只差一个常数因子,而具有此特征的最简单的函数是 e^{rx}(其中 r 为常数).为此,我们令 $y=e^{rx}$ 为方程(8.3.1)的解,并代入方程(8.3.1)得 $r^2e^{rx}+pre^{rx}+qe^{rx}=0$.因为 $e^{rx}\neq 0$,所以有
$$r^2+pr+q=0, \tag{8.3.4}$$
由此可见,只要 r 满足方程(8.3.4),函数 $y=e^{rx}$ 就是方程(8.3.1)的解.我们称方程(8.3.4)为微分方程(8.3.1)的特征方程,称方程(8.3.4)的根为特征根.下面我们就特征方程(8.3.4)根的不同情况讨论齐次线性方程(8.3.1)的解.

(1) 当特征方程(8.3.4)有两个不同的实根 r_1 和 r_2 时,方程(8.3.1)有两个线性无关的解 $y_1=e^{r_1x}, y_2=e^{r_2x}$.此时,方程(8.3.1)有通解
$$y=C_1e^{r_1x}+C_2e^{r_2x}.$$

(2) 当特征方程(8.3.4)有两个相同的实根,即 $r_1=r_2=r$ 时,方程(8.3.1)有一个解 $y_1=e^{rx}$,这时直接验证可知 $y_2=xe^{rx}$ 是方程(8.3.1)的另一个解,且 y_1 与 y_2 线性无关.所以此时有通解
$$y=C_1e^{rx}+C_2xe^{rx}=(C_1+C_2x)e^{rx}.$$

(3) 当特征方程(8.3.4)有一对共轭复根,即 $r=\alpha\pm i\beta$(其中 α,β 均为实常数且 $\beta\neq 0$)时,方程(8.3.1)有两个线性无关的解 $y_1=e^{(\alpha+i\beta)x}$ 和 $y_2=e^{(\alpha-i\beta)x}$,故方程(8.3.1)有复数形式通解为
$$y=Ae^{(\alpha+i\beta)x}+Be^{(\alpha-i\beta)x}=e^{\alpha x}(Ae^{i\beta x}+Be^{-i\beta x}).$$

为了得出实值函数形式的解,先利用欧拉公式 $e^{i\theta}=\cos\theta+i\sin\theta$,将方程(8.3.1)的两个复数形式的解 y_1 和 y_2 改写为

$$y_1 = e^{(\alpha+i\beta)x} = e^{\alpha x}e^{i\beta x} = e^{\alpha x}(\cos\beta x + i\sin\beta x),$$
$$y_2 = e^{(\alpha-i\beta)x} = e^{\alpha x}e^{-i\beta x} = e^{\alpha x}(\cos\beta x - i\sin\beta x).$$

利用齐次微分方程的叠加原理,得方程(8.3.1)的两个实数形式的解

$$\hat{y}_1 = \frac{1}{2}(y_1+y_2) = e^{\alpha x}\cos\beta x,$$

$$\hat{y}_2 = \frac{1}{2i}(y_1-y_2) = e^{\alpha x}\sin\beta x.$$

又因为 $\dfrac{\hat{y}_1}{\hat{y}_2} = \dfrac{e^{\alpha x}\cos\beta x}{e^{\alpha x}\sin\beta x} = \cot\beta x \neq$ 常数,即两个实值函数 $\hat{y}_1$ 和 $\hat{y}_2$ 线性无关,所以微分方程(8.3.1)的实数形式的通解为

$$y = e^{\alpha x}(C_1\cos\beta x + C_2\sin\beta x).$$

其中 C_1, C_2 为任意常数.通常情况下,如无特别声明,要求写出实数形式的解.

根据如上讨论,求二阶常系数齐次线性微分方程的通解的步骤为:

第一步　写出微分方程的特征方程 $r^2 + pr + q = 0$;

第二步　求出特征根;

第三步　根据特征根的情况按下表写出所给微分方程的通解.

特征方程的根	通解形式
两个不等实根 $r_1 \neq r_2$	$y = C_1 e^{r_1 x} + C_2 e^{r_2 x}$
两个相等实根 $r_1 = r_2 = r$	$y = (C_1 + C_2 x)e^{r x}$
一对共轭复根 $r = \alpha \pm i\beta$	$y = e^{\alpha x}(C_1\cos\beta x + C_2\sin\beta x)$

例 8.3.1　求方程 $y'' + 5y' + 6y = 0$ 的通解.

解　方程 $y'' + 5y' + 6y = 0$ 的特征方程为

$$r^2 + 5r + 6 = 0,$$

其特征根为 $r_1 = -2, \quad r_2 = -3,$

所以 $y = C_1 e^{-2x} + C_2 e^{-3x}$ (C_1, C_2 为任意常数)为所给微分方程的通解.

例 8.3.2　求方程 $y'' + 2y' + y = 0$ 的通解.

解　方程 $y'' + 2y' + y = 0$ 的特征方程为

$$r^2 + 2r + 1 = 0,$$

其特征根为 $r = r_1 = r_2 = -1$ (二重特征根),故所求通解为

$$y = (C_1 + C_2 x)e^{-x}.$$

例 8.3.3　求方程 $y'' + 2y' + 3y = 0$ 满足初值条件 $y(0) = 1, y'(0) = 1$ 的特解.

解　$y'' + 2y' + 3y = 0$ 的特征方程为 $r^2 + 2r + 3 = 0$,特征根为 $r_1 = -1 + i\sqrt{2}, r_2 = -1 - i\sqrt{2}$.所以,所给微分方程的通解为

$$y = e^{-x}(C_1\cos\sqrt{2}x + C_2\sin\sqrt{2}x),$$

由初值条件 $y(0) = 1$,得 $C_1 = 1$.

又因为 $y' = (e^{-x}\cos\sqrt{2}x)' + C_2(e^{-x}\sin\sqrt{2}x)'$

$= -e^{-x}(\cos\sqrt{2}x + \sqrt{2}\sin\sqrt{2}x) + C_2 e^{-x}(-\sin\sqrt{2}x + \sqrt{2}\cos\sqrt{2}x),$

由 $y'(0) = 1$,得 $1 = -1 + \sqrt{2}C_2$,从而得 $C_2 = \sqrt{2}$.于是

$$y = e^{-x}(\cos\sqrt{2}x + \sqrt{2}\sin\sqrt{2}x)$$

为所求.

8.3.3 二阶常系数非齐次线性微分方程的求解方法

由非齐次线性方程解的结构定理可知,求非齐次方程(8.3.2)的通解,可先求出其对应的齐次方程(8.3.3)的通解,再设法求出非齐次线性方程(8.3.2)的某个特解,二者之和就是方程(8.3.2)之通解.虽然前面求齐次线性方程(8.3.3)的通解已经解决,可非齐次线性方程(8.3.2)的特解应该怎样求呢?

在例 8.3.4 中非齐次方程的一个特解就可以一眼看出.

例 8.3.4 求微分方程 $y'' + y = 2$ 的通解.

解 方程
$$y'' + y = 2 \qquad ①$$

所对应的齐次方程为
$$y'' + y = 0, \qquad ②$$

其特征方程为
$$r^2 + 1 = 0,$$

特征根为
$$r = \pm i,$$

故齐次方程②的通解为
$$y_c = C_1 \cos x + C_2 \sin x$$

又因为非齐次方程 $y'' + y = 2$ 一个特解 $y_p = 2$,因此,
$$y = y_c + y_p = C_1 \cos x + C_2 \sin x + 2$$

为所给方程之通解.

大多数情况下,非齐次微分方程的特解并不容易得到.下面仅就 $f(x)$ 为多项式、三角函数($\sin\beta x$ 或 $\cos\beta x$)、指数函数 $e^{\lambda x}$ 及其乘积几种情况进行讨论如下:

1. $f(x) = P_m(x) e^{\lambda x}$

其中 λ 为常数,$P_m(x)$ 为 x 的 m 次多项式,即
$$P_m(x) = a_m x^m + a_{m-1} x^{m-1} + \cdots + a_0,$$

此时方程(8.3.2)为
$$y'' + py' + qy = P_m(x) e^{\lambda x}. \qquad (8.3.5)$$

由于方程(8.3.5)右端的自由项 $P_m(x) e^{\lambda x}$ 是多项式与指数函数乘积的形式,考虑到 p,q 是常数,而多项式与指数函数的乘积求导以后仍是同一类型的函数,因此,我们设想方程(8.3.5)有形如 $y_p = Q(x) e^{\lambda x}$ 的解,其中 $Q(x)$ 是一个待定多项式.为使
$$y_p = Q(x) e^{\lambda x}$$

满足方程(8.3.5),我们将 $y_p = Q(x) e^{\lambda x}$ 代入方程(8.3.5),整理后得到
$$Q''(x) + (2\lambda + p) Q'(x) + (\lambda^2 + p\lambda + q) Q(x) = P_m(x), \qquad (8.3.6)$$

上式右端是一个 m 次多项式,所以,左端也应该是 m 次多项式,由于多项式每求一次导数,就要降低一次次数,故有三种情形:

(1) 当 $\lambda^2 + p\lambda + q \neq 0$ 时,即 λ 不是特征方程 $r^2 + pr + q = 0$ 的根时,因为式(8.3.6)左边 $Q(x)$ 与 m 次多项式 $P_m(x)$ 的次数相同,所以,$Q(x)$ 为一个 m 次待定多项式,可设

$$Q(x) = b_0 x^m + b_1 x^{m-1} + \cdots + b_{m-1} x + b_m = Q_m(x), \tag{8.3.7}$$

其中 $b_0, b_1, \cdots, b_m$ 为 $m+1$ 个待定系数,将式(8.3.7)代入式(8.3.6),比较等式两边同次幂的系数,就可得到以 $b_0, b_1, \cdots, b_m$ 为未知数的 $m+1$ 个线性方程的联立方程组,从而求出 $b_0, b_1, \cdots, b_m$,即确定 $Q(x)$,于是可得方程(8.3.5)的一个特解为 $y_p = Q(x) \mathrm{e}^{\lambda x}$。

(2) 当 $\lambda^2 + p\lambda + q = 0$,但 $2\lambda + p \neq 0$ 时,即 λ 为特征方程 $r^2 + pr + q = 0$ 的单根时,式(8.3.6)成为 $Q'' + (2\lambda + p) Q' = P_m(x)$。由此可见,$Q'$ 与 $P_m(x)$ 的次数相同,故应设 $Q(x) = x Q_m(x)$,其中 $Q_m(x)$ 为 m 次待定多项式。同样将它代入式(8.3.6)即可求得 $Q_m(x)$ 的 $m+1$ 个系数,从而得到方程(8.3.5)的一个特解

$$y_p = x Q_m(x) \mathrm{e}^{\lambda x}.$$

(3) 当 $\lambda^2 + p\lambda + q = 0$ 且 $2\lambda + p = 0$ 时,即 λ 是特征方程

$$r^2 + pr + q = 0$$

的重根时,式(8.3.6)变为 $Q''(x) = P_m(x)$,此时应设

$$Q(x) = x^2 Q_m(x),$$

将它代入式(8.3.6),便可确定 $Q_m(x)$ 的系数,即可得方程(8.3.5)的一个特解为

$$y_p = x^2 Q_m(x) \mathrm{e}^{\lambda x}.$$

综上所述,我们有如下结论:

二阶常系数非齐次线性微分方程

$$y'' + py' + qy = P_m(x) \mathrm{e}^{\lambda x}$$

具有形如

$$y_p = x^k Q_m(x) \mathrm{e}^{\lambda x} \tag{8.3.8}$$

的特解,其中 $Q_m(x)$ 为 m 次多项式,它的 $m+1$ 个系数可将式(8.3.8)中的 $Q(x) = x^k Q_m(x)$ 代入式(8.3.6)而得,或直接将式(8.3.8)代入式(8.3.5)而得,只不过运算更复杂些。式(8.3.8)中的 k 确定如下:

$$k = \begin{cases} 0, & \lambda \text{ 不是特征根}, \\ 1, & \lambda \text{ 是单根}, \\ 2, & \lambda \text{ 是重根}. \end{cases}$$

我们顺便指出,若记 $\varphi(r) = r^2 + pr + q$,则式(8.3.6)就可写成

$$Q''(x) + \varphi'(\lambda) Q'(x) + \varphi(\lambda) Q(x) = P_m(x), \tag{8.3.6'}$$

这样有助于记忆。

2. $f(x) = P_m(x) \mathrm{e}^{\alpha x} \cos \beta x$ 或 $f(x) = P_m(x) \mathrm{e}^{\alpha x} \sin \beta x$

其中 α, β 为实数,$P_m(x)$ 为 m 次多项式。

此时方程(8.3.5)变为

$$y'' + py' + qy = P_m(x) \mathrm{e}^{\alpha x} \cos \beta x \tag{8.3.9}$$

或

$$y'' + py' + qy = P_m(x) \mathrm{e}^{\alpha x} \sin \beta x, \tag{8.3.9'}$$

为求微分方程(8.3.9)(8.3.9')的解,我们可先令 $\lambda = \alpha + \mathrm{i}\beta$,仍用 1 中所述方法确定方程

$$y'' + py' + qy = P_m(x) \mathrm{e}^{\lambda x}$$

的解,则式(8.3.5)的解可写成 $y = y_1 + \mathrm{i} y_2$ 的形式,并且可以证明:y 的实部 y_1 即为方程(8.3.9)的解,y 的虚部 y_2 即为方程(8.3.9')的解。

例 8.3.5 求方程 $y'' - 2y' - 3y = 3x \mathrm{e}^{2x}$ 的一个特解。

解 由于方程 $y'' - 2y' - 3y = 3x \mathrm{e}^{2x}$ 的非齐次项(也叫自由项)$f(x) = 3x \mathrm{e}^{2x}$ 中的 $\lambda = 2$ 不是特征方程

$\varphi(r)=r^2-2r-3=0$ 的根,故可令
$$y_p=(Ax+B)\mathrm{e}^{2x}.$$
将 $Q(x)=Ax+B$ 代入式(8.3.6′)(而不是将 y_p 直接代入原方程)得
$$Q''(x)+\varphi'(2)Q'(x)+\varphi(2)Q(x)=3x,$$
$$(4-2)A+(4-4-3)(Ax+B)=3x,$$

即有
$$-3Ax+2A-3B=3x,$$

比较系数得
$$\begin{cases}-3A=3,\\ 2A-3B=0,\end{cases}$$

解之得
$$A=-1,\quad B=-\frac{2}{3}.$$

因此,$y_p=\left(-x-\dfrac{2}{3}\right)\mathrm{e}^{2x}$ 为所求的一个特解.

例 8.3.6 求方程 $y''+y'=x$ 的一个特解.

解 因为方程 $y''+y'=x$ 的自由项 $f(x)=x\mathrm{e}^{0x}$ 中的 $\lambda=0$ 恰是特征方程 $r^2+r=0$ 的一个单根,故可设
$$y_p=(Ax+B)x\mathrm{e}^{0x}=Ax^2+Bx$$
为所给方程的一个特解.直接将 y_p 代入所给方程,得
$$2A+(2Ax+B)=x,$$

即
$$2Ax+2A+B=x,$$

比较系数得
$$\begin{cases}2A=1,\\ 2A+B=0,\end{cases}$$

解之得
$$A=\frac{1}{2},\quad B=-1.$$

因此,$y_p=\dfrac{1}{2}x^2-x$ 为所求的一个特解.

例 8.3.7 求方程 $y''-6y'+9y=\mathrm{e}^{3x}$ 的通解.

解 方程
$$y''-6y'+9y=\mathrm{e}^{3x} \qquad\qquad ①$$
所对应的齐次方程为
$$y''-6y'+9y=0, \qquad\qquad ②$$
其特征方程为
$$r^2-6r+9=0,$$
特征根为
$$r=r_1=r_2=3\,(\text{重根}),$$
故齐次方程②的通解为
$$y_c=(C_1+C_2 x)\mathrm{e}^{3x}.$$

又因为非齐次方程①的自由项 $f(x)=\mathrm{e}^{3x}$ 中的 $\lambda=3$ 恰是二重特征根,故可令 $y_p=Ax^2\mathrm{e}^{3x}$ 为方程①的一个特解.将 $Q(x)=Ax^2$ 代入式(8.3.6′),得
$$2A=1,$$

即
$$A=\frac{1}{2},$$

于是
$$y_p=\frac{1}{2}x^2\mathrm{e}^{3x}$$

为方程①的一个特解.因此,
$$y = y_c + y_p = (C_1 + C_2 x)e^{3x} + \frac{1}{2}x^2 e^{3x}$$
为所给方程之通解.

例 8.3.8 求方程 $y'' + 3y' + 2y = e^{-x}\cos x$ 的一个特解.

解 由于方程
$$y'' + 3y' + 2y = e^{-x}\cos x \qquad ①$$
的自由项 $f(x) = e^{-x}\cos x$ 为 $e^{(-1+i)x}$ 的实部,所以先求辅助方程
$$y'' + 3y' + 2y = e^{(-1+i)x} \qquad ②$$
的解.

因为 $\lambda = -1 + i$ 不是特征方程 $r^2 + 3r + 2 = 0$ 的根,所以可设
$$y = A e^{(-1+i)x}$$
为式②的一个解.将 $Q(x) = A$ 代入式(8.3.6′)得
$$[(-1+i)^2 + 3(-1+i) + 2]A = 1,$$
即
$$(i - 1)A = 1,$$
也即
$$A = \frac{1}{i - 1} = \frac{1 + i}{-2} = -\frac{1}{2} - \frac{i}{2},$$
所以方程②的特解
$$y^* = \left(-\frac{1}{2} - \frac{1}{2}i\right)e^{(-1+i)x}$$
$$= \left(-\frac{1}{2} - \frac{1}{2}i\right)e^{-x}(\cos x + i\sin x)$$
$$= e^{-x}\left(-\frac{1}{2}\cos x + \frac{1}{2}\sin x\right) + ie^{-x}\left(-\frac{1}{2}\cos x - \frac{1}{2}\sin x\right).$$

因此,它的实部 $y_1^* = e^{-x}\left(-\frac{1}{2}\cos x + \frac{1}{2}\sin x\right)$ 就是所给方程的一个特解.

— 思考题 8.3 —

1. 齐次线性常微分方程有何共性?
2. 写出以 $r^5 + 6r^3 - 2r^2 + r + 5 = 0$ 为特征方程的常微分方程.
3. 写出以 $y = C_1 e^{\frac{x}{3}} + C_2 x e^{\frac{x}{3}}$ 为通解的微分方程.

— 练习 8.3A —

1. 求下列微分方程的通解:
   (1) $y'' - 2y' + y = 0.$
   (2) $y' + 8y = 0.$

2. 求下列微分方程的通解:
   (1) $y'' + y = 0;$ 　　　　　　　　(2) $y'' + 6y' + 13y = 0;$
   (3) $4\dfrac{d^2 x}{dt^2} - 20\dfrac{dx}{dt} + 25x = 0;$ 　　(4) $y'' - 4y' + 5y = 0.$

3. 求下列微分方程满足所给初值条件的特解：

(1) $y''-3y'-4y=0, y|_{x=0}=0, y'|_{x=0}=-5$；

(2) $y''-4y'+13y=0, y|_{x=0}=0, y'|_{x=0}=3$.

— 练习 8.3B —

1. 求 $y'+8y=1$ 的通解.

2. 求微分方程 $y''+3y'+2y=1$ 满足初值条件 $y(0)=2, y'(0)=1$ 的特解.

3. 求微分方程 $y''+2y'-6y=e^{-3x}$ 的通解.

4. 求微分方程 $y''+2y=\sin x$ 的通解.

5. 求下列微分方程的通解：

(1) $y''+2y=e^x$；　　　　　(2) $y''-2y'+5y=e^x\sin 2x$；

(3) $y''-6y'+9y=(x+1)e^{3x}$；　(4) $y''+y=e^x+\cos x$.

6. 求下列微分方程满足所给初值条件的特解：

(1) $y''-3y'+2y=5, y|_{x=0}=1, y'|_{x=0}=2$；

(2) $y''+y'+\sin 2x=0, y|_{x=\pi}=1, y'|_{x=\pi}=1$；

(3) $y''-y=4xe^x, y|_{x=0}=0, y'|_{x=0}=1$；

(4) $y''-4y'=5, y|_{x=0}=1, y'|_{x=0}=0$.

7. 设函数 $\varphi(x)$ 连续，且满足

$$\varphi(x) = e^x + \int_0^x t\varphi(t)\,dt - x\int_0^x \varphi(t)\,dt,$$

求 $\varphi(x)$.

8. 大炮以仰角 α、初速 v_0 发射炮弹，若不计空气阻力，求弹道曲线.

*8.4　欧拉方程　常数变易法　常系数线性微分方程组解法举例

8.5　用数学软件求解常微分方程

8.5.1　用数学软件 Mathematica 求解常微分方程

在 Mathematica 中，用函数 DSolve 可以解线性与非线性常微分方程，以及联立常微分方程组.在没有给定方程的初值条件的情况下，所得的解包括了待定系数 C[1],C[2],C[3],…等.

DSolve 函数求得的是常微分方程的准确解（解析解），其调用格式及意义如下：

`DSolve[eqn,y[x],x]`　　解 y[x] 的微分方程 eqn,x 为自变量.

DSolve[{eqn1,eqn2,…},{y1[x],y2[x],…},x]解微分方程组{eqn1,eqn2,…},x 为自变量.
DSolve[{eqn,y[0]==x0},y[x],x]求微分方程 eqn 满足初值条件 y[0]==x0 的解.
其中微分方程及初值条件中的符号"="均必须用双等号"=="取代.

例 8.5.1 求微分方程 $y'=y+x$ 满足初值条件 $y(0)=1$ 的特解.

解

```
In[1]:=DSolve[{y'[x]==y[x]+x,y[0]==1},y[x],x]
Out[1]={{y[x]->-1+2E^x-x}}
```

例 8.5.2 求微分方程 $y''+2y'+y=0$ 的通解.

解

```
In[2]:=DSolve[y''[x]+2*y'[x]+y[x]==0,y[x],x]
Out[2]={{y[x]->E^-x C[1]+E^-x xC[2]}} (*C[1],C[2]为任意常数*)
```

8.5.2 用数学软件 MATLAB 求解常微分方程

在 MATLAB 中,用 dsolve(eqn)求微分方程 eqn 的解,其中微分方程 eqn 中的等号"=",必须用双等号"=="取代.

还可以用 dsolve(eqn,cond)求带初值条件 cond 的微分方程 eqn 的解,其中微分方程 eqn 及初值条件 cond 中的等号"=",均必须用双等号"=="取代.

另外,以 Dy 表示未知函数 y 的一阶导数 y',以 D2y 表示未知函数 y 的二阶导数 y''.

例 8.5.3 求微分方程 $y'=y+x$ 满足初值条件 $y(0)=1$ 的特解.

解

```
>> clear
syms y(x),Dy=diff(y,1);
y=dsolve(Dy==y+x,y(0)==1)
y=2*exp(x)-x-1
```

例 8.5.4 求微分方程 $y''+2y'+y=0$ 的通解.

解

```
>> clear
syms y(x),Dy=diff(y,1);D2y=diff(y,2);
y=dsolve(D2y+2*Dy+y==0)
y=C1*exp(-x)+C2*x*exp(-x)
% C1,C2 为任意常数
```

8.6 学习任务8解答 物体散热规律

解

1.（1）设 t 时刻物体的温度为 $y(t)$,因为物体散热速度和它与周围环境温度之差成正比,所以,$\dfrac{dy}{dt}=-k(y-20)$,分离变量得,$\dfrac{dy}{y-20}=-kdt$,两边积分,

$$\int \frac{dy}{y-20} = \int -kdt,$$
$$\ln|y-20|=-kt+C_1, |y-20|=e^{-kt+C_1},$$

所以,
$$y=20+Ce^{-kt}. \qquad ①$$

又因为 $t=0$ 时, $y(0)=100$, 代入①有

$$100=20+Ce^{-k\times 0},$$

解之得 $C=80$, 代入①, 得

$$y=20+80e^{-kt}. \qquad ②$$

又因为 $y(10)=80$, 代入②有 $80=20+80e^{-10k}$, 解之得, $k=\dfrac{1}{10}(\ln 4-\ln 3)$, 代入①, 得该物体温度随时间变化的函数

$$y=20+80e^{-\frac{1}{10}(\ln 4-\ln 3)t}. \qquad ③$$

（2）20 min 后该物体的温度:

$$y(20)=20+80e^{-\frac{\ln 4-\ln 3}{10}\times 20}=20+80e^{2(\ln 3-\ln 4)}=65,$$

即 20 min 后该物体的温度为 65 ℃.

（3）何时该物体的温度为 28 ℃？

令 $y=20+80e^{-\frac{\ln 4-\ln 3}{10}t}=28$, 解之得, $t=80.0392(\min)$. 即约 80 min 后物体的温度为 28 ℃.

2. 扫描二维码, 查看学习任务 8 的 Mathematica 程序.

3. 扫描二维码, 查看学习任务 8 的 MATLAB 程序.

扫一扫, 看代码
Mathematica 程序

扫一扫, 看代码
MATLAB 程序

复习题 8

A 级

1. 指出下列微分方程的阶数, 并说明是否为线性微分方程:

(1) $xy'^2-2yy'+x=0$;　　　　(2) $y''+y'-10y=3x^2$;

(3) $y^{(5)}+\cos y+4x=0$;　　　(4) $y^{(4)}-5x^2y'=0$.

2. 验证下列各题中所给函数是否是所给微分方程的通解或特解:

(1) $y''+y'=1$, $y=x$;

(2) $y''+y'=0$, $y=C_1+C_2e^{-x}$;

(3) $y''+y'=x$, $y=x^2$;

(4) $\begin{cases} y'+y=1+x, \\ y(0)=1, \end{cases} y=e^{-x}+x.$

3. 验证下列函数是否均为 $\dfrac{d^2y}{dx^2}+\omega^2 y=0$ 的解 (ω 是常数):

(1) $y=\cos \omega x$;

(2) $y=C_1\sin \omega x$ (C_1 是任意常数);

（3）$y = A\sin(\omega x + B)$　（A, B 是任意常数）.

4. 给定一阶微分方程 $\dfrac{\mathrm{d}y}{\mathrm{d}x} = 3x$,

（1）求它的通解；

（2）求过点 $(2,5)$ 的特解；

（3）求出与直线 $y = 2x - 1$ 相切的积分曲线方程.

5. 物体在空气中的冷却速度与物体和外界的温差成正比,如果物体在 20 min 内由 100 ℃ 冷却至 60 ℃,那么在多长时间内这个物体的温度降到 30 ℃（假设空气温度为 20 ℃）?

6. 试求以原点为圆心,R 为半径的圆所满足的微分方程.

7. 求微分方程 $\dfrac{\mathrm{d}y}{\mathrm{d}x} = \mathrm{e}^x$ 满足初值条件 $y(0) = 2$ 的解.

8. 求所有二次多项式函数 $y = ax^2 + bx + c$ 所满足的微分方程.

9. 一曲线上各点切线的斜率等于该点横纵坐标之积,且知该曲线过点 $(0,1)$,试写出该曲线所满足的微分方程和初值条件.

10. 求下列微分方程的通解：

（1）$3x^2 + 5x - 5y' = 0$；
（2）$y' = \dfrac{\cos x}{3y^2 + \mathrm{e}^y}$；

（3）$xy' = y\ln y$；
（4）$x^2 y' = (x-1)y$；

（5）$y' = 10^{x+y}$；
（6）$1 + y' = \mathrm{e}^y$.

11. 求下列微分方程满足初值条件的特解：

（1）$y'\sin x = y\ln y, y\left(\dfrac{\pi}{2}\right) = \mathrm{e}$；
（2）$y' = \mathrm{e}^{2x-y}, y(0) = 0$；

（3）$xy' + y = y^2, y(1) = 0.5$；
（4）$\dfrac{\mathrm{d}r}{\mathrm{d}\theta} = r, r(0) = 2$.

12. 设跳伞员的质量为 m,降落伞的浮力 F_0 与它下降的速度 v 成正比,求下降速度 $v = v(t)$ 所满足的微分方程,并在调查研究的基础上给出初值条件,以及跳伞员的实际落地速度与理论值的差别.

13. 一电动机运转后每秒钟温度升高 10 ℃,设室内温度恒为 15 ℃,电动机温度升高后,冷却速度和电动机与室内的温差成正比,求电动机温度与时间的函数关系.

14. 求下列微分方程的通解：

（1）$y' + y = \mathrm{e}^{-x}$；
（2）$y'\cos x + y\sin x = 1$.

15. 求解下列初值问题：

（1）$y' + \dfrac{1 - 2x}{x^2} y = 1, y(1) = 0$；
（2）$y' - y = 2x\mathrm{e}^{2x}, y(0) = 1$.

16. 求一曲线,使其每点处的切线斜率为 $2x + y$,且通过点 $(0, 0)$.

17. 下列已给函数组哪些是线性无关的？哪些是线性相关的？

（1）$x, x + 1$；
（2）$\mathrm{e}^{2x}, 3\mathrm{e}^{2x}$；

（3）$\sin x, \cos x$；
（4）$\ln x^3, \ln x^2$；

（5）$\mathrm{e}^x, x\mathrm{e}^x$；
（6）$\mathrm{e}^x, \mathrm{e}^{2x}$.

18. 求所给微分方程的通解：

（1）$y'' - 9y = 0$；
（2）$y'' - 4y' = 0$；

（3）$y'' + 4y' + 13y = 0$；
（4）$y'' + ay = 0$　（a 是实常数）；

(5) $y''' + y' = 0$; (6) $2y'' + y' + \dfrac{1}{8}y = 0$.

19. 求下列方程满足初值条件的特解：

(1) $y'' - 4y' + 3y = 0, y(0) = 6, y'(0) = 10$；

(2) $4y'' + 4y' + y = 0, y(0) = 2, y'(0) = 0$.

B 级

20. 方程 $y'' + 9y = 0$ 的一条积分曲线通过点 $(\pi, -1)$，且在该点和直线 $y + 1 = x - \pi$ 相切，求这条曲线的方程(提示：在切点处曲线切线的斜率和所给直线的斜率相等，从而得另一个初值条件 $y'(\pi) = 1$).

21. 求下列方程的通解：

(1) $y'' - 4y = 2x + 1$； (2) $y'' + 5y' + 4y = 3 - 2x$；

(3) $2y'' + y' - y = 2e^x$； (4) $y'' + 4y = x\cos x$.

22. 求下列微分方程的通解：

(1) $y'' + y'^2 + 1 = 0$； (2) $y'' + 2y' + 5y = \sin 2x$；

(3) $y''' + y'' - 2y' = x(e^x + 4)$； (4) $(y^4 - 3x^2)dy + xy\,dx = 0$.

23. 求微分方程 $y'' + 2y' + y = \cos x$ 满足初值条件 $y\big|_{x=0} = 0, y'\big|_{x=0} = \dfrac{3}{2}$ 的特解.

*24. 求下列欧拉方程的通解：

(1) $x^2 y'' + 3xy' + y = 0$； (2) $x^2 y'' - 4xy' + 6y = x$.

*25. 已知函数 $y_1(x) = C_1 x + C_2 x \ln x$ 为齐次方程 $x^2 y'' - xy' + y = 0$ 的通解，求非齐次方程 $x^2 y'' - xy' + y = x$ 的通解.

*26. 求下列微分方程组的通解：

(1) $\begin{cases} \dfrac{dx}{dt} + 2\dfrac{dy}{dt} + y = 0, \\ 3\dfrac{dx}{dt} + 2x + 4\dfrac{dy}{dt} + 3y = t; \end{cases}$ (2) $\begin{cases} \dfrac{d^2x}{dt^2} + 2\dfrac{dx}{dt} + x + \dfrac{dy}{dt} + y = 0, \\ \dfrac{dx}{dt} + x + \dfrac{d^2y}{dt^2} + 2\dfrac{dy}{dt} + y = e^t. \end{cases}$

27. 设有一链条悬挂在一根钉子上，起动时一端离开钉子 8 m，另一端离开钉子 12 m，若不计钉子对链条所产生的摩擦力，求链条滑下来所需要的时间.

C 级

28. 2016 年 9 月 25 日，世界上最大的单口径巨型射电望远镜——500 m 口径球面射电望远镜(Five hundred meter Aperture Spherical radio Telescope，简称 FAST)在贵州省平塘县投入使用. 它也被称为"中国天眼". 当它观测天体时，会随着天体的方位变化，在其直径 500 m 的球冠状主动反射面上实时形成一个 300 m 直径的瞬时抛物面，并通过这个直径 300 m 的抛物面来汇聚电磁波. 请搜集相关数据，建立该瞬时抛物面的旋转曲面方程.

D 级

附录A 初等数学常用公式

文档

初等数学常用公式

附录B 常用平面曲线及其方程

文档

常用平面曲线及其方程

附录C 习题答案与提示

文档

习题答案与提示

附录D 预备知识(基本初等函数)

文档

预备知识
(基本初等函数)

附录E 不定积分表及其使用方法

文档

不定积分表及其使用方法

附录F 行列式简介

文档

行列式简介

参考文献

[1] 侯风波.高等数学[M].6版.北京:高等教育出版社,2022.

[2] 休斯·哈雷特 D,克莱逊 A M,等.微积分[M].胡乃囧,等,译.北京:高等教育出版社,1997.

[3] 同济大学数学系.高等数学[M].7版.北京:高等教育出版社,2014.

[4] 芬尼,韦尔,焦尔当诺.托马斯微积分[M].10版.叶其孝,王翟东,唐兢,译.北京:高等教育出版社,2003.

郑重声明

高等教育出版社依法对本书享有专有出版权。任何未经许可的复制、销售行为均违反《中华人民共和国著作权法》，其行为人将承担相应的民事责任和行政责任；构成犯罪的，将被依法追究刑事责任。为了维护市场秩序，保护读者的合法权益，避免读者误用盗版书造成不良后果，我社将配合行政执法部门和司法机关对违法犯罪的单位和个人进行严厉打击。社会各界人士如发现上述侵权行为，希望及时举报，我社将奖励举报有功人员。

反盗版举报电话　（010）58581999　58582371
反盗版举报邮箱　dd@hep.com.cn
通信地址　北京市西城区德外大街 4 号　高等教育出版社法律事务部
邮政编码　100120

读者意见反馈

为收集对教材的意见建议，进一步完善教材编写并做好服务工作，读者可将对本教材的意见建议通过如下渠道反馈至我社。

咨询电话　400-810-0598
反馈邮箱　gjdzfwb@pub.hep.cn
通信地址　北京市朝阳区惠新东街 4 号富盛大厦 1 座
　　　　　高等教育出版社总编辑办公室
邮政编码　100029

资源服务提示

授课教师如需获得本书配套教辅资源，请登录"高等教育出版社产品信息检索系统"（http://xuanshu.hep.com.cn/）搜索本书并下载资源，首次使用本系统的用户，请先注册并进行教师资格认证。也可电邮至资源服务支持邮箱：mayzh@hep.com.cn，申请获得相关资源。

联系我们

高教社高职数学研讨群：498096900